普通高等教育土建类专业新工科系列教材
国家级一流专业（土木工程）建设成果系列教材

结 构 力 学

主　编　乔文靖
副主编　杨　帆　刘小华　孙克东
参　编　李宝平　杨正华　孟　和
　　　　王　帆　赵小磊　陈　晨

北京理工大学出版社
BEIJING INSTITUTE OF TECHNOLOGY PRESS

内容提要

本书主要内容包括绪论、平面体系的几何组成分析、静定梁、静定刚架、三铰拱、静定桁架和组合结构、影响线、虚功原理和结构位移计算、力法、位移法、渐近法、矩阵位移法、结构的动力计算、结构的极限荷载。

本书可作为高等院校土木工程、水利工程等相关专业的教材，也可作为自学考试的教学参考书，并可供注册类考试考生及土木工程类技术人员参考使用。

版权专有　侵权必究

图书在版编目（CIP）数据

结构力学 / 乔文靖主编 . -- 北京：北京理工大学出版社，2025.1（2025.4 重印）.
ISBN 978-7-5763-4675-6

Ⅰ. O342

中国国家版本馆 CIP 数据核字第 2025ZU6580 号

责任编辑：陆世立		**文案编辑**：李　硕	
责任校对：周瑞红		**责任印制**：李志强	

出版发行 / 北京理工大学出版社有限责任公司
社　　址 / 北京市丰台区四合庄路 6 号
邮　　编 / 100070
电　　话 /（010）68914026（教材售后服务热线）
　　　　　（010）63726648（课件资源服务热线）
网　　址 / http：//www.bitpress.com.cn
版 印 次 / 2025 年 4 月第 1 版第 2 次印刷
印　　刷 / 河北鑫彩博图印刷有限公司
开　　本 / 787 mm×1092 mm　1/16
印　　张 / 20.5
字　　数 / 468 千字
定　　价 / 49.80 元

图书出现印装质量问题，请拨打售后服务热线，负责调换

前　言

本书是根据教育部颁布实施的《普通高等学校本科专业类教学质量国家标准》中所规定的土木工程专业培养目标，教育部高等学校土木工程专业教学指导分委员会制定的《高等学校土木工程本科专业指南》编写的。为适应国家建设需求的新工科发展方向，在智能建造背景下，强化培养应用型人才的工程能力和创新能力，在编写上力求体系专业特色。本书的编写体现以下原则：

1. 内容上既注重理论性，更注重实用性，结构上遵循循序渐进、承上启下的规律，文字上坚持少而精的原则，做到重点突出，逻辑性强，由浅入深，通俗易懂，利于教学，便于自学。

2. 在章节构造上有所改进和更新，考虑传统土木工程和国防土木的教学特色，本书插入了编者在教学过程中多年积累的丰富工程案例，通过实际工程应用，引导学生触类旁通，贯彻理论学习，学以致用，培养学生用理论解决实际问题的能力。

3. 本书采用链接的形式，插入了诸多与工程知识内容相联系的思政元素，以我国古今有名建筑结构蕴藏的力学原理、著名力学家的生平事迹和科学贡献、工程事故等思政内容为融入点，培养学生的民族自豪感，工匠精神，良好的职业素养，以及乐观向上、自强不息的追梦精神。

本书由西安工业大学乔文靖担任主编，由西安工业大学杨帆、西京学院刘小华和中交第一公路勘察设计研究院有限公司孙克东担任副主编，西安工业大学李宝平、杨正华、孟和和王帆，中建三局集团西北有限公司赵小磊和陈晨参与编写。具体编写分工如下：绪论、第3章、第7章、第9章和第11章由乔文靖编写，第2章和第6章由杨帆编写，第8章和第10章由刘小华编写，第1章由孙克东编写，第4章的第4.1节和第4.2节由赵小磊编写，第4章的第4.3节由陈晨编写，第5章由李宝平编写，第12章的第12.1节和第12.2节由杨正华编写，第12章的第12.3节至第12.7节由孟和编写，第13章由王帆编写。全书由乔文靖修改定稿。参与本书公式编辑的人员有胡启涵、周廷昆、李云龙、郝仁、姬轩、阮志丹和李沂倩。

  在编写过程中，编者参考和引用大量国内外专家学者的著作，在此表示衷心的感谢。

  限于编者水平，书中难免存在疏漏和不妥之处，恳请广大读者和专家同行批评指正，以使本书不断完善。

编　者

目 录

绪 论 ································· 1
0.1 结构和结构的分类 ············ 2
0.2 结构力学的任务与方法 ······· 3
　0.2.1 结构力学的任务 ············ 3
　0.2.2 本课程的目标 ··············· 3
0.3 结构的计算简图 ················ 4
　0.3.1 计算简图及选择原则 ······· 4
　0.3.2 计算简图的简化及示例 ···· 4
0.4 杆系结构的分类 ················ 8
　0.4.1 按组成和受力特点分类 ···· 8
　0.4.2 按计算特点分类 ············ 8
　0.4.3 按杆件和荷载在空间的位置
　　　　分类 ························· 9
0.5 荷载的分类 ······················ 9
　0.5.1 按荷载作用时间的久暂
　　　　划分 ························· 9
　0.5.2 按荷载作用的性质划分 ···· 9

第 1 章 平面体系的几何组成
　　　　分析 ···························· 10
1.1 基本内容 ······················· 10
　1.1.1 杆件体系分类和几何组成
　　　　分析的目的 ················ 10
　1.1.2 基本概念 ···················· 11

　1.1.3 计算自由度 ················ 13
1.2 几何不变体系的基本组成规则 ···· 15
　1.2.1 规则一（三刚片规则） ···· 15
　1.2.2 规则二（两刚片规则） ···· 15
　1.2.3 规则三（二元体规则） ···· 16
　1.2.4 瞬变体系 ···················· 16
1.3 几何组成分析示例 ············ 17
1.4 几何构造与静定性的关系 ···· 19

第 2 章 静定梁 ························· 21
2.1 单跨静定梁的计算 ············ 21
　2.1.1 杆件截面内力及其正负号
　　　　规定 ························· 21
　2.1.2 截面内力求解方法——
　　　　截面法 ······················ 22
　2.1.3 荷载与内力之间的微分关系 ···· 23
　2.1.4 内力图的绘制 ·············· 25
2.2 叠加法绘制直杆弯矩图 ······ 27
　2.2.1 简支梁弯矩图的叠加方法 ···· 27
　2.2.2 分段叠加方法 ·············· 28
2.3 简支斜梁的计算 ················ 30
2.4 多跨静定梁的计算 ············ 31
　2.4.1 多跨静定梁的约束力与
　　　　几何组成 ··················· 31

2.4.2 多跨静定梁内力图的绘制……33

第3章 静定刚架……40

3.1 静定刚架的特征和分类……40
　　3.1.1 静定刚架的特征……40
　　3.1.2 静定刚架的分类……41
3.2 静定刚架支座反力的计算……42
　　3.2.1 简支刚架和悬臂刚架的支座反力（约束力）计算……42
　　3.2.2 三铰刚架（三铰结构）的支座反力（约束力）计算……43
　　3.2.3 组合刚架（主从结构）的支座反力（约束力）计算……44
3.3 静定刚架的内力分析……44
3.4 静定刚架内力图的绘制……48
　　3.4.1 静定刚架内力图做法……48
　　3.4.2 少求或不求反力快速绘制弯矩图……49
　　3.4.3 刚架内力图的校核……49

第4章 三铰拱……60

4.1 概述……60
　　4.1.1 拱的定义……60
　　4.1.2 拱的各部分名称……61
　　4.1.3 拱的分类……61
4.2 竖向荷载作用下三铰拱的数解法……62
　　4.2.1 三铰拱支座反力计算……62
　　4.2.2 三铰拱截面内力计算……64
　　4.2.3 三铰拱的受力特性……65
4.3 三铰拱的合理拱轴线……68

第5章 静定桁架和组合结构……71

5.1 静定桁架的特点和组成分类……71
　　5.1.1 静定桁架计算简图的假设及内力特点……72
　　5.1.2 静定桁架的分类……73
　　5.1.3 静定桁架杆件轴力正负号规定及斜杆轴力的表示……73
5.2 结点法……74
5.3 截面法……76
　　5.3.1 截面法原理……76
　　5.3.2 力矩方程法……76
　　5.3.3 投影方程法……77
　　5.3.4 截面单杆……78
　　5.3.5 对称性的利用……78
　　5.3.6 截面法的计算步骤……79
5.4 结点法和截面法的联合应用……80
5.5 组合结构……81
　　5.5.1 组合结构的组成和形式……81
　　5.5.2 组合结构的受力分析……81
5.6 各类平面桁架比较……84

第6章 影响线……86

6.1 移动荷载和影响线的概念……86
6.2 静力法作简支梁内力影响线……88
　　6.2.1 简支梁的影响线……88
　　6.2.2 伸臂梁的影响线……91
6.3 用机动法作静定结构的影响线……94
　　6.3.1 刚体体系的虚功原理……94
　　6.3.2 机动法作影响线的原理和步骤……94

6.3.3 机动法作简支梁的影响线……95
6.4 多跨静定梁的影响线……96
 6.4.1 静力法作多跨静定梁的影响线……96
 6.4.2 机动法作多跨静定梁的影响线……97
6.5 影响线应用……99
 6.5.1 计算影响量值……99
 6.5.2 移动荷载的最不利位置……101
 6.5.3 荷载临界位置的特点及其判定原则……102
6.6 简支梁的内力包络图和绝对最大弯矩……108
 6.6.1 简支梁的内力包络图……108
 6.6.2 简支梁的绝对最大弯矩……109

第7章 虚功原理和结构位移计算……113

7.1 概述……113
 7.1.1 结构的位移……113
 7.1.2 结构位移计算的应用……114
 7.1.3 结构位移计算的假定……114
7.2 虚功和虚功原理……115
 7.2.1 实功……115
 7.2.2 虚功……115
 7.2.3 广义力和广义位移……117
 7.2.4 刚体体系虚功原理的两种应用……117
 7.2.5 变形体系的虚功原理……120
7.3 单位荷载法计算位移和位移计算的一般公式……121

7.4 荷载作用下的位移计算……122
 7.4.1 荷载作用下的位移计算公式和步骤……122
 7.4.2 各类结构在荷载作用下位移计算公式的简化公式……124
 7.4.3 荷载作用下位移计算举例……124
7.5 图乘法……126
 7.5.1 图乘法及其应用……127
 7.5.2 图乘法的分段和叠加……128
 7.5.3 举例……130
7.6 温度作用时的位移计算……133
7.7 支座移动时的位移计算……135
7.8 线弹性结构的互等定理……137
 7.8.1 功的互等定理……137
 7.8.2 位移互等定理……138
 7.8.3 反力互等定理……138
 7.8.4 反力位移互等定理……138

第8章 力法……140

8.1 超静定结构和超静定次数……140
 8.1.1 超静定结构概念……140
 8.1.2 超静定结构计算……141
 8.1.3 超静定次数确定……141
8.2 力法的基本概念和基本原理……143
 8.2.1 基本未知量与基本体系……143
 8.2.2 基本方程……144
 8.2.3 典型方程……146
8.3 超静定梁、刚架和排架……148
8.4 超静定桁架和组合结构……153
 8.4.1 超静定桁架……153
 8.4.2 超静定组合结构……155

8.5 对称结构的计算 ················ 156
    8.5.1 结构的对称性 ············ 156
    8.5.2 利用对称性简化计算 ········ 157
    8.5.3 半刚架的取法 ············ 159
8.6 温度改变时超静定结构的
    计算 ························ 163
8.7 支座移动下力法的应用 ········ 166
8.8 超静定结构位移计算及内力图
    校核 ························ 168
    8.8.1 超静定位移计算 ·········· 168
    8.8.2 超静定结构内力图校核 ······ 169
8.9 超静定结构的特性 ············ 170

第9章 位移法 ················ 172

9.1 位移法的基本概念 ············ 172
    9.1.1 位移法基本假定 ·········· 172
    9.1.2 基本思路 ··············· 172
9.2 等截面直杆的形常数和载
    常数 ························ 174
    9.2.1 等截面直杆的形常数 ········ 174
    9.2.2 等截面直杆的载常数 ········ 177
9.3 位移法的基本未知量和基本
    体系 ························ 179
    9.3.1 基本未知量确定 ·········· 179
    9.3.2 位移法的基本结构 ········· 181
9.4 位移法典型方程 ·············· 182
    9.4.1 位移法方程建立 ·········· 182
    9.4.2 位移法方程的典型形式 ····· 183
9.5 位移法计算有侧移刚架和
    排架 ························ 185
9.6 位移法计算对称结构 ·········· 191

9.7 按平衡条件建立位移法典型
    方程 ························ 194

第10章 渐近法 ················ 196

10.1 力矩分配法的基本概念与基本
    原理 ······················· 196
    10.1.1 基本概念 ············· 196
    10.1.2 基本原理 ············· 197
10.2 力矩分配法的单结点应用 ···· 200
10.3 力矩分配法的多结点应用 ···· 202
10.4 无剪力分配法 ·············· 207
    10.4.1 无剪力分配法的应用
         条件 ················ 207
    10.4.2 剪力静定杆件的固端
         弯矩 ················ 207
10.5 剪力分配法 ················ 211
    10.5.1 铰结排架的剪力分配 ···· 211
    10.5.2 横梁刚度无限大时刚架的
         剪力分配 ············ 212
    10.5.3 柱间有水平荷载作用时的
         计算 ················ 213
10.6 连续梁影响线及内力包
    络图 ······················ 215
    10.6.1 用机动法绘制连续梁影响
         线的轮廓 ············ 215
    10.6.2 连续梁的内力包络图 ···· 218

第11章 矩阵位移法 ············ 222

11.1 概述 ······················ 222
11.2 矩阵位移法的基本概念 ······ 222
    11.2.1 矩阵位移法的定义 ······ 222

- 11.2.2 结构的离散化 ……………… 223
- 11.2.3 杆端位移和杆端力的正负号规定 ……………… 223
- 11.3 单元分析（一）——局部坐标系中的单元刚度矩阵 ……… 224
  - 11.3.1 单元刚度矩阵 ……………… 224
  - 11.3.2 单元刚度矩阵的性质 ……… 226
  - 11.3.3 特殊单元的刚度矩阵 ……… 226
- 11.4 单元分析（二）——整体坐标系中的单元刚度矩阵 ……… 228
  - 11.4.1 单元坐标转换矩阵 ………… 228
  - 11.4.2 整体坐标系中的单元刚度矩阵 ……………… 230
  - 11.4.3 整体坐标系中的各杆件单元刚度矩阵 ……………… 230
- 11.5 结构刚度矩阵 ………………… 231
  - 11.5.1 单元集成法 ………………… 232
  - 11.5.2 单元定位向量 ……………… 235
  - 11.5.3 单元集成法的实施 ………… 235
  - 11.5.4 整体刚度矩阵的性质 ……… 236
  - 11.5.5 刚架的整体刚度矩阵 ……… 236
  - 11.5.6 刚架中铰结点的处理 ……… 239
  - 11.5.7 桁架的整体刚度矩阵 ……… 242
  - 11.5.8 组合结构的整体刚度矩阵 ……………… 244
- 11.6 综合结点荷载 ………………… 245
  - 11.6.1 等效结点荷载概念 ………… 246
  - 11.6.2 单元的等效结点荷载向量 ……………… 246
  - 11.6.3 结构的等效结点荷载向量 ……………… 247
- 11.7 矩阵位移法的计算步骤和算例 ……………… 248
  - 11.7.1 计算步骤 …………………… 248
  - 11.7.2 算例 ………………………… 249

第 12 章 结构的动力计算 ……… 262

- 12.1 动力计算概述 ………………… 262
  - 12.1.1 动力计算的特点 …………… 262
  - 12.1.2 动力荷载分类 ……………… 262
  - 12.1.3 动力计算的自由度 ………… 263
- 12.2 单自由度体系的自由振动 …… 264
  - 12.2.1 单自由度体系自由振动微分方程的建立 ………… 264
  - 12.2.2 自由振动微分方程的解答 ……………… 266
  - 12.2.3 结构的自振周期和自振频率 ……………… 267
  - 12.2.4 阻尼对自由振动的影响 …… 268
- 12.3 单自由度体系的受迫振动 …… 272
  - 12.3.1 单自由度体系受迫振动微分方程的建立 ………… 272
  - 12.3.2 简谐荷载作用下结构的动力反应 ……………… 273
  - 12.3.3 一般荷载作用下结构的动力反应 ……………… 275
  - 12.3.4 阻尼对受简谐荷载受迫振动的影响 ……………… 278
  - 12.3.5 有阻尼时的杜哈梅积分（$\xi<1$） ……………… 280
- 12.4 两个自由度体系的自由振动 ……………… 281

12.4.1 两个自由度体系自由振动微分方程的建立……281
12.4.2 频率方程和自振频率……283
12.4.3 主振型及主振型正交性……286
12.5 两个自由度体系在简谐荷载下的受迫振动……290
12.5.1 柔度法……290
12.5.2 刚度法……293
12.6 多自由度体系的自由振动……295
12.6.1 列动力平衡方程（刚度法）……295
12.6.2 列位移方程（柔度法）……297
12.6.3 两种方法间的关系及使用选择……298
12.6.4 柔度法建立的微分方程解……298
12.6.5 刚度法建立的微分方程解……300
12.7 多自由度体系在简谐荷载作用下的强迫振动……300

第13章 结构的极限荷载……304

13.1 概述……304
13.2 极限荷载、塑性铰和极限状态……305
13.2.1 理想弹塑性材料的矩形截面梁……305
13.2.2 有一个对称轴的任意截面梁……306
13.2.3 静定梁的极限荷载……307
13.3 超静定梁的极限荷载……308
13.3.1 超静定梁的破坏过程和极限荷载的特点……308
13.3.2 连续梁的极限荷载……311
13.4 比例加载时判定极限荷载的一般定理和基本方法……313
13.4.1 比例加载时极限荷载的定理……313
13.4.2 计算极限荷载的机构法和试算法……314

参考文献 ……318

绪 论

结构力学是固体力学的一个分支，主要研究工程结构受力和传力的规律，以及如何进行结构优化的学科。所谓工程结构是指能够承受和传递外荷载的系统，包括杆、板、壳及它们的组合体，如飞机机身和机翼、桥梁、屋架和承力墙等。观察自然界中的天然结构，如植物的根、茎和叶，动物的骨骼，蛋类的外壳，可以发现它们的强度和刚度不仅与材料有关，而且和它们的造型有密切的关系，很多工程结构就是受到天然结构的启发而创制出来的。结构设计不仅要考虑结构的强度和刚度，还要做到用料省、质量轻，减轻质量对某些工程尤为重要，如减轻飞机的质量就可以使飞机航程远、上升快、飞行速度快、能耗低。

1. 结构力学的重要性

结构力学课程是土木工程专业、理论与应用力学专业的一门重要的专业基础课。一方面它以高等数学、理论力学、材料力学等课程为基础；另一方面，它又是钢结构、钢筋混凝土结构、土力学与地基基础、高层建筑结构、建筑结构抗震设计等专业课的基础。该课程不但为后续课程提供必需的基础知识和计算方法，而且在课程设计、毕业设计的过程中也要反复用到结构力学知识。结构力学在整个土木工程专业课程体系中处于承上启下的核心地位。

2. 结构力学与其他课程的联系

就基本原理和方法而言，结构力学是与理论力学、材料力学同时发展起来的，同时，结构力学与弹塑性力学有密切的关系，理论力学着重讨论物体机械运动的基本规律，其余三门力学着重讨论结构及其构件的强度、刚度、稳定性和动力反应等问题，材料力学以单个杆件为主要研究对象，结构力学以杆件结构为主要研究对象，弹塑性力学以实体结构和板壳结构为主要研究对象。

在固体力学领域中，材料力学为结构力学的发展提供了必要的基本知识，弹性力学和塑性力学又是结构力学的理论基础，另外，结构力学还与其他物理学科结合形成许多边缘学科，如流体弹性力学等。

3. 结构力学的学科体系

一般结构力学可根据其研究性质和对象的不同分为结构静力学、结构动力学、结构稳定理论、结构断裂、疲劳理论和杆系结构理论、薄壁结构理论及整体结构理论等。

结构静力学是结构力学中首先发展起来的分支，它主要研究工程结构在静荷载作用下的弹塑性变形和应力状态，以及结构优化问题。静荷载是指不随时间变化的外加荷载，变化较慢的荷载，也可近似地看作静荷载。结构静力学是结构力学其他分支学科的基础。

结构动力学是研究工程结构在动荷载作用下的响应和性能的分支学科。动荷载是指随时间而改变的荷载。在动荷载作用下，结构内部的应力、应变及位移也必然是时间的函数。由于涉及时间因素，结构动力学的研究内容一般比结构静力学复杂。

4. 结构力学的研究方法

结构力学的研究方法主要有工程结构的使用分析、实验研究、理论分析和计算三种。在结构设计和研究中，这三种方法往往是交替进行并且是相辅相成地进行的。

0.1 结构和结构的分类

建筑物、构筑物或其他工程对象中支承和传递荷载而起骨架作用的部分称为工程结构。例如，房屋建筑中由楼板、梁、柱、剪力墙及基础等组成的结构体系，水工建筑物中的大坝和闸门，公路和铁路桥梁、隧道和涵洞，飞机、汽车中的受力骨架等，都是工程结构的典型例子，如图 0.1 所示。

图 0.1 典型工程
(a)港珠澳大桥；(b)北京大兴国际机场；(c)上海中心大厦

工程结构的受力特性和承载能力与结构的几何特征有着密切的联系。从广义来说，结构可按其几何特征分为以下三类。

1. 杆系结构

杆系结构是由若干个杆件相互连接而组成的结构。杆件的几何特征是其横截面上两个方向的几何尺度远小于长度。梁、刚架、拱和桁架等都是杆系结构的典型形式，如图 0.2 所示。

图 0.2 杆系结构

2. 板壳结构

板壳结构也称为薄壁结构，它的几何特征是其厚度远小于其余两个方向上的尺度。房屋建筑中的楼板、壳体屋盖如图 0.3 所示。飞机和轮船的外壳等均属于板壳结构。

3. 实体结构

实体结构也称三维连续体结构，其几何特征是结构的长、宽、高三个方向的尺度大小相仿。例如，重力式挡土墙(图 0.4)和水工建筑中的重力坝等属于实体结构。

图 0.3　板壳结构
(a)薄板；(b)薄壳

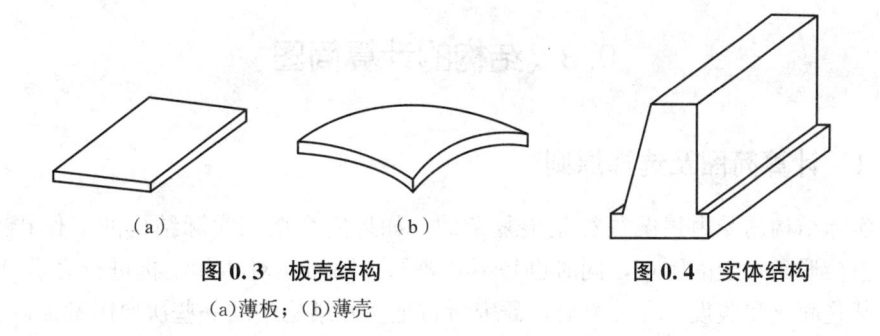

图 0.4　实体结构

0.2　结构力学的任务与方法

0.2.1　结构力学的任务

结构力学是研究结构的合理形式及结构在受力状态下内力、变形、动力反应和稳定性等方面的规律性的学科。研究的目的是使结构满足安全性、适用性和经济方面的要求。具体来说，结构力学的基本任务主要包括以下几个方面：

(1)根据功能和使用等方面的不同要求和结构的组成规律，研究结构的合理形式。

(2)研究结构内力、变形、动力反应和稳定性计算的理论和方法。

(3)研究由结构受力结果确定外界作用信息，或是根据外界作用信息确定结构的有关信息或是对结构的受力反应进行控制的理论和方法。

0.2.2　本课程的目标

通过本门课程的学习，我们需要牢固掌握杆件结构的组成规律；在静力、动力、移动荷载，以及温度变化、支座沉降等作用下的受力分析与变形计算等基础知识；熟练掌握结构的动力计算、稳定性计算、极限荷载等提高知识，灵活运用矩阵位移法、初等有限元法等计算机分析方法；能够灵活运用所学到的基础知识创造性地解决工程实际中的一些简单问题。

结构力学既是一门古老的学科，又是一门迅速发展的学科。一方面，新型工程材料和新型工程结构的大量出现，为结构力学提供了新的研究内容并提出新的要求。计算机的发展，也为结构力学提供了有力的计算工具。另一方面，结构力学对数学及其他学科的发展也起了推动作用。有限元法这一数学方法的出现和发展就与结构力学的研究有密切关系。现代工程技术的日益进步和电子计算机的飞速发展对结构力学学科产生了深远的影响。一方面，大型工程结构在各种复杂因素作用下的分析要求强化结构力学基本概念的综合运用和概念设计的理念；另一方面，运算能力的剧增要求发展与之相适应的结构分析理论和方法，这就促进了传统结构力学向概念结构力学和计算结构力学两个方向的纵深发展。为了适应科技的进步，结构工程领域科技人员的角色和作用也正在发生着许多根本性的改变，决定了结构力学的课程教学需要以力学基本概念及其科学运用为主线，以对客观世界的认知规律为出发点，以工程实践为背景，以素质和能力的提高为根本目标。

0.3 结构的计算简图

0.3.1 计算简图及选择原则

一个实际结构的受力情况往往是很复杂的,如果完全按照实际结构的工作状态进行分析,事实上会遇到一定的困难,同时也是不必要的,因而在对实际结构进行力学分析之前,需要做出某些简化和假设。在计算时,研究者常把实际结构中的一些次要因素加以忽略,但是又要能反映出实际结构的主要受力特征。这种经过简化了的结构图形称为结构的计算简图。在力学计算中,结构的计算简图就是在结构分析中,代替实际结构的简化计算模型(图形)。结构计算简图的合理选择在结构分析中是一个极为重要的环节,也是首先要解决的问题。

结构计算简图的选择主要有以下原则:

(1)保留主要因素,略去次要因素,使计算简图能反映出实际结构的主要受力特征,这就是"存本去末"的简化原则。

(2)根据需要与可能,并从实际出发,力求使计算简图便于计算,这就是"计算简便"的简化原则。

此外,根据不同的要求与具体情况,对于同一实际结构可选取不同的计算简图。例如,在初步设计阶段可选取较为粗糙的计算简图;在施工图设计阶段可选取较为精细的计算简图;采用手算时可选取较为简单的计算简图;采用电算时可选取较为精确的计算简图;在动力计算时,由于计算比较复杂,可选取较为简单的计算简图;在静力计算时,由于计算比较简单,可选取较为精确的计算简图等。

0.3.2 计算简图的简化及示例

在选择计算简图时,需要对实际结构的情况进行多方面的简化。以下做简要的介绍。

1. 结构体系的简化

杆系结构可分为平面杆系结构和空间杆系结构两大类。实际结构一般都是空间结构,这样才能抵御来自各个方面的荷载。但在多数情况下常可以忽略一些次要的空间约束的作用,或是将这种空间约束作用转化到平面内,从而将实际结构分解为平面结构,使计算得以简化。

2. 杆件的简化

杆系结构中的杆件,在计算简图中均用杆件的轴线来表示,杆件的长度一般可用轴线交点间的距离表示。

3. 杆件间连接的简化

杆件间相互连接处称为结点。木结构、钢结构和混凝土结构的结点,具体构造形式虽不尽相同,但其结点的计算简图常可归纳为以下两种类型:

(1)铰结点。铰结点的特征是所连接各杆可以绕铰做自由转动,因此可用一理想光滑的铰来表示。这种理想情况,在实际工程中很难实现。例如,图0.5(a)所示为木屋架的下弦中间结点构造图,此结点处各杆并不能完全自由地转动,但是由于杆件间的连接对于相对转动的约束不强，受力时杆件发生微小的相对转动还是可能的。因此，将这种结点近似地作为铰结点处理后，如图0.5(b)所示，不致引起大的误差。

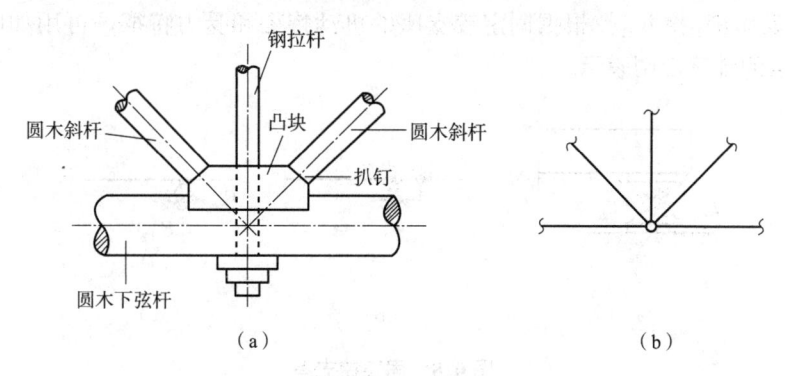

图 0.5　铰结点
(a)结点构造；(b)计算简图

(2)刚结点。刚结点的特征是所连接杆件之间不能在结点处产生相对转动，即在刚结点处各杆之间的夹角在变形前后保持不变。

图0.6(a)所示为混凝土多层刚架边柱与横梁的结点构造图。由于边柱与横梁间为整体浇筑，同时横梁的受力钢筋伸入柱内并满足锚固长度的要求，因而就保证了横梁与边柱能相互牢固地连接在一起，构成了刚结点，其计算简图如图0.6(b)所示。

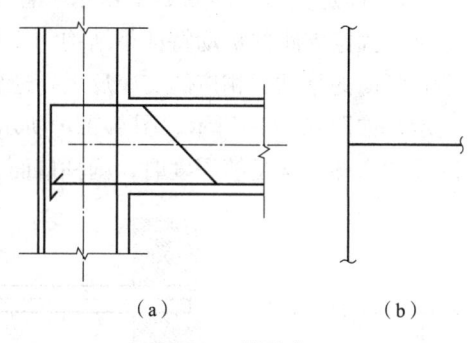

图 0.6　刚结点
(a)结点构造；(b)计算简图

4. 支座的简化

结构与基础相连接的部分称为支座。结构所受的荷载通过支座传递给基础和地基，支座对结构的反作用力称为支座反力。平面结构的支座形式主要有以下五种类型：

(1)活动铰支座。桥梁结构中所用的辊轴支座[图0.7(a)]和摇轴支座[图0.7(b)]，都是活动铰支座的实例。活动铰支座的机动特征是结构可绕铰 A 做自由转动，并允许沿支承面 $m-n$ 有微量的移动，但限制铰 A 沿垂直于支承面方向的移动。根据活动铰支座的机动特征和受力特征，可用图0.7(c)所示一根竖向支座链杆的计算简图来代表。

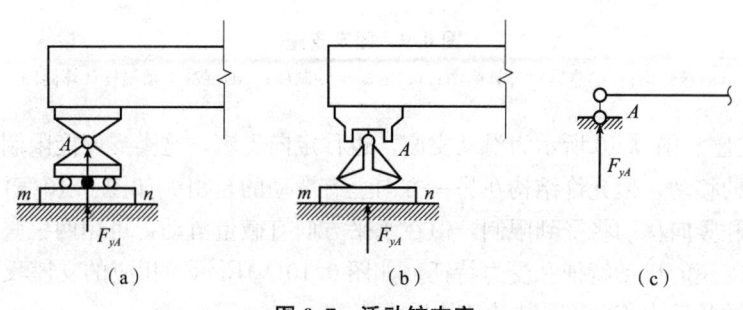

图 0.7　活动铰支座
(a)辊轴支座；(b)摆轴支座；(c)计算简图

(2)固定铰支座。固定铰支座的机动特征是结构仍可绕铰 A 转动,但沿水平和竖向的移动受到限制,如图 0.8(a)所示。此时,支座反力 F_{RA} 仍通过铰 A 的中心,通常分解成水平和竖向的分反力 F_{xA} 和 F_{yA}。根据固定铰支座的机动特征和受力特征,可用如图 0.8(b)或图 0.8(c)所示的计算简图表示。

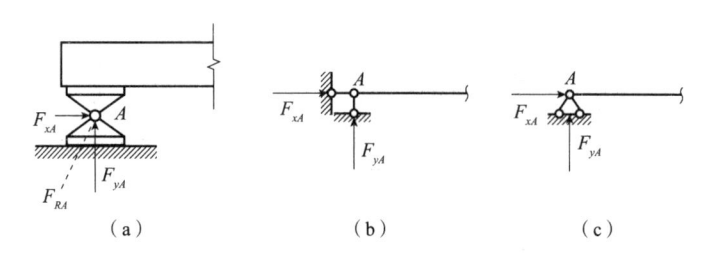

图 0.8 固定铰支座
(a)受力分析;(b)(c)计算简图

(3)固定支座。图 0.9(a)所示一悬臂梁,当梁端插入墙身有一定深度时,则可视作固定支座。固定支座的机动特征是结构与支座相连接的 A 处,既不能发生转动,也不能发生水平和竖向的移动。相应的支座反力,通常可用反力矩 M_A 和水平及竖向分反力 F_{xA} 和 F_{yA} 来表示,如图 0.9(b)所示。图 0.9(c)所示为混凝土预制柱,杯口内由细石混凝土填实,当预制柱插入杯口至足够深度时,则杯口面 A 处可视为固定支座,其计算简图如图 0.9(d)所示。

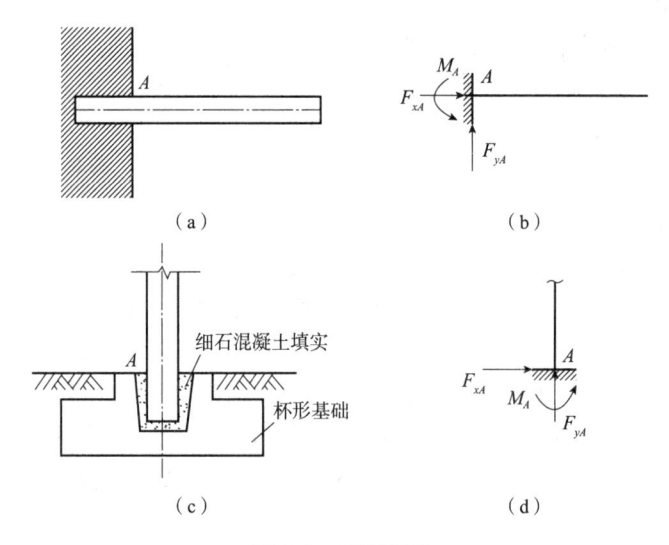

图 0.9 固定支座
(a)悬臂梁;(b)悬臂梁计算简图;(c)混凝土预制柱;(d)混凝土预制柱计算简图

(4)滑动支座。图 0.10 所示为滑动支座,也称定向支座,这类支座能限制结构的转动和沿一个方向上的移动,但允许结构在另一方向上有滑动的自由。如图 0.10(a)所示,结构在支座处的转动和竖向移动将受到限制,但在水平方向有微量滑动,可用两根竖向平行支杆来表示这类滑动支座的机动特征和受力特征,如图 0.10(b)所示。相应的支座反力有两个:限制竖直方向移动的反力 F_{yA} 和限制转动的反力矩 M_A。

上述四种支座,均假设支座本身是不能变形的,计算简图中相应的支杆也被认为其本身是不能变形的刚性链杆，这类支座称为刚性支座。

（5）弹性支座。若要考虑支座本身的变形，则这类支座称为弹性支座。图 0.11(a)所示的桥面结构，桥面板上的荷载通过纵梁传给横梁，然后由横梁传给主梁，最后由主梁传给桥墩。在荷载的传递过程中，各横梁将起支承纵梁的作用；同时受荷载作用后，中间各横梁将产生弯曲变形而引起竖向位移，此时横梁相当于一个弹簧作用，可用一根竖向弹簧来表示这种支座的性能。它具有一定的抵抗移动的能力，称为抗移弹性支座。图 0.11(b)所示为纵梁的各中间支座。另外一种弹性支座具有一定的抵抗转动的能力，称为抗转弹性支座。

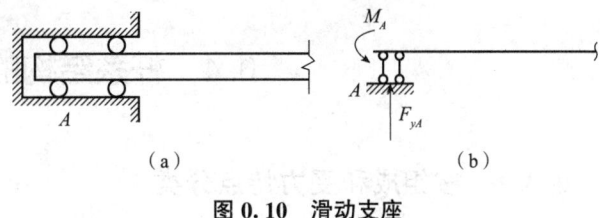

图 0.10 滑动支座
(a)滑动支座示意；(b)计算简图

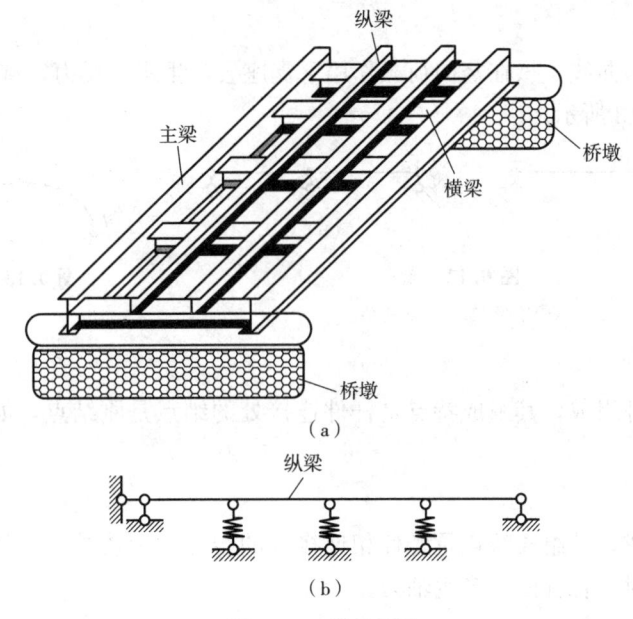

图 0.11 弹性支座
(a)桥面结构；(b)纵梁的各中间支座

5. 材料性质的简化

在土木工程中，所用的建筑材料通常为钢、混凝土、砖、石、木料等，在结构计算中，对组成个构件的材料简化为连续的、均匀的、各向同性的、完全弹性或弹塑性的。

6. 荷载的简化

结构承受的荷载可分为体积力和面积力。体积力是指结构的重力或惯性力等，表面力是指由其他物体通过接触面传给结构的作用力，如土压力、轮压力和地震力等，荷载按照其分布情况可分为集中力荷载和分布荷载。

结构计算简图的选择十分重要，又很复杂，需要选择者有较多的实际工程经验。对一些新型结构，往往要通过多次的实验和实践，才能得到可以使用的结构形式，已有前人积累的经验，可以直接取其常用的计算简图。结构计算简图的选取是在本课程、后续相关课程及长期工程实践中逐步形成的。

0.4 杆系结构的分类

0.4.1 按组成和受力特点分类

在结构分析中,人们是用计算简图代替实际结构的。所谓结构分类,实际上是指结构计算简图的分类。杆系结构按其组成和受力特点通常可分为以下五种类型。

1. 梁

梁是一种受弯构件,它的轴线一般为直线,在竖向荷载作用下支座不产生水平反力。梁可以是单跨的,如图 0.12(a)所示,也可以是多跨的,如图 0.12(b)所示。

2. 拱

拱的轴线一般为曲线,拱在竖向荷载作用下支座会产生水平反力,从而可以减小拱截面上的弯矩,如图 0.13 所示。

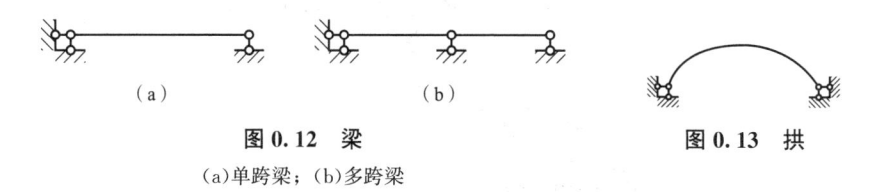

图 0.12 梁
(a)单跨梁;(b)多跨梁

图 0.13 拱

3. 刚架

刚架通常由直杆组成,其组成特点是杆件连接处的结点是刚结点,如图 0.14 所示。刚架有时也称为框架。

4. 桁架

桁架由直杆组成,其组成特点是各杆相连接处的结点均为铰结点,如图 0.15 所示。当桁架承受结点荷载时,各杆内只产生轴力。

5. 组合结构

组合结构是由桁架杆件和梁,或桁架杆件和刚架等组合而成的结构,如图 0.16 所示。其受力特点为除桁架杆件只承受轴力外,其余受弯杆件能同时承受轴力、剪力和弯矩。

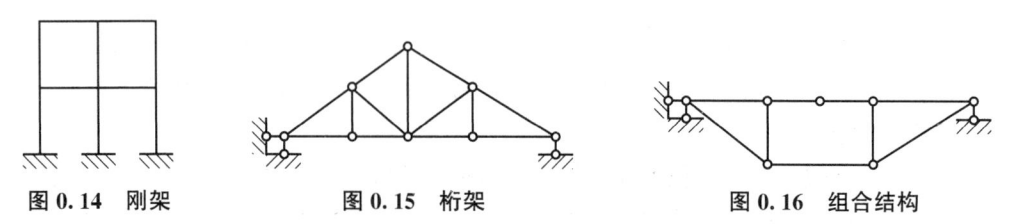

图 0.14 刚架　　图 0.15 桁架　　图 0.16 组合结构

上述五种类型的杆系结构是最基本的结构类型,此外还有悬索结构等结构类型。

0.4.2 按计算特点分类

按杆件结构的计算特点,杆系结构可分为静定结构和超静定结构两大类。

(1)静定结构。凡用静力平衡条件可以确定全部支座反力和内力的结构称为静定结构。
(2)超静定结构。凡不能用静力平衡条件确定全部支座反力和内力的结构称为超静定结构。

0.4.3 按杆件和荷载在空间的位置分类

按杆件和荷载在空间的位置，杆系结构可分为平面结构和空间结构。
(1)平面结构。各杆件的轴线和荷载都在同一平面内，称为平面结构。平面结构是本书讨论的重点。
(2)空间结构。各杆件的轴线和荷载不在同一平面，或者各杆件轴线虽在同一平面内，但荷载不在该平面内时，称为空间结构。

0.5 荷载的分类

荷载是主动作用于结构上的外力。例如，结构本身的自重，工业厂房结构上的吊车荷载，行驶在桥梁上的车辆荷载，作用于水工结构上的水压力或土压力等。

根据荷载作用时间的久暂及荷载作用的性质，荷载可做如下分类：

0.5.1 按荷载作用时间的久暂划分

(1)恒载。永久作用在结构上的不变荷载称为恒载，如结构本身的自重及永久固定在结构上的设备质量等。在结构的使用阶段，上述荷载的大小、位置和方向均不改变。
(2)活载。临时作用在结构上的可变荷载称为活载，如列车、吊车荷载、人群、风、雪荷载等。在具体进行结构计算时，通常把恒载及有些活载(如人群、风雪荷载)在结构上的作用位置视作固定的，这类荷载又称为固定荷载。有些活载(如起重机、汽车和列车荷载)在结构上的作用位置是移动的，这类荷载又称为移动荷载。

0.5.2 按荷载作用的性质划分

(1)静力荷载。静力荷载的大小、位置和方向并不随时间而变化，荷载的加载过程比较缓慢，一般设想由零逐渐增加到最终值。因此在静力荷载作用下，认为结构上的质量并不产生显著的加速度和相应的惯性力，从而不会使结构引起振动。结构的自重和其他恒载都是静力荷载的实例。
(2)动力荷载。动力荷载是随时间迅速变化的荷载，在动力荷载作用下，结构的质量将产生显著的加速度和相应的惯性力，因而引起结构明显的运动或振动。例如，机器运转时由于偏心质量的存在所产生的荷载，地震时由于地面运动对结构物所引起的动力作用，波浪压力对水工结构物的冲击，其他如因爆破所引起的气浪冲击波、风的脉动荷载等，都是动力荷载的实例。

工程案例与素养提升　　　　　习题

第1章 平面体系的几何组成分析

1.1 基本内容

1.1.1 杆件体系分类和几何组成分析的目的

在任意荷载作用下,如果一个体系的几何形状与位置是可以改变的,不能用作工程结构;对于可用作工程结构的体系,若不考虑材料的变形,结构的几何形状与位置必须保持不变。

在荷载作用下,结构中的杆件由于材料产生变形,它使结构的几何形状产生微小变化。分析杆件体系的形状时,不考虑这种微小变形产生的形状变化,即将杆件看成没有变形的刚体(平面刚体,称为刚片)。

1. 杆件体系分类

根据杆件体系的形状和位置,杆件体系分类如下:

(1)几何不变体系:在任意荷载作用下如不考虑材料变形,体系的几何形状和位置不发生任何改变,如图1.1(a)所示。

(2)内部几何不变体系:虽然其位置在平面内是可以改变的(可以整体移动和转动),但三角形的形状是不可能改变的,图1.1(b)所示为铰结三角形。

(3)几何可变体系:即使在很小的荷载作用下,也会发生机械运动,而使体系的几何形状和位置发生改变,如图1.1(c)所示。

(4)内部几何可变体系:不仅其位置在平面内是可以改变的,四边形的形状也是可以改变的,图1.1(d)所示为铰结四边形。

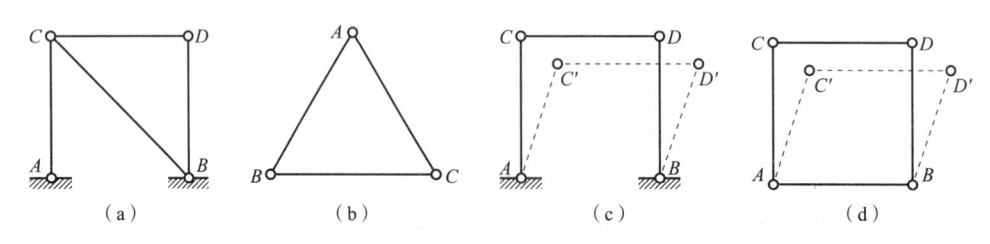

图1.1 几何组成分析
(a)几何不变体系;(b)内部几何不变体系;(c)几何可变体系;(d)内部几何可变体系

2. 几何组成分析的目的

这种判别体系是否几何可变所进行的几何组成性质的分析,称为机动分析或几何组成分析。几何组成分析的目的如下：

(1)研究几何构造的基本规律，保证结构几何图形的不变性。

(2)根据体系的几何构造分析确定静定结构与否，无多余约束的几何不变体系是静定结构，有多余约束的几何不变体系是超静定结构。

(3)根据体系的几何构造分析确定静定结构的受力分析顺序。

(4)根据体系的几何构造分析确定结构动力分析的动力自由度。

1.1.2 基本概念

1. 自由度

一个体系的自由度表示该体系运动时独立变化的几何参数数目，也就是确定物体位置所需的独立坐标数目。

(1)平面中一个动点的自由度。在平面中，一个动点自由运动时可以分解为两个方向的移动，其位置要用两个独立坐标 x 和 y 来确定，如图 1.2(a)所示。所以，平面中一个动点的自由度为 2。

(2)平面中一个刚片的自由度。在平面中，一个刚片自由运动时，可以分解为两个方向的移动和绕某点的一个转动，其位置可用它上任一点 A 的坐标 x、y 和确定任一直线 AB 的倾角 θ 来确定，如图 1.2(b)所示。所以，平面中一个刚片的自由度为 3。

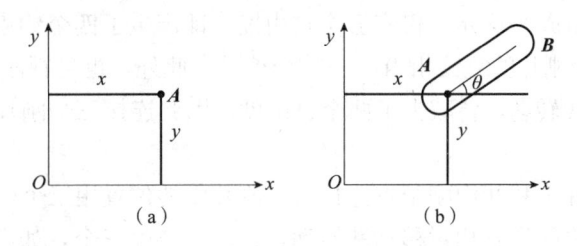

图 1.2 自由度
(a)点的自由度；(b)刚片的自由度

2. 约束

使体系减少自由度的装置或连接，称为约束。减少几个自由度的装置或连接就相当几个约束。

(1)支座约束。

1)活动铰支座能限制刚片点 A 的垂直方向移动，但不能限制其水平方向移动和绕 A 点的转动，减少了一个自由度，相当于一个约束，如图 1.3(a)所示，一个支座链杆相当于一个约束。

2)固定铰支座能限制刚片点 A 的水平和垂直方向移动，但不能限制其绕 A 点的转动，减少了两个自由度，相当于两个约束，如图 1.3(b)所示，一个固定铰支座链杆相当于两个约束。

3)固定支座不但能限制刚片点 A 的水平和垂直方向移动，而且能限制其绕 A 点的转动，减少了三个自由度，相当于三个约束，如图 1.3(c)所示，一个固定支座链杆相当于三个约束。

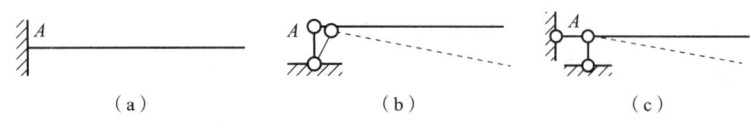

图 1.3 支座约束

(a)活动铰支座；(b)固定铰支座；(c)固定支座

(2)刚片间的链接约束。在平面内一个刚片有三个自由度，一个独立刚片有六个自由度，彼此间有连接后，自由度将减少。

1)链杆。对于刚片间的链杆约束，刚片Ⅰ和刚片Ⅱ用链杆AB连接在一起，两独立的刚片有六个自由度，用链杆连接后，自由度减少为五；因为用三个坐标可确定刚片Ⅰ的位置，刚片Ⅱ再用两个坐标x、y即可确定其位置，如图1.4(a)所示，因此，一个刚片间的链杆相当于一个约束。

2)铰。刚片Ⅰ和Ⅱ用一个铰A连接在一起，这种连接两刚片的铰称为单铰。两个独立的刚片在平面内有六个自由度，用铰连接后，自由度减少为四；因为用三个坐标x、y和θ_2便可确定刚片Ⅰ的位置，刚片Ⅱ此时只能绕点A转动，且需一个转角θ_1就可以确定其位置，如图1-4(b)所示。由此可见，一个单铰能减少两个自由度，即一个单铰相当于两个约束。

一个铰同时连接两个以上的刚片称为复铰。如图1.4(c)所示，刚片Ⅰ、Ⅱ和Ⅲ用复铰A相连。三个独立的刚片有九个自由度，铰结后，点A可用x和y两个坐标确定，三个刚片分别用三个坐标θ_1、θ_2和θ_3来确定，仅有五个自由度，即产生了四个约束，相当两个单铰。由此类推可得，连接n个刚片的复铰相当$(n-1)$个单铰。此外，也可视刚片Ⅰ位置确定，此时Ⅱ、Ⅲ刚片仅能绕点A转动，各减少了两个自由度，因此连接三个刚片的复铰相当于两个单铰作用。

3)简单刚结。刚片Ⅰ和Ⅱ用刚结点连接后，刚片Ⅰ的位置用三个坐标x、y和θ_1便可确定，刚片Ⅱ与刚片Ⅰ之间没有相对移动和转动，自由度减少三个，如图1.4(d)所示。因此，一个简单刚结点相当于三个约束。

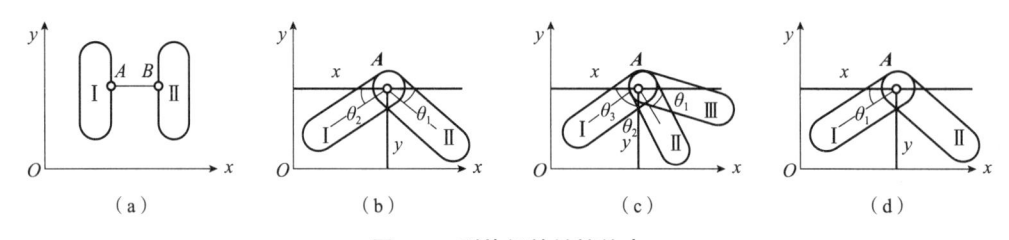

图 1.4 刚片间的链接约束

(a)链杆；(b)单铰；(c)复铰；(d)简单刚结点

3. 必要约束和多余约束

在杆件体系中能限制体系自由度的约束，称为必要约束。而对限制体系自由度不起作用的约束，称为多余约束。

如图1.5(a)所示，自由杆AB有三个自由度，如果用三根不交于一点的支杆1、2、3把AB与基础相连，如图1.5(b)所示，则AB被固定，三个自由度受到了约束，成为几何不变的悬臂梁。因此，支杆1、2、3都是必要约束。如果在图1.5(b)的梁B点再增加一支杆4

与基础相连，如图 1.5(c)所示，则支杆 4 即为多余约束，可将三根竖直支杆 2、3、4 中的任何一根看成是多余约束，而水平支杆 1 是必要约束。

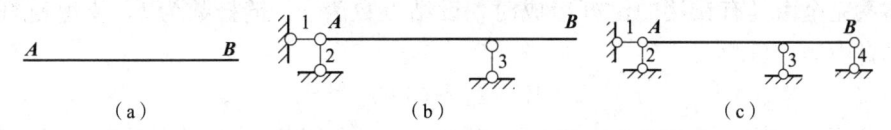

图 1.5　必要约束和多余约束

(a) 自由杆；(b) 必要约束；(c) 有多余约束

4. 约束代换和瞬铰

一个简单铰相当于两个约束，两根链杆也相当于两个约束，而约束是可以代换的。为了将约束代换的概念扩大，引入瞬铰的概念。

不在同一直线上的两个链杆连接两个刚片，两个链杆相当于一个铰。如果不在同一直线上的两个链杆 AB 和 AC 交于刚片上的 A 处，如图 1.6 所示，则 A 为实铰。如果连接两个刚片的两个链杆不在刚片上相交，两链杆的交点处形成的铰称为虚铰，如图 1.7 所示。虚铰的位置是变化的，因此又称瞬铰。

图 1.7 中连接两个刚片 I 和 II 的两个链杆 AB 和 CD 交于刚片外 O 点。刚片 I 和 II 之间用两个链杆相连，减少了互相之间的两个相对移动自由度，但还有一个相对转动自由度。现在来确定两者间的转动中心。如果刚片 I 相对固定，则刚片 II 上的 A 点沿以 B 为圆心、AB 为半径的圆弧运动，而 C 点则绕以 D 为圆心、CD 为半径的圆弧运动；而 AB 和 CD 的交点为 O，所以，可以看成刚片 II 以两个链杆的交点 E 为圆心，沿两链杆的垂直方向运动，即绕铰 E 转动，因此，可以看成两个刚片用两个链杆在其交点处形成瞬铰相连。瞬铰 E 即两者间的相对转动中心。随刚片 II 的位置的微小变化，瞬铰 E 的相应位置由 O 变化到 O′，由此可见，瞬铰的位置是瞬时变化的。

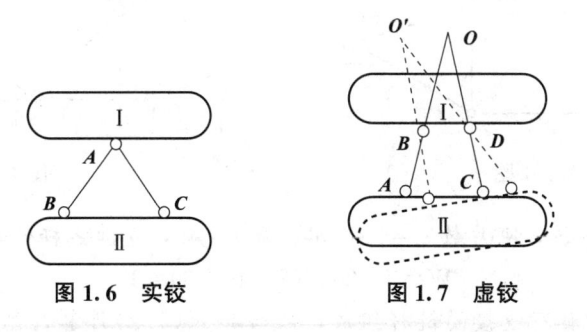

图 1.6　实铰　　　　**图 1.7　虚铰**

1.1.3　计算自由度

一个平面体系，通常是由若干个刚片彼此用约束相连并用支座链杆与基础相连而成的，其自由度 W 可定义为自由体的自由度数减去约束总数。

设体系刚片数为 m，单铰数为 n，支座链杆数为 r，当各刚片都视为自由体时，即不考虑铰与支座链杆的约束，这些刚片所具有的自由度数为 $3m$，而所加的单铰约束与支座链杆约束为 $(2n+r)$，得到计算自由度的式(1.1)。

$$W = 3m - (2n + r) \tag{1.1}$$

式中，n 是单铰数目，如遇复铰，应把它折算成单铰代入公式计算。

当体系完全由具有铰接的链杆组成时，设结点数为 J，链杆数为 b，支座链杆数为 r，得到计算自由的式(1.2)。

$$W = 2J - (b + r) \tag{1.2}$$

任何平面体系的计算自由度均有以下三种情况，用于判断体系是否具有几何不变的可能性：$W>0$，体系的约束数量不足，不能限制刚片的所有运动方式，体系为几何可变；$W=0$，体系的约束总数等于各杆件自由度数总和，体系满足几何不变所必需的最小约束项目；$W<0$，体系的约束总数大于各杆件自由度数总和，体系有多余约束。

【例 1.1】 求图 1.8 所示体系的自由度 W。

解：按式(1.1)计算，体系由 ACE、EFB、AD、CD、FG、BG 及 DG 七个刚片组成。复铰 D 和复铰 G 相当于两个单铰，E 处为一个单铰，各单铰数见各结点处括号内数字，A 处为固定铰支座，相当于两根链杆，B 处为活动铰支座，相当于一根链杆；故刚片数 $m=7$，单铰数 $n=9$，支座链杆数为 $r=3$。

$$W = 3 \times 7 - (2 \times 9 + 3) = 0$$

故体系无多余约束。

【例 1.2】 求图 1.9 所示体系的自由度 W。

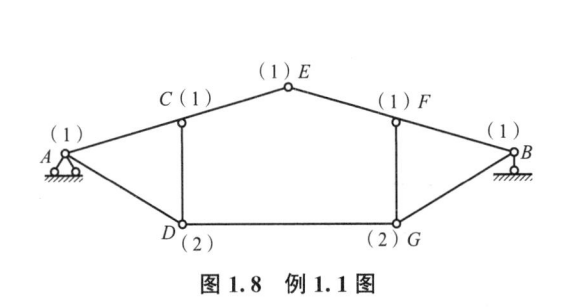

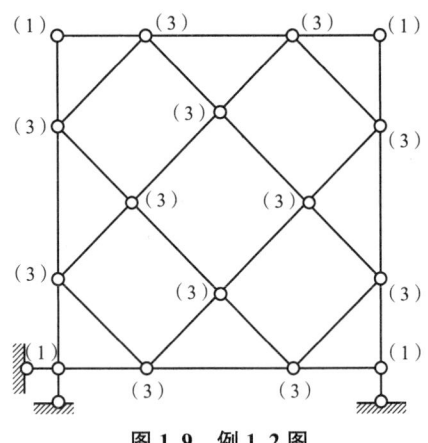

图 1.8　例 1.1 图

图 1.9　例 1.2 图

解：按式(1.1)计算，刚片数 $m=28$，单铰数 $n=40$，支座链杆数为 $r=3$，

$$W = 3 \times 28 - (2 \times 40 + 3) = 1$$

因为体系完全由具有铰接的链杆组成，故可按式(1.2)计算，结点数为 $J=16$，链杆数为 $b=28$，支座链杆数为 $r=3$

$$W = 2 \times 16 - (28 + 3) = 1$$

由 $W>0$ 可判定其不能作为结构，上述两种计算结果一致，但式(1.2)计算较简便。

实际上每一个约束不一定都能使体系减少一个自由度，这与约束布置有关，因此，W 不一定能反映体系的真实自由度。但还是可以根据 W 首先判断约束的数目是否足够。

有时不考虑支座影响，仅检查体系本身(或体系内部)的几何不变性。由于整个体系作为刚片在平面内有 3 个自由度，因此，体系本身几何不变时需满足 $W<3$ 的条件。但一个几何

不变体系满足 $W \leq 0$（或 $W \leq 3$）仅是必要条件，不是充分条件。因为由于约束布置不合理，仍会导致体系是几何可变，不能应用于结构，为了能够判别体系是否几何不变，还必须研究几何不变体系的合理组成规则。

1.2 几何不变体系的基本组成规则

在平面体系中，几何不变体系无多余约束的平面杆件的简单组成规则有三个。

1.2.1 规则一（三刚片规则）

三刚片规则：三个刚片用不在同一直线上的三个单铰两两相连，所组成的体系是没有多余联系的几何不变体系。

自然界中铰结三角形是稳定体系，如图 1.10(a) 所示，将链杆 BC 视为刚片Ⅰ，链杆 AB 视为刚片Ⅱ，链杆 AC 视为刚片Ⅲ，如图 1.10(b) 所示。刚片Ⅰ、Ⅱ和Ⅲ用不在同一直线上的 A、B、C 3 个铰两两相连，若将刚片Ⅰ固定不动，则刚片Ⅱ只能绕点 A 转动，其上点 C 必在半径为 AC 的圆弧上运动，同理，刚片上的点 C 必在半径为 BC 的圆弧上运动，现因点 C 用将刚片Ⅱ和Ⅲ相连，点 C 也不能同时在两个不同的圆弧上运动，故各刚片之间不可能发生相对运动。因此，体系为无多余约束的几何不变体系。

由于两根链杆的作用相当于一个单铰，故可将任一单铰换成两根链杆所构成的虚铰。据此可知，图 1.10(c)、(d)所示体系也是无多余联系的几何不变体系。

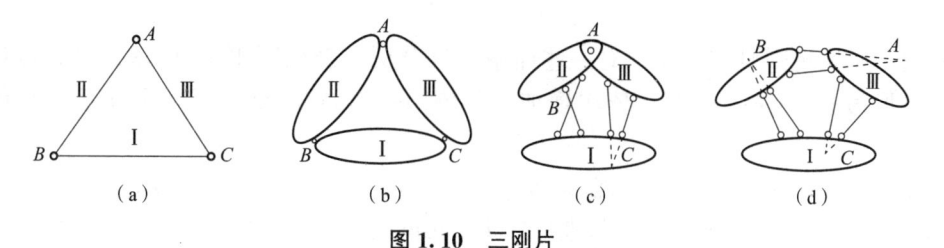

图 1.10 三刚片
(a)铰结三角形；(b)刚片结构；(c)(d)无多余联系的几何不变体系

1.2.2 规则二（两刚片规则）

两刚片规则：两刚片用不全交于一点也不全平行的三根链杆相连，所组成的体系是没有多余联系的几何不变体系。

如图 1.11(a)所示，若将刚片Ⅰ和Ⅱ用两根不平行的链杆 AB 和 CD 相连，设刚片Ⅰ固定不动，则 A、C 两点将为固定；当刚片Ⅱ运动时，其上 B、D 两点分别沿 AB 杆与 CD 杆的垂直方向运动，故刚片Ⅱ运动将绕 AB 与 CD 杆延长线的交点 O 而转动。同理，若刚片Ⅱ固定，则刚片Ⅰ也将绕点 O 转动。点 O 称为刚片Ⅰ和Ⅱ的相对转动瞬心，其约束作用相当一个单铰。但位置随链杆的转动而变，与一般的铰不同，通常将这种铰称为虚铰，有时也称为瞬铰。

此时，如果加上链杆 EF，如图 1.11(b)所示，且延长线不通过点 O，它就能阻止刚片Ⅰ和Ⅱ之间的相对转动；也可将图 1.10(b)中的刚片Ⅲ还原为链杆 AC，如图 1.11(c)所示，满足铰结三角形是稳定体系。因此，这时所组成的体系是无多余联系的几何不变体系，这就阐明了上述规则的正确性。

由于两根链杆的作用相当于一个单铰，故规则一也可叙述为两刚片用一个单铰和一根不通过该铰的链杆相连，则所组成的体系是无多余联系的几何不变体系，如图1.11(c)、(d)所示。

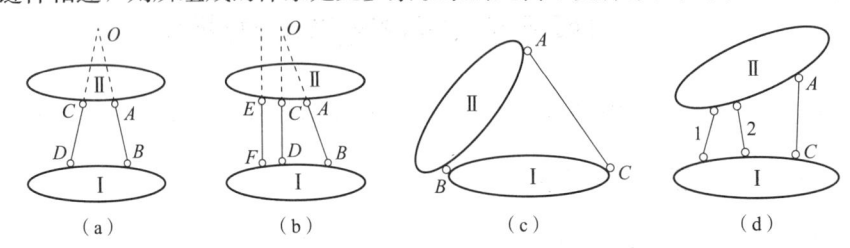

图 1.11 两刚片
(a)单铰；(b)单铰+链杆；(c)(d)无多余联系的几何不变体系

1.2.3 规则三(二元体规则)

在一个体系上增加(或减去)一个二元体，不改变该体系的几何不变性或可变性。所谓二元体是指由两根不在一条直线上的链杆连接一个新结点的装置，如图1.12中所示 ABC 部分。在平面内增加一个新结点 A 将增加两个自由度，而新增加的两根不共线的链杆 AB、AC 相当两根链杆约束，恰好减去新结点 A 的两个自由度，故二元体既不能增加体系的自由度，也不能给原体系提供多余的约束。那么也就不会影响原体系的几何不变性或可变性。

利用二元体规则可较方便地对一些体系进行分析。例如图1.13所示体系，可任选一铰结三角形为基础(如1-2-3)，依次增加二元体(1-4-3等)所组成无多余联系的几何不变体系。

此外，也可用拆除二元体的方法来分析，这将是增加二元体的一个逆过程首先，从体系的外部(7-9-10)开始依次向体系内部进行拆除二元体最后剩下铰结三角形为几何不变体。

从以上分析可以看出，加二元体一般从体系内部找一刚片，然后利用逐步扩大刚片的方法，此类二元体一般是不可拆除的(结点由3根或3根以上的链杆连接)而减二元体是从体系的外部找到这种可去的二元体(结点仅用两根链杆连接)，逐步向体系内部进行分析的方法，两者不能混淆。

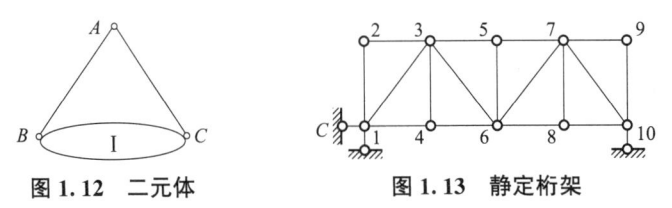

图 1.12 二元体　　　图 1.13 静定桁架

1.2.4 瞬变体系

在上述规则中都有一些限制条件，如两刚片规则中三根链杆不能全交于一点，也不能全平行；三刚片的三铰不能在同一直线上等。现对这些条件进行讨论。

如图 1.14(a)所示，两刚片用全交于一点 O 的三根链杆相连，此时两个刚片可以绕点 O 做相对转动。但是在发生微小转动后，三根链杆就不会全交于一点，从而就不继续发生相对转动，这种体系称为瞬变体系。瞬变体系也是一种几何可变体系。如图 1.14(b)所示，两个刚片用三根互相平行但不等长的链杆相连，此时两刚片可以沿与链杆垂直方向发生相对移动。但是，在微小移动发生后，此三根链杆不再相互平行，故这种体系也属瞬变体系。若三根平行链杆等长，如图 1.14(c)所示时，刚片发生相对运动后，三根链杆保持平行不变，运动将持续发生，这样的几何可变体系称为常变体系。因此，几何可变体系又包括常变体系和瞬变体系两种。

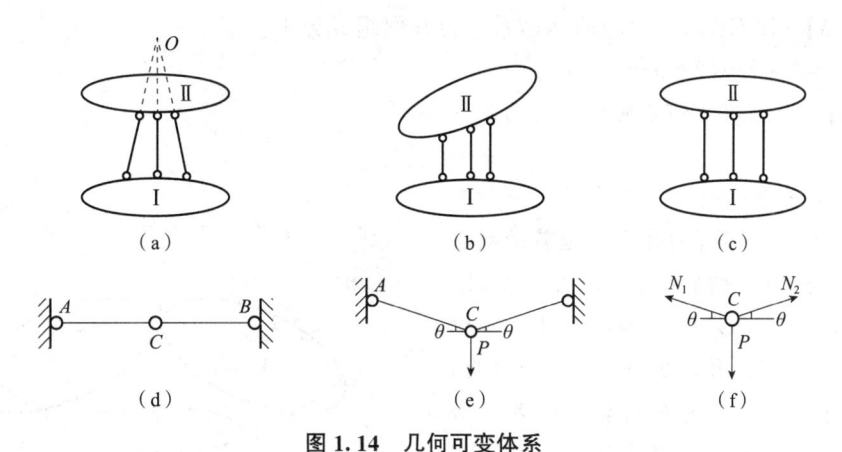

图 1.14　几何可变体系
(a)(b)(d)瞬变体系；(c)常变体系；(e)微小位移；(f)受力分析

如图 1.14(d)所示，三个链杆，它们之间用位于一直线上的三个单铰两两相连，此时点 C 位于以 AC 和 BC 为半径的两个相切圆弧的公切线上，故在这一瞬间，点 C 可沿此公切线做微小运动。不过一旦移动后，三个铰就不再位于一条直线上，运动不再继续下去，故此体系也是一个瞬变体系。

瞬变体系虽然只是"瞬时可变"随后即转化为几何不变，但是在工程结构中不能采用瞬变体系。图 1.14(e)所示的体系内力，取结点 C 为隔离体，如图 1.14(f)所示。由 $\sum X=0$ 得 $N_1=N_2=N$，再由 $\sum Y=0$ 得 $2N\sin\theta=P$，计算出 $N=P/2\sin\theta$。当 $\theta=0$ 时，便是瞬变体系。此时，若 $P\neq 0$，则 $N\to\infty$。这表明，瞬变体系即使在很小的荷载作用下，也会产生很大的内力，从而可导致体系的破坏。因此，工程结构中不能采用瞬变体系，而且对于接近瞬变的体系也应避免。

1.3　几何组成分析示例

对一个体系进行几何组成分析时，可以先计算自由度，如果自由度大于零，则可判定为几何可变。否则，必须直接对体系进行几何组成分析。

几何组成分析的依据就是前述所讲的几个简单组成规则，问题在于如何正确和灵活地运用它们去分析各种各样的体系。下面将介绍一些选取刚片的基本技巧。

(1)地基与体系是否为交于一点的三支座链杆连接。是，则体系为几何可变；不是，则可不考虑体系与地基的联系而直接对体系进行机动分析，此时一般地基应视为刚片。

(2)体系有二元体时，可先去掉二元体，或找出简单的局部几何不变体，采用逐步扩大分析法，从基础或内部刚片出发增加二元体。

(3)可进行等效替换。复杂形状曲杆、折线链杆可用直杆替换，刚片无所谓形状，可用杆件或简单刚片对复杂刚片作替代。

(4)虚铰的应用，尤其是无穷远处虚铰的应用，要注意体系是否为瞬变体系。

(5)切勿重复或遗漏使用约束。

【例1.3】 试对图1.15(a)所示体系进行几何组成分析。

解： $W=3\times7-(2\times9+3)=0$

这表明体系具有几何不变所必需的最少约束数。

解法一： 地基与体系不是交于一点的三支座链杆连接，可不考虑体系与地基的联系而直接对体系进行机动分析。如图1.15(b)所示，视铰结三角形 ACD 为刚片 I，铰结三角形 GBF 为刚片 II，链杆 DG 为刚片 III，刚片 I 和刚片 II 用单铰 E 连接，刚片 I 和刚片 III 用单铰 G 连接，刚片 II 和刚片 III 用单铰 D 连接，根据三刚片规则，三个刚片用不在同一直线上的三个单铰两两相连，则所组成的体系是无多余联系的几何不变体系。

解法二： 地基与体系不是交于一点的三支座链杆连接，可不考虑体系与地基的联系而直接对体系进行机动分析。如图1.15(c)所示，视铰结三角形 ACD 为刚片 I，铰结三角形 GBF 为刚片 II，刚片 I 和刚片 II 用单铰 E 和链杆 DG 连接，根据两刚片规则，两刚片用一个和一根不通过该铰的链杆相连，则所组成的体系是无多余联系的几何不变体系。

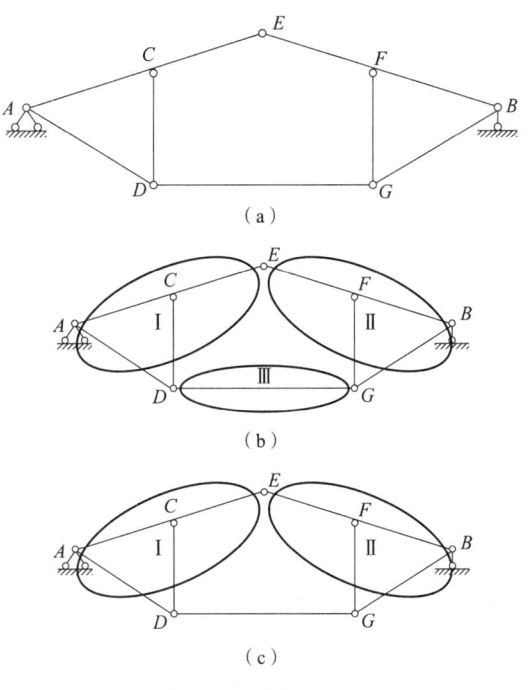

图1.15 例1.3图

【例1.4】 试对图1.16(a)所示体系进行几何组成分析。

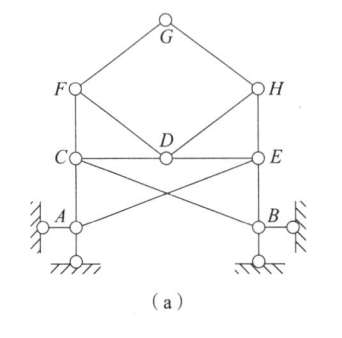

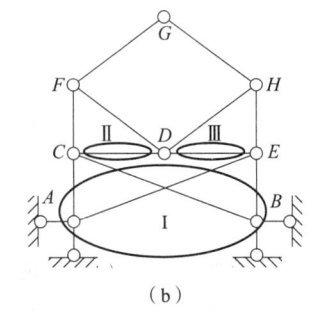

图1.16 例1.4图

解： $W=2\times8-(12+4)=0$

这表明体系具有几何不变所必需的最少约束数。

如图 1.16(b)所示，去掉二元体 FGH、CFD、DHE，刚片 I 是在基础上增加固定铰支座 A 和 B，二元体 AEB、ACB，将链杆 CD 视为刚片 II，链杆 DE 视为刚片 III，刚片 I 和刚片 II 用单铰 C 连接，刚片 I 和刚片 III 用单铰 E 连接，刚片 II 和刚片 III 用单铰 D 连接，三个刚片用在同一直线上的三个单铰两两相连，则所组成的体系是无多余联系的瞬变体系。

【例 1.5】 试对图 1.17(a)所示体系进行几何组成分析。

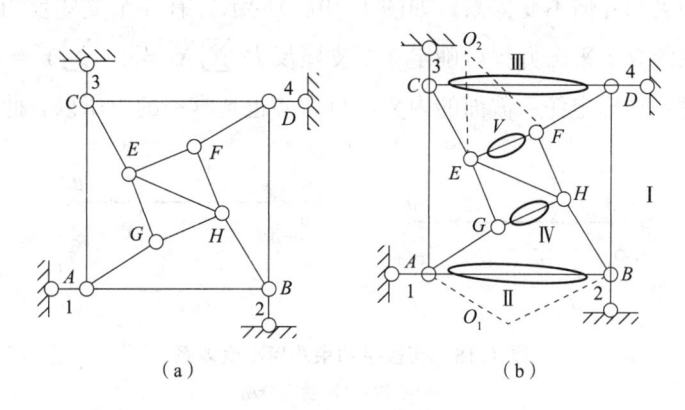

图 1.17 例 1.5 图

解： $W=2\times8-(13+4)=-1$

这表明体系具有 1 个多余约束数。

如图 1.17(b)所示，将基础视为刚片 I，将链杆 AB 视为刚片 II，链杆 CD 视为刚片 III，刚片 I 和刚片 II 用支座链杆 1 和 2 形成的虚铰 B 连接，刚片 I 和刚片 III 用支座链杆 3 和 4 形成的虚铰 C 连接，刚片 II 和刚片 III 用链杆 AC 和 BD 形成的虚铰 O_1 连接，三个刚片用不在同一直线上的三个单铰两两相连则所组成的体系是无多余联系的几何不变体系 A。将链杆 GH 视为刚片 IV，链杆 EF 视为刚片 V，A 和刚片 IV 用链杆 AG 和 BH 形成的虚铰 H 连接，A 和刚片 V 用链杆 CE 和 FD 形成的虚铰 E 连接，刚片 IV 和刚片 V 用链杆 EG 和 FH 形成的虚铰 O_2 连接，三个刚片用不在同一直线上的三个单铰两两相连则所组成的体系是无多余联系的几何不变体系。链杆 EF 多余，故原体系为具有 1 个多余约束的几何不变体系。

1.4 几何构造与静定性的关系

基于三个规则分析结果，体系可分为几何不变和几何可变两类。几何可变包括瞬变和常变两种，几何不变有无多余约束和有多余约束两种情况。为了更好地了解各类体系的特点，可以从静力学解答方面做进一步探讨。

由于几何可变体系在任意荷载作用下一般不能维持平衡而将发生运动，因而也就没有静力学的解答。几何不变体系在任意荷载作用下均能维持平衡，因而平衡方程必定有解。但需要分无多余约束和有多余约束两种情况来讨论。

首先讨论具有多余约束的几何不变体系，如图 1.18(a)所示。该体系为具有一个多余联系的几何不变体系，假设在已知荷载作用下，去掉它的一个多余约束，以相应的力 X_1 代替，如图 1.18(b)所示。此时，体系仍然是几何不变的，故无论 X_1 为何值，它都能维持平衡。这是由于能建立的独立平衡方程只有 3 个，$\sum X=0$，$\sum Y=0$ 和 $\sum M=0$。除水平反力 H 可由 $\sum X=0$ 确定外，其余 3 个竖向反力便无法靠剩下的两个平衡方程来确定，当然也无法进一步确定其内力，所以此体系是超静定的。

对于无多余约束的几何不变体系，如图 1.19(a)所示，有 3 个支座反力，如图 1.19(b)所示。由平面力系的 3 个平衡方程可确定 3 个支座反力 $\sum X=0$，$\sum Y=0$ 和 $\sum M=0$。通过支座反力可进一步确定任一截面的内力。且解答也是唯一的。所以，此体系是静定的。

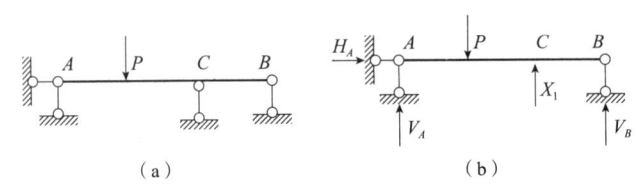

图 1.18　有多余约束几何不变体系

(a)原结构；(b)受力分析

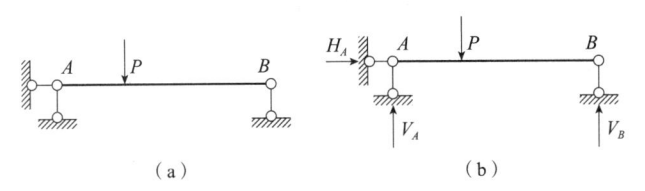

图 1.19　无多余约束几何不变体系

(a)原结构；(b)受力分析

因为瞬变体系在一般荷载作用下其内力为无穷大，也就是平衡方程无解；这表明瞬变体系绝不可以在工程中采用，对于接近它的体系，也应避免。

综合上述，静定结构与超静定结构的几何组成特征是无多余联系的几何不变体系，而超静定结构是具有多余约束的几何不变体系。

工程案例与素养提升　　习题　　答案

第 2 章 静定梁

静定梁在工程中应用广泛，一般可分为单跨静定梁和多跨静定梁两种。多跨静定梁可看作由单跨静定梁加入适当的约束而形成的结构。因此，单跨静定梁的受力分析是各种结构受力分析的基础。本章首先对单跨静定梁进行分析，进而介绍多跨静定梁的计算特点。

2.1 单跨静定梁的计算

在工程中单跨静定梁的应用很多，且其的受力分析是多跨静定梁、静定刚架等受力分析的基础。常见的单跨静定梁有简支梁、伸臂梁、悬臂梁三种类型，如图 2.1 所示。

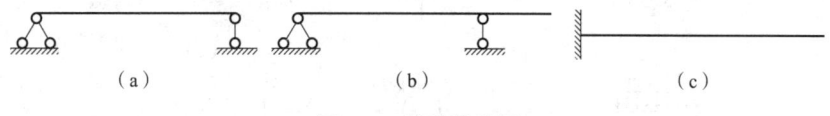

图 2.1 单跨静定梁
(a)简支梁；(b)伸臂梁；(c)悬臂梁

2.1.1 杆件截面内力及其正负号规定

从图 2.1 可以看出，无论是简支梁、伸臂梁还是悬臂梁，在任意荷载作用下，它们的支座反力均只有三个。取全梁为隔离体，利用三个静定平衡条件即可全部求得。对于梁任一截面上的内力计算可以采用截面法，即将欲求内力的截面处切开，取左边部分(或右边部分)为隔离体，将截面上的内力暴露出来，如图 2.2 所示。然后，利用隔离体的三个静力平衡条件，即可确定出该截面的三个内力分量：轴力 N、剪力 Q 和弯矩 M。

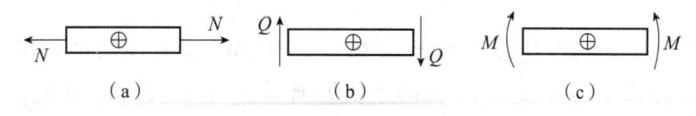

图 2.2 截面内力
(a)轴力 N；(b)剪力 Q；(c)弯矩 M

(1)杆件截面内力。
1)轴力：截面内力沿杆轴切线方向的分力。
2)剪力：截面内力沿杆轴法线方向的分力。
3)弯矩：截面内力对截面形心的力矩。

(2)截面内力正负号。

1)轴力：以拉力为正，压力为负。

2)剪力：绕隔离体顺时针旋转为正，反之为负。

3)弯矩：使杆件下部纤维受拉时，弯矩为正，反之为负。

2.1.2 截面内力求解方法——截面法

(1)截面法。沿指定截面将杆件截开，取截面的一边为隔离体，利用隔离体的三个平衡方程，可以确定该截面的三个内力分量。

【例 2.1】 图 2.3(a)所示简支梁，AC 段有均布荷载 $q=2$ kN/m，在截面 D 处作用水平力 $P=10$ kN，其偏心矩 $e=0.2$ m，用截面法计算截面 C、D_1、D_2 的内力。

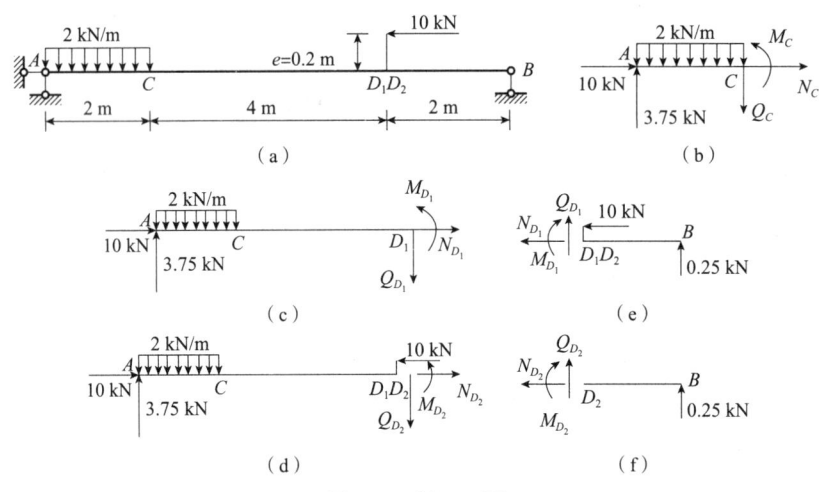

图 2.3 例 2.1 图

解： 在求梁内力以前，应先利用整体平衡条件求支座反力。

$\sum X = 0, X_A - 10 = 0, X_A = 10$ kN($\rightarrow$)

$\sum M_A = 0, 2 \times 2 \times 1 - 10 \times 0.2 - Y_B \times 8 = 0, Y_B = 0.25$ kN($\uparrow$)

$\sum M_B = 0, -2 \times 2 \times 7 - 10 \times 0.2 + Y_A \times 8 = 0, Y_A = 3.75$ kN($\uparrow$)

校核：$\sum Y = 0, 2 \times 2 - 3.75 - 0.25 = 0$

(1)求截面 C 的内力。沿截面 C 截开，取 C 左边 AC 段为隔离体，如图 2.3(b)所示。隔离体 AC 上作用的已知力有支座 A 的两个支座反力和梁上的均布荷载，未知力为截面 C 的三个内力 M_C、Q_C、N_C。未知内力按正方向画出。利用三个平衡条件，可求出截面 C 的内力。

$\sum X = 0, 10 + N_C = 0, N_C = -10$ kN

$\sum Y = 0, 3.75 - 2 \times 2 - Q_C = 0, Q_C = -0.25$ kN

$\sum M_C = 0, 3.75 \times 2 - 2 \times 2 \times 1 - M_C = 0, M_C = 3.5$ kN·m(下部受拉)

求得的 Q_C、N_C 为负值，说明截面 C 的轴力和剪力与隔离体上假设的方向相反，即轴力是压力，剪力是负剪力。求得的 M_C 为正说明截面 C 的弯矩与隔离体上假设的方向相同，即弯矩使梁下部纤维受拉。

(2) 求截面 D_1 的内力。沿截面 D_1 截开，取 D_1 左边部分 AD_1 段为隔离体[图 2.3(c)]。隔离体 AD_1 上作用的已知力有支座 A 的两个支座反力和梁上的均布荷载，未知力为截面 D_1 的三个内力 M_{D_1}、Q_{D_1}、N_{D_1}。利用三个平衡条件，可求出截面 D_1 的内力。

$\sum X = 0, 10 + N_{D_1} = 0, N_{D_1} = -10 \text{ kN}$

$\sum Y = 0, -3.75 + 2 \times 2 + Q_{D_1} = 0, Q_{D_1} = -0.25 \text{ kN}$

$\sum M_C = 0, 3.75 \times 6 - 2 \times 2 \times 5 - M_{D_1} = 0, M_{D_1} = 2.5 \text{ kN} \cdot \text{m}（下部受拉）$

(3) 求截面 D_2 的内力。沿截面 D_2 截开，取 D_2 左边部分 AD_2 段为隔离体[图 2.3(d)]。隔离体 AD_2 上作用的已知力有支座 A 的两个支座反力和梁上的均布荷载，未知力为截面 D_2 的三个内力 M_{D_2}、Q_{D_2}、N_{D_2}。利用三个平衡条件，可求出截面 D_2 的内力。AD_1 段没有水平集中力，而 AD_2 段则包括水平集中力。

$\sum X = 0, 10 - 10 + N_{D_2} = 0, N_{D_2} = 0$

$\sum Y = 0, -3.75 + 2 \times 2 + Q_{D_2} = 0, Q_{D_2} = -0.25 \text{ kN}$

$\sum M_{D_2} = 0, 3.75 \times 6 - 2 \times 2 \times 5 - 10 \times 0.2 - M_{D_2} = 0, M_{D_2} = 0.5 \text{ kN} \cdot \text{m}（下部受拉）$

(2) 用截面法求指定截面内力的一般步骤如下：

1) 沿指定截面截开，取截面一边（通常取受力简单的部分）为隔离体。

2) 画出隔离体受力图。

3) 建立隔离体的平衡条件，确定该截面的三个内力分量。

(3) 用截面法求指定截面内力的注意事项。要正确建立平衡方程，求得正确的内力结果，关键是要正确画出隔离体受力图。画隔离体受力图应注意以下几点：

1) 与周围的约束要全部截断，以相应的约束力代替。

2) 约束力要符合约束的性质。

3) 如实画出隔离体上的全部力，不要遗漏，也不可添加。

4) 隔离体受力图的表示必须清楚，明确。

(4) 用内力算式求解截面内力。以上是用截面法求杆件截面内力的正规做法。此方法的另一表现形式是不画隔离体，直接根据由截面内力定义得出的内力算式来计算。

轴力＝截面一边的所有外力沿杆轴切线方向投影的代数和；

轴力＝截面一边的所有外力沿杆轴法线方向投影的代数和；

弯矩＝截面一边的所有外力对截面的形心力矩的代数和。

对于直梁，当所有外力均垂直于梁轴线时，斜面上将只有剪力和弯矩，没有轴力。

2.1.3 荷载与内力之间的微分关系

结合图 2.4(a) 所示简支梁所受荷载，设竖向荷载向下为正，横坐标轴 x 向右为正，纵坐标轴 y 向下为正，截面内力正负号规定同前。

(1) 分布荷载的作用。在荷载连续分布的 CD 区段内，任意取微段 $\mathrm{d}x$ 为隔离体，如

图 2.4(b)所示,由平衡方程可得式(2.1)和式(2.2):

$$\left.\begin{array}{ll} \sum Y = 0 & \mathrm{d}Q/\mathrm{d}x = -q \quad (a) \\ \sum M_0 = 0 & \mathrm{d}M/\mathrm{d}x = Q \quad (b) \end{array}\right\} \quad (2.1)$$

$$\mathrm{d}^2 M/\mathrm{d}x^2 = -q \quad (2.2)$$

1)上述微分关系表达式的几何意义如下:

①式[2.1(a)]表示剪力图在某点的切线斜率等于该点的荷载集度,但两者正负号相反。

②式[2.1(b)]表示弯矩图在某点的切线斜率等于该点剪力。

③式(2.2)表示弯矩图曲线在某点的二阶导数(一阶导数变化率)等于该点的荷载集度,但符号相反。

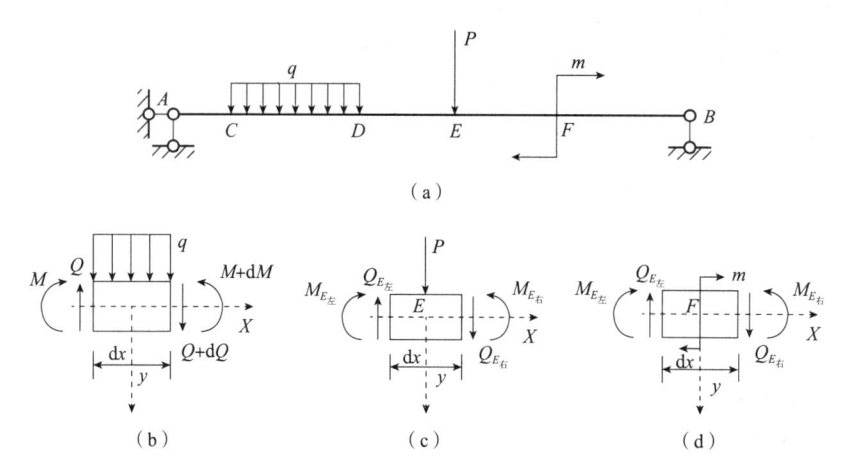

图 2.4 微段内力与荷载的关系
(a)简支梁承受荷载;(b)均布荷载作用的微段;(c)集中力作用的微段;(d)集中力偶作用的微段

2)上述微分关系说明在荷载连续分布的区段内,内力图的形状有以下特点:

①在均布荷载区段($q=$常数):

a. Q 图是 x 的一次式,Q 图是斜直线;若取剪力图纵坐标向上为正,q 向下作用时,斜直线自左向右向下倾斜。

b. M 图是 x 的二次式,M 图是抛物线;当 q 向下时,M 图的一阶导数的变化率为负,即曲线向下凸。

②在无荷载区段($q=0$):

a. Q 等于常数,Q 图是水平线。

b. M 图是 x 的一次式,M 图是斜直线,倾斜方向同剪力的符号。

(2)集中力作用。在集中力用点 E 附近取微段为隔离体,如图 2.4(c)所示,由平衡方程可得式(2.3):

$$\left.\begin{array}{ll} \sum Y = 0 & Q_E = Q_E - P \quad (a) \\ \sum M_0 = 0 & M_E = M_E \quad (b) \end{array}\right\} \quad (2.3)$$

1)式[2.3(a)]说明在集中力作用点的两侧剪力值是不等的,两侧剪力相差值为 P,因此,剪力图在 P 作用点上有突变,突变值为 P。

2)式[2.3(b)]说明在集中力作用点两侧弯矩值是相等的,但由于 P 作用点两侧剪力值不等,因此,弯矩图在 P 作用点两侧斜率不同而形成一尖点,当 P 作用方向向下时,尖角向下。

(3)集中力偶作用。在集中力偶作用点 F 附近,取微段为隔离体,如图 2.4(d)所示,由平衡方程可得式(2.4):

$$\left.\begin{array}{ll} \sum Y = 0 & Q_F = Q_F \quad (a) \\ \sum M_F = 0 & M_F = M_F + m \quad (b) \end{array}\right\} \quad (2.4)$$

1)式[2.4(a)]说明在集中力偶 m 作用点的两侧剪力值是相等的,因此,剪力图在 m 作用点的两侧无变化。

2)式[2.4(b)]说明在集中力偶 m 作用点的两侧弯矩值是不等的,两侧弯矩值相差为 m,因此,弯矩图在 m 作用点两侧有突变,突变值为 m。且由于 m 作用点两侧的剪力相等,弯矩图在 m 作用点两侧的斜率相等,即两侧的切线彼此平行。

综上所述,可推知荷载情况与内力图形状之间的一些对应关系,见表 2.1。掌握内力图形状上的这些特征,对于正确和迅速地绘制内力图有很大帮助。

表 2.1 内力图形状特征

荷载情况	无荷载区段	横向均布荷载区段	集中力作用处	集中力偶作用处	铰处	自由端有集中力作用	自由端有集中力偶作用
剪力图	水平线	斜直线	有突变,(突变值=集中力)	无变化	无影响	有突变	为零
弯矩图	一般为斜直线	抛物线(凸向与外荷载 q 方向一致)	有尖角(尖角指向集中力方向)	有突变,(突变值=集中力偶)	为零	为零	有突变

2.1.4 内力图的绘制

内力图表示结构上各截面内力变化工具的函数。图形绘制时,以杆轴线为横坐标,表示截面的位置(此坐标轴通常又称为基线),而用垂直于杆轴线的坐标表示内力的数值。绘制内力图的基本方法是利用内力方程绘内力图,但通常更多地采用利用微分关系来绘内力图的简便方法。

(1)绘制内力图的一般规定。

1)弯矩图:画在杆件受拉纤维一边,不注明正负号。

2)剪力图/轴力图:画在杆件任一侧,需要注明正负号。

(2)绘制内力图的方法。

1)选择控制截面。控制截面是指荷载的不连续点,如分布荷载的起点和终点、集中力作用点、集中力偶作用点。控制截面也是内力图出现不连续的截面。

2)计算控制截面内力值。

3)分段绘制内力图。将一杆件以控制截面分段,以控制截面的内力值作为内力图在该截面的纵坐标,由荷载和内力的微分关系总结的内力图特征绘制各分段间的内力图。

【例 2.2】 作图 2.5(a)所示简支梁的内力图。

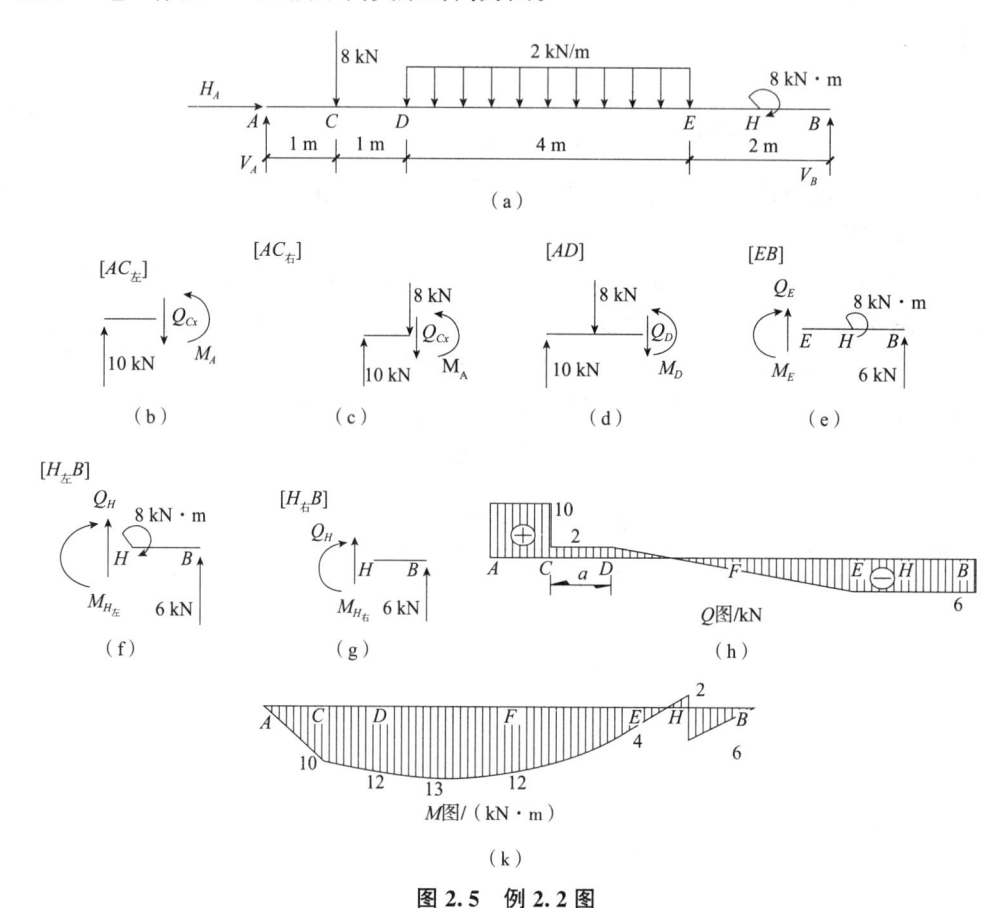

图 2.5 例 2.2 图

解:(1)求支座反力。以梁整体为隔离体,利用三个平衡条件:

$\sum X = 0 \quad H_A = 0$

$\sum M_A = 0 \quad 8 \times 1 + 2 \times 4 \times 4 + 8 = V_B \times 8 \quad V_B = 6 \text{ kN}(\uparrow)$

$\sum Y = 0 \quad 8 + 2 \times 4 = V_A + 6 \quad V_A = 10 \text{ kN}(\uparrow)$

(2)计算截面 C 处的内力。由于在截面 C 处作用有集中力,因而会产生剪力的突变,为此要在 C 截面的两侧分别取隔离体 $AC_左$,如图 2.5(b)所示,隔离体 $AC_右$,如图 2.5(c)所示。同样用平衡条件计算控制截面的内力。

由 $AC_左$ 得 $\quad \sum Y = 0 \quad Q_{C左} = 10 (\text{kN})(\downarrow)$

由 $AC_右$ 得 $\quad \sum Y = 0 \quad Q_{C右} = 10 - 8 = 2 (\text{kN})(\downarrow)$

由 $AC_左$ 或 $AC_右$ 得 $\quad \sum M_C = 0 \quad M_C = 10 \times 1 = 10 (\text{kN} \cdot \text{m})$(下部受拉)

计算均布荷载作用段起终点控制截面的内力。均布荷载作用下,剪力图为斜直线,故需计算均布荷载起终点处的剪力值,用斜直线连接。当梁上有均部荷载时,弯矩图为二次抛物线,至少要有 3 个点才能比较准确地画出图形。计算出 M_D 和 M_E,在 DE 段可取第一段中点 F 的弯矩值,也可取 DE 段之间的最大弯矩值 M_{maxDE},分别计算如下,

由 AD 得 $\sum Y = 0$ $Q_D = 10 - 8 = 2(kN)(\downarrow)$

$\sum M_D = 0$ $M_D = 10 \times 2 - 8 \times 1 = 12(kN \cdot m)$(下部受拉)

由 EB 得 $\sum Y = 0$ $Q_E = 6(kN)(\uparrow)$

$\sum M_E = 0$ $M_E = 6 \times 2 - 8 = 4(kN \cdot m)$(下部受拉)

DE 段中点 M_F $M_F = 10 \times 4 - 8 \times 3 - 2 \times 2 \times 1 = 12(kN \cdot m)$(下部受拉)

由 Q 图可确定 DE 段的最大弯矩值 M_{maxDE}。

先计算 M_{maxDE} 到 D 的距离,$\dfrac{10-8}{2} = 1(m)$

$M_{maxDE} = 10 \times 3 - 8 \times 2 - 2 \times \dfrac{1}{2} \times 1^2 = 13(kN \cdot m)$(下部受拉)

(3) 计算截面 H 处的内力。由于在截面 H 处作用有集中力偶,因而会产生弯矩的突变,为此要在 H 截面的两侧分别取隔离体 $H_左 B$,如图 2.5(f)所示,隔离体 $H_右 B$,如图 2.5(g)所示。同样用平衡条件计算控制截面的内力。

由 $H_左 B$ 得 $\sum M_H = 0$ $M_{H左} = 6 \times 1 - 8 = -2(kN \cdot m)$(上部受拉)

由 $H_右 B$ 得 $\sum M_H = 0$ $M_{H右} = 6 \times 1 = 6(kN \cdot m)$(下部受拉)

由 $H_左 B$ 或 $H_右 B$ 得 $\sum Y = 0$ $Q_H = 6(kN)(\uparrow)$

根据上述计算数值绘制弯矩图,如图 2.5(h)所示,绘制剪力图,如图 2.5(k)所示。

2.2 叠加法绘制直杆弯矩图

力学分析中的叠加原理是指结构中一组荷载作用所产生的效果等于每一荷载单独作用所产生的效果的总和。现讨论怎样利用叠加原理简便地绘制直杆弯矩图。

2.2.1 简支梁弯矩图的叠加方法

图 2.6 中 AB 是一简支梁,在两端部 A 和 B 受到集中力偶 M_A 和 M_B,在梁上受有均部荷载 q,由叠加原理,将梁所受荷载分成两组,一组是两端的集中力偶 M_A 和 M_B;另一组是梁上的均布荷载 q。

在梁两端力偶 M_A 和 M_B 作用下的弯矩图 $\overline{M}$ 是一根直线,只需将端截面 A 和 B 的弯矩纵坐标 M_A 和 M_B 画出,得到点 A' 和 B',在 A' 点和 B' 点之间连以直线即得,如图 2.6(b)所示。在梁上均布荷载作用下的弯矩图 $M^0(x)$ 则是二次抛物线,如图 2.6(c)所示。而简支梁 AB 在端弯矩和梁上均布荷载共同作用下的总弯矩图 M 则是两组荷载产生的弯矩图的叠加。在作弯矩图时,可在直线 $\overline{M}$ 图的基础上叠加 M^0 图,即得到总弯矩图(M 图),如图 2.6(d)所示。

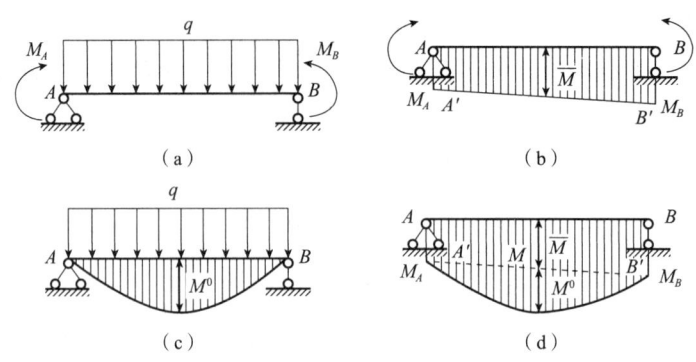

图 2.6 简支梁弯矩图的叠加

(a)简支梁；(b)$\overline{M}$ 图；(c)M^0 图；(d)M 图

注意：弯矩图的叠加是指弯矩纵坐标的叠加，而不是指图形的简单拼合。图 2.6(d)所示任意截面的三个纵坐标 $\overline{M}$、M^0 与 M 之间的叠加关系式为式(2.5)。

$$M(x)=\overline{M}(x)+M^0(x) \tag{2.5}$$

其中，M^0 的纵坐标也应垂直于杆轴 AB，而不是垂直于图中的虚直线 $A'B'$。

2.2.2 分段叠加方法

图 2.7(a)所示简支梁，杆段 AB 受到均布荷载 q，杆段 AB 端部截面 A 和 B 的弯矩已用截面法求得，现讨论如何用叠加法作杆段 AB 的弯矩图。

取杆段 AB 为隔离体，受力图如图 2.7(b)所示，AB 段端部的截面作用力为 M_A、Q_A 和 M_B、Q_B。

图 2.7(c)为一跨度和杆段长度相同的简支梁 AB，受有梁端力偶 M_A 和 M_B 和梁上均布荷载 q 的作用。

将图 2.7(b)所示杆段 AB 与图 2.7(c)所示简支梁 AB 相比较，杆段 AB 的长度和简支梁 AB 的跨度相等，杆端力偶 M_A 和 M_B 与均布荷载 q 都相同；由平衡条件可知：$Y_A^0=Q_A$，$Y_B^0=-Q_B$。因此，图 2.7(b)所示的杆段 AB 的受力状态与图 2.7(c)所示相应简支梁 AB 的受力状态是等效的，两者的弯矩图也是相同的。这样，就可以利用绘制简支梁 AB 弯矩图的叠加方法来绘制杆段 AB 的弯矩图，结果表示于 2.7(d)中。

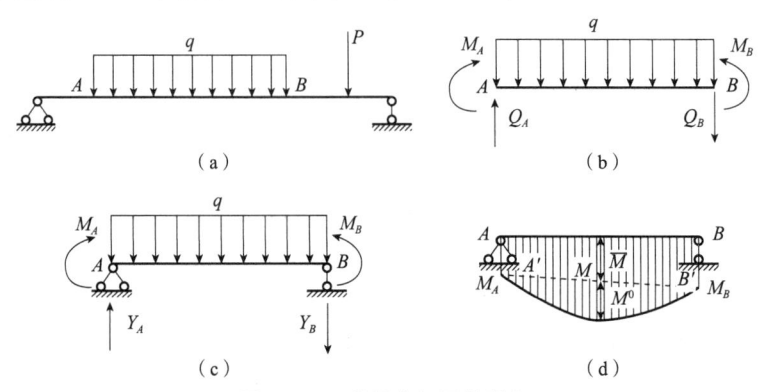

图 2.7 一段梁弯矩图的叠加

(a)简支梁；(b)受力图；(c)跨度与杆段大度相同的简支梁；(d)杆段 AB 的弯矩图

用区段叠加法作 M 图的作图步骤归纳如下：

(1)选择外荷载的不连续点(如集中力作用点、集中力偶作用点、分布荷载的起点和终点及支座结点等)为控制截面，求出控制截面的弯矩值。

(2)分段绘制弯矩图。当控制截面间无荷载作用时，用直线连接两控制截面的弯矩值，即得该段的弯矩图；当控制截面间有荷载作用时，先用虚直线连接两控制截面的弯矩值，然后以此虚直线为基线，再叠加这段相应简支梁的弯矩图，从而绘制出最后的弯矩图。

【例 2.3】 用叠加法绘图 2.8(a)的弯矩图。

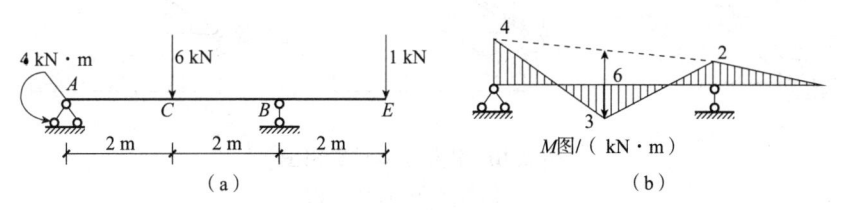

图 2.8 例 2.3 图

解：(1)计算控制截面的内力截面，由于梁仅承受竖向荷载，故所有截面上都不存在轴力。选择截面 B 和 C 为控制利用截面法可求得

$$M_B = 1 \times 2 = 2 (\text{kN} \cdot \text{m}) (\text{上部受拉})$$

$$M_C = \frac{PL}{4} - \frac{4+2}{2} = \frac{6 \times 4}{4} - 3 = 3 (\text{kN} \cdot \text{m}) (\text{下部受拉})$$

(2)作弯矩图：首先将控制截面的弯矩值标出，然后将相邻两控制截面的弯矩值用虚线连接起来，再以各虚线段为基线，分段叠加相应简支梁在跨间荷载作用下的弯矩图(在 AB 段叠加跨间作用集中力偶的弯矩图)，如图 2.8(b)所示。

【例 2.4】 用叠加法绘图 2.9(a)的弯矩图。

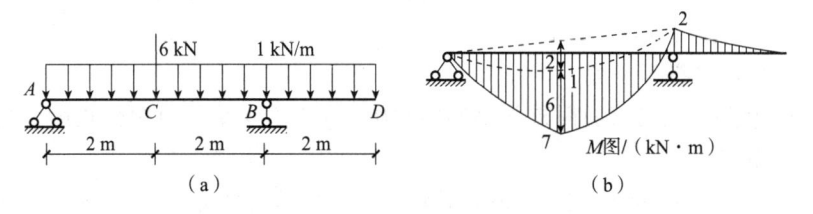

图 2.9 例 2.4 图

解：(1)计算控制截面的内力截面，由于梁仅承受竖向荷载，故所有截面上都不存在轴力。选择截面 B 和 C 为控制利用截面法可求得

$$M_B = 1 \times 2 \times 1 = 2 (\text{kN} \cdot \text{m}) (\text{上部受拉})$$

$$M_C = \frac{PL}{4} - \frac{0+2}{2} + \frac{qL^2}{8} = \frac{6 \times 4}{4} - 1 + \frac{1 \times 4 \times 4}{8} = 7 (\text{kN} \cdot \text{m}) (\text{下部受拉})$$

(2)作弯矩图：首先将控制截面的弯矩值标出，然后将相邻两控制截面的弯矩值用虚线连接起来，再以各虚线段为基线，分段叠加相应简支梁在跨间荷载作用下的弯矩图(在 AB 段叠加跨间作用集中力偶和均布荷载的弯矩图)，如图 2.9(b)所示。

2.3 简支斜梁的计算

在房屋建筑中，图 2.10(a)所示楼梯的计算简图通常取为简支斜梁，如图 2.10(b)、(c)所示。

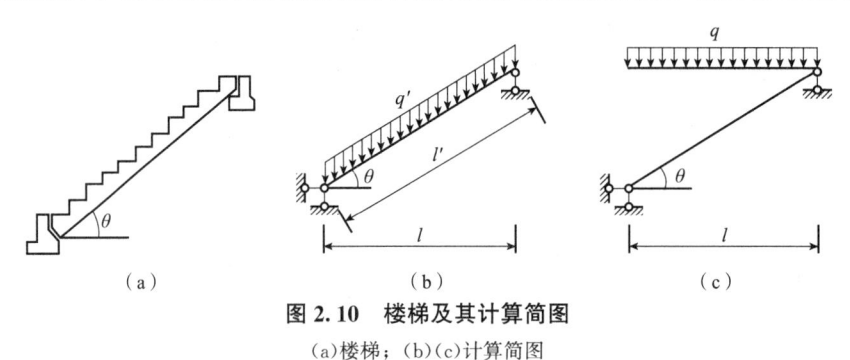

图 2.10 楼梯及其计算简图
(a)楼梯；(b)(c)计算简图

斜梁的轴线是斜直线，它和水平轴的夹角为 θ。斜梁所受的荷载分两种：第一种，沿斜杆轴线分布的竖向荷载，如自重；第二种，沿水平线分布的竖向荷载，如使用荷载。计算时为了统一，常将沿斜杆轴线分布的竖向荷载[图 2.10(b)]，化为沿水平线分布的竖向荷载[图 2.10(c)]。按杆轴线分布和水平线分布的计算结果是相同的。当为均布荷载时，两者间的折算关系为式(2.6)。

$$ql = q'l' = q'\frac{l}{\cos\theta}$$

$$q = \frac{q'}{\cos\theta}$$
(2.6)

式中 q'——沿杆轴线每单位长度上的竖向均布荷载；
q——沿水平线每单位长度上的竖向均布荷载；
l'——斜梁实际长度；
l——斜梁水平投影长度。

【例 2.5】 做图示 2.11(a)简支斜梁的内力图，q 为沿水平线每单位长度上的荷载。

解：(1)换算荷载。

(2)将沿斜梁轴线方向的荷载 q_2 换算成沿水平方向的荷载 q_0，如图 2.11(b)所示。得到沿水平方向总的荷载。

$$q_0 = \frac{q_2}{\cos\alpha} = \frac{4}{4/5} = 5(\text{kN/m})$$

$$q = q_0 + q_1 = 5 + 5 = 10(\text{kN/m})$$

(3)计算支座反力。

(4)取整体为隔离体，如图 2.11(b)所示，利用平衡条件计算得

$$\sum X = 0 \quad H_A = 0$$

$$\sum M_A = 0 \quad V_B = \frac{1}{2}ql = 20 \text{ kN}(\uparrow)$$

$$\sum Y = 0 \quad V_A = \frac{1}{2}ql = 20 \text{ kN}(\uparrow)$$

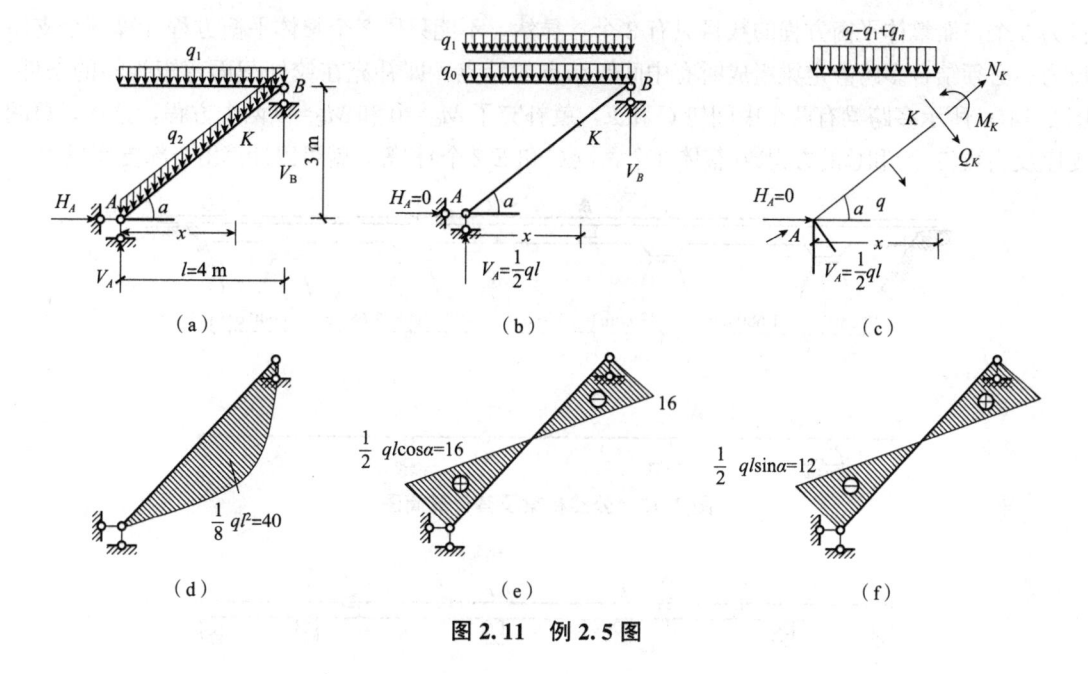

图 2.11 例 2.5 图

(5) 计算任一截面内力。

(6) 取 AK 段为隔离体,如图 2.11(c) 所示,利用平衡条件计算得

$$\sum M_K = 0 \quad M_K = \frac{1}{2}qlx - \frac{1}{2}qx^2 = 20x - 5x^2$$

$$Q_K = \frac{1}{2}ql\cos\alpha - qx\cos\alpha = 16 - 8x$$

$$N_K = ql\sin\alpha - \frac{1}{2}ql\sin\alpha = 6x - 12$$

(7) 作内力图,由 M_K、Q_K、N_K 的表达式可以看出,该斜梁的弯矩图是二次抛物线,剪力图和轴力图是一斜直线。内力图依次如图 2.11(d)、(e) 和 (f) 所示。

说明:

(1) 斜梁在竖向荷载作用下的弯矩图与相应的水平简支梁(荷载相同,水平跨度相同)的弯矩图是相同的。

(2) 由于斜梁有一倾角 θ,使其在竖向荷载作用下,也有轴力存在。

(3) 内力图要沿斜梁轴线方向绘制,叠加原理同样适用。

2.4 多跨静定梁的计算

2.4.1 多跨静定梁的约束力与几何组成

多跨静定梁是由若干单跨静定梁用中间铰按照几何不变无多余约束体系组成规则组成的。这种结构形式在公路桥梁(图 2.12)和屋架檩条(图 2.13)中应用较多。

多跨静定梁的支座反力一般多于 3 个。如图 2.14(a) 所示,多跨静定梁的支座反力的数目为5个，而整体平衡方程的数目只有3个，显然，不能只用3个整体平衡方程计算五个支座反力。必须结合多跨静定梁组成时有中间铰结点的特点，即补充在铰处截面弯矩为零的条件。图2.14(a)所示多跨梁有两个中间铰C和E，就补充了$M_C=0$和$M_E=0$两个方程，这样，总的支座反力数(5个)和总的方程数(整体3个，铰C和E 2个)相等，就可以计算出全部支座反力。

图2.12 公路桥梁及其计算简图

(a)

(b)

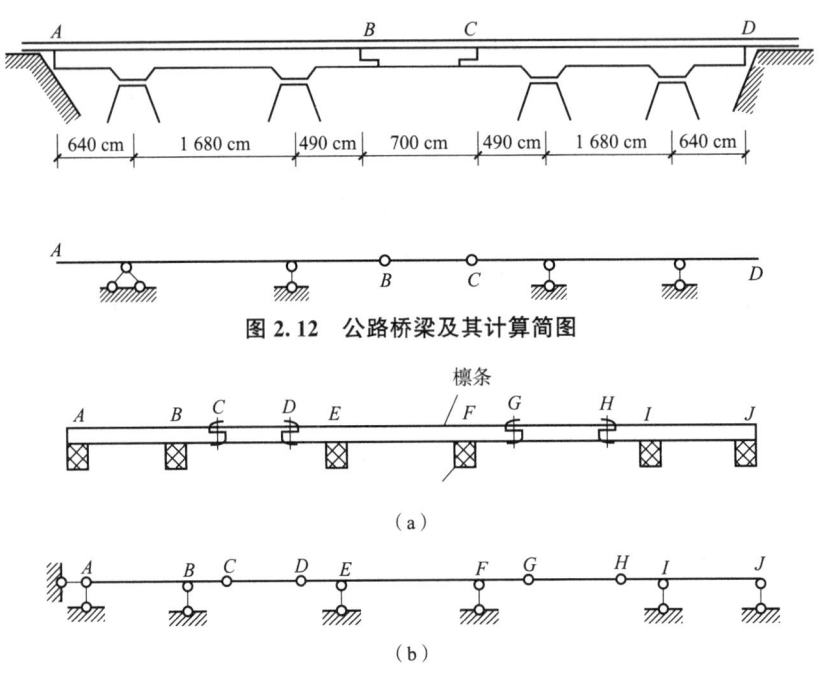

图2.13 屋架檩条及其计算简图

(a)屋架檩条；(b)计算简图

对于多跨静定梁来说，虽然可以用这样的方法算出全部支座反力，但因支座反力数较多，方程也较多，不可避免地要解联立方程。较好的解法是先进行几何组成分析，再据此提出解算的顺序。

多跨静定梁的组成特点是可以在铰处分解为以单跨梁为单元的基本部分和附属部分。基本部分能独立承受荷载并维持平衡；附属部分则依靠基本部分的支承才能承受荷载并保持平衡。

图2.14(a)中梁ABC直接用三根支杆固定于基础，先组成几何不变体系，是基本部分；梁CDE用铰C和支杆D支承于基本部分才能承受荷载，并保持平衡，是附属部分；最后固定梁EFG。图2.14(b)是表示图2.14(a)支承关系的关系图。

由以上分析说明：多跨静定梁的几何组成可分为基本部分和附属部分；组成的次序是先固定基本部分，后固定附属部分。

计算图2.14(a)的多跨静定梁时，采用与组成时相反的顺序，即先计算附属部分EFG，再计算CDE部分，最后计算基本部分ABC[图2.14(c)]。附属部分EFG是一个单跨梁，可以顺利地求出其支座反力。中间部分CDE也是一个单跨梁，在铰E处承受上部传来的荷载，即将EFG中铰E处的支座反力X_E和Y_E反其指向加于CDE的E处。基本部分ABC还是一个单跨梁，在铰C处承受中部传来的荷载X_C和Y_C。图2.14(c)从上向下清楚地表明了解算的顺序和力的传递关系。

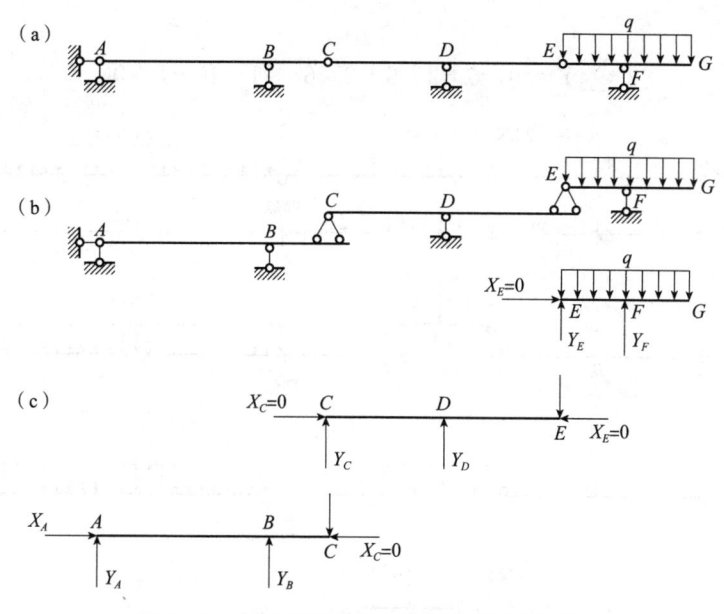

图 2.14　多跨静定梁的基本部分与附属部分
(a)多跨静定梁；(b)支承关系；(c)计算顺序(先附属后基本)

总之，计算多跨静定梁约束力的顺序，正好与组成顺序相反，先计算附属部分，将附属部分的支座反力反其指向，作为加于基本部分的荷载，再计算基本部分。这样便把多跨静定梁的计算分解为一个个的单跨静定梁的计算，逐个解决，从而避免了解联立方程。

2.4.2　多跨静定梁内力图的绘制

(1)多跨静定梁的内力正负号规定及内力图的绘制规定同单跨静定梁。

(2)计算多跨静定梁的内力就是分别计算各单跨梁的内力；将各单跨梁的内力图连在一起就是多跨静定梁的内力图。

(3)直杆的荷载与内力微分关系及内力图特征仍然适用于多跨静定梁。应注意的是：在多跨静定梁中同铰处 $M=0$。可以利用这些条件校核多跨静定梁的内力图，以及快速绘制其内力图。

【例 2.6】　作图 2.15(a)所示多跨静定梁的内力图。

解：(1)几何组成分析，作关系图。本题的几何组成关系如图 2.15(b)所示。梁 ABC 用固定支座与基础相连，是基本部分。梁 CE 在 E 端原本是一个铰，有水平约束，可以阻止梁 EFG 的水平运动。但在竖向荷载作用下，此水平约束中的力为零；将铰 E 处的水平约束改移到 G 处，并不改变此结构的受力状态，故关系图如图 2.15(c)所示。在此关系图中，EFG 也是基本部分。CDE 支承在 ABC 和 EFG 上，是附属部分。

(2)计算约束力和支座反力。按组成相反的顺序计算约束力和支座反力，先计算梁 CDE 的支座反力，铰 C 上作用的集中力可认为加在梁 CDE 上，也可认为加在梁 ABC 上，对多跨梁的支座反力和内力没有影响。求得 CDE 的 C 和 E 的约束力后，反向作用于梁 ABC 和 EFG 上，再计算梁 ABC 和 EFG 的支座反力。支座反力的结果如图 2.15(d)所示。

校核：整体

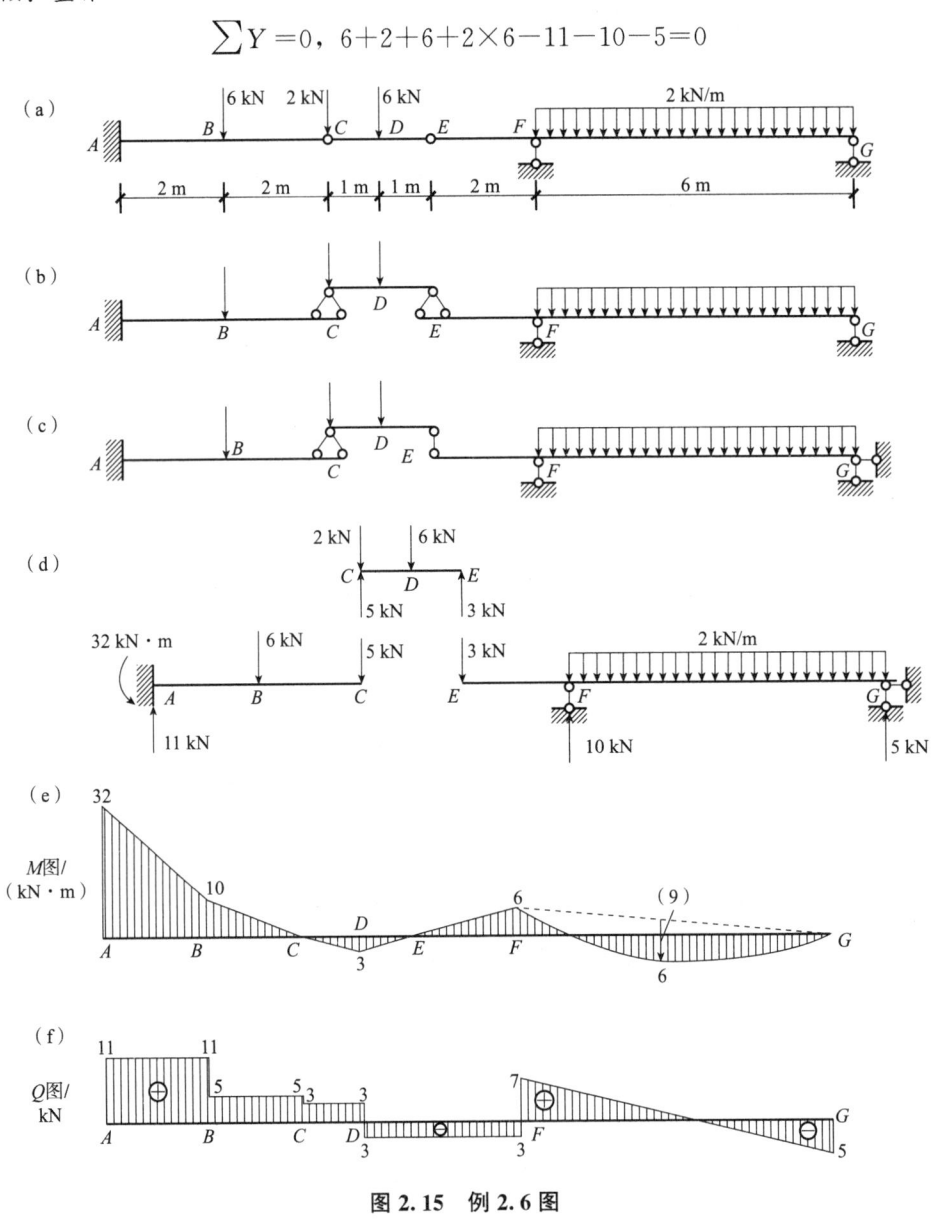

$$\sum Y=0,\ 6+2+6+2\times 6-11-10-5=0$$

图 2.15　例 2.6 图

(3) 作内力图。在铰的约束力和梁的支座反力求得后，用分段叠加法分别作出单跨静定梁 ABC、CDE 和 EFG 的弯矩图，连在一起即得多跨静定梁的弯矩图，如图 2.15(e) 所示。

分别作出各单跨梁的剪力图，连在一起即得多跨静定梁的剪力图，如图 2.15(f) 所示。

(4) 内力图的特征。由图 2.15(e)(f) 可知，弯矩图在铰 C 和 E 处 $M=0$；无载段，即 AB、BC、CD、DE、EF 段，M 图为一斜直线，Q 图为水平线；在集中力 B、C、D 处，M 图形成尖角，Q 图上出现突变；均布荷载 FG 段，M 图为抛物线，Q 图为斜直线。这些关系均符合直梁的荷载与内力微分关系的特征。

【例 2.7】 作图 2.16(a)所示多跨静定梁的内力图。

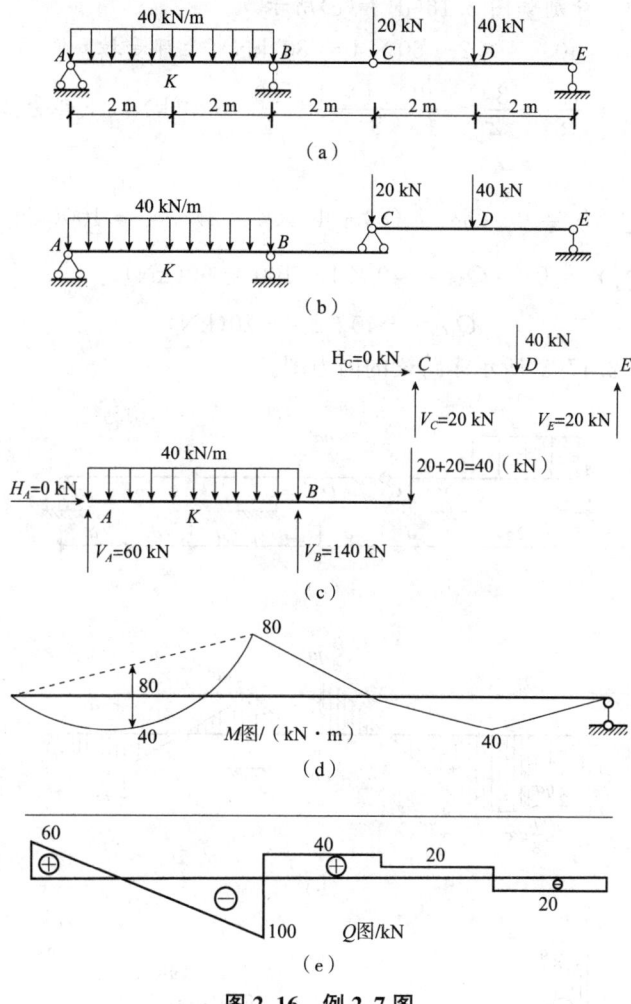

图 2.16 例 2.7 图

解：先作出层叠图如图 2.16(b)所示。由该图可知，应先计算附属部分 CE，铰 C 上作用的集中力可认为加在梁 CDE 上，也可认为加在梁 ABC 上，对多跨静定梁的反力和内力没有影响。点 C 反力 V_C 求出后，反其方向就是加在 ABC 梁点 C 的荷载，如图 2.16(c)所示，然后计算 AC 梁。

(1)计算约束力和支座反力：如图 2.16(c)所示，由附属部分开始，因集中荷载作用在 CE 段的中点，故取 CE 段为隔离体计算得

$$\sum M_C = 0 \quad V_E = 40 \times 2 \div 4 = 20(\text{kN})$$
$$\sum Y = 0 \quad V_C = 40 - 20 = 20(\text{kN})$$

再由基本部分 AC 梁的平衡条件，可得

$$\sum M_A = 0 \quad V_B = (40 \times 6 + 40 \times 4 \times 2) \div 4 = 140(\text{kN})$$
$$\sum Y = 0 \quad V_A = 40 \times 4 + 40 - 140 = 60(\text{kN})$$

(2)作内力图：在求得铰的约束力和支座反力后，计算主要截面控制内力，梁的弯矩图和剪力图即不难绘出，分别如图 2.16(d)和(e)所示。

$$M_B = 40 \times 4 \times 2 - 60 \times 4 = 80 (\text{kN})(上部受拉)$$

$$M_K = \frac{ql^2}{8} - \frac{80}{2} = \frac{40 \times 4 \times 4}{8} - \frac{80}{2} = 40 (\text{kN})(下部受拉)$$

取 AB 为隔离体

$$\sum M_A = 0 \quad Q_{BA} = (80 + 40 \times 4 \times 2) \div 4 = 100 (\text{kN})$$

$$\sum Y = 0 \quad Q_{AB} = 40 \times 4 - 100 = 60 (\text{kN})$$

$$Q_{DE} = -40 \div 2 = -20 (\text{kN})$$

【例 2.8】 作图 2.17(a)所示多跨梁的内力图。

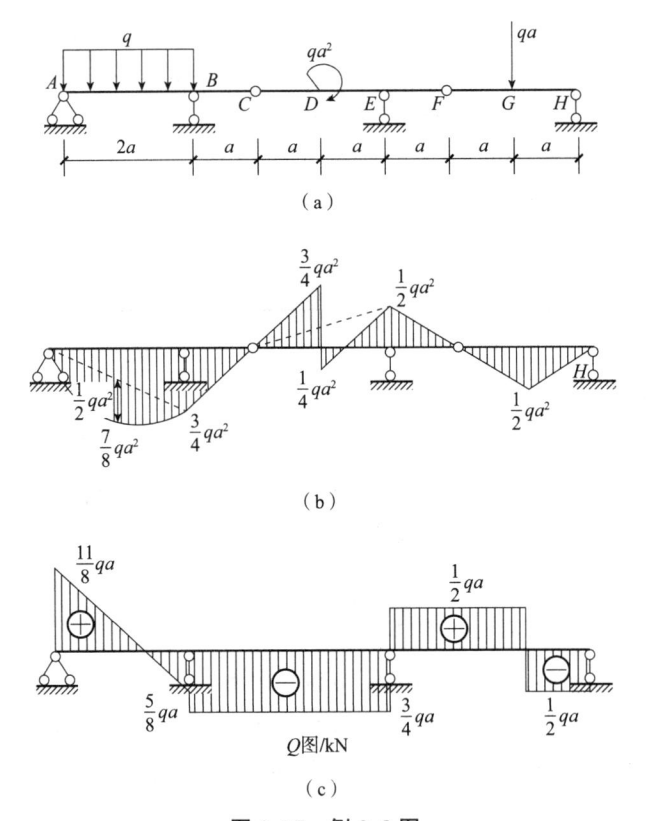

图 2.17 例 2.8 图

解：按一般步骤是先求出支座反力和铰处的约束力，然后作梁的剪力图和弯矩图。但是，如果能熟练地应用弯矩图的形状特征及叠加法，则在某些情况下也可以不求反力而直接先绘制弯矩图，然后利用弯矩图，根据微分关系或平衡条件即可得到剪力图。本题即是一例。

AC 段为基本部分，CF 段和 FH 段依次为附属部分。作弯矩图时从附属部分开始。FH 段的弯矩图与简支梁相同，可立即绘出。由于 BF 之间无外力作用，故其弯矩图必为一段直线，于是在 FH 段图的基础上延长至 E 点，即得 EF 段的弯矩图，并可定出 $M_E = -\frac{1}{2}qa^2$，CE 段的弯矩图便可用叠加法绘出。CB 段的弯矩图与 EF 段的绘制方法相同，最后，AB 段的弯矩图同样用叠加法即可绘出。这样，结合控制截面弯矩值，未经计算反力可绘制出全梁的弯矩图，如图 2.17(b)所示。

$$M_G = \frac{Pl}{4} = \frac{qa \times 2a}{4} = \frac{qa^2}{2}（下部受拉）$$

$$M_{D右} = \frac{qa^2}{2} - \frac{qa^2}{4} = \frac{qa^2}{4}（下部受拉）$$

$$M_{D左} = \frac{qa^2}{4} + \frac{qa^2}{2} = \frac{3qa^2}{4}（上部受拉）$$

$$M_{AB中} = \frac{qa^2}{2} + \frac{3qa^2}{8} = \frac{7qa^2}{8}（下部受拉）$$

绘制出了弯矩图，剪力图即可根据微分关系或平衡条件求得。对于弯矩图为直线的区段，利用弯矩图的坡度(斜率)来求剪力非常方便，如 EG 段的剪力值为

$$Q_{EG} = \frac{\frac{1}{2}qa^2 + \frac{1}{2}qa^2}{2a} = \frac{1}{2}qa$$

至于剪力的正负号，可按顺时针方向转：若弯矩图是从基线顺时针方向转(小于 90°的转角)则剪力为正，反之为负，据此，可知 Q_{EG} 为正。又如 BD 段的剪力值为

$$Q_{BD} = -\frac{\frac{3}{4}qa^2 + \frac{3}{4}qa^2}{2a} = -\frac{3}{4}qa$$

对于弯矩图为曲线的区段，利用杆件的平衡条件来求得其两端剪力。例如 AB 段梁，可取出该段梁 AB 为隔离体(在截面 A 右和 B 左处切断)，由 $\sum M_B = 0$ 和 $\sum Y = 0$ 可分别求得整个梁的剪力图，如图 2.17(c)所示。

$$Q_{A右} = -\frac{q \times 2a \times a + \frac{3}{4}qa^2}{2a} = \frac{11}{8}qa$$

$$Q_{A左} = -2qa + \frac{11}{8}qa = -\frac{5}{8}qa$$

【例 2.9】 作图 2.18(a)多跨静定梁的内力图。

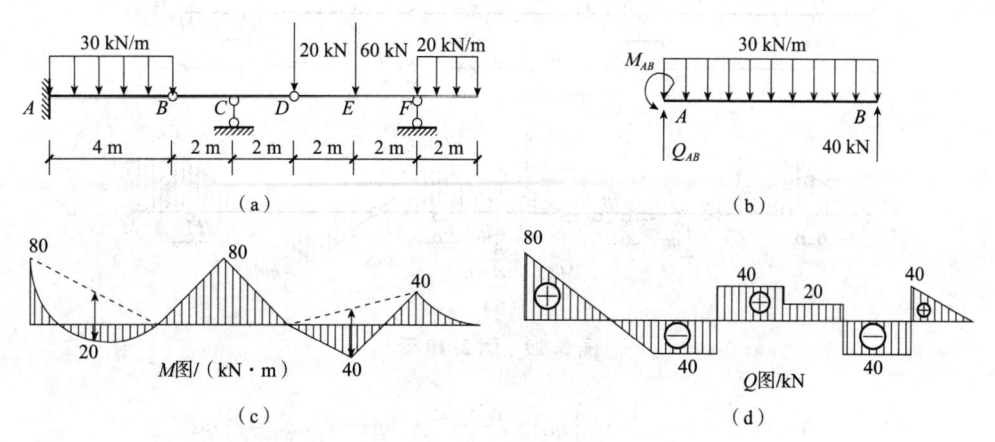

图 2.18 例 2.9 图

解：AB 段为基本部分，BD 段和 DF 段依次为附属部分。作弯矩图时从附属部分开始。DF 段的弯矩图与伸臂梁相同，算出 M_F，由于 F 右侧为均布荷载，故其弯矩图必为一段抛物线，D 点是铰，铰处弯矩为 0，虚线链接 F 和 D 的弯矩值，算出 M_E 可立即绘出 DF 段弯矩图。BD 段的弯矩图与伸臂梁相同，算出 M_D 可立即绘出。AB 段的弯矩图与悬臂梁相同，算出 M_{AB} 可立即绘出。如图 2.18(b)所示，根据 $\sum M_A = 0$ 可以计算出 M_{AB} 值。最后，结合控制截面弯矩值，绘制出了全梁的弯矩图，如图 2.18(c)所示。

$$M_F = 20 \times 2 \times 1 = 40(\text{kN} \cdot \text{m})$$

$$M_E = \frac{pl}{4} - \frac{40}{2} = \frac{60 \times 4}{4} - \frac{40}{2} = 40(\text{kN} \cdot \text{m})$$

$$M_D = (20 + 20) \times 2 = 80(\text{kN} \cdot \text{m})$$

$$\sum M_A = 0 \quad M_{AB} = 30 \times 4 \times 2 - 40 \times 4 = 80(\text{kN} \cdot \text{m})(上部受拉)$$

绘制出了弯矩图，剪力图即可根据微分关系或平衡条件求得。对于弯矩图为直线的区段，利用弯矩图的坡度(斜率)来求剪力非常方便。对于均布荷载区段的区段，利用隔离体来求均布荷载起终点剪力，再用斜直线连接，如图 2.18(b)所示，根据 $\sum Y = 0$ 可以计算出 Q_{AB} 值。求得整个梁的剪力图，如图 2.18(d)所示。

$$\sum Y = 0 \quad Q_{AB} = 30 \times 4 - 40 = 80(\text{kN})$$

【**例 2.10**】 作图 2.19(a)多跨梁的内力图。

解：AB 段为基本部分，CF 段和 FM 段依次为附属部分。作弯矩图时从附属部分开始。FM 段的弯矩图与伸臂梁相同，算出 M_H，F 点是铰，铰处弯矩为 0，虚线链接 F 和 H 的弯矩值，算出 M_G 可立即绘出 FM 段弯矩图。CF 段的弯矩图与伸臂梁相同，整个 EG 段为无荷载区段，弯矩图的斜率相同，可以将 FG 段图形延长至 E 点，得到 M_E 值，D 点承受集中力偶，计算出 D 点左右的弯矩值 $M_{D_左}$ 和 $M_{D_右}$。AB 段的弯矩图与伸臂梁相同，算出 M_A 和 M_B 值，最后，结合控制截面弯矩值，未经计算反力可绘制出全梁的弯矩图，如图 2.19(b)所示。

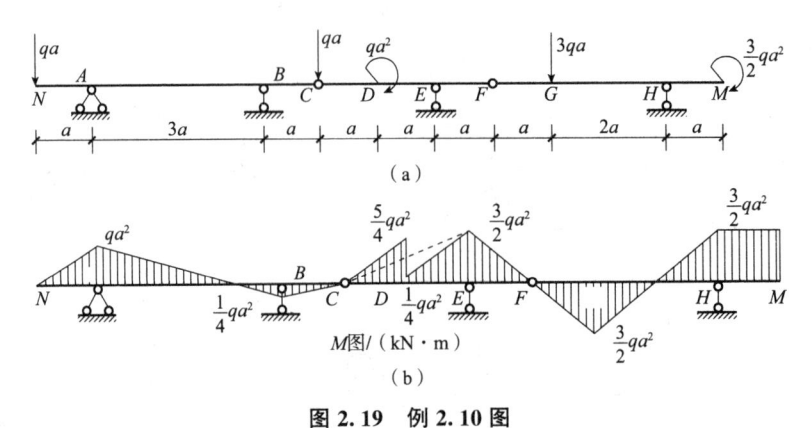

图 2.19 例 2.10 图

$$M_G = \frac{ab}{l} \cdot P - \frac{1}{2} \cdot \frac{3}{2}qa^2 = \frac{a \cdot 2a}{3a} \cdot 2qa - \frac{3}{4}qa^2 = \frac{3}{2}qa^2$$

$$M_{D左}=\frac{1}{2}\cdot\frac{3}{2}qa^2+\frac{1}{2}qa^2=\frac{5}{4}qa^2 \quad M_{D右}=\frac{1}{2}\cdot\frac{3}{2}qa^2-\frac{1}{2}qa^2=\frac{1}{4}qa^2$$

$$M_B=\frac{5}{4}qa^2-qa^2=\frac{1}{4}qa^2（下部受拉）$$

工程案例与素养提升　　　　　习题　　　　　答案

第3章 静定刚架

在工程中静定刚架常见的形式有悬臂刚架,如图3.1(a)所示站台、雨棚;简支刚架,如图3.1(b)所示渡槽的横向计算简图及三铰刚架,如图3.1(c)所示等。静定刚架的受力分析又是刚架的位移计算和超静定刚架受力分析的基础,因此,应切实、熟练掌握本章内容。

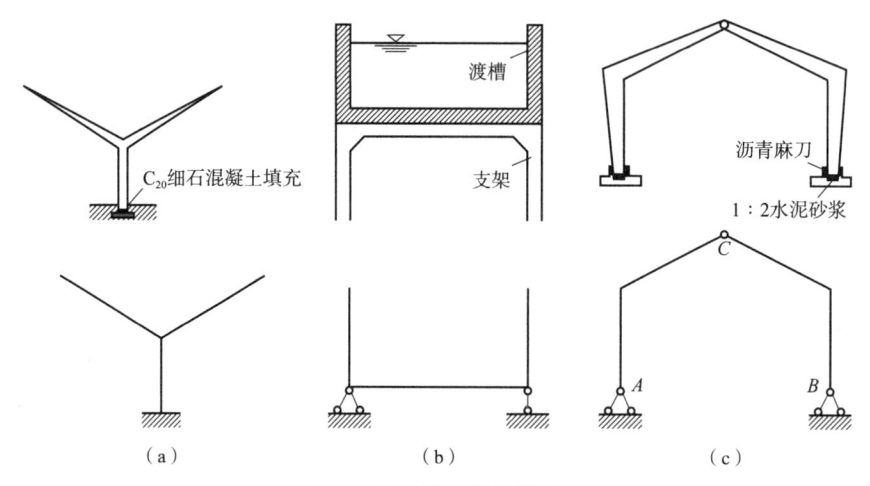

图 3.1 静定刚架常见的形式
(a)悬臂刚架;(b)简支刚架;(c)三铰刚架

3.1 静定刚架的特征和分类

3.1.1 静定刚架的特征

静定刚架是由直杆组成的具有刚结点的结构。一般静定刚架由横梁和柱子所组成,杆件之间用刚性结点连接。它的优点是把梁柱形成一个刚性整体,增大了整体结构的刚度,使结构的内力分布比较均匀,此外,还具有较大的净空便于使用。

在静定刚架中,它的几何不变性主要依靠结点刚性连接来维持,无须斜向支撑联系,因而可使结构的内部具有较大的净空便于使用。如图3.2(a)所示,桁架是一几何不变体系,如果C、D两结点改为刚接,并去掉斜杆,使其变为刚架结构,如图3.2(b)所示。显然,内部净空间增大了,从变形角度来看,刚结点在变形后既产生角位移,又产生线位移,但变形前后各杆端之间的夹角是保持不变的,夹角仍为变形前的90°,如图3.2(b)中所示。刚结点的这一特性，是静定刚架分析的出发点。从受力角度来看，刚结点往往使得杆件的内力分布变得均匀一些。图3.3(a)、(b)分别给出了简支梁和静定刚架在均布荷载作用下的弯矩图。从中可以看出，由于刚结点能承受弯矩，故使横梁跨中弯矩的峰值得到削减。

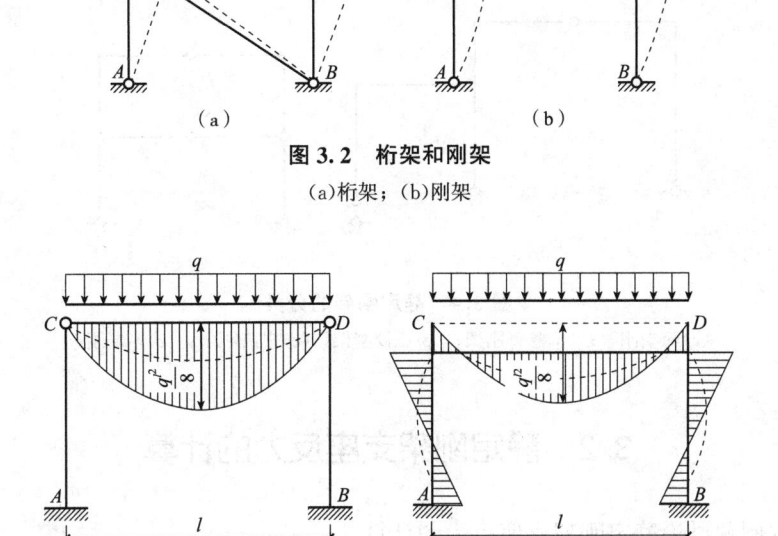

图3.2 桁架和刚架
(a)桁架；(b)刚架

图3.3 受力分析
(a)简支架；(b)静定刚架

通过上述分析可以总结出刚结点与铰结点的区别。在几何变形方面，刚结点连接各杆端的轴线不能发生相对转动，铰结点连接的各杆轴线可以发生相对转动。在受力分析方面，刚结点能传递力和力矩，铰结点只能传递力。

3.1.2 静定刚架的分类

静定刚架主要有以下四种类型：

(1)简支刚架，如图3.4(a)所示。简支刚架本身为几何不变体系，且无多余联系，它用一个固定铰支座和一个可动铰支座与地基相连或用三根既不平行，也不相交于一点的链杆与地基分别相连。

(2)悬臂刚架，如图3.4(b)所示。悬臂刚架本身为几何不变体系，且无多余联系，它用固定支座与地基相连。

(3)三铰刚架，如图3.4(c)所示。三铰刚架本身由两构件组成，中间用铰相连，其底部用两个固定铰支座与地基相连，从而形成没有多余联系的几何不变体系。

(4)组合刚架，如图3.4(d)、(e)所示。在组合刚架中，一般有前述三种刚架的一种作为基本部分；另一部分是根据几何不变体系的组成规则连接上去的，作为附属部分，就整体结构而言它仍是一个无多余联系的几何不变体系。图3.4(d)也称为多跨刚架，图3.4(e)也称为多层刚架。

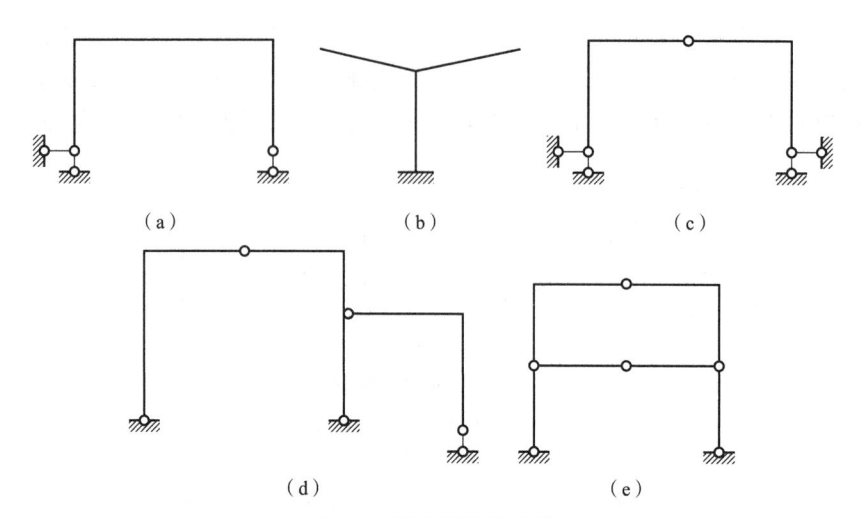

图 3.4 静定刚架的分类

(a)简支刚架；(b)悬臂刚架；(c)三铰刚架；(d)多跨刚架；(e)多层刚架

3.2 静定刚架支座反力的计算

下面通过例题讨论静定刚架支座反力的计算。

3.2.1 简支刚架和悬臂刚架的支座反力(约束力)计算

对于简支刚架和悬臂刚架可以切断两个刚片之间的约束，取一个刚片为隔离体，假定约束力的方向，由隔离体的平衡建立三个平衡方程。

【例 3.1】 求图 3.5(a)所示简支刚架的支座反力。

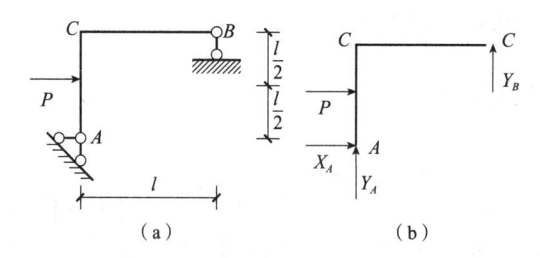

图 3.5 例 3.1 图

解：图 3.5(a)的简支刚架截断支座 A 和 B 后，得到图 3.5(b)所示隔离体，共有三个支座反力：X_A、Y_A 和 Y_B。隔离体平衡时应满足的平衡方程共有三个，这三个整体平衡方程可以求解三个未知支座反力。计算步骤如下：

$$\sum X = 0, \quad X_A + P = 0, \quad X_A = -P(\leftarrow)$$

$$\sum M_A = 0, \quad P \times \frac{l}{2} - Y_B \times l = 0, \quad Y_B = \frac{P}{2}(\uparrow)$$

$$\sum Y = 0, \quad Y_A + Y_B = 0, \quad Y_A = -Y_B = -\frac{P}{2}(\downarrow)$$

第3章 静定刚架

【例 3.2】 求图 3.6 所示悬臂刚架的支座反力。

解：图 3.6 所示的悬臂刚架截断支座 A 共有三个支座反力：X_A、Y_A 和 Y_B。隔离体平衡时应满足的平衡方程共有三个，这三个整体平衡方程可以求解三个未知支座反力。计算步骤如下：

$$\sum X = 0, \quad X_A + ql = 0, \quad X_A = -ql(\leftarrow)$$

$$\sum Y = 0, \quad Y_A - ql = 0, \quad Y_A = ql(\uparrow)$$

$$\sum M_A = 0, \quad M_A + ql \times l + ql^2 = 0,$$

$$M_A = -2ql^2(逆时针转)$$

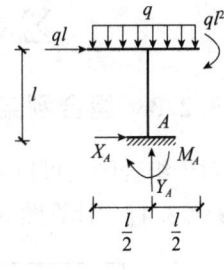

图 3.6 例 3.2 图

3.2.2 三铰刚架(三铰结构)的支座反力(约束力)计算

对于三铰刚架可以取两次隔离体，每个隔离体包含一个或两个刚片，建立六个平衡方程求解。

【例 3.3】 求图 3.7 所示三铰刚架的支座反力。

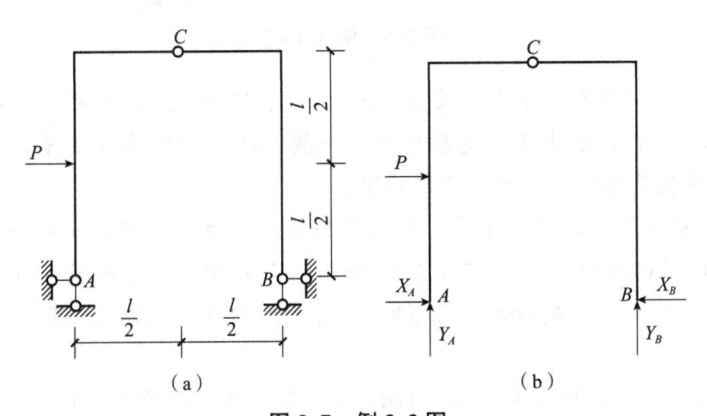

图 3.7 例 3.3 图

解：图 3.7(a)所示的三铰刚架截断支座 A 和 B 后，得到图 3.7(b)所示隔离体，共有四个支座反力：X_A、X_B、Y_A 和 Y_B。从运动角度来看，ABC 整体运动有三个自由度，两个折线杆 AC、BC 还可绕铰 C 有相对转动，共有四个自由度。与之相应，隔离体平衡时应满足的平衡方程共有四个；三个整体平衡方程和一个铰 C 处弯矩为零的方程。这样，四个方程可以求解四个未知支座反力。为避免解联立方程，计算步骤如下：

(1)先利用两个整体平衡方程求 Y_A 和 Y_B。

$$\sum M_A = 0, \quad P \times \frac{l}{2} - Y_B \times l = 0, \quad Y_B = \frac{P}{2}(\uparrow)$$

$$\sum M_B = 0, \quad P \times \frac{l}{2} + Y_A \times l = 0, \quad Y_A = -\frac{P}{2}(\downarrow)$$

校核：
$$\sum Y = 0 \quad \frac{P}{2} - \frac{P}{2} = 0$$

(2)利用铰 C 处弯矩为零的方程，求出一个水平支座反力 X_A 或 X_B。现由截面 C 右半边 BC 所受外力计算 M_C，得

$$M_C = 0, \quad X_B \times l - Y_B \times \frac{l}{2} = 0, \quad X_B = \frac{Y_B}{2} = \frac{P}{4}(\leftarrow)$$

(3)再利用第三个整体平衡方程,求另一水平支座反力。

$$\sum X = 0, \quad P + X_A - X_B = 0, \quad X_A = X_B - P = -\frac{3P}{4}(\leftarrow)$$

3.2.3 组合刚架(主从结构)的支座反力(约束力)计算

对于组合刚架可以先算附属部分,后算基本部分,计算顺序与几何组成顺序相反。

【例 3.4】 计算图 3.8(a)所示两跨刚架的支座反力。

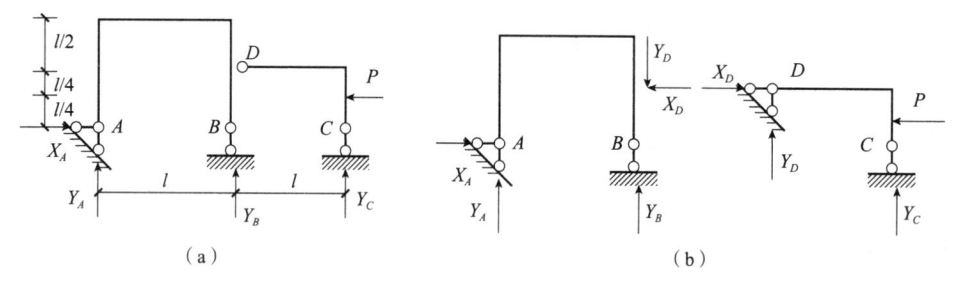

图 3.8 例 3.4 图

解: 图 3.8(a)刚架共有 4 个支座反力:X_A、Y_A、Y_B 和 Y_C,可利用三个整体平衡方程及铰 D 弯矩为零的条件,解出 4 个支座反力。一般情况下的计算方法是,先进行几何组成分析,然后按组成相反的顺序求解,步骤如下:

(1)进行几何组成分析,确定计算支座反力的顺序。简支刚架 AB 先与基础相连,为基本部分;刚架 DC 通过铰 D 和活动铰支座 C 与基本部分相连,为附属部分。求支座反力的次序应与组成次序相反,即先计算刚架 DC 的支座反力 Y_C,后计算基本部分的支座反力 X_A、Y_A 和 Y_B。

(2)从铰 D 处切开,取附属部分 DC 为隔离体,如图 3.8(b)所示,利用铰 D 处弯矩为零的条件,求出 Y_C,再利用隔离体的其他两个平衡方程,求铰 D 处的约束力。建立方程如下:

$$\sum X = 0, \quad X_D + P = 0, \quad X_D = P(\rightarrow)$$

$$\sum M_D = 0, \quad P \times \frac{l}{4} - Y_C \times l = 0, \quad Y_C = \frac{P}{4}(\uparrow)$$

$$\sum Y = 0, \quad Y_C + Y_D = 0, \quad Y_D = -\frac{P}{4}(\downarrow)$$

(3)将求得的铰 D 处约束力反向作用于基本部分 AB 求基本部分的支座反力:

$$\sum X = 0, \quad X_D + X_A = 0, \quad X_A = P(\rightarrow)$$

$$\sum M_A = 0, \quad X_D \times \frac{l}{2} - Y_D \times l + Y_B \times l = 0, \quad Y_B = -\frac{3P}{4}(\downarrow)$$

$$\sum Y = 0, \quad Y_A + Y_B - Y_D = 0, \quad Y_A = \frac{P}{2}(\uparrow)$$

3.3 静定刚架的内力分析

静定刚架是由若干单个杆件连接而成的,因此,静定刚架的内力分析仍要以单个杆件的

第 3 章 静定刚架

内力分析为基础，可以采用截面法计算。从力学的角度来看，它与前面介绍过的静定梁相同。其解题步骤通常如下：

(1)由整体或某些部分的平衡条件求出支座反力或连接处的约束反力。
(2)根据荷载情况，将静定刚架分解成若干杆段，由平衡条件求出各杆端内力。
(3)由杆端内力并运用叠加原理逐杆绘制内力图，从而得到整个静定刚架的内力图。
(4)内力图的校核。通常是利用结点的平衡条件进行校核。

如图 3.9(a)所示，结合静定刚架特点说明在静定刚架计算中的几个问题。

(1)内力正负号及杆端内力的表示方法。如图 3.9(b)所示。弯矩图一律画在杆件受拉一侧，图中不标正负号。剪力和轴力的正负号规定与静定梁相同。剪力图和轴力图可以绘制在杆件的任一侧，但必须标明正负号。为了避免符号出错，在取隔离体画受力图时，无论内力的实际方向如何，一般均首先假设指定截面上的内力是正向的。

(2)明确表示静定刚架上不同截面的内力，尤其是汇交于同一结点的各杆端截面的内力，使之不要混淆。为了明确表示各杆端内力，规定在内力符号下面用两个角标，第一个角标表示该内力所属杆端，第二个角标表示该杆段的另一端。如 AB 杆的 A 端弯矩写作 M_{AB}，B 端的弯矩写作 M_{BA}，AB 杆的 A 端剪力写作 Q_{AB}，B 端剪力写作 Q_{BA} 等。

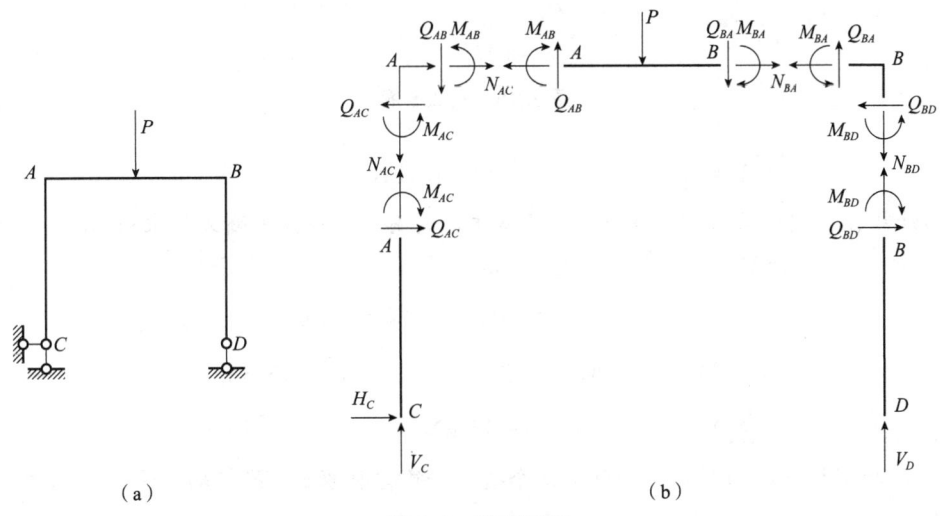

图 3.9 静定刚架
(a)原结构；(b)内力正负号及杆端内力表示

下面通过例题说明上述计算过程和注意事项。

【例 3.5】 计算图 3.10(a)所示简支刚架各杆端截面的内力。

解：(1)求支座反力。取 ABCD 为隔离体，利用三个整体平衡方程求出支座反力：H_A、V_A 和 V_B，如图 3.10(b)所示。

$$\sum X = 0 \quad H_A = 20 \times 4 = 80(\text{kN})$$
$$\sum M_A = 0 \quad V_B = (20 \times 4 \times 2 + 50 \times 3 - 100)/600$$
$$V_B = 35(\text{kN})$$

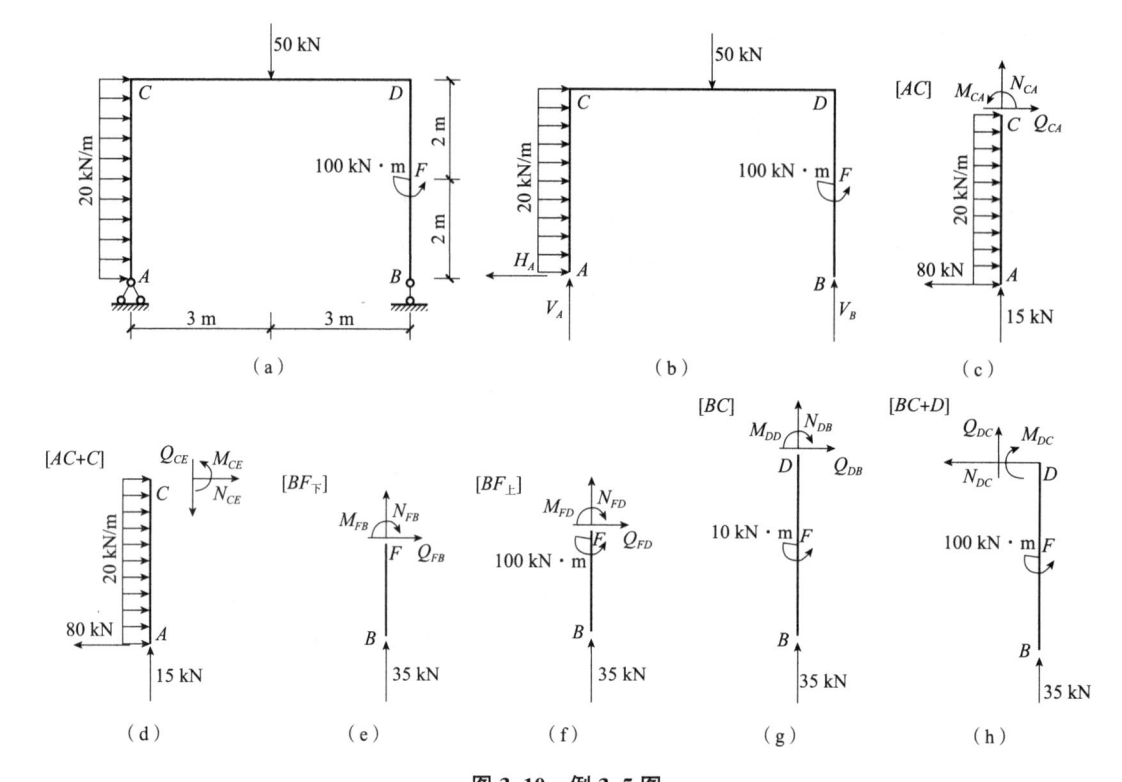

图 3.10 例 3.5 图

$$\sum Y = 0 \quad V_A = 50 - 35 = 15(\text{kN})$$

(2)计算各杆端截面内力。取 AC 为隔离体,利用三个整体平衡方程求出 AC 杆端截面 C 的内力:N_{CA}、Q_{CA} 和 M_{CA},如图 3.10(c)所示。

$$\sum X = 0 \quad Q_{CA} = 20 \times 4 - 80 = 0(\text{kN})$$

$$\sum M_C = 0 \quad M_{CA} = 20 \times 4 \times 2 = 160(\text{kN} \cdot \text{m})$$

$$\sum Y = 0 \quad N_{CA} = -15 \text{ kN}$$

取 AC 和刚结点 C 为隔离体,利用三个整体平衡方程求出 CE 杆端截面 C 的内力:N_{CE}、Q_{CE} 和 M_{CE},如图 3.10(d)所示。

$$\sum X = 0 \quad N_{CE} = 20 \times 4 - 80 = 0(\text{kN})$$

$$\sum Y = 0 \quad Q_{CE} = -15 \text{ kN}$$

$$\sum M_C = 0 \quad M_{CE} = 20 \times 4 \times 2 = 160(\text{kN} \cdot \text{m})$$

取 $BF_下$ 不包括刚结点 F 为隔离体,利用三个整体平衡方程求出 BF 杆端截面 F 下的内力:N_{FB}、Q_{FB} 和 M_{FB},如图 3.10(e)所示。

$$\sum X = 0 \quad Q_{FB} = 0 \text{ kN}$$

$$\sum M_B = 0 \quad M_{FB} = 0 \text{ kN} \cdot \text{m}$$

$$\sum Y = 0 \quad N_{FB} = -35 \text{ kN}$$

取 BF 上包括刚结点 F 为隔离体,利用三个整体平衡方程求出 BF 杆端截面 F 上的内力:N_{FD}、Q_{FD} 和 M_{FD},如图 3.10(f)所示。

$$\sum X = 0 \quad Q_{FD} = 0 \text{ kN}$$
$$\sum M_B = 0 \quad M_{FD} = 100 \text{ kN·m}$$
$$\sum Y = 0 \quad N_{FD} = -35 \text{ kN}$$

取 BD 为隔离体,利用三个整体平衡方程求出 BD 杆端截面 D 上的内力:M_{DB}、N_{DB} 和 Q_{DB},如图 3.10(g)所示。

$$\sum X = 0 \quad Q_{DB} = 0 \text{ kN}$$
$$\sum M_B = 0 \quad M_{DB} = 100 \text{ kN·m}$$
$$\sum Y = 0 \quad N_{DB} = -35 \text{ kN}$$

取 BD 和刚结点 D 为隔离体,利用三个整体平衡方程求出 BD 杆端截面 D 上的内力:M_{DC}、N_{DC} 和 Q_{DC},如图 3.10(h)所示。

$$\sum X = 0 \quad N_{DC} = 0 \text{ kN}$$
$$\sum M_B = 0 \quad M_{DC} = 100 \text{ kN·m}$$
$$\sum Y = 0 \quad Q_{DC} = -35 \text{ kN}$$

【例 3.6】 计算图 3.11(a)所示悬臂刚架刚结点处各杆杆端截面的内力。

解: 刚结点 C 有 C_1、C_2、C_3 三个截面,沿 C_1、C_2 和 C_3 切开,分别取 C_1 左边、C_2 右边和 C_3 上边 C_1B、C_2D 和 BC_3D 三个隔离体,分别建立平衡方程,确定杆端截面 C_1、C_2 和 C_3 的内力。

(1) C_1B 隔离体如图 3.11(b)所示:

$\sum X = 0, N_{CB} + 2 = 0, N_{CB} = -2 \text{ kN}$

$\sum Y = 0, 1 \times 2 + Q_{CB} = 0, Q_{CB} = -2 \text{ kN}$

$\sum M_C = 0, 1 \times 2 \times 1 - M_{CB} = 0, M_{CB} = 2 \text{ kN·m}(上边受拉)$

(2) C_2D 隔离体如图 3.11(c)所示:

$\sum X = 0, N_{CD} = 0$

$\sum Y = 0, Q_{CD} - 3 = 0, Q_{CD} = 3 \text{ kN}$

$\sum M_C = 0, 3 \times 2 + M_{CD} = 0, M_{CB} = -6 \text{ kN·m}(上边受拉)$

(3) BC_3D 隔离体如图 3.11(d)所示:

$\sum X = 0, 2 - Q_{CA} = 0, Q_{CA} = 2 \text{ kN}$

$\sum Y = 0, 1 \times 2 + 3 + N_{CA} = 0, N_{CA} = -5 \text{ kN}$

$\sum M_C = 0, M_{CA} - 1 \times 2 \times 1 + 3 \times 2 = 0, M_{CA} = -4 \text{ kN·m}(左边受拉)$

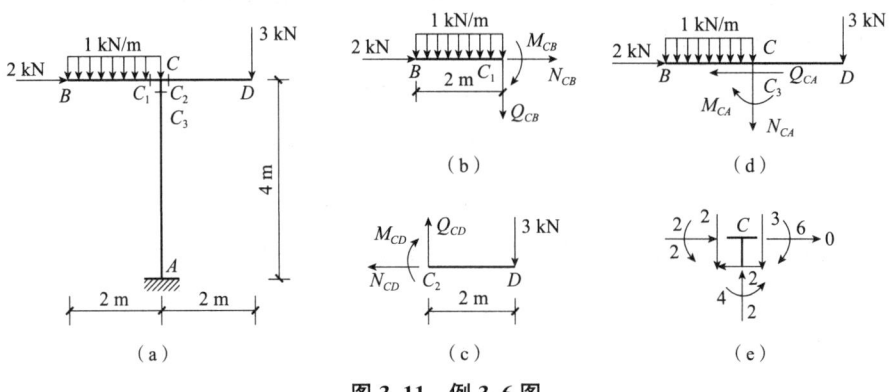

图 3.11 例 3.6 图

校核：

取结点 C 为隔离体校核，如图 3.11(e)所示

$$\sum X = 0, \quad \sum Y = 0, \quad \sum M_C = 0$$

当有一定的训练后，计算杆端截面的内力时，只需用截面法给出内力算式，用截面一边外力直接列式求出，而不必画出每杆的隔离体受力图。这里要注意列式时内力各项的正负号规定。剪力以绕截面顺时针旋转为正，轴力以拉力为正。而弯矩不规定正负号，可以先设定杆端某边受拉为正，列式计算，算出结果为正，表明该边是受拉，算出结果为负，表明另一边受拉，该边受压。

3.4 静定刚架内力图的绘制

3.4.1 静定刚架内力图做法

静定刚架内力图有弯矩图、剪力图和轴力图。静定刚架的内力图是由各杆的内力图组合而成的，而各杆的内力图，只需求出杆端截面的内力值后，即可求出支座反力后，逐杆取隔离体，利用平衡条件求出各杆杆端弯矩、剪力和轴力，然后即可绘制出静定刚架的内力图。

按照上述方法绘制出静定刚架的弯矩图后，还可以根据各杆端弯矩及杆件上的荷载，利用剪力计算式(3.1)求出各杆端剪力，从而可绘制出剪力图。剪力计算式如式(3.1)所示。

$$\begin{cases} Q_{ij} = Q_{ij}^0 - \dfrac{M_{ij} + M_{ji}}{l} \\ Q_{ji} = Q_{ji}^0 - \dfrac{M_{ij} + M_{ji}}{l} \end{cases} \quad (3.1)$$

其中，Q_{ij}^0 和 Q_{ji}^0 分别是 ij 杆相应简支梁在杆上荷载作用下，i 端和 j 端的剪力，如图 3.12(a)所示；M_{ij} 和 M_{ji} 分别是 ij 杆 i 端和 j 端的弯矩，其符号根据正向规定来确定，l 为 ij 杆的杆长，如图 3.12(b)所示。最后根据剪力图，取刚架结点为隔离体，即可求得各杆端轴力，进而绘制出轴力图。

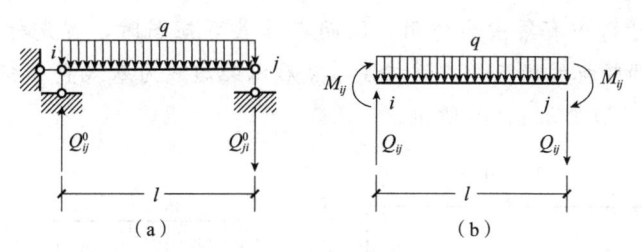

图 3.12 刚架杆端截面剪力弯矩图
(a)剪力图；(b)弯矩图

3.4.2 少求或不求反力快速绘制弯矩图

静定结构的内力分析，不仅是强度计算所必需，而且是以后进行结构位移计算和超静定结构计算的基础，尤其是弯矩图的绘制，因此，熟练地绘制弯矩图是很必要的。所谓快速绘制弯矩图是指只需经过少量的计算即可绘出弯矩图。如能掌握好弯矩图的一些特点，对一些简单结构快速绘出弯矩图是不难的。

3.4.3 刚架内力图的校核

(1)平衡条件的校核。从刚架中任取结点、杆件、刚架的任一部分或刚架的整体，都应该满足平衡条件。在校核时，应尽量利用计算时未用过的平衡条件。

特别应强调的是刚架在刚结点处应满足平衡条件：

$$\sum X = 0, \sum Y = 0, \sum M = 0$$

可以用它来校核计算结果，也可以利用它来计算杆端截面的内力。

还应注意刚架弯矩图在刚结点处满足平衡条件的图形特点。即刚架中的两杆刚结点，在无外力偶作用时，结点上两杆的杆端弯矩数值相同，且杆件同侧受拉；多杆刚结点，各杆端弯矩应满足力矩平衡方程。如图 3.13(a)所示，刚架刚结点 D 上两杆的弯矩，数值相同，旋转方向相反，是一对平衡力矩，使刚架内侧受拉。如图 3.13(b)所示，刚架在刚结点 C 上三杆的弯矩数值和方向为顺时针旋转力矩为 6，逆时针旋转力矩为 2+4=6，力矩是平衡的。

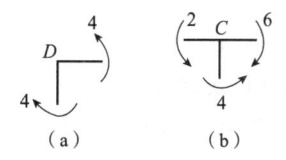

图 3.13 刚结点力矩平衡校核
(a)两杆平衡；(b)三杆平衡

(2)微分关系及内力图特征的校核。直杆荷载、剪力、弯矩间的微分关系，对刚架的梁、柱均适用。对于有铰的刚架，应该注意铰结点上 $M=0$ 的特点。

现以例题说明计算和绘制内力图的步骤。

【例 3.7】 作图 3.14(a)所示简支刚架的内力图。

解法一：

(1)绘制弯矩图：求得上述杆端弯矩值后，在无荷载段，按照同一适当比例先标出两杆端弯矩的竖标，然后用直线连接两竖标顶点，即得该无荷载段的弯矩图。在 AC 段，铰 A 处弯矩为 0，由于有均布荷载作用，因而在作其弯矩图时，首先标出杆端弯矩 M_{CA} 的竖标，将这两竖标的顶点用虚线相连，然后以此虚线为基线叠加相应简支梁在均布荷载作用下的弯矩图，在 CD 段，由于跨中有集中力作用，因而在作其弯矩图时，首先标出杆端弯矩 M_{CD} 和 M_{DC} 的竖标，将这两竖标的顶点用虚线相连，然后以此虚线为基线叠加相应简支梁在集中荷载作用下的弯矩图，如图 3.14(b) 所示。

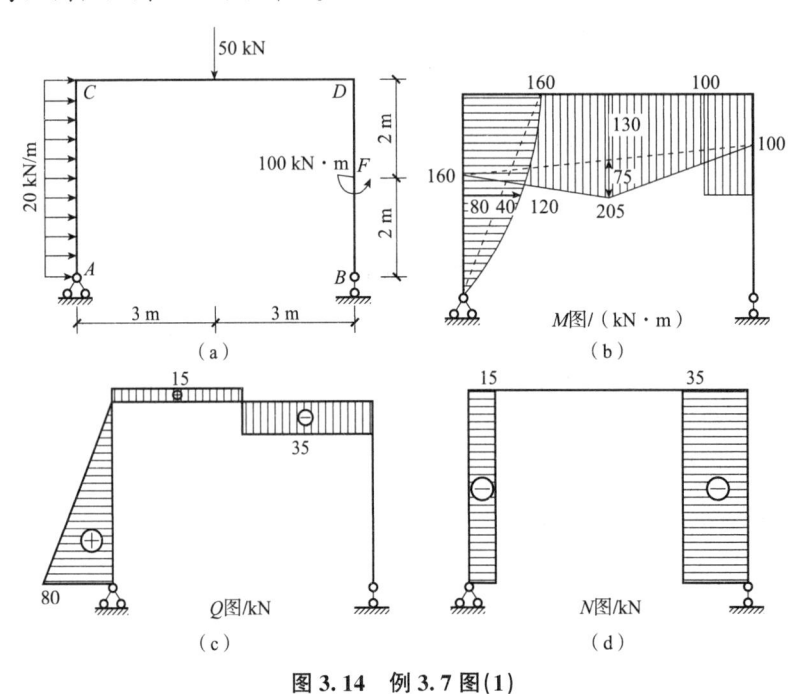

图 3.14 例 3.7 图(1)

(2) 绘制剪力图和轴力图：根据例 3.5 求得的杆端剪力值和轴力值，逐杆作出其剪力图和轴力图，并标出正负号。整个静定刚架的剪力图和轴力图如图 3.14(c) 和图 3.14(d) 所示。

解法二：

(1) 绘制弯矩图：

取 ABCD 为隔离体，利用水平方向静力平衡方程求出支座反力 H_A。

$$\sum X = 0 \quad H_A = 80 \text{ kN}$$

取 AC 为隔离体，计算弯矩 M_{CA}，取 DB 为隔离体，计算弯矩 M_{DB}。

$$M_{CA} = 80 \times 2 - 20 \times 4 \times 2 = 160 (\text{kN} \cdot \text{m})(内部受拉)$$

$$M_{DB} = 100 \text{ kN} \cdot \text{m}(内部受拉)$$

取刚结点 C 和刚结点 D 为隔离体，用刚结点处弯矩平衡计算 M_{CE} 和 M_{DC}，如图 3.15(a) 所示。

$$\sum M_C = 0 \quad M_{CE} = 160 \text{ kN} \cdot \text{m}(内部受拉)$$

$$\sum M_D = 0 \quad M_{DC} = 100 \text{ kN} \cdot \text{m}(内部受拉)$$

在 CD 段，需要计算集中力在跨中作用时的弯矩 $M_{CD中}$。

$$M_{CD中} = \frac{160 + 100}{2} + \frac{Pl}{4} = 130 + \frac{50 \times 6}{4} = 205 (\text{kN} \cdot \text{m})(内部受拉)$$

在 AC 段，需要计算均布荷载在跨中作用时的弯矩 $M_{AC中}$。

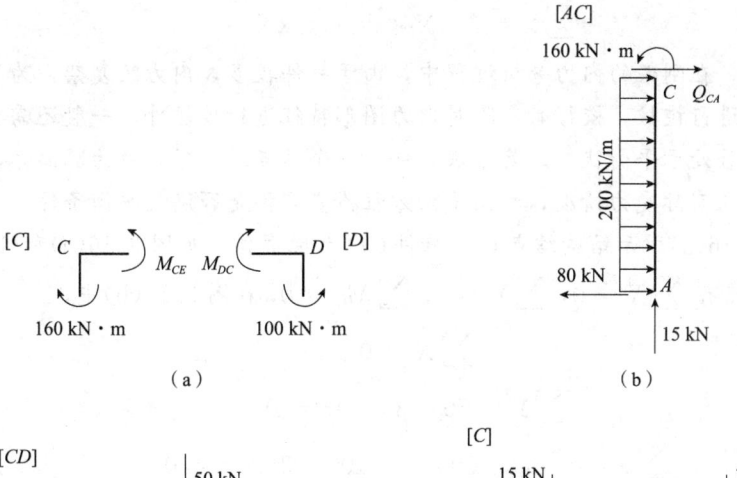

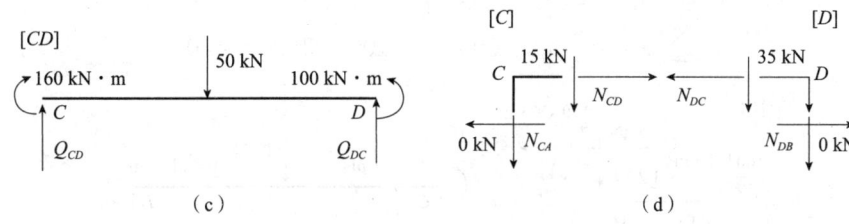

图 3.15 例 3.7 图(2)

$$M_{AC中} = \frac{160}{2} + \frac{ql^2}{8} = 80 + \frac{20 \times 4 \times 4}{8} = 120 (kN \cdot m)(内部受拉)$$

根据各杆杆端截面的弯矩值绘出弯矩图,如图 3.15(b)所示。

(2)绘制剪力图:

取 AC 为隔离体,如图 3.15(b)所示,利用水平方向静力平衡方程求出剪力 Q_{CA}。

$$\sum X = 0 \quad Q_{CA} = 80 - 20 \times 4 = 0 (kN)$$

取 CD 为隔离体,如图 3.15(c)所示,利用式(3.1)求出杆端剪力 Q_{CD} 和 Q_{DC}。

$$\sum M_C = 0, \quad Q_{DC} = \frac{160 + 50 \times 3 - 100}{6} = 35 (kN)(\uparrow)$$

$$\sum M_D = 0, \quad Q_{CD} = \frac{100 + 50 \times 3 - 160}{6} = 15 (kN)(\uparrow)$$

在 BD 段,由于活动铰支座 B 处只有竖向支座反力,故 BD 段内剪力为 0。

根据各杆杆端截面的剪力值绘出剪力图,如图 3.15(c)所示。

(3)绘制轴力图:

根据刚结点平衡来进行轴力图的绘制,取如图 3.15(d)所示,取刚结点 C,利用水平方向和竖直方向静力平衡方程求出轴力 N_{CD} 和 N_{CA}。

$$\sum X = 0 \quad N_{CD} = 0 \text{ kN}$$

$$\sum Y = 0 \quad N_{CA} = -15 \text{ kN}$$

取如图 3.15(d)所示,取刚结点 D,利用水平方向和竖直方向静力平衡方程求出轴力 N_{DC} 和 N_{DB}。

$$\sum X = 0 \quad N_{DC} = 0 \text{ kN}$$

$$\sum Y = 0 \quad N_{DB} = -35 \text{ kN}$$

值得注意的是，在刚架的内力分析过程中，由于杆件较多，内力又复杂，为了防止出现错误，应对内力图进行校核。校核时，除对内力图形特征进行校核外，一般还需要校核任一结点或任一杆件是否处于平衡状态。其方法是任取一个结点或一根杆件为隔离体，根据内力图画出隔离体图上的实际受力情况，利用平衡方程检查它们是否满足平衡条件。

例如，取图 3.16(a)所示结构结点 C 和杆件 CD 为隔离体，如图 3.16(a)和(b)所示。在图 3.15(a)中，显然有 $\sum X = 0$，$\sum Y = 0$，$\sum M_C = 0$，在图 3.15(b)中，

$$\sum X = 0$$
$$\sum Y = 50 - 35 - 15 = 0$$
$$\sum M_C = 160 + 50 \times 3 - 100 - 35 \times 6 = 0$$

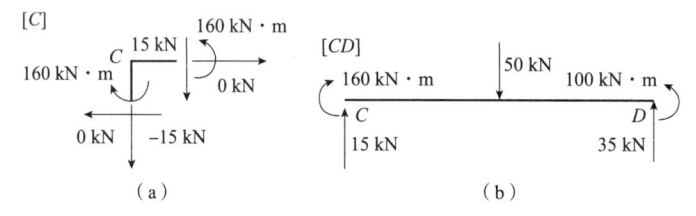

图 3.16　例 3.7 图(3)

故可知，计算及内力图绘制无误。

【例 3.8】 作图 3.17(a)所示三铰刚架的内力图。

解： 三铰刚架的内力计算和简支刚架基本相同，即先计算支座反力，再计算杆端内力。所不同的是三铰刚架在求支座反力时，由于它有四个未知的反力，因此，除取刚架整体为隔离体建立三个平衡方程外，还要取半刚架(左半刚架或右半刚架)为隔离体，并利用刚架的中间铰处不承受弯矩这一已知条件($M_C = 0$)，再建立一个补充方程，从而求得全部支座反力。

(1)求支座反力。取刚架整体为隔离体，利用平衡条件，如图 3.17(b)所示。

由 $\sum M_A = 0$，$10 \times 6 \times 3 = V_B \times 12$　$V_B = 15$ kN(↑)

由 $\sum Y = 0$，$10 \times 6 = V_B + V_A$　$V_A = 45$ kN(↑)

取 CEB 为隔离体，利用平衡条件。

由 $\sum M_C = 0$，$H_B \times 8 = 15 \times 6$　$H_B = 11.25$ kN(←)

取刚架整体为隔离体，利用平衡条件。

由 $\sum X = 0$，$H_A = H_B = 11.25$ kN(→)

(2)绘弯矩图。支座 A 和支座 B 为铰，铰处弯矩为 0。取杆件 AD 为隔离体，利用平衡条件。

由 $\sum M_D = 0$，$M_{DA} = 11.25 \times 6 = 67.5$ (kN·m) (外部受拉)

取杆件 BE 为隔离体，利用平衡条件。

图 3.17 例 3.8 图

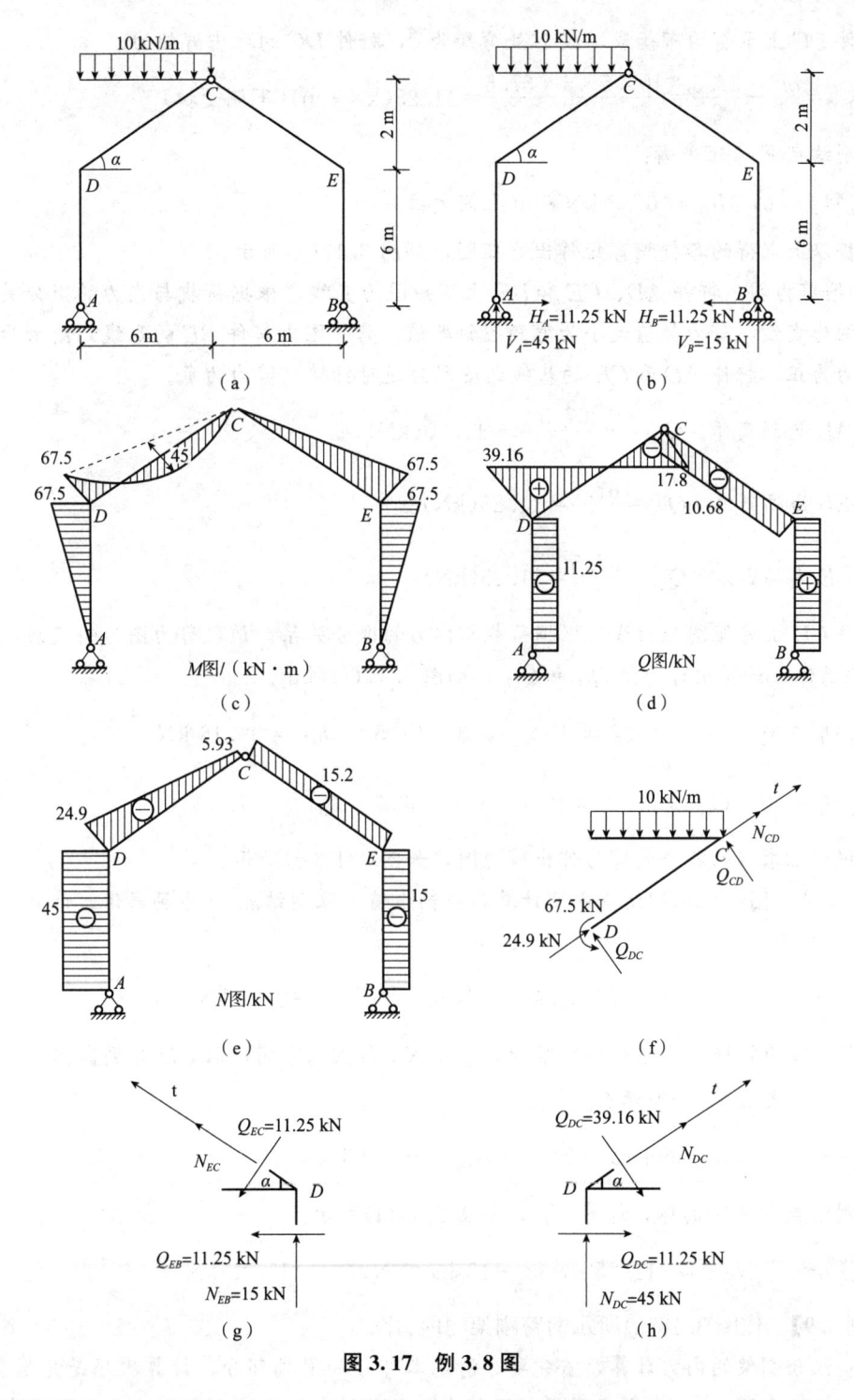

由 $\sum M_E = 0$, $M_{EB} = 11.25 \times 6 = 67.5 (\text{kN} \cdot \text{m})$（外部受拉）

1）刚结点 D 弯矩平衡：

$$\sum M_D = 0 \quad M_{DC} = 67.5 \text{ kN} \cdot \text{m}(上侧受拉)$$

杆件 DC 上承受均布荷载，铰 C 处弯矩为 0，杆件 DC 的跨中弯矩为

$$M_{DC中} = \frac{ql^2}{8} - \frac{67.5}{2} = \frac{10 \times 6 \times 6}{8} - \frac{67.5}{2} = 11.25(\text{kN} \cdot \text{m})（下侧受拉）$$

2) 刚结点 E 弯矩平衡：

$$\sum M_E = 0, \quad M_{EB} = 67.5 \text{ kN} \cdot \text{m}（上侧受拉）$$

根据以上求得的各杆端弯矩作出弯矩图，如图 3.17(c)所示。

(3) 绘剪力图。杆件 AD、CE 和 BE 上弯矩图为直线，根据荷载与内力的微分关系，该段剪力图为直线，剪力数值大小为弯矩图斜率值。弯矩图上杆件 BE 的基线到图形为顺时针转，剪力为正，杆件 AD 和 CE 的基线到图形为逆时针转，剪力为负。

取 AD 为隔离体　　$Q_{AD} = -\frac{67.5}{6} = -11.25(\text{kN})$

取 EB 为隔离体　　$Q_{EB} = \frac{67.5}{6} = 11.25(\text{kN})$

取 CE 为隔离体　　$Q_{EB} = \frac{67.5}{6} = 11.25(\text{kN})$

杆件 CD 上弯矩图为曲线，根据荷载与内力的微分关系，该段剪力图为斜直线，需要取 CD 为隔离体，计算出剪力值 Q_{DC} 和 Q_{CD}，如图 3.17(f)所示。

$$\sum M_C = 0 \quad Q_{DC} \times 6.32 = 10 \times 6 \times 3 + 67.5 \quad Q_{DC} = 39.16 \text{ kN}$$

$$\sum M_D = 0 \quad Q_{CD} \times 6.32 = 10 \times 6 \times 3 - 67.5 \quad Q_{CD} = 17.8 \text{ kN}$$

根据以上求得的各杆端剪力作出剪力图，如图 3.17(d)所示。

(4) 绘轴力图。根据刚结点平衡计算各杆轴力值。取刚结点 D 为隔离体，计算 N_{DC}，如图 3.17(f)所示。

$$\sum t = 0 \quad N_{DC} = -11.25 \cdot \cos\alpha - 45\sin\alpha \quad N_{DC} = -24.9 \text{ kN}$$

杆件 CD 为斜杆，承受竖向均布荷载，故 N_{DC} 与 N_{CD} 不同，取 CD 为隔离体，计算出轴力值 N_{CD}，如图 3.17(f)所示。

$$\sum t = 0 \quad N_{CD} = 60\sin\alpha - 24.9 \quad N_{CD} = -5.93 \text{ kN}$$

取刚结点 C 为隔离体，计算 N_{EC}，如图 3.17(f)所示。

$$\sum t = 0 \quad N_{EC} = -11.25 \cdot \cos\alpha - 15\sin\alpha \quad N_{EC} = -15.42 \text{ kN}$$

【例 3.9】 作图 3.18(a)所示两跨刚架的内力图。

解：组合刚架的内力计算，首先要分清基本部分和附属部分，计算次序是先附属部分，后基本部分。在图 3.18(a)所示的两跨刚架中，ABCD 部分为基本部分，而 DEFG 部分为附属部分。求解过程先从 DEFG 中的 DE 部分开始。

(1) 绘制弯矩图。取杆件 DE 部分为隔离体，如图 3.18(e)所示，利用平衡条件，计算 V_D 和 V_E。

$$\sum X = 0 \quad H_D = H_E$$
$$\sum M_D = 0 \quad V_E = (15 \times 2 \times 1)/2 = 15(\text{kN})$$
$$\sum Y = 0 \quad V_D = 15 \times 2 - 15 = 15(\text{kN})$$

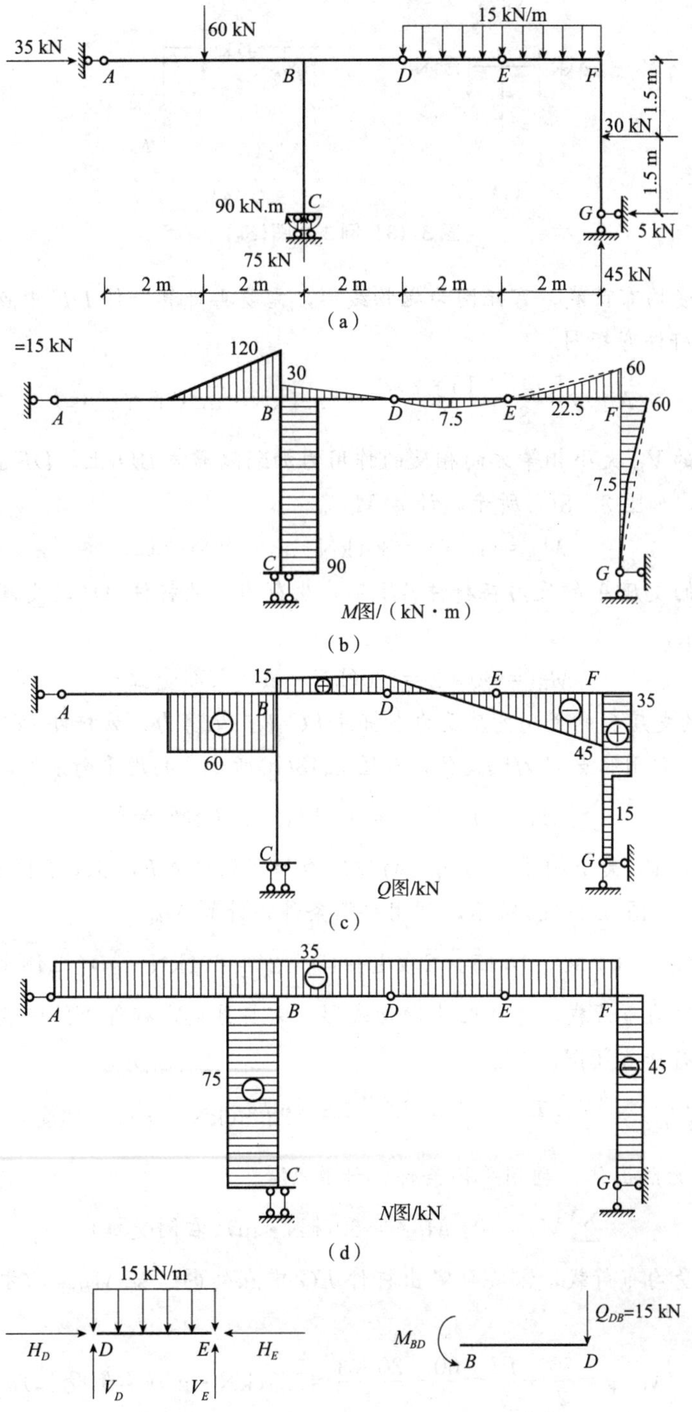

图 3.18 例 3.9 图

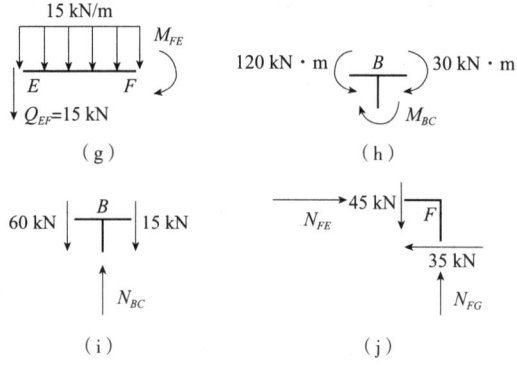

图 3.18 例 3.9 图(续)

杆件 DE 承受均布荷载，弯矩图为抛物线形，需要再计算杆件 DE 中点处的弯矩 $M_{DE中}$，才能绘制出整个杆件弯矩图。

$$M_{DE中}=\frac{ql^2}{8}=\frac{15\times 2\times 2}{8}=7.5(\text{kN·m})(下部受拉)$$

杆件 DE 上的 V_D 大小相等方向相反的作用力加到隔离体 BD 上，DE 上的 V_D 就是隔离体 BD 上的 Q_{DB}，如图 3.18(f)所示，计算 M_{BD}。

$$M_{BD}=15\times 2=30(\text{kN·m})(上部受拉)$$

杆件 AB 上的支座 A 的反力在杆件 AB 不产生剪力，故杆件 AB 的支座 A 到集中力处弯矩为 0，计算 M_{BA}。

$$M_{BA}=60\times 2=120(\text{kN·m})(上部受拉)$$

杆件 BC 上的支座 C 的竖向支座反力在杆件 BC 不产生剪力，故杆件 BC 上的弯矩为常数，其弯矩图为直线。取刚结点 B 为隔离体，如图 3.18(h)所示，利用平衡条件，计算 M_{BC}。

$$\sum M_B=0, M_{BC}=90(\text{kN·m})(右侧受拉)$$

杆件 DE 上的 V_E 大小相等方向相反的作用力加到隔离体 EF 上，DE 上的 V_E 就是隔离体 EF 上的 Q_{EF}，如图 3.18(g)所示，利用平衡条件，计算 M_{FE}。

$$\sum M_F=0, M_{FE}=15\times 2\times 1+15\times 2=60(\text{kN·m})(上侧受拉)$$

杆件 EF 承受均布荷载，弯矩图为抛物线形，需要再定出杆件 EF 中点处的弯矩 $M_{EF中}$，才能绘制出整个杆件弯矩图。

$$M_{EF中}=\frac{60}{2}-\frac{ql^2}{8}=\frac{60}{2}-\frac{15\times 2\times 2}{8}=22.5(\text{kN·m})(上部受拉)$$

取刚结点 F 为隔离体，利用平衡条件，计算 M_{FG}。

$$\sum M_F=0, M_{FG}=60(\text{kN·m})(右侧受拉)$$

杆件 EG 承受均布荷载，需要再定出杆件 EG 中点处的弯矩 $M_{EG中}$，才能绘制出整个杆件弯矩图。

$$M_{FG中}=\frac{60}{2}-\frac{Pl}{4}=\frac{60}{2}-\frac{30\times 3}{4}=7.5(\text{kN·m})(右侧受拉)$$

根据以上求得的各杆端弯矩作出弯矩图，如图 3.18(b)所示。

(2)绘剪力图。杆件 AB 从集中力到 A 处弯矩为零,故斜率为零,剪力为零,集中力到 B 处弯矩图斜率为 60;基线到图形逆时针转,剪力为负。杆件 BC 弯矩图的斜率为零,剪力为零;杆件 BD 弯矩图斜率为 30,基线到图形顺时针转,剪力为正;杆件 DE 可根据其隔离体上的剪力 Q_{DE} 和 Q_{ED} 计算出绘出该杆件剪力图,其中 Q_{DE} 绕隔离体顺时针转,剪力为正,Q_{ED} 绕隔离体逆时针转,剪力为负,杆件 EF 和 DE 上同为均布荷载,杆件 DE 的剪力图可通过 EF 杆件延长得到。FG 杆件从集中力到 G 点处弯矩图的斜率 15,基线到图形顺时针转剪力为正,从集中力到 F 点处弯矩图的斜率为 35,基线到图形顺时针转,剪力为正。根据以上分析作出弯矩图,如图 3.16(c)所示。

(3)绘轴力图。根据刚结点平衡绘制轴力图,如图 3.18(d)所示。

取刚结点 B 为隔离体,如图 3.18(i)所示,利用平衡条件,计算 N_{BC}。

$$\sum Y = 0 \quad N_{BC} = 60 + 15 = 75 \text{(kN)}$$

取刚结点 F 为隔离体,如图 3.16(k)所示,利用平衡条件,计算 N_{FE} 和 N_{FG}。

$$\sum X = 0 \quad N_{FE} = 35 \text{ kN}$$

$$\sum Y = 0 \quad N_{FG} = 45 \text{ kN}$$

【例 3.10】 作图 3.19(a)所示两层刚架的弯矩图。

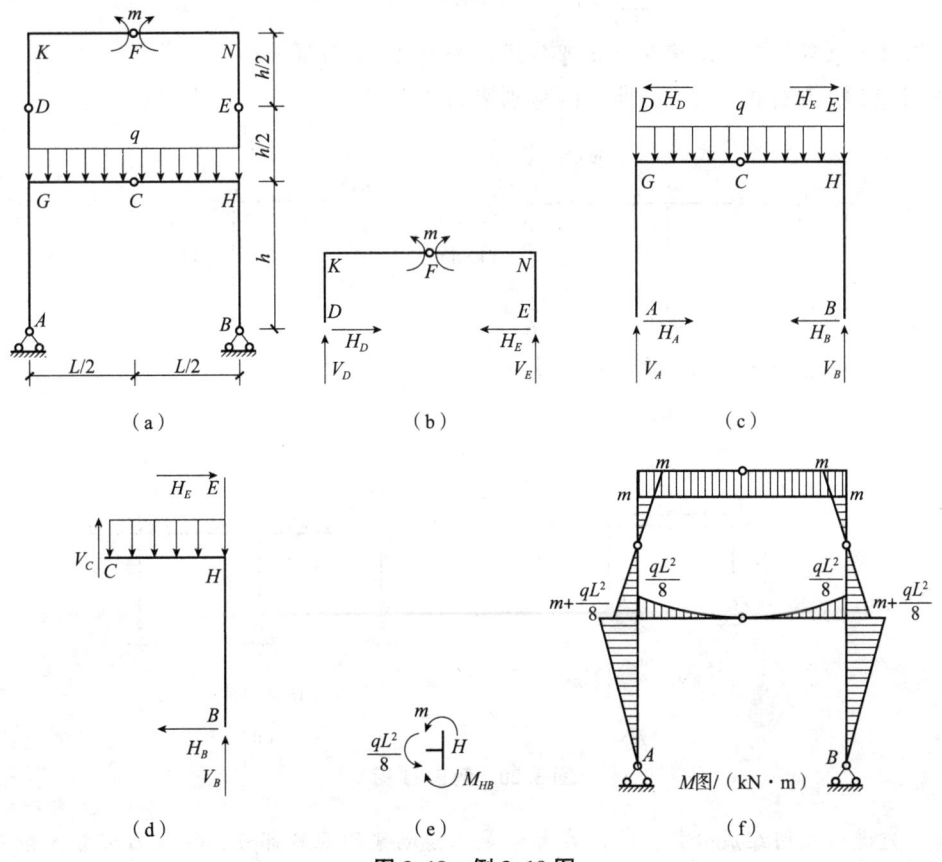

图 3.19 例 3.10 图

解： 在图 3.19(a)所示的两层刚架中，AGCHB 部分为基本部分，而 DKFNE 部分为附属部分。求解过程先从附属部分 DKFNE 开始。

取 DKFNE 为隔离体，如图 3.19(b)所示，计算 V_E、V_D、H_E 和 H_D。

$$\sum M_D = 0 \quad V_E = 0$$
$$\sum Y = 0 \quad V_D = 0$$
$$\sum X = 0 \quad H_D = H_E$$

隔离体 DKFNE 上的 H_E 和 H_D 大小相等，方向相反，加到 AGCHB 上，取 AGCHB 为隔离体，如图 3.19(c)所示，计算 V_B。

$$\sum M_A = 0 \quad q \cdot L \cdot \frac{L}{2} = V_B \cdot L \quad V_B = \frac{qL^2}{2}(\uparrow)$$

取 CHB 为隔离体，如图 3.19(d)所示，计算 V_C 和 M_{HC}。

$$\sum Y = 0 \quad V_C = 0$$
$$M_{HC} = q \times \frac{L}{2} \times \frac{L}{4} = \frac{qL^2}{8}$$

取刚结点 H 为隔离体，如图 3.19(e)所示，计算 M_{HB}。

$$\sum M_H = 0 \quad M_{HB} = m + \frac{qL^2}{8}$$

根据以上求得的各杆端弯矩作出弯矩图，如图 3.19(f)所示。

【例 3.11】 试作图 3.20(a)所示两跨刚架的弯矩图。

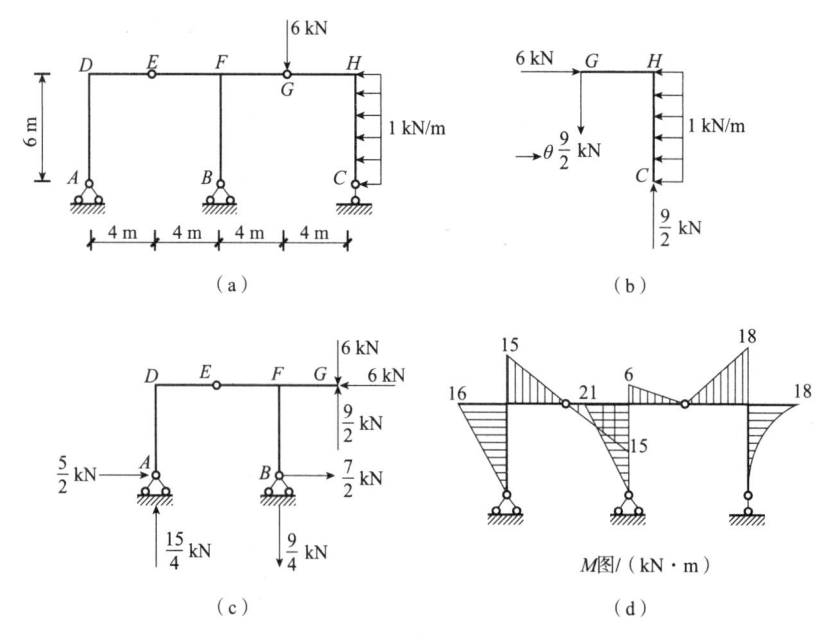

图 3.20 例 3.11 图

解： 先进行几何组成分析。G 以左部分是三铰刚架的基本部分；G 以右部分为依赖于左部分和基础的附属部分。因此，按多跨静定梁的计算顺序，先取附属部分计算，如

图3.20(b)所示,求出其反力,然后将G铰处的约束力反向加在基本部分,再求基本部分的反力,如图3.20(c)所示,反力求出后,即可绘制出弯矩图,如图3.20(d)所示。

工程案例与素养提升　　　　　　习题　　　　　　答案

第 4 章 三铰拱

4.1 概 述

拱式结构因其在大跨度结构上用料比较少,因而在桥涵结构、房屋建筑、地下结构和水工建筑中常被采用。其中三铰拱是静定拱,是本章主要讨论的结构。图 4.1(a)所示为一常见三铰拱桥,其计算简图如图 4.1(b)所示。在屋架中,为消除水平推力对墙或柱的影响,在两支座间增加一个拉杆,支座上的水平推力由拉杆来承担。图 4.2(a)所示为一带拉杆的装配式钢筋混凝土三铰拱,其计算简图如图 4.2(b)所示,若吊杆很细,可不参与计算。

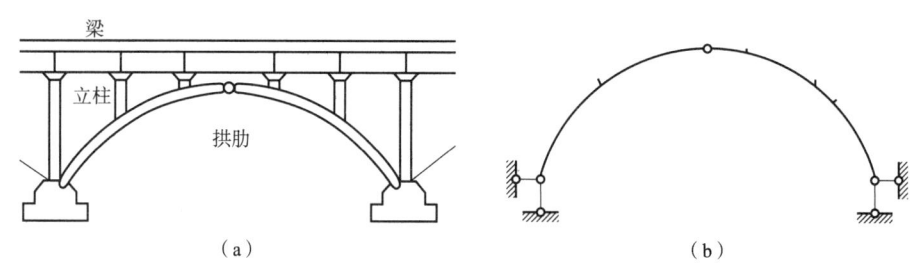

图 4.1 三铰拱桥及其计算简图
(a)三铰拱桥;(b)计算简图

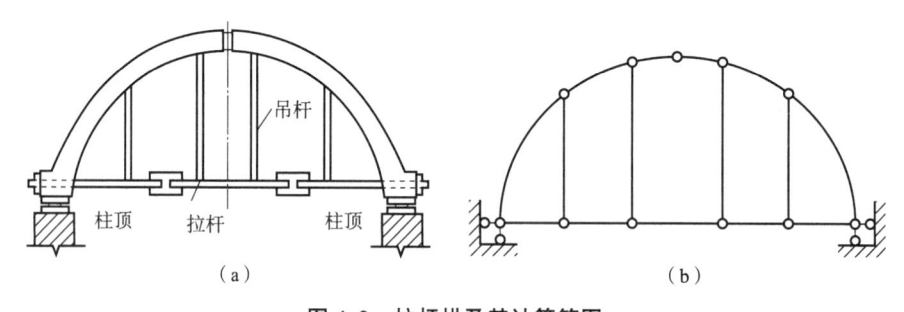

图 4.2 拉杆拱及其计算简图
(a)拉杆拱;(b)计算简图

4.1.1 拱的定义

杆轴为曲线,而且在竖向荷载作用下支座能产生水平反力的结构,称为拱。拱结构与梁的区别不仅在于外形不同,更重要的还在于竖向荷载作用下是否在支座处产生水平推力。图 4.3 和图 4.4 所示两结构,虽然它们的杆轴都是曲线,但图 4.3 所示结构在竖向荷载作用下不产生水平推力,其弯矩与相应同跨度、同荷载的简支梁相同。这种结构不是拱结构,而

· 60 ·

是一根曲梁。但在图 4.4 所示结构中，由于两端都有水平支座链杆，在竖向荷载作用下将产生水平推力，所以，其属于拱结构。由于水平推力的存在，拱中各截面的弯矩将比相应的曲梁或简支梁弯矩小，这就使得整个拱肋主要承受轴向压力。基于拱式结构的特点，该类结构可利用抗压强度较高而抗压强度低的砖石混凝土等建筑材料来建造。但是，拱式结构的主要缺点是支座要承受水平推力，因而要求比梁具有更坚固的地基或支撑结构（墙、立柱、墩台等），对于不能承受推力的基础，则需要加拉杆以消除对基础的推力，如图 4.2 所示。而这种结构的内部受力情况与三铰拱完全相同，故称为带拉杆的三铰拱。为了减少拉杆的挠度，还常设置吊杆，如图 4.2 所示。在分析拱的内力时，可以不考虑这些吊杆的作用。

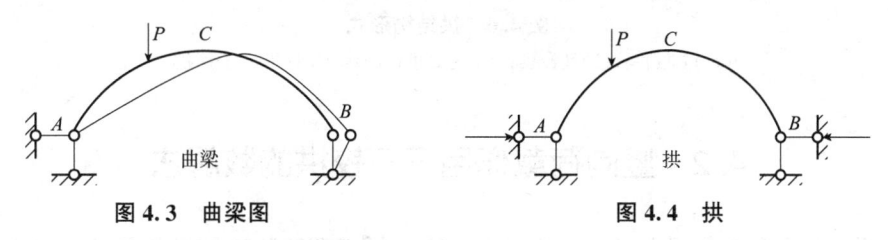

图 4.3 曲梁图

图 4.4 拱

4.1.2 拱的各部分名称

拱的各部分名称如图 4.5 所示，拱身各横截面形心的连线叫作拱轴线；拱两端与基础连接的支座叫作拱脚，也称为拱趾；两拱脚间的水平距离是拱的跨度，称为拱跨；两拱脚的连线叫作起拱线；拱轴上距起拱线最远的一点称为拱顶；三角拱通常在拱顶处设置角，拱顶至起拱线之间的竖向距离称为拱高或矢高。拱高与跨度之比 f/l 称为高跨比，也称为矢跨比。它是影响拱受力性能的主要几何参数，在实际工程中，其值一般为 0～1。

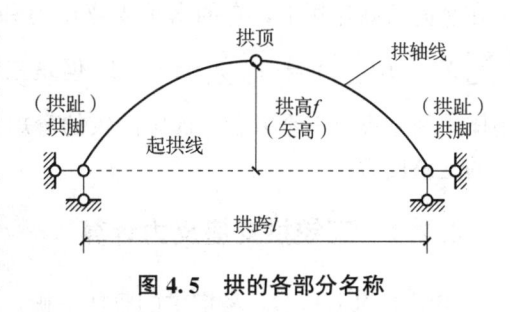

图 4.5 拱的各部分名称

4.1.3 拱的分类

图 4.6 所示为常见的几种拱结构形式。拱式结构按照其计算特点可分为静定拱式结构和超静定拱式结构。其中图 4.6(a)为三铰拱，是静定结构，图 4.6(b)和图 4.6(c)分别为两铰拱和无铰拱，它们是超静定结构。拱式结构按照有无拉杆可分为无拉杆拱式结构和拉杆拱式结构。如图 4.6(d)和图 4.6(e)所示，为了消除水平推力对墙或柱等支撑结构的影响，常在两支座间设置水平拉杆，拉杆内所产生的拉力代替了水平推力的作用。此时，在竖向荷载作用下，支座只产生竖向反力，而这种结构的内部受力情况与三铰拱完全相同，故称为带拉杆的三铰拱。为了获得较大的使用空间，拉杆有时会抬高，做成图 4.6(e)所示的结构。为了减少拉杆的挠度，还设置吊杆，在分析拱的内力时，可以不考虑这些吊杆的作用。按照拱铰是否在同一水平线上，拱可分为平拱和斜拱。不在同一水平线上的拱称为斜拱，两拱角在同一水平线上的拱称为平拱。

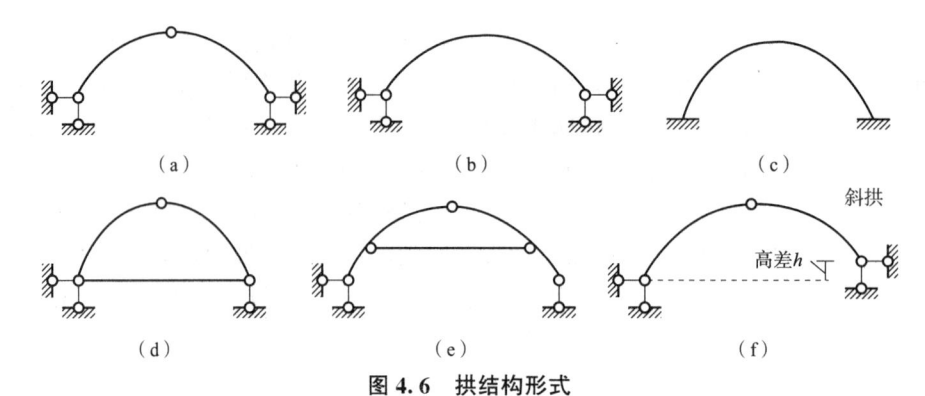

图 4.6 拱结构形式
(a)三铰拱；(b)两铰拱；(c)无铰拱；(d)(e)拉杆拱；(f)斜拱

4.2 竖向荷载作用下三铰拱的数解法

为了开展竖向荷载作用下三铰拱的内力计算，便于理解和比较拱与梁的不同受力方式，在图中画出一个相应的简支梁，它的跨度和荷载都与三铰拱相同，这个梁称为等代梁。等代梁在竖向荷载作用下，它的水平支座反力和竖向支座反力可分别由三个整体平衡方程求得 $\left(\sum X=0, \sum Y=0, \sum M=0\right)$。但是三铰拱有四个支座反力，求解需要四个方程，拱的整体平衡方程有三个方程，此中间铰的弯矩为零，又增加一个方程，四个方程可解出四个未知的支座反力。

4.2.1 三铰拱支座反力计算

如图 4.7(a)所示，考虑拱的整体平衡，由 $\sum M_A=0$ 和 $\sum M_B=0$ 求出拱的竖向支座反力为式(4.1)和式(4.2)。

$$Y_A = \frac{1}{l}(P_1 b_1 + P_2 b_2) \tag{4.1}$$

$$Y_B = \frac{1}{l}(P_1 a_1 + P_2 a_2) \tag{4.2}$$

如图 4.7(b)所示，在竖向荷载作用下，等代梁的水平支座反力可由整体平衡方程 $\sum X=0$ 求出，其数值为零。竖向支座反力可分别由整体平方程 $\sum M_A=0$ 和 $\sum M_B=0$ 求出，分别为 $Y_A^0 = \frac{1}{l}(P_1 b_1 + P_2 b_2)$ 和 $Y_B^0 = \frac{1}{l}(P_1 a_1 + P_2 a_2)$。

式(4.1)和式(4.2)等于相应的等代梁支座反力 Y_A^0 和 Y_B^0。这说明拱的竖向支座反力与相应等代梁的竖向支座反力完全相同，如式(4.3)所示。

$$Y_A = Y_A^0, \quad Y_B = Y_B^0 \tag{4.3}$$

由拱的整体平衡方程 $\sum X=0$，得出拱的水平推力，如式(4.4)所示。

$$X_A = X_B = X \tag{4.4}$$

即 A 和 B 两支座的水平支座反力数量相等，方向相反，用 X 表示推力，图中所示 X 方向为正方向。为了计算拱的水平推力 X，取左半拱，考虑铰 C 左边所有外力对铰 C 的力矩代数和[图 4.7(c)]，由 $\sum M_C = 0$ 可计算出拱的水平推力，如式(4.5)所示。

$$H=\frac{1}{f}\left[Y_A\times\frac{l}{2}-P_1\left(\frac{l}{2}-a_1\right)\right] \tag{4.5}$$

它等于相应等代梁截面 A 的弯矩时，以 M_C^0 表示等代梁截面 C 的弯矩值，得式(4.6)。

$$M_c^0=\left[Y_A^0\times\frac{l}{2}-P_1\left(\frac{l}{2}-a_1\right)\right] \tag{4.6}$$

因此，三铰拱 M_C 的方程可表示为式(4.7)。

$$X=\frac{M_C^0}{f} \tag{4.7}$$

式(4.3)说明三铰拱支座作的竖向反力等同于等代梁的反力。式(4.7)说明三铰拱的水平推力等于等代梁上与拱顶角对应截面 C 的弯矩 M_C^0 除以拱高 f。由此可见，水平推力与拱轴线形状无关，只与铰 C 的位置及拱高 f 有关，与拱高 f 成反比，即 f 越小，拱越平坦，推力 X 越大，若 f 越大，拱越陡，推力 X 越小。当 $f\to 0$ 时，推力 $X\to\infty$，此时三铰拱在同一直线上，拱成为瞬变体系。

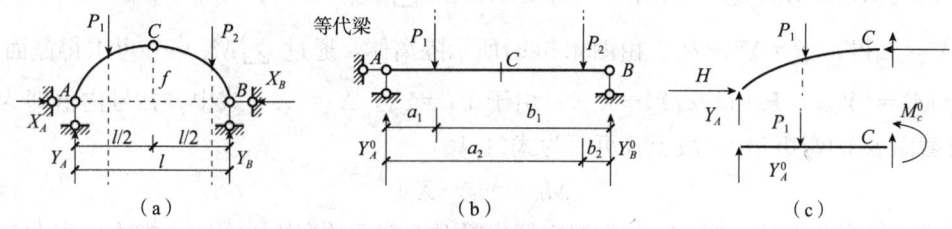

图 4.7 三铰拱和等代梁

(a)三铰拱；(b)等代梁；(c)水平推力和弯矩计算

图 4.8(a)所示有拉杆的拱比图 4.7(a)多一根拉杆，图 4.7(a)的支座 B 为固定铰支座，图 4.8(a)的支座 B 为活动铰支座，其余结构尺寸和受力点于两图一致。图 4.8(a)有三个支座反力，由三个整体平衡方程 $\sum X=0$，$\sum Y=0$，$\sum M_A=0$，可全部求得。对于拉杆拱，$X=0$，$Y_A=Y_A^0$，$Y_B=Y_B^0$ 仍然成立。

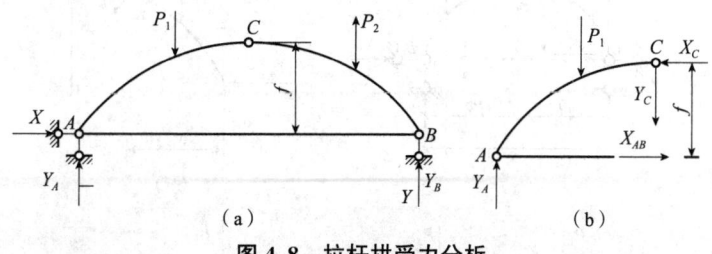

图 4.8 拉杆拱受力分析

(a)拉杆拱；(b)受力分析

如图 4.8(b)所示，拉杆拉力 X_{AB} 可以截断拉杆 AB 和铰 C 处截面，取铰 C 左半边的隔离体建立 $\sum M_C=0$ 的方程求得

$$\left[V_A\frac{l}{2}-P_1\left(\frac{l}{2}-a_1\right)\right]-X_{AB}f=0 \tag{4.8}$$

式(4.8)前两项为等代梁截面 C 的弯矩,用 M_C^0 表示。计算结果表明,拉杆的拉力和无拉杆的三铰拱的水平推力 X 相同,式(4.8)还可以写为式(4.9):

$$X_{AB}=\frac{M_C^0}{f} \tag{4.9}$$

4.2.2 三铰拱截面内力计算

如图 4.9(a)所示,三铰拱由曲杆组成,可以用截面倾角 φ(拱轴线与水平夹角)的变化表示曲杆上截面位置的变化。当曲线方程已知时,杆轴曲线确定。任意截面倾角的正切值 $\tan\varphi$ 可以确定,而倾角 φ 及其正弦和余弦都可确定。

三角拱截面的内力有弯矩、剪力和轴力。内力正负号规定如下:弯矩使拱内侧纤维受拉为正,反之为负;剪力绕拱段顺时针方向转动为正,反之为负;因为拱轴常受压,故也可规定轴力受压为正、反之为负。求指定截面内力方法仍然是截面法,现求指定截面 D 在竖向荷载作用下内力计算公式,如图 4.9(b)所示。沿 K 做截面,取 K 左边部分 AK 为隔离体,K 截面有弯矩 M_K、剪力 Q_K 和轴力 N_K。为求出拱轴 K 点的内力,先求出等代梁相对位置 K 点的弯矩 M_K^0 和剪力 Q_K^0。如图 4.9(d)所示,由 $\sum M_K=0$ 得,$M_K^0=Y_A^0 x-P_1(x-a_1)$,由 $\sum Y=0$ 得,$Q_K^0=Y_A^0-P_1$。由图 4.9(b)所示隔离体,通过 $\sum M_K=0$ 可求得截面 K 的弯矩为 $M_K=[Y_A x-P_1(x-a_1)]-X_A y$,由于 $Y_A=Y_A^0$,$X_A=X$,式中方括号内值即为相应等代梁截面 K 的弯矩 M_K^0,故上式可写为式(4.10)。

$$M_K=M_K^0-Xy \tag{4.10}$$

即拱内任意截面的弯矩 M_K 等于相应等代梁对应截面的弯矩 M_K^0 减去推力所引起的弯矩 Xy,可见由于推力存在,拱的弯矩比梁的要小。

如图 4.9(b)所示,任意截面 K 的剪力 Q_K 等于该截面一侧所有外力在截面方向上的代数投影和,得 $Q_K=Y_A\cos\varphi-P_1\cos\varphi-X_A\sin\varphi=(Y_A-P_1)\cos\varphi-X_A\sin\varphi$,由于 $Y_A=Y_A^0$,$X_A=X$,式中括号内值即为相应等代梁截面 K 的剪力 Q_K^0,故剪力 Q_K 如式(4.11)所示。

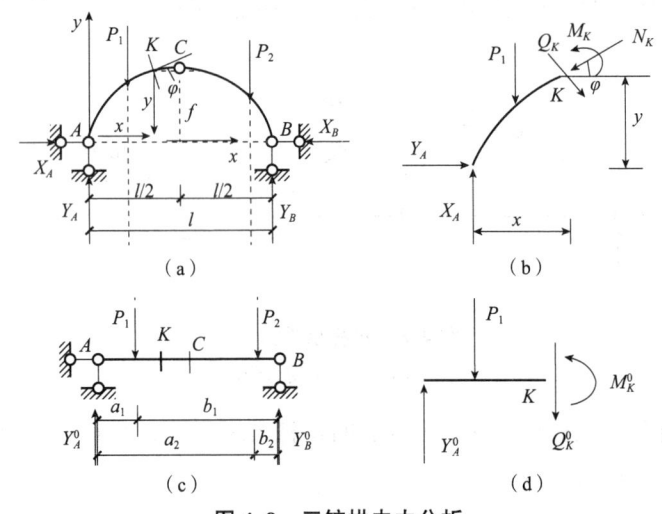

图 4.9 三铰拱内力分析

(a)三铰拱;(b)三铰拱 AK 段隔离体;(c)等代梁;(d)等代梁 AK 段隔离体

$$Q_K = Q_K^0 \cos\varphi - X\sin\varphi \tag{4.11}$$

如图 4.9(b)所示，任意截面 K 的轴力 N_K 等于该截面一侧所有外力在截面方向上的代数投影和，得 $N_K = (Y_A - P_1)\sin\varphi + X_A\cos\varphi$，由于 $Y_A = Y_A^0$，$X_A = X$，式中括号内值即为相应等代梁截面 K 的轴力 N_K^0，故轴力 N_K 如式(4.12)所示。

$$N_K = Q_K^0 \sin\varphi + X\cos\varphi \tag{4.12}$$

综上所述，三铰拱在竖向荷载作用下，内力计算公式如式(4.10)~(4.12)所示，其中，倾角 φ 的符号在图示坐标系中，左半拱为正，右半拱为负。由内力计算公式可知，三角拱的内力值不但与荷载及三个铰的位置有关，而且与各铰间横轴线的形状有关。

4.2.3 三铰拱的受力特性

综上所述，三铰拱的受力特性如下：

(1)在竖向荷载作用下，梁没有水平支座反力，而拱有水平推力。
(2)由于推力的存在，三铰拱截面上的弯矩比相同跨径和荷载都相同的简支梁的弯矩小。
(3)在竖向荷载作用下，梁的截面内没有轴力，而拱的截面内轴力一般为压力，因此，拱主要受压。
(4)由于拱主要受压，梁主要受弯，因此，拱截面上的应力分布较梁截面上的应力分布均匀。所以，拱比梁能更有效地发挥材料的作用，可适用于较大的跨度和较重的荷载，便于利用抗压性所以，能好而抗拉性能差的材料，如砖、石、混凝土等砌体材料。
(5)三铰拱受到向内推力的同时，也会给基础施加向外的推力，所以，三铰拱的基础比梁的基础大。因此，拱做屋盖结构时需要使用带拉杆的三铰拱，以承担拱对墙或梁的推力。

【例 4.1】 作图 4.10 所示三铰拱的内力图，拱轴为抛物线，其方程为 $y = \dfrac{4f}{l^2}x(l-x)$，其中，$l = 12$ m，$f = 3$ m。

解： 为方便做出内力图，做出三铰拱的等代梁，如图 4.10(b)所示。将拱沿跨径分为 8 个等份，各等份的拱截面几何参数根据拱轴方程计算。

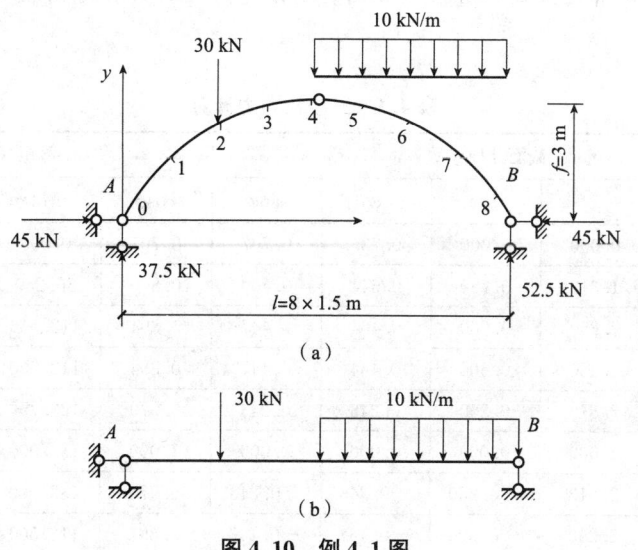

图 4.10 例 4.1 图

(1) 计算支座反力。

$$V_A = V_A^0 = \frac{30 \times 9 + 10 \times 6 \times 3}{12} = 37.5 \text{(kN)}$$

$$V_B = V_B^0 = \frac{30 \times 3 + 10 \times 6 \times 9}{12} = 52.5 \text{(kN)}$$

$$H = \frac{M_C}{f} = \frac{37.5 \times 6 - 30 \times 3}{3} = 45 \text{(kN)}$$

(2) 计算截面几何参数。将 $l = 12$ m，$f = 3$ m 代入拱轴方程，即

$$y = \frac{4f}{l^2} x(l - x) = \frac{4 \times 3}{12^2} x(12 - x) = x - \frac{x^2}{12}$$

$$\tan\varphi = y' = 1 - \frac{x}{6}$$

(3) 计算截面内力。以距离左支座 3 m 的截面 2 为例，计算其内力如下：

$$x_2 = 3 \text{ m}, \quad y_2 = x - \frac{x^2}{12} = 3 - \frac{3^2}{12} = 2.25 \text{(m)}$$

$$\tan\varphi_2 = y' = 1 - \frac{x}{6} = 1 - \frac{3}{6} = 0.5, \quad \varphi_2 = 0.464 \text{ rad}, \quad \sin\varphi_2 = 0.447, \quad \cos\varphi_2 = 0.894$$

先计算等代梁截面 2 处的内力：

$M_2^0 = 37.5 \times 3 = 112.5 \text{(kN·m)}$，$Q_{2左}^0 = 37.5$ kN，$Q_{2右}^0 = 7.5$ kN

再计算拱式截面 2 处的内力：

$$M_2 = M_2^0 - Hy = 112.5 - 45 \times 2.25 = 11.250 \text{(kN·m)}$$

$$M_2 = M_2^0 - Hy = 112.5 - 45 \times 2.25 = 11.250 \text{(kN·m)}$$

$$Q_{2左} = Q_{2左}^0 \cos\varphi_2 - X\sin\varphi_2 = 37.5 \times 0.894 - 45 \times 0.447 = 13.416 \text{(kN)}$$

$$Q_{2右} = Q_{2右}^0 \cos\varphi_2 - X\sin\varphi_2 = 7.5 \times 0.894 - 45 \times 0.447 = -13.416 \text{(kN)}$$

$$N_{2左} = Q_{2左}^0 \sin\varphi_2 + X\cos\varphi_2 = 37.5 \times 0.447 + 45 \times 0.894 = 83.853 \text{(kN)}$$

$$N_{2右} = Q_{2右}^0 \sin\varphi_2 + X\cos\varphi_2 = 7.5 \times 0.447 + 45 \times 0.894 = 70.436 \text{(kN)}$$

其他各截面的计算与上述计算方法相同。为清楚可见，计算可列表 4.1 或编写进计算机程序进行计算。

表 4.1 三铰拱内力计算

截面号	截面几何参数						弯矩/(kN·m)		
	x	y	$\tan\varphi$	φ	$\sin\varphi$	$\cos\varphi$	M^0	$-Hy$	M
0	0.000	0.000	1.000	0.785	0.707	0.707	0.000	0.000	0.000
1	1.500	1.313	0.750	0.644	0.600	0.800	56.250	−59.063	−2.813
2左	3.000	2.250	0.500	0.464	0.447	0.894	112.500	−101.250	11.250
2右	3.000	2.250	0.500	0.464	0.447	0.894	112.500	−101.250	11.250
3	4.500	2.813	0.250	0.245	0.243	0.970	123.750	−126.563	−2.813
4	6.000	3.000	0.000	0.000	0.000	1.000	135.000	−135.000	0.000
5	7.500	2.813	−0.250	−0.245	−0.243	0.970	135.000	−126.563	8.438
6	9.000	2.250	−0.500	−0.464	−0.447	0.894	112.500	−101.250	11.250

续表

截面号	截面几何参数						弯矩/(kN·m)		
	x	y	$\tan\varphi$	φ	$\sin\varphi$	$\cos\varphi$	M^0	$-Hy$	M
7	10.500	1.313	−0.750	−0.644	−0.600	0.800	67.500	−59.063	8.438
8	12.000	0.000	−1.000	−0.785	−0.707	0.707	0.000	0.000	0.000

截面号	剪力/kN				轴力/kN		
	Q^0	$Q^0\cos\varphi$	$-H\sin\varphi$	Q	$Q^0\sin\varphi$	$H\cos\varphi$	N
0	37.500	26.517	−31.820	−5.303	26.517	53.033	79.550
1	37.500	30.000	−27.000	3.000	22.500	60.000	82.500
2左	37.500	33.541	−20.125	13.416	16.771	67.082	83.853
2右	7.500	6.708	−20.125	−13.416	3.354	67.082	70.436
3	7.500	7.276	−10.914	−3.638	1.819	72.761	74.580
4	7.500	7.500	0.000	7.500	0.000	75.000	75.000
5	−7.500	−7.276	10.914	3.638	1.819	72.761	74.580
6	−22.200	−19.856	20.125	0.268	9.928	67.082	77.010
7	−37.500	−30.000	27.000	−3.000	22.500	60.000	82.500
8	−52.500	−37.123	31.820	−5.303	37.123	53.033	90.156

为作图方便,将内力图可绘制在拱轴的水平投影轴上,它表示内力沿拱轴变化的情形,实际内力作用在垂直于拱轴的截面上。绘制轴力图、剪力图、弯矩图,如图4.11所示。

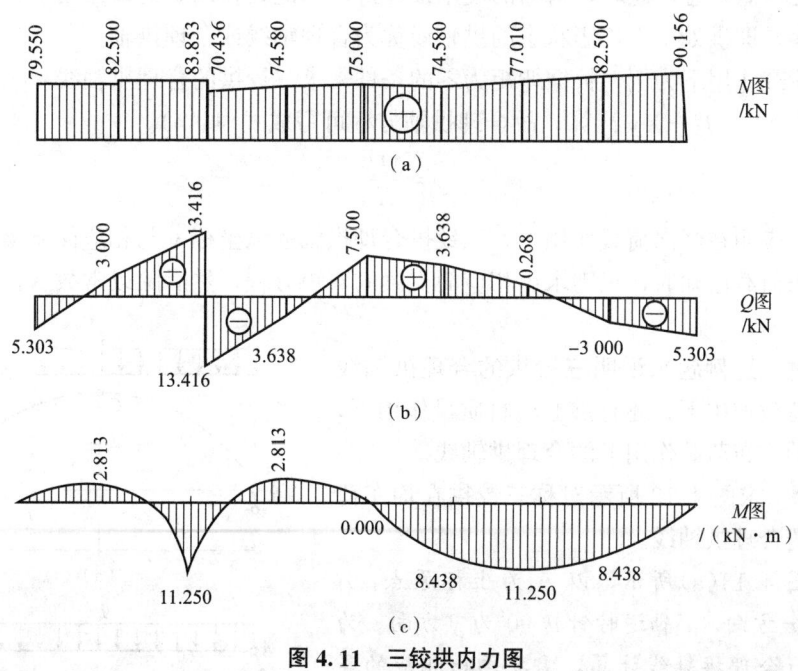

图 4.11 三铰拱内力图
(a)轴力图;(b)剪力图;(c)弯矩图

斜拱的计算与平拱计算方法一致,同样可根据全拱的整体平衡及半拱$\sum M_C=0$的条件建立关于支座反力的四个方程,求出支座反力。有时,为了避免求解联立方程,也可以采用下述方法来计算：先将两支座反力分别沿竖向和起拱线方向分解为两个相互斜交的分力 V' 和 Z，如图 4.12 所示，根据上述平衡条件可求得支座反力为 $V_{A'}=V_A^0$，$V_{B'}=V_B^0$，$Z=M_C^0/h$，其中，h 为铰 C 到起拱线的垂直距离。然后再将 Z 沿水平和竖向分解，从而求得支座反力水平和竖向力如式（4.13）所示。

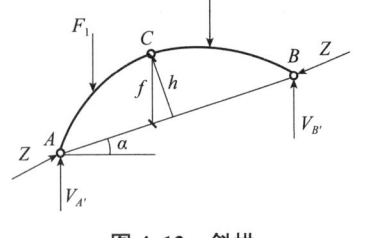

图 4.12 斜拱

$$\begin{cases} H=Z\cos\alpha=\dfrac{M_C^0}{f} \\ V_A=V_A^0+H\tan\alpha \\ V_B=V_B^0+H\tan\alpha \end{cases} \qquad (4.13)$$

式中，f 是铰 C 到起拱线的竖向距离，α 为起拱线倾角，反力求出后，可继续进行内力计算。

4.3 三铰拱的合理拱轴线

根据三铰拱截面的内力分析可知，拱轴主要是受压，即轴力产生的均匀分布的正应力，故拱轴多采用抗压性能好而抗拉性能差的砌体材料。但是，基于三铰拱各截面的法向应力，还有由弯矩产生的不均匀分布的正应力。为发挥材料的性能，应设法尽量减少截面上的不均匀分布的正应力。如果使各截面的弯矩为零，只受轴力作用，正应力沿各截面都是均匀分布，拱处于无弯矩状态，此时，材料的使用最经济。因此，在固定荷载作用下，拱各截面的弯矩恒等于零，即拱处于无弯矩状态的拱轴线称为合理轴线或合理拱轴。

以竖向荷载作用下为例，根据弯矩为零的条件来求三铰拱的合理拱轴线。三角拱任一截面的弯矩由式 $M=M^0-Xy$ 计算，故合理拱轴方程可写成式（4.14）。

$$y=\dfrac{M^0}{X} \qquad (4.14)$$

式（4.14）表明在竖向荷载作用下，三铰拱合理拱轴的纵坐标 y 与相应简支梁弯矩图的竖标成正比。当荷载已知时，只需求出相应简支梁的弯矩方程，然后除以常数 X，便可得到合理拱轴方程。

下面通过三道例题来说明三铰拱的合理拱轴线在竖向均布荷载作用下，还有拱上填料质量作用下，垂直于拱轴的均布荷载作用下的合理拱轴线。

【例 4.2】 求图 4.13 所示对称三铰拱在均布荷载 q 作用下的合理拱轴线。

解：如图 4.13(a) 所示，以 A 为坐标原点，A 到 B 方向为 x 方向，x 轴逆时针转 90° 为 y 方向。为了更好地进行合理拱轴线计算，需要画出相应的等代梁，如图 4.13(b) 所示，同时计算出等代梁的弯矩方程。

$$M^0=\dfrac{ql}{2}x-\dfrac{qx^2}{2}=\dfrac{qx}{2}(l-x)$$

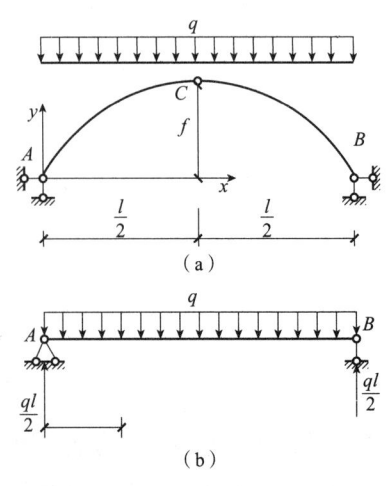

图 4.13 例 4.2 图

$$H=\frac{M_C^0}{f}=\frac{ql^2}{8f}$$

由式(4.14)得

$$y=\frac{M^0}{X}=\frac{4f}{l^2}x(l-x)$$

因此，在竖向均布荷载作用下，三铰拱的合力拱轴线是抛物线形。

【例 4.3】 求图 4.14 所示对称三铰拱上填料质量作用下的合理拱轴线，拱上荷载集度按 $q=q_0+\gamma y$ 变化，其中 q_0 为拱顶处的荷载集度，γ 为填料容积重度，q_B 为拱上荷载在 B 点的荷载集度。

解： 以 C 为坐标原点，CB 方向为 x 轴，x 轴顺时针转 $90°$ 为 y 轴。

由式(4.10)得

$$M=M^0-X(f-y)$$

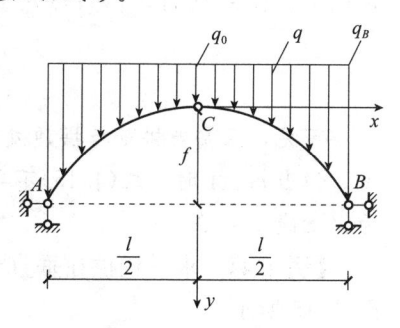

图 4.14 例 4.3 图

令 $M=0$，本题由于荷载集度 q 随拱轴线纵坐标 y 而变，而 y 未知，故相应等代梁的弯矩方程 M^0 无法事先写出，因而不能由上式直接求得合理拱轴线方程。因此，将上边两个式分别对 x 求导两次得到。

$$-y''=\frac{1}{X}\frac{\mathrm{d}^2 M^0}{\mathrm{d}x^2}$$

当 q 以向下为正时，有 $\dfrac{\mathrm{d}^2 M^0}{\mathrm{d}x^2}=-q$，故得

$$y''=\frac{q}{X}$$

这就是竖向荷载作用下合理拱轴线的微分方程。此时可以结合边界条件求解此微分方程，确定合理拱轴线。对于本例，将 $q=q_0+\gamma y$ 代入式(4.10)。可得

$$y''-\frac{\gamma}{X}y=\frac{q_0}{X}$$

这是一个二阶常系数线性非齐次微分方程，它的一般解可用双曲线函数表示，即

$$y=A\mathrm{ch}\sqrt{\frac{\gamma}{X}}x+B\mathrm{sh}\sqrt{\frac{\gamma}{X}}x-\frac{q_0}{\gamma}$$

常数 A 和 B 可由边界条件确定。

当 $x=0$ 时，$y=0$，得 $A=\dfrac{q_0}{\gamma}$

当 $x=0$ 时，$y'=0$，得 $B=0$

于是可得合理拱轴线的方程为

$$y=\frac{q_0}{\gamma}\left(\mathrm{ch}\sqrt{\frac{\gamma}{X}}x-1\right)$$

为了实际应用方便，避免直接计算推力 X，可将上式改写成为另一种形式，为此引入比值 $m=q_B/q_0$。由于 $q_B=q_0+\gamma f$，故有 $m=\dfrac{q_0+\gamma f}{q_0}$，可得 $\dfrac{q_0}{\gamma}=\dfrac{f}{m-1}$。再引入无量纲的自变量

$\xi = \dfrac{x}{l/2}$，并令 $K = \sqrt{\dfrac{\gamma}{X}} \dfrac{l}{2}$，则合理拱轴线方程可写为式(4.15)。

$$y = \dfrac{f}{m-1}(\mathrm{ch}K\xi - 1) \tag{4.15}$$

这一方程所代表的曲线称为列格式悬链线，式中 K 值可由比值 m 和下述第三个边界条件确定，当 $\xi = 1$ 时，$y = f$，代入式(4.15)得

$$\mathrm{ch}K = m$$

$$K = \ln(m + \sqrt{m^2 - 1})$$

可见，只要当拱趾与拱顶处荷载集度之比 $m = q_B/q_0$ 给定时，合理拱轴线方程即可确定。但当 $m = 1$ 时，式(4.15)不再适用，此时 $q_B = q_0$，拱上荷载为均布荷载，合理拱轴线应为抛物线 $y = f\xi^2$。

【例 4.4】 求三铰拱在垂直于拱轴线的均布荷载，如水压力作用下的合力拱轴线，如图 4.15 所示。

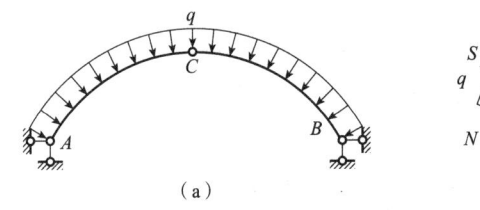

图 4.15 例 4.4 图

解：本题为非竖向荷载，可以假定拱处于无弯矩状态，然后根据平衡条件求合理拱轴线方程。因此，从拱中截取一微段为隔离体，如图 4.15(b)所示。设微段两端横截面上的弯矩和剪力均为零，只有轴力 N 加 $N + \mathrm{d}N$，由 $\sum M_0 = 0$，有

$$Nr - (N + \mathrm{d}N)r = 0$$

式中，r 为微段的曲率半径，由上式得 $\mathrm{d}N = 0$，由此可知 $N = $ 常数，再沿 $S-S$ 轴写出投影微分方程，有

$$2N\sin\dfrac{\mathrm{d}\varphi}{2} - qr\mathrm{d}\varphi = 0$$

因为 $\mathrm{d}\varphi$ 角极小，故可取 $\sin\dfrac{\mathrm{d}\varphi}{2} = \dfrac{\mathrm{d}\varphi}{2}$，于是上式成为 $N - qr = 0$，因为 N 为常数，荷载 q 也为常数，有

$$r = \dfrac{N}{q} = 常数$$

这表明合理拱轴线是圆弧线。

工程案例与素养提升　　　习题　　　答案

第 5 章　静定桁架和组合结构

5.1　静定桁架的特点和组成分类

梁和刚架承受荷载后，主要产生弯曲内力，截面上的应力分布是不均匀的[图 5.1(a)]，因而材料不能充分利用。静定桁架是由直杆用铰结点组成的链杆体系，当荷载只作用在结点上时，各杆内力只有轴力，截面上的应力分布均匀[图 5.1(b)]，可以充分发挥材料的作用，减小自重，跨越较大跨度。因此，静定桁架广泛应用于屋架、桥梁等大跨结构。图 5.2 所示是钢筋混凝土组合屋架及计算简图，图 5.3 所示是武汉长江大桥所采用的桁架形式。

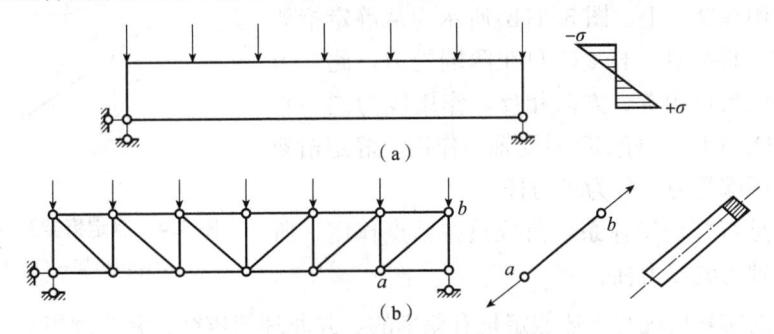

图 5.1　梁和静定桁架截面上的应力分布
(a)梁；(b)桁架

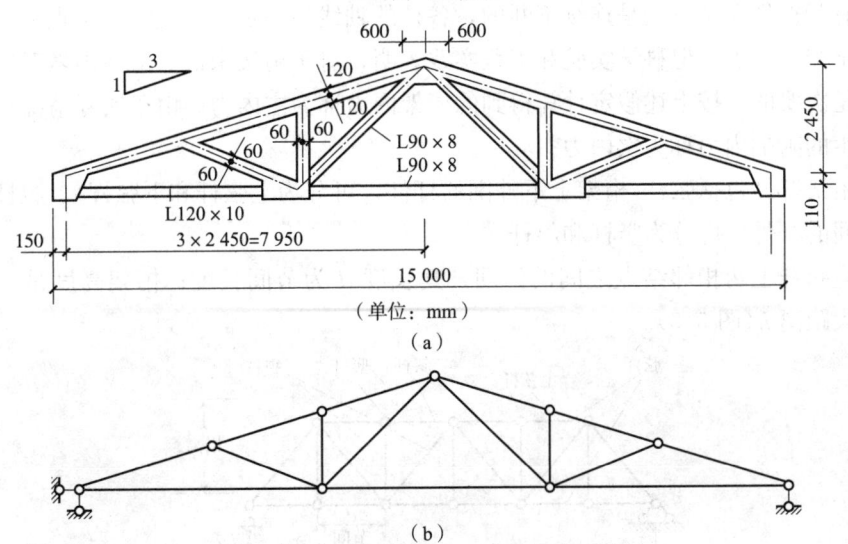

图 5.2　钢筋混凝土组合屋架及计算简图
(a)钢筋混凝土组合屋架；(b)计算简图

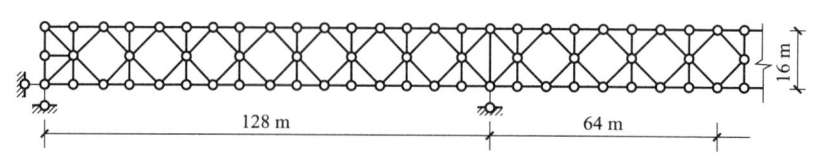

图 5.3 武汉长江大桥的静定桁架形式

5.1.1 静定桁架计算简图的假设及内力特点

实际静定桁架的受力情况比较复杂，在计算中须忽略细节，抓主要矛盾，反映主要受力特性，对实际静定桁架做必要的简化。通常对实际静定桁架采用下列假定：

(1)静定桁架各结点都是光滑铰结点。
(2)各杆轴线都是直线，并通过铰的中心。
(3)荷载和支座反力都作用在节点上。

符合上述假定的桁架称为理想桁架。图 5.4(a)所示是根据上述假定画出的静定桁架计算简图。各杆用轴线表示，结点的小圆圈代表铰，荷载 F_{P1}、F_{P2} 和支座反力 F_{yA}、F_{yB} 都作用在结点上。图 5.4(b)所示为从静定桁架中任意取出的一根杆件。杆 CD 只在两端受力，此二力既成平衡，必然数量相等、方向相反，作用线为同一直线，即轴线 CD。因此，杆 CD 只受轴力作用。静定桁架的杆件都只在两端受力，称为二力杆。

静定桁架是直杆铰结体系，荷载只在结点作用，所有杆均为只有轴力的二力杆。

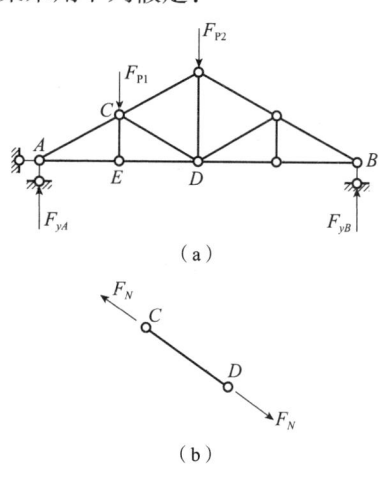

图 5.4 静定桁架及其计算简图
(a)静定桁架；(b)计算简图

静定桁架的实际情况与上述假定是有差别的：并非理想铰结；并非理想直杆；并非只有结点荷载。除木桁架的榫结点比较接近铰结点外，钢桁架和钢筋混凝土桁架的结点都有很大的刚性，有些杆件在结点处是连续不断的，各杆的轴线不一定全是直线，结点上各杆的轴线也不一定全交于一点。但科学实验和工程实践表明，对于桁架来说，上述因素对内力的影响一般来说是次要的。按上述假定计算得到的桁架内力称为主内力，由于实际情况与上述假定不同而产生的附加内力称为次内力。

静定桁架杆件包括弦杆(桁架上下外围的杆件，可分为上弦杆和下弦杆)、腹杆(是在上、下弦杆之间的杆件，可分为竖杆和斜杆)。

节间是弦杆上两相邻结点之间的区间，其长度 d 为节间长度；桁架高度是上、下弦杆之间的最大距离 h(图 5.5)。

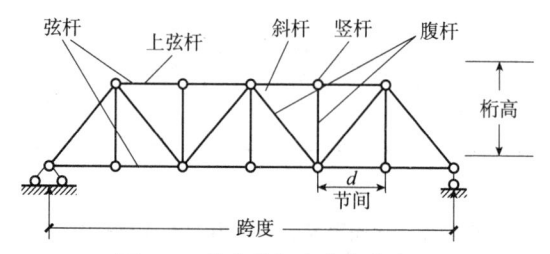

图 5.5 静定桁架中各部分名称

5.1.2 静定桁架的分类

静定桁架的杆件布置必须满足几何不变体系的组成规律。

(1)按几何构造的特点，可分为以下几类：

1)简单桁架。由基础或一个铰结三角形开始，依次加二元体形成，如图5.6(a)所示。

2)联合桁架。由几个简单桁架按几何不变体系的组成规则形成，如图5.6(b)所示。

3)复杂桁架。不属于上述两种方式组成的静定桁架，如图5.6(c)所示。

(2)按照静定桁架的外形，可分为以下几类：

1)平行弦桁架，如图5.6(a)所示。

2)折弦桁架，当上弦结点位于同一抛物线上时，则称为抛物线桁架，如图5.6(d)所示。

3)三角形桁架，如图5.6(b)所示。

4)梯形桁架，如图5.6(e)所示。

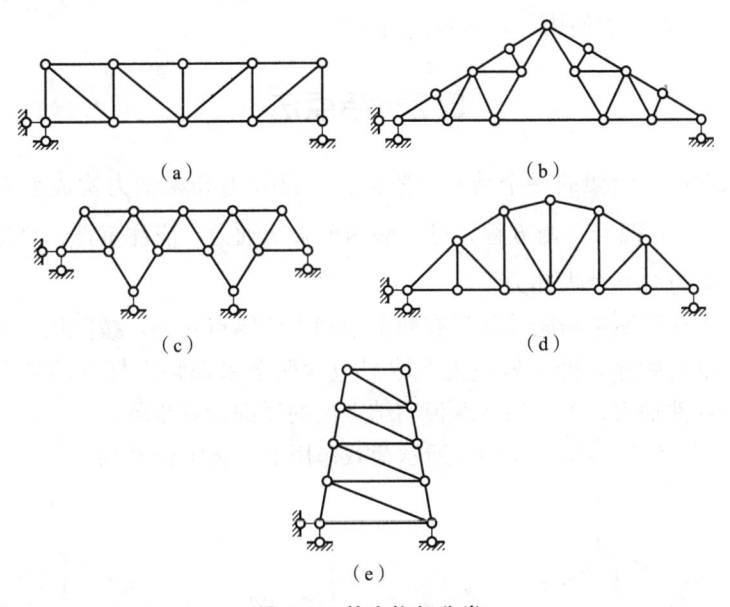

图 5.6 静定桁架分类
(a)简单桁架；(b)联合桁架；(c)复杂桁架；(d)折弦桁架；(e)梯形桁架

5.1.3 静定桁架杆件轴力正负号规定及斜杆轴力的表示

静定桁架杆件的轴力以拉力为正、压力为负。计算时通常假设杆件的未知轴力为拉力，若计算结果为正，说明杆件受拉，若计算结果为负，说明杆件受压。

截取隔离体建立平衡方程计算杆件轴力时，如果用三角函数表示斜杆轴力的投影，计算较烦琐。在计算中时常将斜杆轴力 N 分解为水平分力 X 和竖向分力 Y。在图5.7(a)中，杆 AB 的杆长 l 及其水平投影 l_x 和竖向投影 l_y 组成一个三角形。在图5.7(b)中杆 AB 的轴力 N 及其水平分力 X 和竖向分力 Y 也组成一个三角形。这两个几何三角形和力三角形各边相互平行，是相似的，从而有以下比例关系：

$$\frac{N}{l} = \frac{X}{l_x} = \frac{Y}{l_y}$$

（a）   （b）

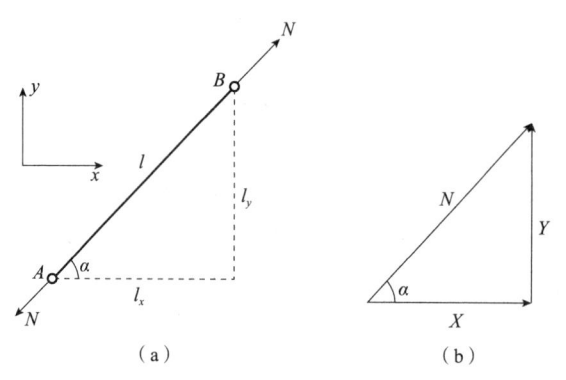

图 5.7 斜杆长投影与轴力分力之间的比例关系
(a)轴力分解；(b)轴力三角形

利用这个比例关系，可以很简便地由 N 推算出 X 和 Y，或者反过来由 X 推算 N 和 Y，由 Y 推算 N 和 X，而不需使用三角函数进行计算。

5.2 结点法

采用结点法取静定桁架的一个结点为隔离体，已知力和未知力构成平面汇交力系，有 $\sum X=0$、$\sum Y=0$ 两个平衡方程，可求解两个未知轴力。应注意选择合适的投影轴尽量使每个平衡方程只包含一个未知力。

结点法适用于计算简单桁架，从只有两个未知力的结点开始，按照用二元体规则组成简单桁架的次序相反的顺序，即一般应先截取只包含两个未知轴力杆件的结点，逐个截取结点，可求出全部杆件轴力。下面用例题说明结点法的详细计算步骤。

【例 5.1】 求图 5.8(a)所示屋架在所示荷载作用下，指定杆件轴力。

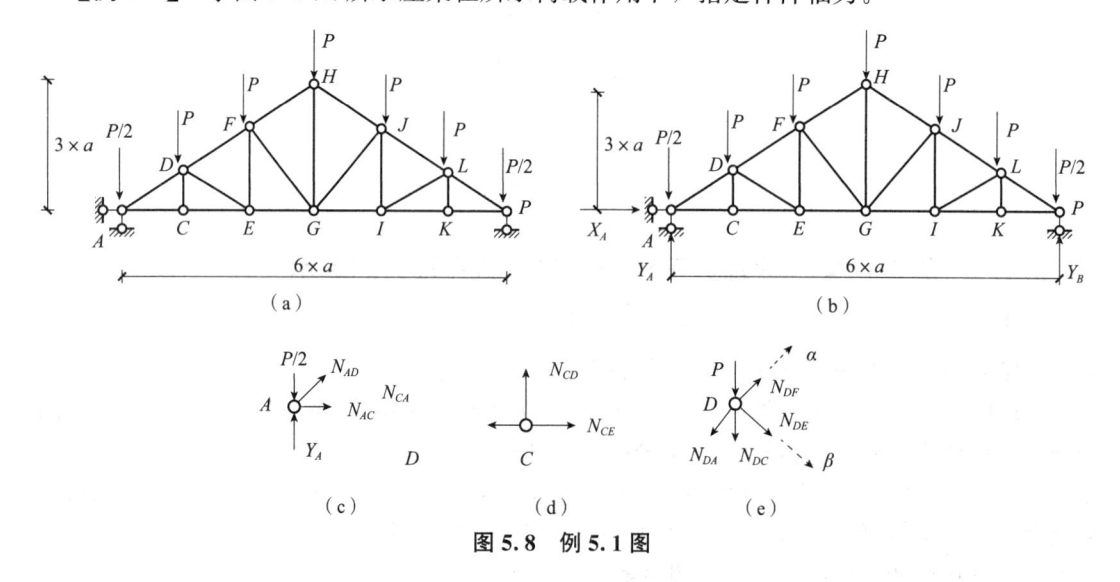

图 5.8 例 5.1 图

解：(1)求支座反力，取整体为隔离体，由三个静力平衡条件可以计算出全部支座反力，如图 5.8(b)所示。

$$X_A=0,\ Y_A=3P,\ Y_B=3P$$

(2) 取结点 A 为研究对象，如图 5.8(c) 所示。

$$\sum Y = 0,\ N_{AD} \times \frac{\sqrt{2}}{2} + 3P - \frac{P}{2} = 0,\ N_{AD} = -\frac{5\sqrt{2}P}{2}$$

$$\sum X = 0,\ N_{AD} \times \frac{\sqrt{2}}{2} + N_{AC} = 0,\ N_{AC} = \frac{5P}{2}$$

(3) 取结点 C 为研究对象，如图 5.8(d) 所示。

$$N_{CD} = 0,\ N_{CE} = N_{CA} = \frac{5P}{2}$$

(4) 取结点 D 为研究对象，如图 5.8(e) 所示。

$$\sum F_\alpha = 0,\ N_{DF} = N_{DA} + P \times \frac{\sqrt{2}}{2} = -2\sqrt{2}P$$

$$\sum F_\beta = 0,\ N_{DE} = -\frac{\sqrt{2}}{2}P$$

结点法的计算步骤：去掉零杆；逐个截取具有单杆的结点，由结点平衡方程求轴力。

结点法的特殊情形——零杆的判断：静定桁架中轴力为零的杆件称为零杆，零杆可以通过计算确定。但在以下情形零杆可用结点法直接判别：不共线的两杆结点上若无荷载作用，两杆均为零杆[图 5.9(a)]；不共线的两杆结点，若荷载沿一杆作用，则另一杆为零杆[图 5.9(b)]；无荷载的三杆结点，若两杆在一直线上，则第三杆为零杆[图 5.9(c)]；对称桁架在对称荷载作用下，对称轴上的 K 形结点若无荷载，则该结点上的两根斜杆为零杆[图 5.9(d)]；对称桁架在反对称荷载作用下，与对称轴重合或垂直相交的杆件为零杆[图 5.9(e)、(f)]。

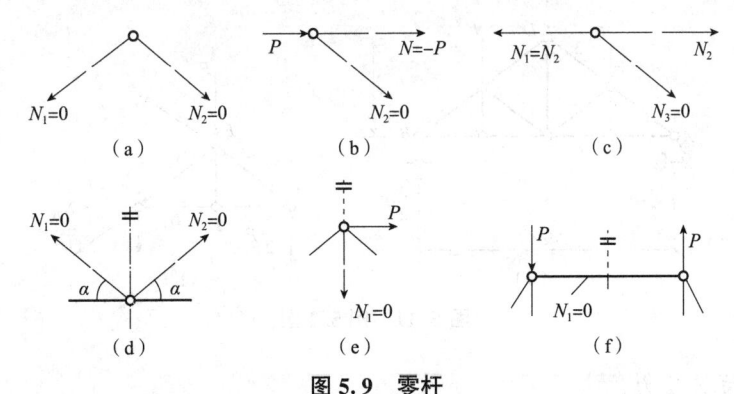

图 5.9 零杆

(a)L 型结点(无荷载)；(b)L 型结点(有荷载)；(c)T 型结点(无荷载)；
(d)T 型结点(有荷载)；(e)对称轴重合杆件；(f)对称轴垂直杆件

应用上述结论，容易看出图 5.10 中虚线所示的各杆均为零杆。

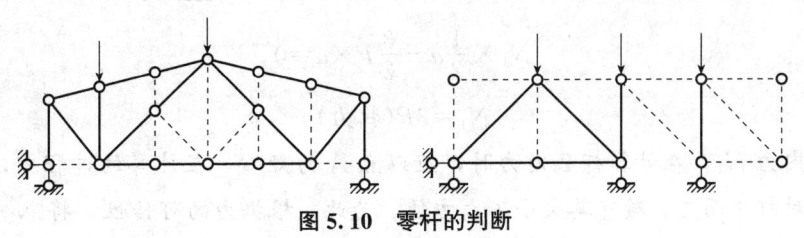

图 5.10 零杆的判断

5.3 截面法

5.3.1 截面法原理

截面法是用截面切断拟求杆件，从截断桁架中取截出的一部分（至少包含两个结点）为隔离体，隔离体上所作用的荷载和桁架杆件轴力为平面一般力系，利用平面一般力系的三个独立平衡方程 $\left(\sum X=0, \sum Y=0 \text{ 和 } \sum M=0\right)$ 计算所切各杆的未知轴力。如果所切割杆的未知轴力只有三个，它们既不相交于同一点，也不彼此平行，则用一个截面即可直接求出这三个未知轴力。截面法适用于计算桁架中某些指定杆的轴力。

5.3.2 力矩方程法

在截断的杆件中，除一根杆（也称特殊杆）以外，其他各杆均相交于一点，为避免解联立方程，宜选取两个未知力作用线的交点为矩心，建立力矩平衡方程，求出特殊杆的轴力。对于斜杆，为避免计算力臂的麻烦，可将未知力在适当处分解（使其中一个分量通过矩心，且另一个分量的力臂容易求得）。

$$\sum M = 0$$

【例 5.2】 求图 5.11(a)所示静定桁架杆 1、2、3 的轴力。

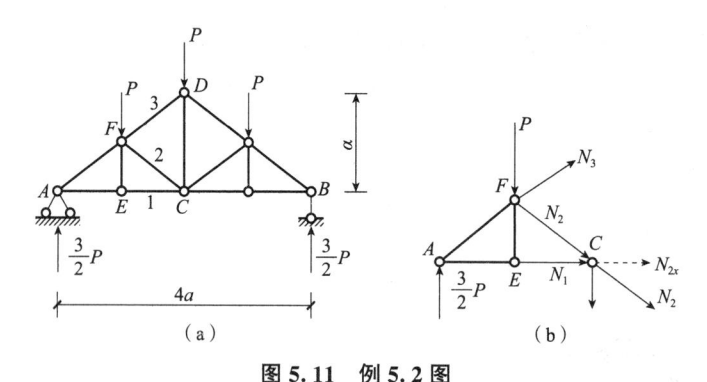

图 5.11 例 5.2 图

解：(1) 求支座反力。

(2) 为了求出杆 1、2、3 的内力，作截面 Ⅰ—Ⅰ 并取左边部分为隔离体，如图 5.11(b) 所示。

先以点 F 为矩心，除杆 1 外，杆 2、3 均交于点 F，利用 $\sum M_F = 0$，有

$$N_1 \times \frac{1}{2}a - \frac{3}{2}P \times a = 0$$

得
$$N_1 = 3P（拉力）$$

求杆 2 内力 N_2，在计算杆 2 内力时，应以点 A 为矩心，在计算的过程中，要计算 N_2 的力臂，相对杆 1 而言，确定其大小不太方便。为此，根据力的可传性，将 N_2 在其作用线

第 5 章 静定桁架和组合结构

上的点 C 处分解为水平和竖向两个分力,水平分力 N_2 通过矩心 A,而竖向分力 N_{2y} 的力臂为 $2a$,如图 5.11(b)所示。

由 $\sum M_A = 0$, 有 $P \times a + N_{2y} \times 2a = 0$

得
$$N_{2y} = -\frac{1}{2}P$$

根据比例关系 $\dfrac{N_2}{l_2} = \dfrac{N_{2y}}{l_{2y}}$

得
$$N_2 = \frac{N_{2y} l_2}{l_{2y}} = \frac{\left(-\frac{1}{2}P\right) \times \sqrt{a^2 + \left(\frac{1}{2}a\right)^2}}{\frac{1}{2}a} = -\frac{\sqrt{5}}{2}P(\text{压力})$$

求杆 3 内力 N_3,方法同杆 2 的计算。

由 $\sum M_C = 0$,有 $\dfrac{3}{2}P \times 2a - P \times a + N_{3x} \times a = 0$

得
$$N_{3x} = -2P$$

根据比例关系

得
$$N_3 = \frac{N_{3x} l_3}{l_{3x}} = \frac{(-2P) \times \frac{\sqrt{5}}{2}a}{a} = -\sqrt{5}P(\text{压力})$$

5.3.3 投影方程法

在截面截断的杆件中,除一根杆(也称特殊杆)外,其他各杆均相互平行。可以运用投影平衡方程 $\sum X = 0$ 和 $\sum Y = 0$,求出特殊杆的轴力。

【例 5.3】 求图 5.12(a)所示桁架中杆 a、b 的内力。

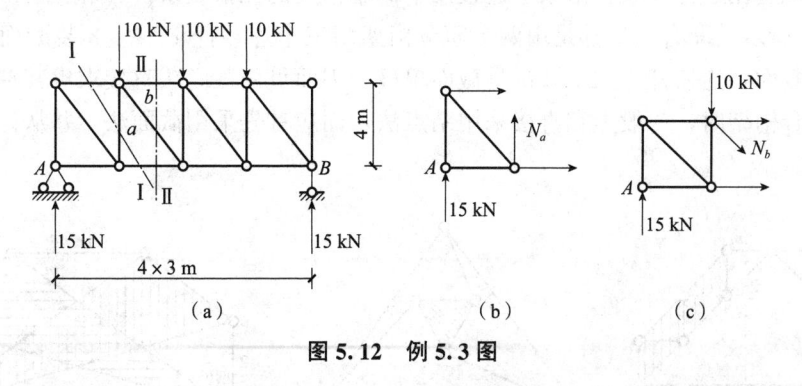

图 5.12 例 5.3 图

解:(1)求出支座反力,标注图上,如图 5.12(a)所示。

求杆 a 轴力 N_a,为此作截面 Ⅰ—Ⅰ,并取截面左边作为隔离体,如图 5.12(b)所示。

由 $\sum Y = 0$, 有 $N_a + 15 = 0$

得
$$N_a = -15 \text{ kN}(\text{压力})$$

(2)求杆 b 轴力 N_b,作截面 Ⅱ—Ⅱ 并取截面左边作为隔离体,如图 5.12(c)所示。

由 $\sum Y = 0$, 有 $15 - 10 - N_{by} = 0$

得
$$N_{by}=5\ \text{kN}$$
根据比例关系

得
$$N_b=\frac{N_{by}l_b}{l_{by}}=\frac{5\times\sqrt{3^2+4^2}}{4}=6.25(\text{kN})(拉力)$$

5.3.4 截面单杆

用截面切开后，通过一个方程可求出内力的杆称为截面单杆。截面上被切断的未知轴力的杆件只有三个(三杆不应全平行或全交于一点)，三杆均为单杆。截面上被切断的未知轴力的杆件除一个外，其余各杆均交于一点(包括延长线相交)，该杆为单杆，如图 5.13(a)所示 a 杆。截面上被切断的未知轴力的杆件除一杆件外，其余各杆均平行，该杆为单杆，如图 5.13(b)所示 a 杆。后两种情况，内力未知的杆可以截断三根以上。

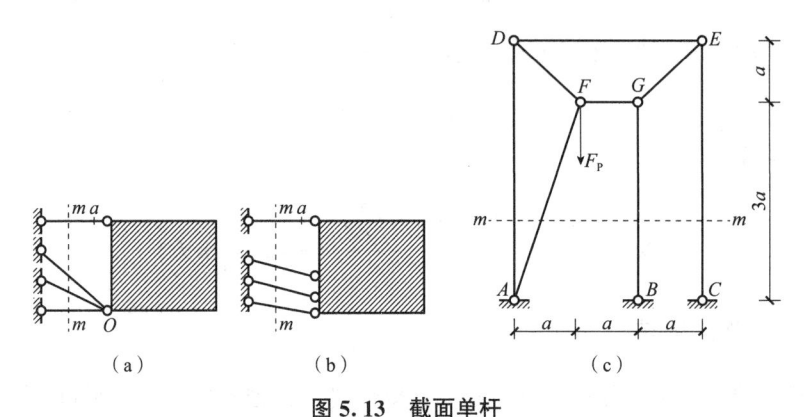

图 5.13 截面单杆
(a)截面单杆 1；(b)截面单杆 2；(c)截面单杆 3

截面法也适用于计算联合桁架中连接两个简单桁架的三根联系杆(截面单杆)的轴力。

图 5.14 所示的联合桁架都是由两个简单桁架用三个连接杆 1、2、3 装配而成的。对于图中所示的截面，连接杆 1、2、3 都是截面单杆，因而可用截面法直接求出其轴力。由此可知，计算联合桁架时，一般不宜直接采用结点法，而应首先采用截面法，并从计算三个连接杆轴力开始。

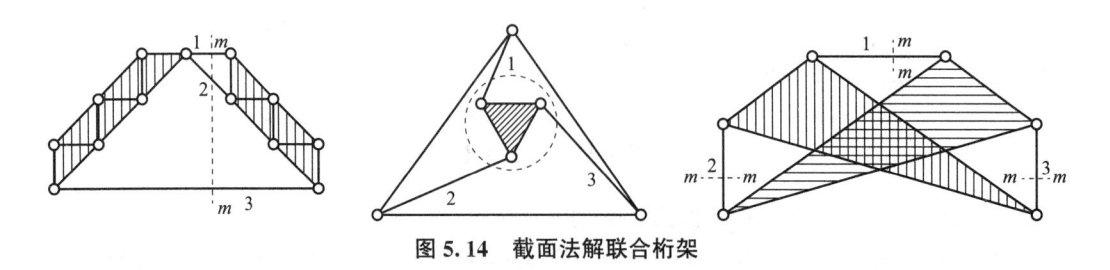

图 5.14 截面法解联合桁架

5.3.5 对称性的利用

对称桁架在对称荷载作用下，对称杆件的轴力是对称的，即大小相等、拉压相同；在反对称荷载作用下，对称杆件的轴力是反对称的，即大小相等、拉压相反。利用桁架的对称性，往往可简化计算。若去掉桁架的一些支杆后成为对称桁架，也可去掉这些支杆，代以支反力，并将支反力和荷载一起分解为对称荷载和反对称荷载，并分别计算，然后将结果叠加。

【例 5.4】 求图 5.15(a)所示静定桁架杆件 1、2 的轴力。

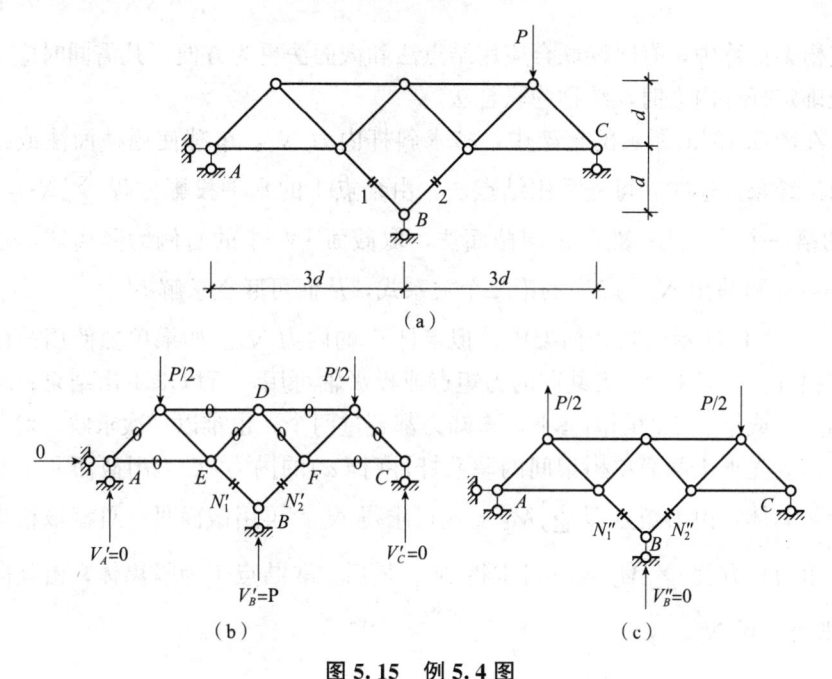

图 5.15 例 5.4 图

解：在竖向荷载作用下，支座 A 无水平反力。故为对称桁架，将荷载分解为对称荷载[图 5.15(b)]和反对称荷载[图 5.15(c)]，分别求解，然后叠加。

在对称荷载作用下，位于对称轴上的 K 形结点 D 无荷载，杆件 DE、DF 为零杆，然后由结点 E、F 可知杆件 EA、FC 为零杆；由结点 A、C 可知反力 $V'_A=0$，$V'_C=0$。由整体 $\sum Y=0$ 得

$$V'_B = P(\uparrow)$$

取结点 B，得

$$N'_1 = N'_2 = -\frac{\sqrt{2}}{2}P$$

如图 5.15(c)所示，在反对称荷载作用下，对称的支反力 $V''_B=0$，则由结点 B 得 $N''_1 = N''_2 = 0$，叠加得

$$N_1 = N'_1 + N''_1 = -\frac{\sqrt{2}}{2}P$$

$$N_2 = N'_2 + N''_2 = -\frac{\sqrt{2}}{2}P$$

5.3.6 截面法的计算步骤

根据上述例题得出截面法计算步骤为求反力；判断零杆；合理选择截面，使待求内力的杆为单杆；列方程求内力。

5.4 结点法和截面法的联合应用

在静定桁架计算中,有时候联合应用结点法和截面法更为方便,凡需同时应用结点法和截面法才能确定杆件内力时,统称为联合法。

例如,在图 5.16(a)所示的桁架中,拟求斜杆内力 N_a,单独使用截面法或结点法,都难以一次求出结果。这时,可先采用结点法,由结点 1 的水平投影方程 $\sum X = 0$,可写出 N_a 与 N_b 的第一个关系式;然后采用截面法,取截面 I—I 的右侧为隔离体,由竖向投影方程 $\sum Y = 0$,可写出 N_a 与 N_b 的第二个关系式,从而可联立求解 N_a。

又如图 5.16(b)所示的联合桁架中,拟求杆 C 的内力 N_c。如果单独使用截面法,则至少要截断四根杆件,且对 N_c 无共同的力矩点或投影轴可用,所以求不出结果;若单独用结点法,则结点 1 或结点 5 的隔离体上,未知力都超过两个,也难以一次求解。对于这种联合桁架,一般需要先求出两简单桁架间的联系杆件(杆 a)的内力 N_a。用截面 II—II 截取桁架左半部分为隔离体,由力矩方程 $\sum M_3 = 0$ 可求得 N_b,再用截面 III—III 截取桁架右半部分为隔离体,由力矩方程 $\sum M_5 = 0$ 可求得 N_b,最后,取结点 1 为隔离体,由竖向投影方程 $\sum Y = 0$ 即可求得 N_c。

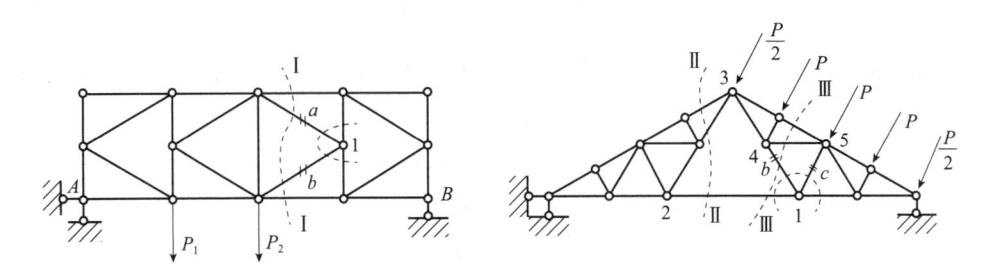

图 5.16 截面法和结点法联合应用

【**例 5.5**】 求图 5.17(a)所示指定杆件的轴力。

解:(1)求支座反力。

$\sum M_A = 0, V_B = 5 \text{ kN}(\uparrow)$

$\sum M_B = 0, V_A = 5 \text{ kN}(\downarrow)$

$\sum X = 0, H_A = 10 \text{ kN}(\leftarrow)$

(2)用截面 I—I 将结构截开,取左边为隔离体,如图 5.17(b)所示。

$\sum M_F = 0, 10 \times 1 + 5 \times 2 - 10 \times 3 + N_c^H \times 3 = 0, N_c^H = 3.33$

$\dfrac{N_c}{2\sqrt{2}} = \dfrac{N_c^H}{2}, N_c = 3.33\sqrt{2} = 4.7 \text{ kN}(拉力)$

(3)取结点 G,求 N_a,如图 5.17(c)所示。

$$\sum X = 0, N_c^H = N_a^H, N_a^H = -N_c^H = -3.33 \text{ kN}(压力)$$

$$\frac{N_a}{\sqrt{3}} = \frac{N_a^H}{2}, N_a = 2.88 \text{ kN}(压力)$$

(4) 用截面Ⅱ—Ⅱ将结构截开，求 N_b，如图 5.17(d)所示。

$$\sum M_E = 0, N_a^V \times 2 + N_a^H \times 1 - N_b \times 2 = 0, N_b = 3.21 \text{ kN}(拉力)$$

在结点法和截面法的联合应用中，应根据待求杆件的位置，选择最简便的方法。

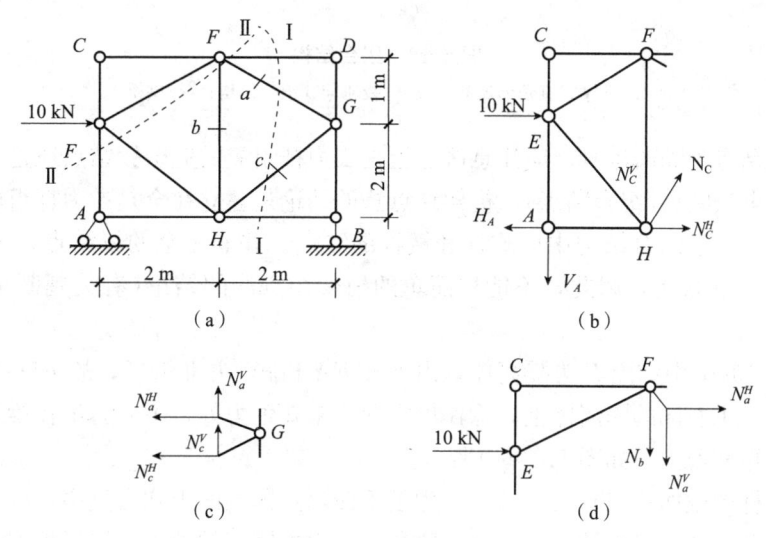

图 5.17 例 5.5 图

5.5 组合结构

5.5.1 组合结构的组成和形式

在有些由直杆组成的结构中，一部分杆件是链杆(二力杆，两端铰结且无横向荷载作用的直杆)，只受轴力作用；另一部分杆件是梁式杆(承受横向荷载的直杆，或虽无横向荷载但杆端有刚节点的直杆)，除受轴力作用外，还受弯矩和剪力作用。这种由链杆和梁式杆组成的结构，称为组合结构。

图 5.18(a)所示为下撑式五角形屋架的计算简图，上弦为梁式杆，由钢筋混凝土制成；下弦和腹杆为链杆，由型钢制成。图 5.18(b)所示为一个三铰刚架式的组合结构，柱子是梁式杆，屋架则由链杆组成。图 5.18(c)所示为拱桥的计算简图，是加劲梁与用链杆组成的链杆拱以链杆连接组成的组合结构。

5.5.2 组合结构的受力分析

用截面法计算组合结构内力时，应注意区分被截杆件是梁式杆还是链杆。链杆截面上只有轴力，而梁式杆截面上一般有弯矩、剪力和轴力三个内力分量。因此，作截面时，被截杆件的未知内力分量必须符合杆件受力性质。

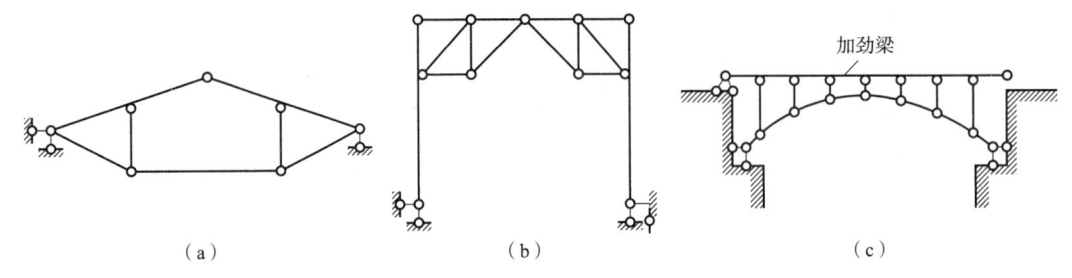

图 5.18 组合结构
(a)下撑式五角形属架；(b)三铰刚架式组合结构；(c)拱桥

同时，取结点为隔离体时，应注意区分全是二力杆组成的完全铰结点还是二力杆和梁式杆组成的非完全铰结点(组合结点)。桁架结点法的结论是建立在全是二力杆组成的完全铰结点的基础上的。对于组合结构中梁式杆和链杆的结点，并非完全的铰结点，梁式杆中除轴力外，还有剪力和弯矩，因此，不能用简单的桁架结点法的结论(有关判断桁架零杆的规则无效)。

当取图 5.19(b)中结点 F 为隔离体，由于杆 FA 和 FC 并非链杆，故 FD 并非零杆。

在截面Ⅰ—Ⅰ左部的隔离体上，除作用有两个未知轴力外，不应忘记在梁式杆截面上还作用有未知弯矩和剪力，如图 5.19(c)所示。

由于梁式杆的截面一般有三个内力，为了不使隔离体上的未知力过多，应尽可能避免截断梁式杆。因此，计算组合结构的步骤一般是先求出各链杆的轴力，然后根据荷载和所求得的轴力作梁式杆的 M、Q、N 图。

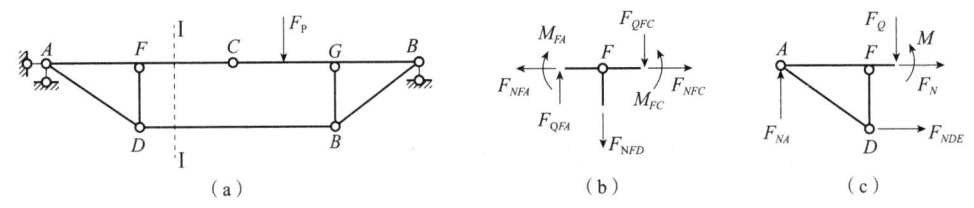

图 5.19 组合结构受力分析
(a)组合结构；(b)结点下受力分析；(c)梁式杆截面受力分析

【例 5.6】 作图示 5.20(a)组合结构的内力图。

解：(1)求支座反力：

$$\sum X = 0, X_A = 0$$

利用对称性，$Y_A = Y_B = \dfrac{1}{2}ql = \dfrac{1}{2} \times 1 \times 12 = 6(\text{kN})(\uparrow)$

(2)计算链杆轴力。几何组成分析：本结构是由 ADC 和 BCE 两个刚片用铰 C 和链杆 DE 连接而成的几何不变无多余约束的组合结构。计算内力时，先作截面Ⅰ—Ⅰ，截断铰 C 和链杆 DE，隔离体如图 5.20(b)所示，由力矩平衡方程：

$$\sum M_C = 0, 6 \times 6 - 1 \times 6 \times 3 - N_{DE} \times 3 = 0, N_{DE} = 6 \text{ kN}$$

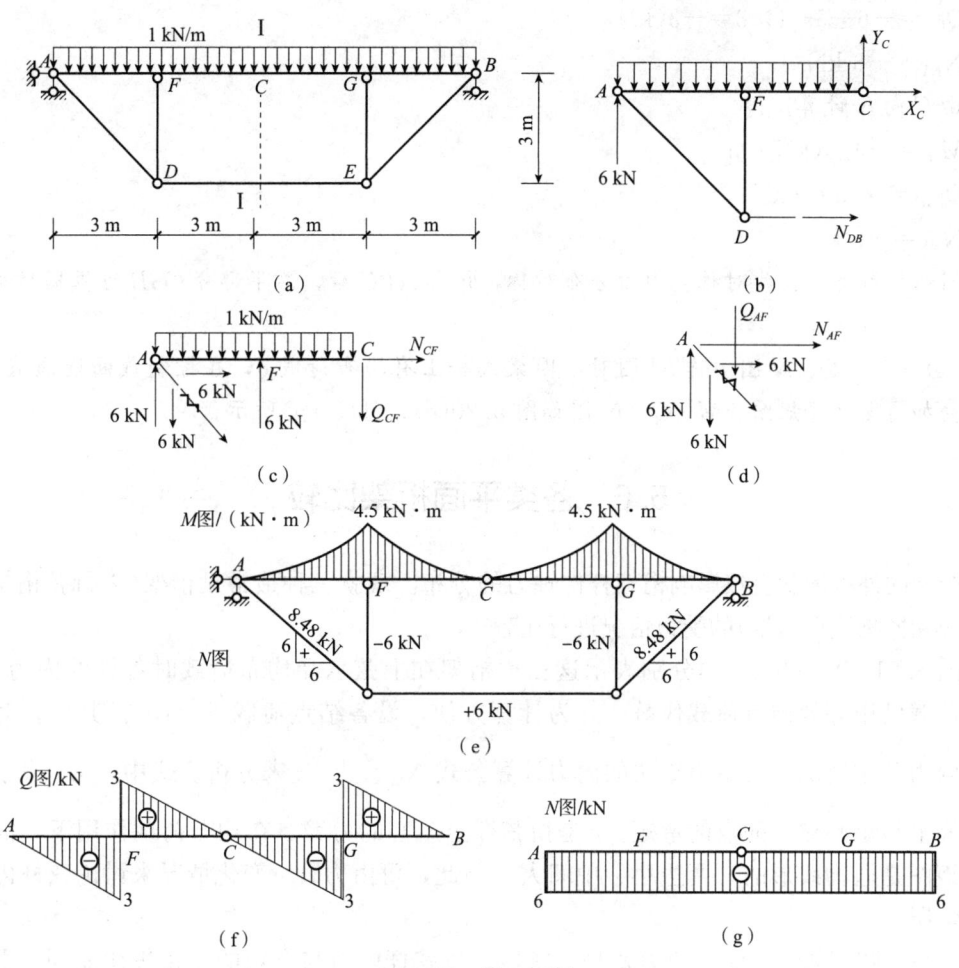

图 5.20 例 5.6 图

再由结点 D 平衡,得

$$\sum X = 0, X_{DA} = 6 \text{ kN}, Y_{DA} = 6 \text{ kN}, N_{DA} = 6 \times \sqrt{2} = 8.48(\text{kN})$$

$$\sum Y = 0, N_{DF} = -6 \text{ kN}$$

(3)计算梁式杆内力。取梁式杆 AFC 为隔离体,隔离体受力如图 5.20(c)所示,控制截面为 A、F、C。

$$\sum X = 0, N_{CF} + 6 = 0, N_{CF} = -6 \text{ kN}$$

$$\sum Y = 0, 1 \times 6 + 6 - 6 - 6 + Q_{CF} = 0, Q_{CF} = 0$$

结点 A 的隔离体受力如图 5.20(d)所示。

$$\sum X = 0, N_{AF} + 6 = 0, N_{AF} = -6 \text{ kN}$$

$$\sum Y = 0, Q_{AF} + 6 - 6 = 0, Q_{AF} = 0$$

由 A 向 F 计算,得

$$M_{FA} = -1 \times 3 \times 1.5 = -4.5(\text{kN} \cdot \text{m})$$

$Q_{FA} = -6+6-1\times3 = -3(\text{kN})$

$N_{FA} = -6 \text{ kN}$

由 C 向 F 计算，得

$M_{FC} = -4.5(\text{kN}\cdot\text{m})$

$Q_{FA} = 1\times3 = 3(\text{kN})$

$N_{FA} = -6 \text{ kN}$

因结构对称、荷载对称、内力分布对称，计算 AFC 后，右半部分 CGB 可根据对称关系求出。

(4)作 M、Q、N 图。作 M 图时，因梁式杆上有均布荷载 q，在控制截面连虚直线后，还应叠加简支梁弯矩图。M、Q、N 图如图 5.20(e)、(f)、(g)所示。

5.6 各类平面桁架比较

桁架的外观形状直接影响桁架杆件轴力的分布。现就三种最常见桁架(平行弦桁架、三形桁架和抛物线形桁架)的受力情况进行比较。

图 5.21(a)、(b)、(c)分别表示这三种桁架在上弦承受均布荷载时各杆的内力(这里均布荷载已用等效结点荷载代替，并为计算方便，设各结点荷载 $P=10$)。其中，对于弦杆的内力分布情况，可由力矩法的内力计算公式 $N_{弦}=\pm\dfrac{M^0}{r}$ 来分析。式中，M^0 表示相应简支梁上与矩心对应的点的弯矩，r 是指弦杆至矩心的力臂。在均布荷载作用下，简支梁的弯矩图是抛物线形的，两边小、中间大。因此，可由力臂 r 变化情况来讨论弦杆内力的变化情况。

在平行弦桁架中，弦杆的力臂是一常数，故弦杆内力与弯矩的变化规律相同，即两端小、中间大。至于腹杆内力，由投影法可知，竖杆内力与斜杆的竖向分力各等于相应简支梁上对应节间的剪力，故它们的大小均分别由两端向中间递减。

在抛物线形桁架(上弦各结点均落在一抛物线上)中，各下弦杆内力及各上弦杆的水平分力对其矩心的力臂，即为各竖杆的长度。而竖杆的长度和相应简支梁的 M^0 图的变化规律相同，故可知各下弦杆内力与各上弦杆水平分力的大小都相等，由于上弦杆斜度不大，所以，上弦杆各杆的内力也近似相等。因上弦杆的水平分力与下弦杆内力大小相等，性质相反，根据投影法可知所有腹杆的内力都为零。

在三角形桁架中，弦杆所对应的力臂是由跨中向两端按直线递减的，其递减的速度要比弯矩减小得快，因此，弦杆的内力由中间向两端递增。至于腹杆的内力，由结点法的计算不难看出竖杆及斜杆的内力都是由两端部向中间递增的。

根据上述受力特点分析，可得出如下结论。

(1)平行弦桁架的内力分布不均匀，中部弦杆轴力大，而端部弦杆轴力小。按其受力情况，弦杆截面应做相应变化，但是这样在拼装上增加了难度。若采用相同截面，又会造成材料的浪费。由于它在构造上有许多优点，如所有弦杆、斜杆、竖杆的长度相同，所有结点处相应各杆交角相同，这样，有利于标准化生产，故在吊车梁、铁路桥梁中较多采用。

(2)三角形桁架的内力分布也不均匀,端部弦杆轴力较大,中间小;腹杆内力端部小,中间大;且端结点处夹角很小,构造很复杂。但是,两斜面符合屋顶构造需要,故只在屋架中采用。

(3)抛物线形桁架弦杆的内力分布均匀,因而在材料的使用上最为经济。但是,其在构造上也有缺点。如每一上弦杆在每一节间的倾角都不同,结点构造较为复杂,增加了施工难度。大跨度的屋架(18～30 m)和桥梁(100～150 m)常采用这种桁架,其目的是降低造价,提高经济效益。

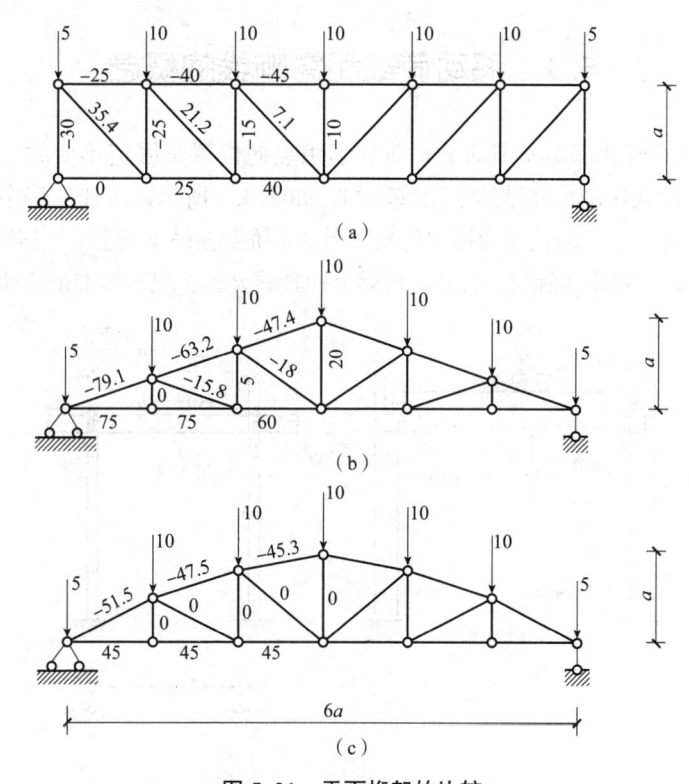

图 5.21 平面桁架的比较

(a)平行弦桁架;(b)三角形桁架;(c)抛物线桁架

第 6 章 影响线

6.1 移动荷载和影响线的概念

前面各章讨论的荷载都是固定荷载，荷载作用点的位置是固定不变的。但是，有些结构要承受移动荷载，荷载作用点在结构上是移动的。如图 6.1 所示，工业厂房中，当小车起吊重物沿吊车桥架运行时，小车的轮压为移动荷载；当吊车桥架在吊车梁上沿厂房纵向移动，则吊车轮压为作用于吊车梁上的移动荷载。另外，桥梁上行驶的火车、汽车等都是移动荷载的例子。

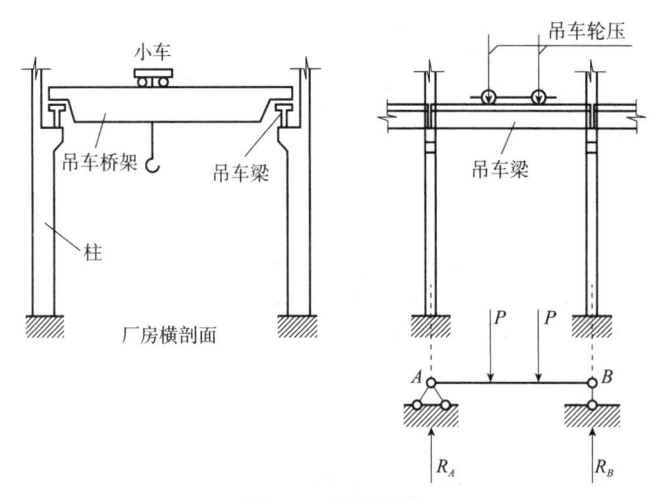

图 6.1 移动荷载

在本章中，着重讨论结构在移动荷载作用下的内力计算问题。这个问题具有以下特点：荷载仍属静力荷载，但结构内力随荷载的移动而变化，为此需要研究在移动荷载作用下内力的变化范围和变化规律。设计时必须以内力可能发生的最大值作为设计依据，为此需要确定荷载的最不利位置——即使结构在某个内力或支座反力达到最大值的荷载位置。

图 6.2 所示简支梁上，当汽车由左向右行驶时，反力 R_B 将逐渐增大，反力 R_A 则逐渐减小；此外，梁内不同截面的内力变化规律是各不相同的，即使在同一截面内，各种内力（弯矩、剪力）的变化规律也不相同。因此，每次只能研究一个反力或某一截面的某项指定内力的变化规律。

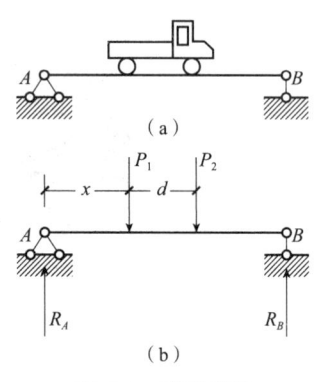

图 6.2 移动荷载
(a)移动荷载；(b)支座反力的变化

第6章 影响线

移动荷载的类型很多，没有必要逐个加以讨论，而只需抽出其中的共性进行典型分析。首先，在一般中选取典型。移动荷载中的典型情况就是单位移动荷载 $P=1$，它是从各种移动荷载中抽出来的最简单、最基本的元素。然后，由典型回到一般。只要将单位移动荷载作用下的内力变化规律分析清楚，那么，根据叠加原理就可以顺利解决各种移动荷载作用下的内力计算问题及最不利荷载位置的确定问题。这种做法可概括为"由多选一，以一解多。"

例如图 6.3(a)所示简支梁，其上只作用一个单位移动荷载 $P=1$。当 $P=1$ 分别移动到 A、C、D、E、B 等分点时，反力 R_A 的数值由平衡条件分别求得为 1、3/4、1/2、1/4、0。若以水平基线作为横坐标 x，代表 $P=1$ 的作用位置，纵坐标 y 代表与 $P=1$ 位置相应的 R_A 数值，连接各竖标顶点所得到的图形如图 6.3(b)所示，它清晰地表明了当 $P=1$ 在梁上移动时反力 R_A 的变化规律。这个图形称为 R_A 影响线。

由此可以引出影响线的定义：当一个方向不变的单位荷载在结构上移动时，表示结构某指定截面处的某一量值（反力、内力等）变化规律的图形，称为该量值的影响线。影响线是研究移动荷载作用的基本工具。下面举例说明影响线的概念。

图 6.4(a)所示为一简支梁 AB，当单位竖向荷载 P 在梁上移动时，研究支座反力 R_B 的变化规律。

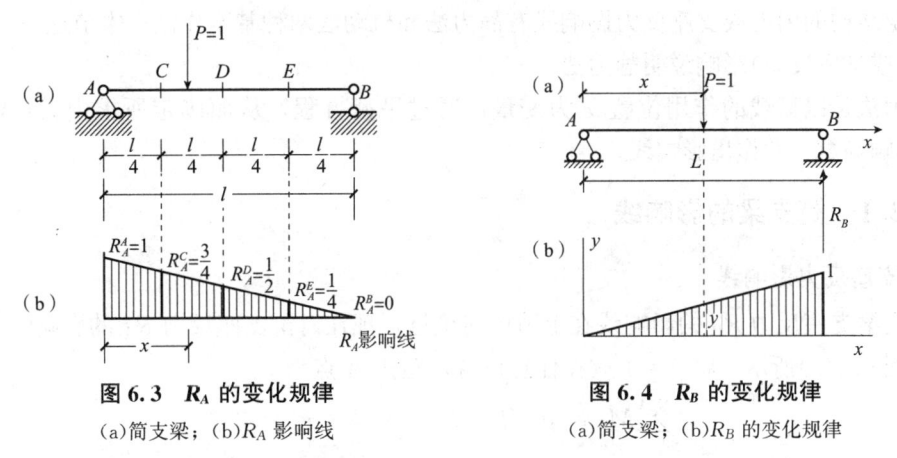

图 6.3 R_A 的变化规律
(a)简支梁；(b)R_A 影响线

图 6.4 R_B 的变化规律
(a)简支梁；(b)R_B 的变化规律

取 A 点作为坐标原点，用 x 表示荷载 $P=1$ 作用点的横坐标。如果 x 是常量，则 P 就是一个固定荷载。反之，如果把 x 看作变量，则 P 就成为移动荷载。y 表示影响线的纵坐标。

当荷载 $P=1$ 在梁上任意位置时 $x(0 \leqslant x \leqslant l)$，利用平衡方程可以求出支座反力 R_B：

$$\sum M_A = 0, \quad 1 \cdot x - R_B \cdot l = 0$$

$$R_B = \frac{x}{l} (0 \leqslant x \leqslant l)$$

上式便称为 R_B 的影响线方程，其中 $\frac{x}{l}$ 在数值上等于 $P=1$ 作用时引起的支座反力 R_B，表示这个方程的图形称为影响线。由于 $\frac{x}{l}$ 是 x 的一次式，故 R_B 的影响线是直线。为了定出直线上的两点，可设 $x=0$，得 $R_B=0$。又设 $x=l$，得 $R_B=1$。由此定出两点，再连成直线，便得出 R_B 的影响线，如图 6.4(b)所示。

图 6.4(b)中影响线形象地表明支座反力 R_B 随荷载 $P=1$ 的移动而变化的规律：当荷载

$P=1$ 从 A 点开始，逐渐向 B 点移动时，支座反力 R_B 则相应地从零开始，逐渐增大，最后达到最大值 $R_B=1$。

概括来说，当单位集中荷载 $P=1$ 沿结构移动时，表示结构某量值 Z（如支座反力，某一指定截面的弯矩、剪力或轴力）变化规律的曲线，称为 Z 的数值的影响线。影响线上任一点的横坐标 x 表示荷载的位置参数，纵坐标 y 表示单位荷载 $P=1$ 作用于此点时某量值 Z 的数值。影响线是研究移动荷载和可动荷载作用效应的基本工具。

绘制影响线图形时，正值画在基线上面，负值画在基线下面。由于 $P=1$ 无单位，因此，某量 Z 影响线纵坐标的单位等于 Z 值的单位除以力的单位，如 R_B 的影响线的纵坐标无单位，即纯数。

影响线的绘制、最不利荷载位置及其相应最大量值的确定是移动荷载作用下，结构计算中的几个关键问题。本章先介绍绘制影响线的基本方法，然后探讨确定最不利荷载位置及其相应最大值的方法，最后介绍简支梁的内力包络图。

6.2　静力法作简支梁内力影响线

静定结构的内力或支座反力影响线有静力法和机动法两种基本作法。本节通过求简支梁的内力（或支座反力）影响说明静力法。

静力法是以荷载的作用位置 x 为变量，通过平衡方程，从而确定所求内力（或支座反力）的影响函数，并作出影响线。

6.2.1　简支梁的影响线

1. 支座反力影响线

简支梁支座反力 R_B 的影响线在上节中讨论过，现在讨论支座反力 R_A 的影响线。

如图 6.5(a)所示，将 $P=1$ 放在任意位置，距离 A 点为 x：

由
$$\sum M_B = 0, R_A \cdot l - 1 \cdot (l-x) = 0$$

得

$$R_A = \frac{l-x}{l} (0 \leqslant x \leqslant l)$$

这就是 R_A 的影响线方程。由此方程可知，R_A 的影响线也是一条直线。在 A 点，$x=0$，$R_A=1$。在 B 点，$x=l$，$R_A=0$。利用这两个数据便可画出 R_A 的影响线，如图 6.5(b)所示。支座反力向上为正。

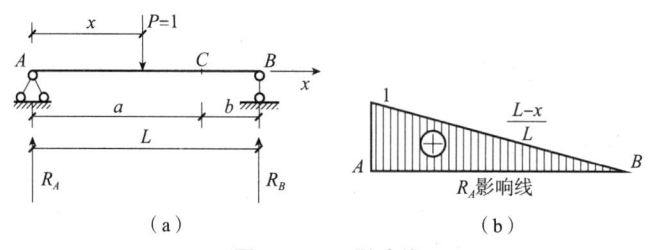

图 6.5　R_A 影响线

(a)简支梁；(b)R_A 影响线

支座反力影响线的纵坐标无单位。

2. 剪力影响线

现在拟作指定截面 C 的剪力 Q_C 的影响线。当 $P=1$ 作用在 C 点以左或以右时，剪力 Q_C 的影响线方程具有不同的表达式，应当分别考虑。

(1)当 $P=1$ 作用在 C 点以右的 CB 段时，取截面 C 左边的 AC 为隔离体，如图 6.6(a) 所示，由 $\sum Y=0$ 得

$$Q_C = R_A (P=1 \text{ 在 } CB \text{ 段})$$

也可以不画隔离体，直接由图 6.5 中，从截面 C 左边 AC 部分上所受外力，由 A 向 C 求 Q_C，得

$$Q_C = R_A (P=1 \text{ 在 } CB \text{ 段})$$

由此看出，在 CB 段内，Q_C 的影响线与 R_A 的影响线相同，可利用 R_A 的影响线作 Q_C 在 CB 段的影响线。为此，先作 R_A 的影响线，然后保留其中 CB 段（AC 段则先画以虚线），C 点的纵坐标可由比例关系求得为 $\dfrac{b}{l}$。

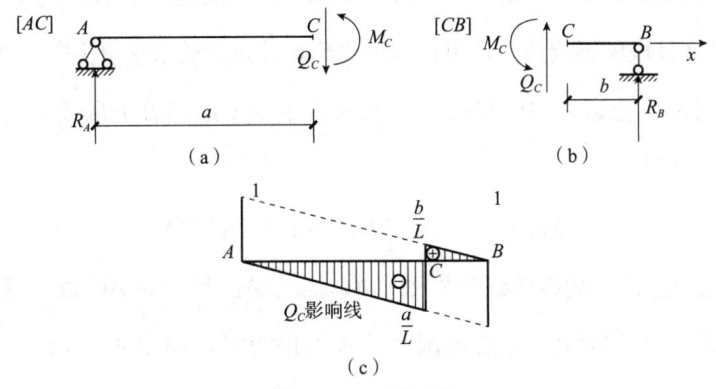

图 6.6 Q_C 影响线

(a)AC 隔离体；(b)CB 隔离体；(c)Q_C 影响线

(2)当 $P=1$ 作用在 C 点以左 AC 段时，取截面 C 右边的 CB 为隔离体，如图 6.6(b)所示，由 $\sum Y=0$ 得

$$Q_C = -R_B (P=1 \text{ 在 } AC \text{ 段})$$

也可以不画隔离体，直接由图 6.5 中，从截面 C 右边 BC 部分上所受外力，由 B 向 C 求 Q_C，得

$$Q_C = -R_B (P=1 \text{ 在 } AC \text{ 段})$$

由此看出，在 AC 段内，Q_C 的影响线与 R_B 的影响线相同，但正负号相反；可利用 R_B 的影响线作 Q_C 在 AC 段的影响线。为此，可先将 R_B 的影响线反过来画在基线下面，然后保留其中 AC 段（CB 段则先画以虚线），C 点的纵坐标可由比例关系求得为 $-\dfrac{a}{l}$。

由图 6.6(c)可见，Q_C 的影响线分成 AC 和 CB 两段，由两段平行线所组成，在 C 点形成台阶。当 $P=1$ 作用在 AC 段内任一点时，截面 C 为负号剪力。当 $P=1$ 作用在 CB 段内

任一点时，截面 C 为正号剪力。当 $P=1$ 作用在 C 点左侧时，$Q_C = -\dfrac{a}{l}$；当 $P=1$ 作用在 C 点右侧时，$Q_C = \dfrac{b}{l}$；即 $P=1$ 由 C 左侧越过 C 点移到 C 右侧时，截面 C 的剪力发生突变，突变值为1。

3. 弯矩影响线

现在绘制简支梁指定截面 C 的弯矩 M_C 的影响线。仍分成两段（$P=1$ 在 C 点以左和以右）分别考虑。与求 Q_C 时一样，可利用图 6.7(a) 和 (b) 的隔离体图来求 M_C；也可以不画隔离体图，而直接从图 6.5 中来求 M_C。下面将采用后一种方法。

当 $P=1$ 作用在 C 点以右的 CB 段时，从截面 C 左边 AC 部分上所受外力，自 A 向 C 求 M_C，由 $\sum M_A = 0$ 得

$$M_C = R_A \times a = \dfrac{l-x}{l} a \quad (P=1 \text{ 在 } CB \text{ 段})$$

由此看出，在 CB 段内，M_C 的影响线形状与 R_A 的影响线形状相同，影响线纵坐标的值应为 R_A 影响线纵坐标值乘以 a。为此，可先把 R_A 的影响线的纵坐标乘以 a，然后保留其中的 CB 段，就得到 M_C 在 CB 段的影响线。这里 C 点的纵坐标按比例关系求得为 $\dfrac{ab}{l}$，如图 6.7(c) 所示。

当 $P=1$ 作用在 C 点以左 AC 段时，从截面 C 右边 CB 部分上所受外力，自 B 向 C 求 M_C，由 $\sum M_B = 0$ 得

$$M_C = R_B \times b = \dfrac{x}{l} b \quad (P=1 \text{ 在 } AC \text{ 段})$$

因此，可以把 R_B 的影响线的纵坐标乘以 b，然后保留其中的 AC 段，就得到 M_C 在 AC 段的影响线。这里，C 点的纵坐标按比例关系求得仍为 $\dfrac{ab}{l}$，如图 6.7(c) 所示。正的弯矩影响线画在基线的上边。

由图 6.7(c) 可见，M_C 的影响线分成 AC 和 BC 两段，每一段都是直线，形成一个在 C 点为尖点的三角形。当 $P=1$ 在 C 点时，弯矩 M_C 为极大值。当 $P=1$ 由 C 点向梁的两端移动时，弯矩 M_C 逐渐减小到 0。

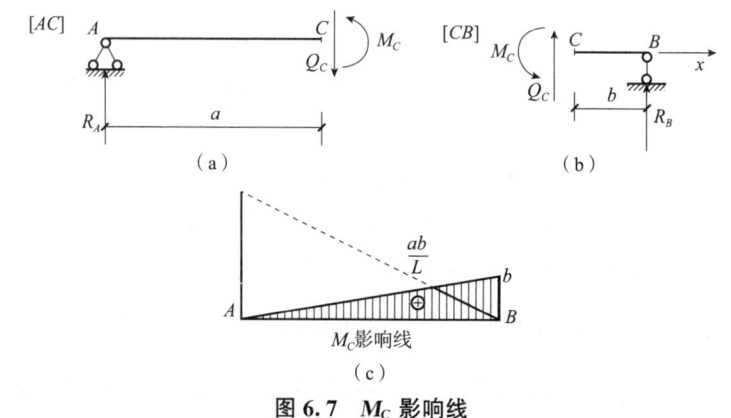

图 6.7 M_C 影响线

(a) AC 隔离体；(b) CB 隔离体；(c) M_C 影响线

弯矩影响线纵坐标的单位为长度单位。

6.2.2 伸臂梁的影响线

1. 支座反力的影响线

如图 6.8(a)所示,绘制伸臂梁反力 R_A、R_B 的影响线。取 A 点为坐标原点,横坐标 x 以 A 点向右为正,当 $P=1$ 作用于梁上任一点 x 时,由平衡方程分别求得支座反力 R_A、R_B 为

$$\left. \begin{array}{l} \sum M_B = 0, \quad R_A = \dfrac{l-x}{l} \\ \sum M_A = 0, \quad R_B = \dfrac{x}{l} \end{array} \right\} (-l_1 \leqslant x \leqslant l+l_2)$$

这两个支座反力影响线方程与简支梁支座反力影响线方程完全相同,只是荷载 $P=1$ 作用范围 x 的变化范围有所扩大。在简支梁中 x 的变化范围为 $0 \leqslant x \leqslant l$,这里则为 $-l_1 \leqslant x \leqslant l+l_2$。在 AB 跨内的影响线与简支梁的影响线完全相同,仍是直线;在悬伸部分(注意当 $P=1$ 位于支座 A 以左时,x 取负值),只需将直线向两个伸臂部分延长,即得到支座反力的整个影响线,如图 6.8(b)、(c)所示。

2. AB 跨内剪力和弯矩的影响线

当 $P=1$ 在截面 C 以左时,从截面 C 右边部分上所受外力,自 B 向 C 求 Q_C 和 M_C,得

$$\left. \begin{array}{l} Q_C = -R_B \\ M_C = R_B \times b \end{array} \right\} (P=1 \text{ 在 } FC \text{ 段})$$

当 $P=1$ 在截面 C 以右时,从截面 C 左边部分上所受外力,自 A 向 C 求 Q_C 和 M_C,得

$$\left. \begin{array}{l} Q_C = R_A \\ M_C = R_A \times a \end{array} \right\} (P=1 \text{ 在 } CE \text{ 段})$$

由此可知:Q_C 和 M_C 的影响线方程和简支梁的相应影响线方程相同。因此,只需将相应简支梁截面 C 的剪力和弯矩影响线伸臂部分延长即得,如图 6.8(d)、(e)所示。

3. 伸臂部分剪力和弯矩的影响线

当 $P=1$ 在截面 D 以左时,因截面 D 的右边部分无外力作用,所以

$$\left. \begin{array}{l} Q_D = 0 \\ M_D = 0 \end{array} \right\} (P=1 \text{ 在 } FD \text{ 段})$$

当 $P=1$ 在截面 D 以右时,以 D 为坐标原点,x 在 D 有时取正值,从截面 D 的右边部分上所受的外力求 Q_D 和 M_D。

$$\left. \begin{array}{l} Q_D = +1 \\ M_D = -x \end{array} \right\} (P=1 \text{ 在 } DE \text{ 段})$$

由此,可作 Q_D 和 M_D 的影响线,如图 6.9(b)、(c)所示。这里,只有 DE 段影响线的纵坐标值不为 0,即只有当荷载作用于 DE 段时,才对截面 D 的剪力和弯矩产生影响。

通过以上简支梁和伸臂梁影响线的绘制,可以得到用静力法作静定结构某量影响线的步骤如下:

将单位荷载 $P=1$ 放在结构上的任意位置,适当选择坐标原点,以 $P=1$ 作用位置 x 为变量;用截面法取隔离体,通过平衡方程,或用截面法直接按内力算式,求出所求量值的影

响线方程；根据影响线方程作影响线。

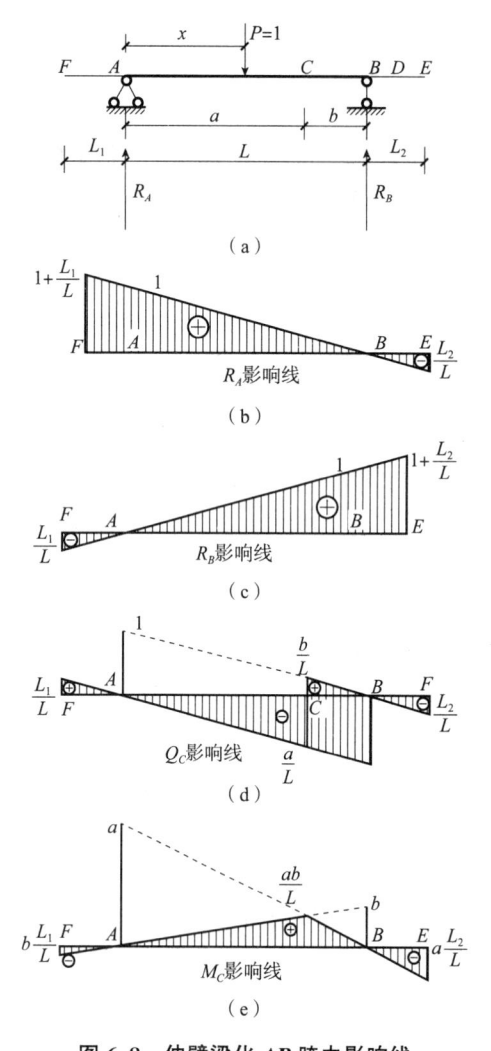

图 6.8 伸臂梁化 AB 跨内影响线

(a)伸臂梁；(b)R_A 影响线；(c)R_B 影响线；
(d)Q_C 影响线；(e)M_C 影响线

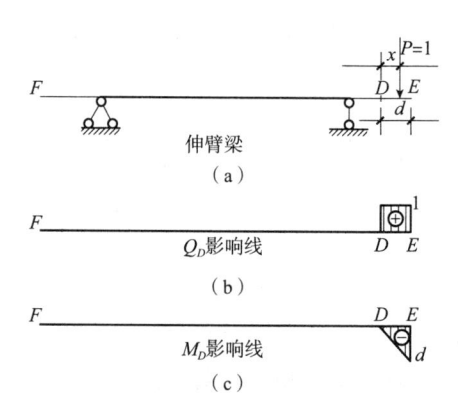

图 6.9 伸臂梁伸臂部分影响线

(a)伸臂梁；(b)Q_D 影响线；(c)M_D 影响线

【例 6.1】 作图 6.10 的 Y_A，M_A，M_K，Q_K 影响线。

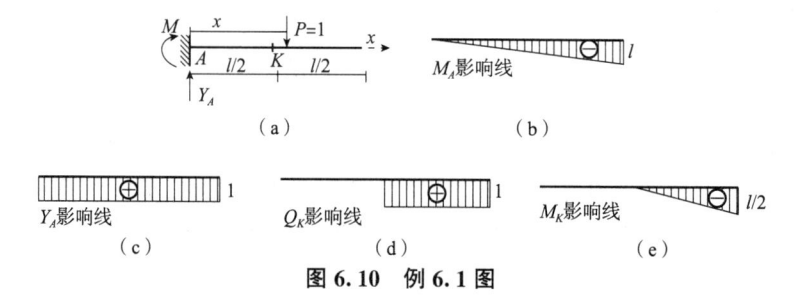

图 6.10 例 6.1 图

解：(1)作 Y_A、M_A 影响线。取整个悬臂梁为研究对象，通过 $\sum M_A = 0$ 计算出支座反

力 M_A，$\sum Y = 0$ 计算出支座反力 Y_A。由 M_A 和 Y_A 的表达式作出 M_A 影响线和 Y_A 影响线如图 6.10(b)、(c)所示。

$$\sum M_A = 0 \quad M_A = -x, \quad \sum Y = 0 \quad Y_A = 1$$

(2)作 M_K 和 Q_K 影响线。当 $P=1$ 在 AK 段上移动时，选择隔离体 K 以右部分为研究对象。通过静力平衡条件计算出 $M_K=0$，$Q_K=0$；当 $P=1$ 在 K 以右部分移动时，仍然选取 K 以右部分为研究对象，通过静力平衡条件计算出 M_K 和 Q_K 的表达式，得出 M_K 和 Q_K 的影响线图形，如图 6.10(d)、(e)所示。

当 $P=1$ 在 AK 段上移动 $x<l/2$，$M_K=0$，$Q_K=0$；

当 $P=1$ 在 K 以右部分移动 $x>l/2$，$M_K=-(x-l/2)$，$Q_K=1$。

【例 6.2】 作图 6.11 的 Y_B，M_A、M_K、Q_K、M_i、Q_i 影响线。

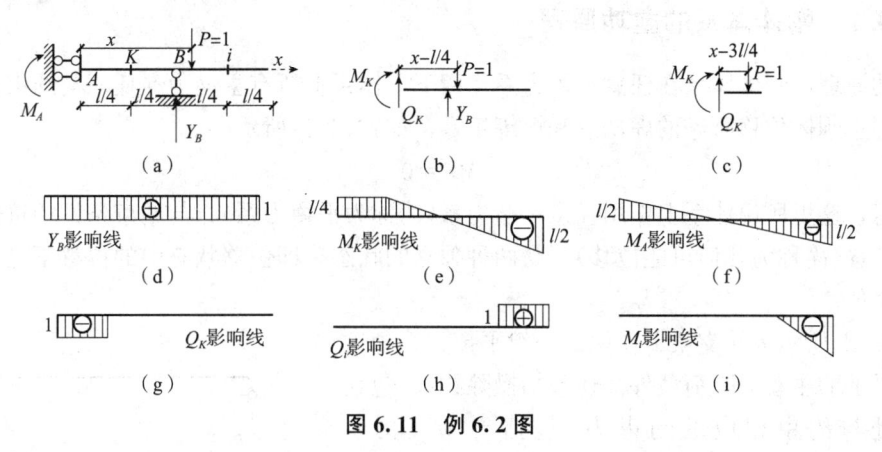

图 6.11 例 6.2 图

解：(1)作 Y_A、M_A 影响线。取整个梁段为研究对象，通过 $\sum Y = 0$ 计算出支座反力 Y_A，$\sum M_A = 0$ 计算出支座反力 M_A，由 M_A 和 Y_A 的表达式作出 M_A 影响线和 Y_A 影响线如图 6.11(d)、(e)所示。

$$\sum Y = 0 \qquad Y_B = 1$$
$$\sum M_A = 0 \quad M_A = Y_B l/2 - x = l/2 - x$$

(2)作 M_K、Q_K 影响线。当 $P=1$ 在 AK 段上移动的时候，选择隔离体 K 以右部分为研究对象，通过静力平衡条件计算出 M_K 和 Q_K 表达式；当 $P=1$ 在 K 以右部分移动的时候，仍然选取 K 以右部分为研究对象，如图 6.11(b)所示。通过静力平衡条件计算出 M_K 和 Q_K 的表达式，得出 M_K 和 Q_K 的影响线图形，如图 6.10(f)、(g)所示。

当 $P=1$ 在 AK 段上移动 $\qquad x<l/4$，$M_K=l/4$ $Q_K=-1$

当 $P=1$ 在 K 以右部分移动 $\qquad x>l/4$，$M_K=l/4-(x-l/4)=l/2-x$ $Q_K=0$

(3)作 M_i、Q_i 影响线。当 $P=1$ 在 Ai 段上移动的时候，选择隔离体 i 以右部分为研究对象，通过静力平衡条件计算出 M_i 和 Q_i 表达式；当 $P=1$ 在 i 以右部分移动的时候，仍然选取 i 以右部分为研究对象，如图 6.11(c)所示。通过静力平衡条件计算出 M_i 和 Q_i 的表达式，得出 M_i 和 Q_i 的影响线图形，如图 6.10(h)、(k)所示。

当 $P=1$ 在 Ai 段上移动　　　$x<3l/4$　$M_i=0$　$Q_i=0$

当 $P=1$ 在 i 以右部分移动　　$x>3l/4$　$M_i=3l/4-x$　$Q_i=1$

6.3　用机动法作静定结构的影响线

作静定结构支座反力和内力的影响线,除采用静力法外,还可以采用机动法。采用机动法作静定结构的影响线是以刚体体系的虚功原理(虚位移原理)为基础,将作支座反力或内力影响线的静力问题转化为刚体位移图的几何问题。

机动法有一个优点是可以不经过计算就能得到影响线的轮廓,从而可很快地确定荷载的最不利位置。此外,可以用它来校核静力法的影响线。

6.3.1　刚体体系的虚功原理

虚功原理：刚体体系在任意平衡力系作用下,体系上所有主动力在任一与约束条件相符合的无限小刚体位移所做的虚功总和恒等于零,如式(6.1)所示。

$$W_e=0 \tag{6.1}$$

注意,这里所说体系上作用任意平衡力系(简称为平衡力系),与约束条件相符合的无限小刚体位移(简称为几何可能位移),是两种独立的状态,即位移状态中的位移不是力状态中的力产生的。

图 6.12 所示为简支梁上作用的一组平衡力系,这里,体系上的主动力除荷载外,还包括撤除约束(包括支座)处与约束相应的约束力(包括支座反力)。图 6.12(b)表示了简支梁由于支座沉陷而产生的刚体位移。图 6.12(a)和图 6.12(b)是两个彼此无关的状态。如式(6.2)所示。

$$W_e=P_1\Delta_1+P_2\Delta_2+R_1c_1+R_2c_2=0 \tag{6.2}$$

对于一般情况,具体表达式为式(6.3)。

$$\sum P_i\Delta_i+\sum R_Kc_K=0 \tag{6.3}$$

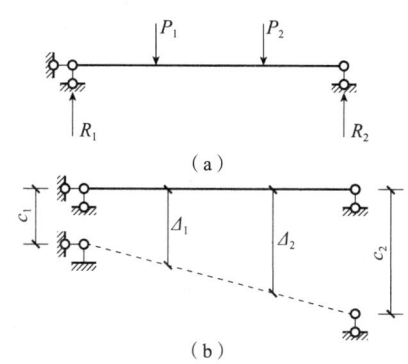

图 6.12　刚体体系的虚功原理
(a)简支梁；(b)支座沉陷而产生的刚体位移

式中　P_i——体系所受荷载；

R_K——体系的约束力；

Δ_i——与 P_i 相应的位移,与力 P_i 方向一致时,乘积 $P_i\Delta_i$ 为正；

c_K——与 R_K 相应的位移,与力 R_K 方向一致时,乘积 R_Kc_K 为正。

6.3.2　机动法作影响线的原理和步骤

现以简支梁支座反例为例,运用虚功原理说明机动法做影响线的原理和步骤。

1. 原理

现在要求图 6.13(a)所示简支梁支座反力 $Z(R_B)$ 的影响线。为此,将与 Z 相应的约束——支杆 B 撤去,代以未知力 Z,如图 6.13(b)所示,这时体系有一个自由度。然后给体系以虚位移,使梁绕 A 点做微小转动。并以 δ_Z 表示与未知力 Z 相应的位移,以与 Z 正方向一致者为正；以 δ_Z 表示与单位荷载 $P=1$ 相应位移，以与 $P=1$ 方向一致为正，由于 $P=1$ 以向下为正，故 δ_Z 也以向下为正。列出虚功方程如式(6.4)所示。

$$Z\delta_Z + P\delta_P = 0 \tag{6.4}$$

式中 δ_Z——与未知力 Z 相应的位移，以于 Z 正方向一致者为正；

δ_P——与单位荷载相应的位移，以与 $P=1$ 方向一致为正。

由于 $P=1$，所以有式(6.5)

$$Z = -\frac{\delta_P}{\delta_Z} \tag{6.5}$$

当 $P=1$ 移动时，位移 δ_P 随 $P=1$ 的位置变化，是荷载位置参数 x 的函数，而 δ_Z 则与 x 无关，是一个常数。因此，式(6.5)可表示为式(6.6)：

$$Z(x) = -\frac{\delta_P(x)}{\delta_Z} \tag{6.6}$$

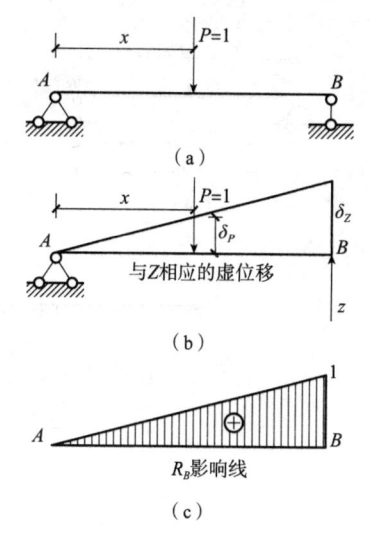

图 6.13 机动法绘制 R_B 影响线
(a)简支梁；(b)虚位移；(c)R_B 影响线

式中 $Z(x)$——Z 随 $P=1$ 位置 x 变化的 Z 的变化规律，即是 Z 的影响线；

$\delta_P(x)$——单位荷载作用点的竖向位移图。

由式(6.6)可知，Z 的影响线纵坐标与荷载作用点的竖向位移成正比，或者说，由 δ_P 图可得出 Z 的影响线形状。

还可以知道 Z 的影响线纵坐标的数值，由 δ_P 图除以常数 δ_Z 得到，为简便，可在 δ_P 图中令 $\delta_Z = 1$，则得到图 6.13(c)所示形状和数值上完全确定 Z 的影响线。

影响线的纵坐标的正负号可以规定：横坐标轴的下方 δ_P 值为正，Z 值为负；横坐标轴的上方 δ_P 值为负，Z 值为正。

2. 步骤

机动法作静定结构支座反力和内力 Z 的影响线步骤如下：
(1)撤去与 Z 相应的约束，代以未知力 Z；
(2)使体系沿 Z 的正方向发生位移，绘制出荷载作用点的竖向位移图，定出影响线的形状；
(3)令 $\delta_Z = 1$，可进一步定出影响线各纵坐标的数值；
(4)横坐标轴以上的图形，影响线纵坐标取正值，横坐标轴以下图形，取负值。

6.3.3 机动法作简支梁的影响线

以例题说明用机动法绘制简支梁某截面弯矩和剪力的影响线。

【例 6.3】 用机动法绘制图 6.14(a)所示简支梁 C 点的弯矩和剪力的影响线。

解：(1)弯矩 M_C 的影响线。撤去截面 C 处与弯矩 M_C 相应的约束(在截面 C 处改为铰结)，代以一对大小相等、方向相反、使下边受拉的力偶 M_C，这时铰 C 两侧的刚体可以相对转动。

给体系沿 M_C 的方向以虚位移，如图 6.14(b)所示写出虚功方程为

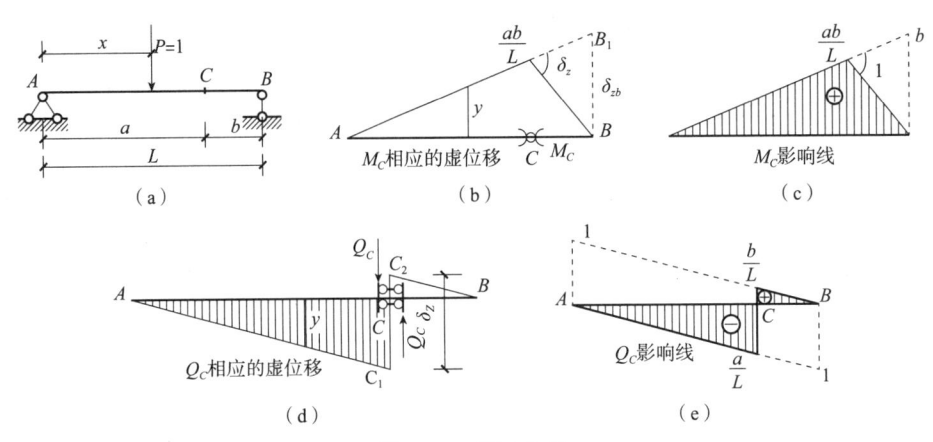

图 6.14 例 6.3 图

$$M_C\delta_Z + P\delta_P = 0 \tag{6.7}$$

这里，δ_Z 就是 M_C 相应的铰 C 左右两侧截面的相对转角。利用 δ_Z 可以确定位移图中的纵坐标。因 δ_Z 是微小转角，可求得 $BB_1 = \delta_Z b$。由几何关系得 C 点的竖向位移为 $\frac{ab}{L}\delta_Z$。图 6.14(b) 所示的位移图即代表 M_C 影响线的形状。

将图 6.14(b) 中位移图除以 δ_Z，或令位移图纵坐标中的 $\delta_Z = 1$，即可求得 M_C 影响线纵坐标的数值，M_C 的影响线如图 6.14(c) 所示，C 点的纵坐标为 $\frac{ab}{L}$。

(2) 剪力 Q_C 的影响线。在截面 C 处撤去与剪力 Q_C 相应的约束（将截面 C 左、右改为用两个平行于杆轴的平行链杆连接），代以一对大小相等方向相反的正剪力 Q_C，得图 6.14(d) 所示具有一个自由度的机构。这时在截面 C 处可以发生相对的竖向位移，而不能发生相对转动和水平位移。

将体系沿 Q_C 的方向以虚位移，由于 AC 和 BC 两刚片是用两根水平的平行链杆相连，因此，AC 和 BC 只能在竖直方向做相对平行移动。如先将 AC 段虚位移到 AC_1，则 BC 段虚位移后必到 BC_2，且 $BC_2 \parallel AC_1$，位移图如图 6.14(d) 所示，切口处相对竖向位移即 δ_Z。图 6.14(d) 所示即 Q_C 影响线的形状。

令 $\delta_Z = 1$，得到 Q_C 的影响线，如图 6.14(e) 所示，显然 Q_C 影响线由左、右两平行直线组成。由几何关系可得各控制点的纵坐标值。Q_C 影响线在坐标轴以上取正号，在坐标轴以下取负号。

6.4 多跨静定梁的影响线

作多跨静定梁的影响线同样可用静力法与机动法，下面分别讨论。

6.4.1 静力法作多跨静定梁的影响线

对于多跨静定梁，只需分清它的基本部分和附属部分及这些部分之间的传力关系，再利用单跨静定梁的已知影响线，多跨静定梁的影响线即可顺利绘出。

图 6.15(a)所示为多跨静定梁，图 6.15(b)为其层叠图。作弯矩 M_K 的影响线。当 $P=1$ 在 CE 段移动时，附属部分 EF 不受力可撤去；基本部分 AC 则相当于 CE 梁的支座，故此时 M_K 的影响线与 CE 段单独作为伸臂梁时相同。当 $P=1$ 在基本部分 AC 段移动时，作为 AC 的附属部分的 CE 是不受力的，故 M_K 影响线在 AC 段的竖标为零。最后考虑 $P=1$ 在附属部分 EF 段移动时的情况，此时 CE 梁相当于在铰 E 处受到力 V_E 的作用，如图 6.15(c)所示。因 $V_E = \dfrac{l-x}{l}$ 即为 x 的一次函数，由此可知，M_K 影响线在 EF 段必为一直线。只需定出两点即可将其绘出。当 $P=1$ 作用于铰 E 处时，M_K 值已由 CE 段的影响线得出；而当 $P=1$ 作用于支座 F 处时，有 $M_K=0$，于是可绘出 M_K 的整个影响线，如图 6.15(d)所示。

由上可知，多跨静定梁任一反力或内力影响线的一般作法如下：

(1)当 $P=1$ 在所求量值的梁段上移动时，其影响线同相应单跨静定梁。

(2)当 $P=1$ 在对于所求量值梁段来说是基本部分的梁段上移动时，所求量值影响线为零。

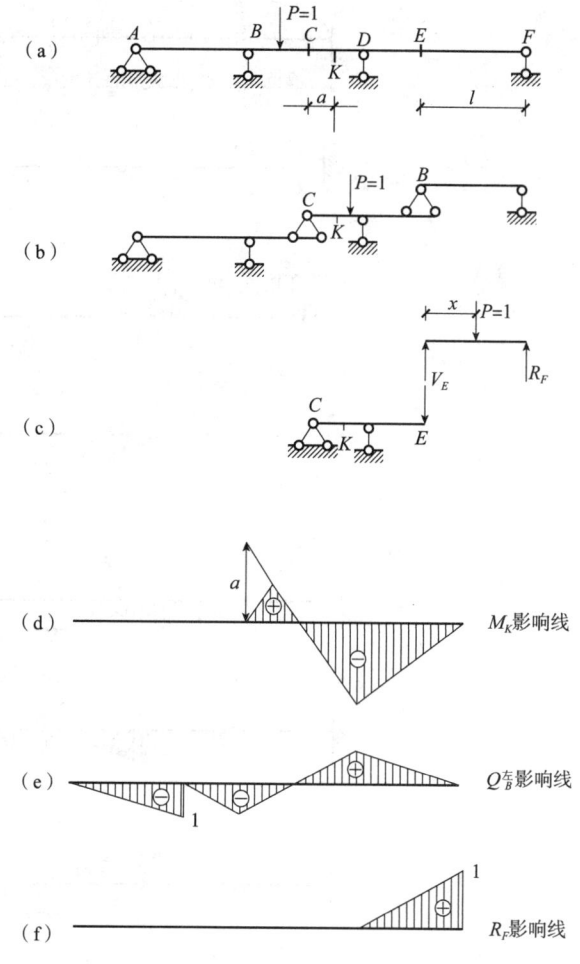

图 6.15 静力法作多跨静定梁的影响线
(a)多跨静定梁；(b)层叠图；(c)CE 梁变换；
(d)M_K 影响线；(e)$Q_B^左$ 影响线；(f)R_F 影响线

(3)当 $P=1$ 在对于所求量值所在部分来说是附属部分的梁上段上移动时，所求量值影响线为直线。根据在铰处竖标为已知和在支座处竖标为零，即可将其绘出。

按照上述方法，不难作出 $Q_B^左$ 和 R_F 的影响线，如图 6.15(e)和(f)所示，读者可自行校核。

6.4.2 机动法作多跨静定梁的影响线

用机动法作多跨静定梁的支座反力和内力影响线十分简便。原理与步骤均同前，只是应注意撤去约束后虚位移图形的特点。多跨静定梁是由基本部分和附属部分组成，撤去约束后给虚位移时，应搞清哪些部分可以发生虚位移，哪些部分不能发生虚位移。属于附属部分的某量，撤去相应的约束后，体系只能在附属部分发生虚位移，基本部分则不能动，因此，位移图只限于附属部分。属于基本部分的某量，撤去相应约束后，在基本部分和其所支承的附属部分都能发生虚位移，位移图在基本部分和其所支承的附属部分都有。

【例 6.4】 用机动法作图 6.16(a)Y_A、M_1、Q_1、M_2、M_B、Q_3、Y_C、Q_4、$Q_{C左}$、$Q_{C右}$ 的影响线。

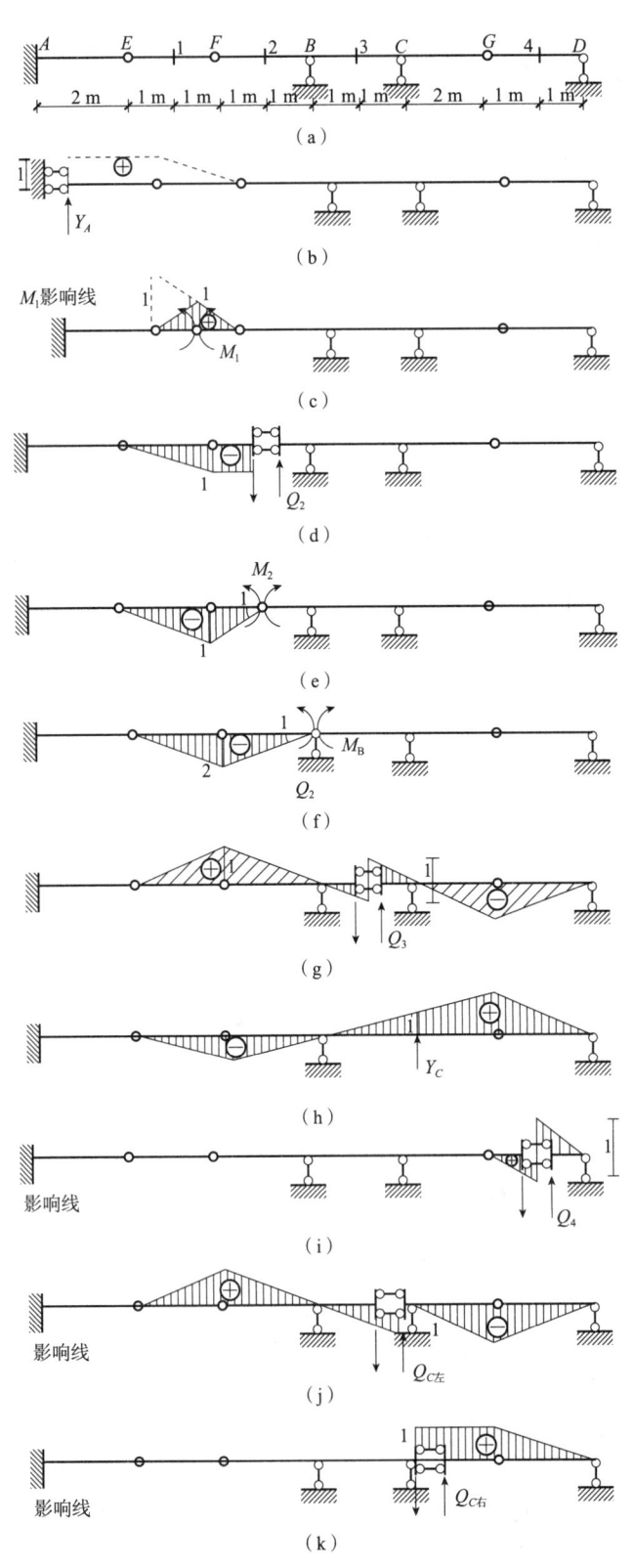

图 6.16 例 6.4 图

(1) Y_A 影响线。解除与 Y_A 相应的约束,即将多跨静定梁在支座 A 上的固定支座改为滑动支座,代以一个支座反力 Y_A;这时刚片 AE 与基础有一滑动支座联系为几何可变体,在 Y_A 能发生水平向上的虚位移 $\delta_Z=1$,刚片 EF 可绕 F 转动,F 点右侧为几何不变体系,得到虚位移图,如图 6.16(b)所示,即 Y_A 的影响线。

(2) M_1 影响线。先解除截面 1 与梁体的弯矩约束,即将梁在截面 1 上的刚结改为铰结,代以一对力偶 M_1;这时刚片 EF 上有一铰为几何不变体,能发生虚位移;让刚片 EF 绕铰 1 相对转动 $\delta_Z=1$,方向与 M_1 同向,EF 两侧均为几何不变体系,不能发生竖向位移,得到虚位移图,如图 6.16(c)所示,即 M_1 的影响线。

(3) Q_2 影响线。解除截面 2 的剪切约束,加上一对平行链杆,并带上一对正剪力 Q_2,给定一个与剪力 Q_2 同向的单位虚位移。此时,截面 2 以右为几何不变体,不可能发生刚体位移,故截面 2 影响线为零。截面 2 左端无竖向约束,刚片 F_2 可发生向下的自由滑动 $\delta_Z=1$,并带动左边 EF 段绕 E 转动,可得到虚位移如图 6.16(d)所示。

其他各量值的影响线,读者可自行绘出,此处不再赘述。

6.5 影响线应用

绘制影响线的目的是利用它来确定实际移动荷载对于某一量值的最不利位置,从而求出该量值的最大值。在研究这一问题之前,先讨论当若干个集中荷载或分布荷载作用于某知、已知、未知时,如何利用影响线来求量值。

6.5.1 计算影响量值

虽然作影响线时考虑的是单位荷载 $P=1$ 的作用,但根据叠加原理,可以利用影响线求一般荷载作用下的量值。

1. 一组集中力

设有 3 个位置固定的集中力 P_1、P_2、P_3 作用于简支梁,如图 6.17 所示,现要利用 M_C 影响线求 P_1、P_2、P_3 作用下 M_C 的数值。

在 M_C 影响线中,相应于各荷载作用点的纵坐标为 y_1、y_2、y_3,它们分别是 $P=1$ 在相应位置产生的 M_C,因此,由 P_1 产生的 M_C 等于 P_1y_1,P_2 产生的 M_C 等于 P_2y_2,P_3 产生的 M_C 等于 P_3y_3,根据叠加原理,可得到 P_1、P_2、P_3 共同作用下 M_C 的数值为式(6.8)。

$$M_C = P_1y_1 + P_2y_2 + P_3y_3 \tag{6.8}$$

一般来说,设有一组位置固定的集中荷载 P_1、P_2、$P_3 \cdots P_N$ 作用于结构,如图 6.18 所示,结构某量 Z 的影响线在各荷载作用点的纵坐标为 y_1、y_2、$y_3 \cdots y_N$,则某量 Z 的影响量的值为式(6.9)。

$$Z = P_1y_1 + P_2y_2 + \cdots + P_Ny_N = \sum_{i=1}^{N} P_iy_i \tag{6.9}$$

式中,P_i 向下为正,应注意影响线纵坐标 y_i 的正负号。

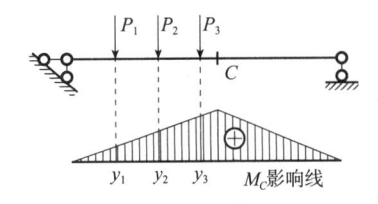

图 6.17 3 个集中力计算影响量值

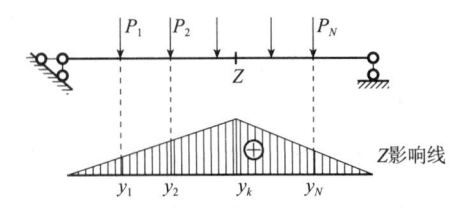

图 6.18 一组集中荷载计算影响量值

2. 均布荷载

设简支梁上有给定位置(ab 段)的均布荷载 q 作用,如图 6.19 所示,现要利用图 6.19 所示 M_K 影响线求在给定均布荷载 q 作用下 M_K 的数值。

在均布荷载作用段上,将微段 dx 上的荷载 qdx 看作一个集中荷载,则它引起的 M_K 的量值为 $qdx \cdot y$,则在 ab 段均部荷载产生的 M_K 值为式(6.10)。

$$M_K = \int_{x_a}^{x_b} q(x)ydx = q\int_{x_a}^{x_b}(x)ydx = q\int_{x_a}^{x_b}dA = qA \qquad (6.10)$$

式中,A 表示 M_K 影响线图形在均布荷载作用范围内的面积。

在一般情况下,利用某量 Z 的影响线求均布荷载 q 作用下 Z 的影响量值的计算公式为式(6.11)。

$$Z = qA \qquad (6.11)$$

式(6.11)表示在给定均布荷载 q 作用下,Z 的数值等于均布荷载的集度乘以该量影响线在荷载作用范围的面积,应用此公式时,q 向下为正,要注意面积的正负号。

【例 6.5】 利用影响线求图 6.20(a)所示 k 截面弯矩、剪力。

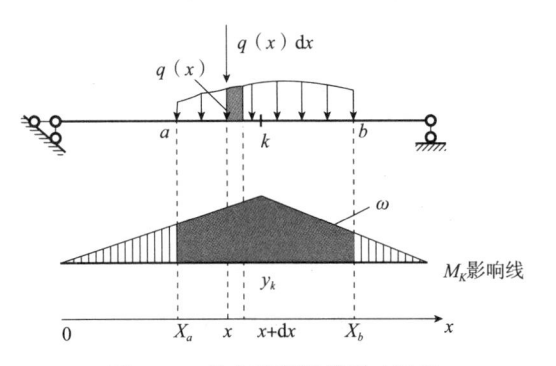

图 6.19 均布荷载计算影响量值

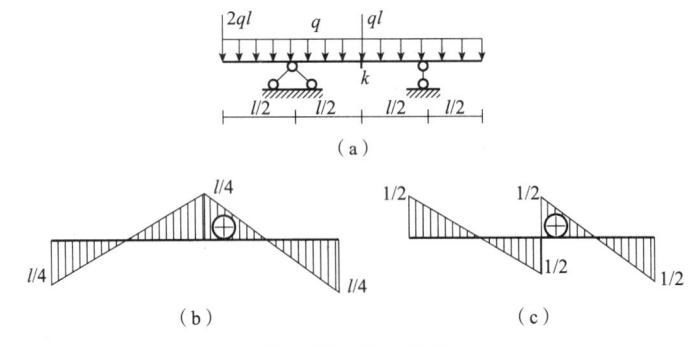

图 6.20 例 6.5 图

解: 由式(6.9)和式(6.11)得

$$M_K = 2ql \times (-l/4) + ql \times l/4 + q \times \left(\frac{1}{2} \cdot l \cdot \frac{l}{4} - \frac{1}{2} \cdot \frac{l}{2} \cdot \frac{l}{4} \cdot 2\right) = -\frac{ql^2}{4}$$

$$Q_{k\not{E}} = 2ql \cdot \frac{1}{2} + ql \cdot \frac{1}{2} + q \times 0 = \frac{3}{2}ql$$

$$Q_{k\not{f}} = 2ql \cdot \frac{1}{2} + ql \cdot \left(-\frac{1}{2}\right) + q \times 0 = \frac{1}{2}ql$$

3. 可动均布荷载的最不利位置

可动均布荷载的最不利位置是指荷载可按任意位置分布时，使某量 Z 达到最大值的荷载分布位置。

对于可以任意分布的均布荷载，由式 $Z=qA$，对图 6.21(a)所示的 Z 影响线，最不利位置为：求最大正值 Z_{max} 时，应在影响线正号部分布满荷载，如图 6.21(b)所示；求最大负值 Z_{min} 时，应在负号部分布满荷载，如图 6.21(c)所示。

【例 6.6】 图 6.21(a)中简支梁承受均布荷载 $q=10$ kN/m 的作用，荷载在梁上可任意布置，求 Q_k 的最大正值和最大负值。

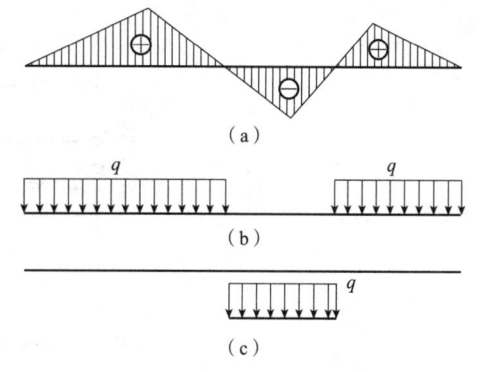

图 6.21 可动均布荷载的最不利位置
(a)Z 影响线；(b)Z_{max} 的最不利位置；
(c)Z_{min} 的最不利位置

解： 由式(6.11)及图 6.19(c)所示影响线可知。

当荷载布满影响线正号部分时，可得最大正剪力。

$$Q_{Cmax} = qA^+ = 10 \times \left(\frac{1}{2} \times \frac{1}{2} \times \frac{l}{2}\right) \times 2 = 2.5l$$

当荷载布满影响线负号部分时，可得最大负剪力。

$$Q_{Cmin} = qA^- = -10 \times \left(\frac{1}{2} \times \frac{1}{2} \times \frac{l}{2}\right) \times 2 = -2.5l$$

6.5.2 移动荷载的最不利位置

在移动荷载作用下，结构上的各种量值均将随荷载的位置而变化，而设计时必须求出各种量值的最大值(包括最大正值和最大负值，最大负值也称最小值)，以作为设计的依据。为此，必须先确定使某一量值发生最大(或最小)值的荷载位置，即最不利荷载位置。只要所求量值的最不利荷载位置一经确定，则其最大(最小)值更可按各种荷载作用下的影响线计算量值方法算出。本节将讨论如何利用影响线来确定最不利荷载位置。最不利位置是指移动荷载移到某个位置，使某量 Z 达到最大值，此荷载位置称为最不利位置。

当只有一个集中荷载 P 时，显见将 P 置于 Z 影响线的最大竖标处即产生 Z_{max}；而将 P 置于最小竖标处即产生 Z_{min} 值。对于可以任意断续布置的均布荷载(也称可动均布荷载，如人群、货物等)，由 $Z=qA$ 易知，将荷载布满对应于影响线所有正面积部分，则产生 Z_{max}；反之，将荷载布满对应于影响线所有负面积的部分，则产生 Z_{min} 值。对于行列载，即一系列间距不变的移动集中荷载(也包括均布荷载)，如汽车车队等，最不利荷载位置就难以凭直观确定。但是根据最不利荷载位置的定义可知，当荷载移动到该位置时，所求量值 Z 值为最大。所以，临界位置判断的一般原则是应当把数值大、间距密的荷载放在影响线纵坐标较大部位。

【例 6.7】 图 6.22(a)所示为两台起重机的轮压和轮距,求吊车梁 AB 在截面 C 的最大正剪力。

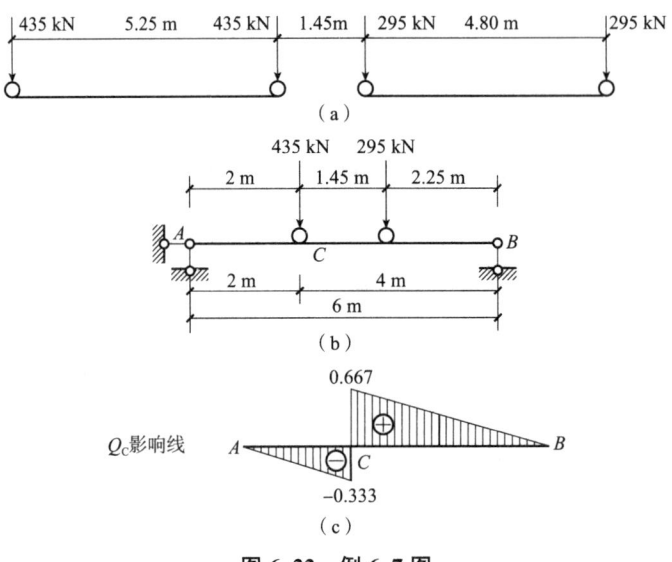

图 6.22 例 6.7 图

解：先作 Q_C 影响线,如图 6.22(c)所示。

要使 Q_C 为最大正剪力。首先荷载应放在 Q_C 的影响线的正号部分,其次应将排列较密的荷载中间两个轮压放在影响线竖标较大的部分,荷载 435 kN 放在 C 点的右侧。图 6.22(b)所示为最不利荷载,由此求得。

$$Q_{C\max}=P_1 y_1 + P_2 y_2 = 435 \times 0.667 + 295 \times 0.425 = 415 \text{(kN)}$$

如果移动荷载是一组排列和间距不变的集中荷载,确定某量 Z 的最不利位置步骤如下：

第一步：求出使 Z 达到极值的荷载位置,荷载临界位置；

第二步：从各个 Z 的极值中选出最大值、最小值,即从 Z 的极大值中选出最大值,或从极小值中选出最小值,从而选出荷载的最不利位置。

6.5.3 荷载临界位置的特点及其判定原则

下面就从多边形影响线 Z 值的变化规律来说明荷载临界位置的特点及其判定原则。

图 6.23(a)所示为一组集中荷载,荷载行动时其排列、间距和数值保持不变。图 6.23(b)所示为某量 Z 的影响线,为一多边形。取坐标轴 x 向右为正,y 向上为正,倾角 α 以逆时针方向为正。各区段直线和 x 轴的倾角以 $α_1$、$α_2$、$α_3$ 表示(其中 $α_1$、$α_2$ 是正的,$α_3$ 是负的),各区段内的合力分别用 R_1、R_2、R_3 表示,$\bar{y}_1$、$\bar{y}_2$、$\bar{y}_3$ 分别表示 R_1、R_2、R_3 对应的影响线纵坐标。

首先,在各区段内的影响线是一根直线,各荷载的影响量可由这些荷载的合力 R_i 的影响量来代替。如第一区段：

$$P_1 y_1 + P_2 y_2 = R_1 \bar{y}_1$$

根据叠加原理,并用各区段的合力计算影响量值,则

$$Z = R_1 \bar{y}_1 + R_2 \bar{y}_2 + R_3 \bar{y}_3 = \sum_{i=1}^{3} R_i \bar{y}_i$$

第6章 影响线

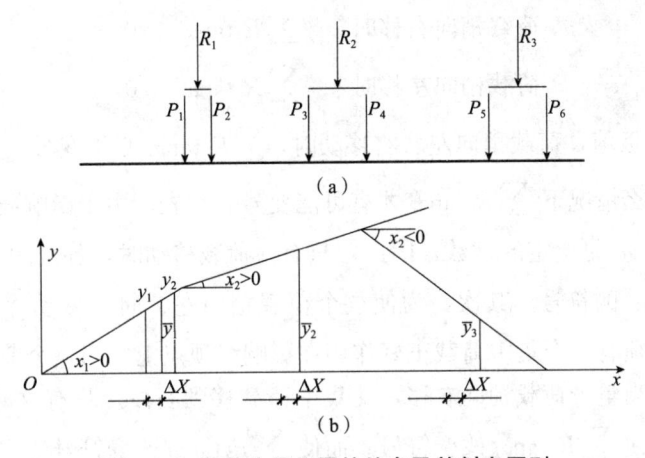

图6.23 荷载临界位置的特点及其判定原则
(a)荷载；(b)Z影响线

应当说明的是，对于由直线组成的多边形影响线，受移动荷载作用时的影响量 Z 是由 x 的一次函数所组成。使 Z 达到极大值时荷载的临界位置：荷载自临界位置向左稍微移动或向右稍微移动时，Z 量值均应减少或等于零，如图 6.24 所示。

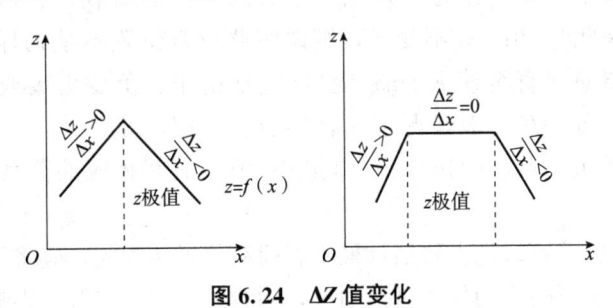

图6.24 ΔZ 值变化

可用数学公式表达，即
$$\Delta Z \leqslant 0$$
$$\Delta Z = \sum R_i \Delta \overline{y}_i$$

根据几何关系，纵坐标 $\overline{y}_i$ 的增量：
$$\Delta \overline{y}_i = \Delta x \tan\alpha_i$$

Z 的增量：
$$\Delta Z = \Delta x \sum R_i \tan\alpha_i$$

Z 达到 Z_{max} 荷载的临界位置应满足式(6.12)：
$$\Delta x \sum R_i \tan\alpha_i \leqslant 0 \tag{6.12}$$

式(6.12)分为两种情况，Z 达到 Z_{max} 荷载的临界位置应满足式(6.13)：

$$\left.\begin{array}{l}荷载稍向右移时,\Delta x>0,\quad \sum R_i \tan\alpha_i \leqslant 0 \\ 荷载稍向左移时,\Delta x<0,\quad \sum R_i \tan\alpha_i \geqslant 0\end{array}\right\} \tag{6.13}$$

Z 达到 Z_{min} 荷载的临界位置应满足式(6.14)：

$$\left.\begin{array}{ll}\text{荷载稍向右移时,} & \sum R_i \tan\alpha_i \geqslant 0 \\ \text{荷载稍向左移时,} & \sum R_i \tan\alpha_i \leqslant 0\end{array}\right\} \quad (6.14)$$

说明如果 Z 为极值，荷载稍向左、右移动时，$\sum R_i \tan\alpha_i$ 必须变号。

下面分析在什么情况下 $\sum R_i \tan\alpha_i$ 才有可能变号。首先，由于影响线的形状已给定，影响线各段的斜率 $\tan\alpha_i$ 是给定的常数，因此，只有使荷载移动时，各段的合力 R_i 改变，才有可能改变 $\sum R_i \tan\alpha_i$ 的符号。其次，为使整个荷载稍向左、向右移动，合力 R_i 改变数值，则在临界位置中必须有一个集中荷载正好作用在影响线顶点上。当整个荷载稍向左移，此集中荷载移到左段；当整个荷载稍向右移，此集中荷载移到右段。只有这时，合力 R_i 才可能改变数值，才可能使 $\sum R_i \tan\alpha_i$ 改变符号。而使 $\sum R_i \tan\alpha_i$ 改变符号作用于影响线顶点的这个集中荷载称为临界荷载，用 P_{cr} 表示。此时的荷载位置称为临界位置而把式(6.12)称为临界位置判别式。

确定临界位置一般须通过试算，即先将行列荷载中的某一集中荷载置于影响线的某一顶点，然后令荷载分别向左、右移动，计算相应的 $R_i \tan\alpha_i$ 值，看其是否变号。在计算中，当荷载左移时，此集中荷载应作为该顶点左边直线段上的荷载，右移时则应作为右边直线段上的荷载。如果此时 $R_i \tan\alpha_i$ 不变号，则说明此荷载位置不是临界位置，应换一个荷载置于顶点再进行试算。直至使 $R_i \tan\alpha_i$ 变号（包括由正、负变为零或由零变为正、负），就找出了一个临界位置。在一般情况下，临界位置可能不止一个，这就需要将与各临界位置相应的 Z 极值求出，再从中选取最大（最小）值，而其相应的荷载位置即为最不利荷载位置。

为了减少试算次数，宜事先大致估计最不利荷载位置。为此，应将行列荷载中数值较大且较为密集的部分置于影响线的最大竖标附近，同时注意位于同符号影响线范围内的荷载应尽可能多，因为这样才可能产生较大的 Z 值。

对于移动的均布荷载（如履带车），由 $Z=qA$ 可知，Z 为 x 的二次函数，故此时临界位置可按一般求极值的方法，用 $\dfrac{dZ}{dx} = \sum R_i \tan\alpha_i = 0$ 的条件来确定。

【例 6.8】 图 6.25(a)表示某量值影响线，试求在图 6.25(d)所示一系列重复移动荷载（车辆荷载组 70 kN、130 kN、60 kN、120 kN、120 kN、70 kN 和 130 kN 之后隔 15 m 再重复作用该组荷载）作用下最不利荷载位置，并求最大与最小影响量。

解：(1) 求 $Z_{\max}$：车队自左向右行驶，选重车后轮 P_3 置于顶点坐标值 $\dfrac{1}{2}$ 处，其荷载布置如图 6.25(b)所示。

影响线各直线段的斜率为

$$\tan\alpha_1 = \frac{1}{16}, \quad \tan\alpha_2 = -\frac{1}{16}, \quad \tan\alpha_3 = \frac{3}{16}, \quad \tan\alpha_4 = -\frac{1}{16}$$

按式(6.13)计算，有

$$130 \times \frac{1}{16} - 70 \times \frac{1}{16} - (120+180) \times \frac{1}{16} < 0$$

第6章 影响线

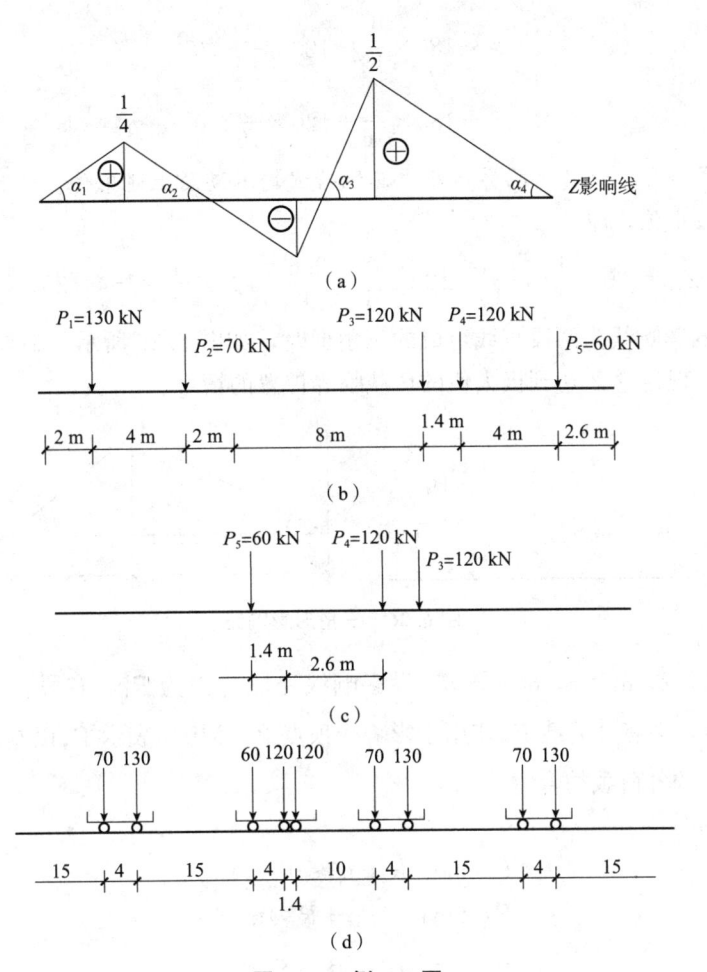

图6.25 例6.8图

$$130 \times \frac{1}{16} - 70 \times \frac{1}{16} + 120 \times \frac{3}{16} - 180 \times \frac{1}{16} > 0$$

故知这是一临界，可计算其影响量值

$$Z = 130 \times \frac{1}{8} + 70 \times \frac{1}{8} + 120 \times \frac{1}{2} + 120 \times \frac{1}{2} \times \frac{6.6}{8} + 60 \times \frac{1}{2} \times \frac{2.6}{8} = 144.25 \text{(kN)}$$

若将重车另一后轮 P_4 置于顶点坐标处，于是有

$$130 \times \frac{1}{16} - 70 \times \frac{1}{16} + 120 \times \frac{3}{16} - 180 \times \frac{1}{16} > 0$$

$$130 \times \frac{1}{16} - 70 \times \frac{1}{16} + (120+120) \times \frac{3}{16} - 60 \times \frac{1}{16} > 0$$

故知这不是临界位置。其他情形更不可能。

当考虑车调头时，由于重车后轮 P_3 作用于影响线 $\frac{1}{2}$ 处时，前轮 P_5 处在影响线的负值，故不可能产生最大值，所以，影响量最大值 $Z_{max} = 144.25$ kN。

(2)求 Z_{min}：选重车后轮 P_3 置于影响线负值的顶点处，其荷载布置如图6.25(c)所示，于是按式(6.14)计算有

$$-180 \times \frac{1}{16} - 120 \times \frac{1}{16} < 0$$

$$-180 \times \frac{1}{16} + 120 \times \frac{3}{16} > 0$$

满足不等式条件，故其为临界荷载。其他荷载均不满足上述条件。此时车队由右向左行驶，影响量取极小值，即

$$Z_{\min} = 60 \times \frac{1}{4} \times \frac{1.4}{4} - 120 \times \frac{1}{4} \times \frac{2.6}{4} - 120 \times \frac{1}{4} = -44.25 \text{(kN)}$$

当某量 Z 的影响线为两段直线组成的三角形时，如图 6.26 所示，临界位置的特点可以更简单的表达。现讨论 Z 达到极大值的荷载临界位置的情形。

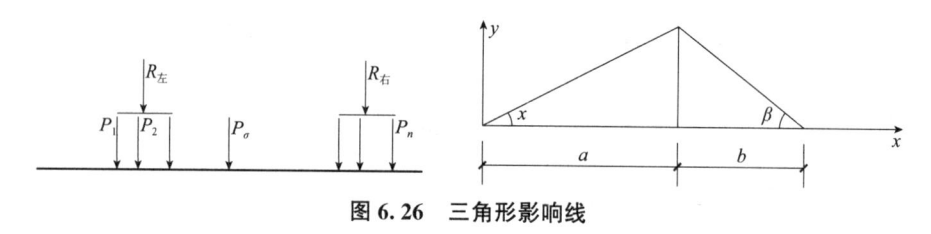

图 6.26 三角形影响线

这时，$i=1、2$，$\alpha_1 = \alpha$，$\alpha_2 = -\beta$；设影响线左段合力为 R_1，右段合力为 R_2。为满足 $\sum R_i \tan\alpha_i$ 变号，必有一荷载 P_{cr} 作用于影响线顶点上。以 $R_左$ 表示 P_{cr} 以左的各荷载的合力，$R_右$ 表示 P_{cr} 以右的各荷载的合力。

荷载向右移时：

$$R_1 \tan\alpha - R_2 \tan\beta \leq 0$$

$$R_左 \tan\alpha - (P_{cr} + R_右) \tan\beta \leq 0$$

$$R_左 \frac{c}{a} - (P_{cr} + R_右) \frac{c}{b} \leq 0$$

得

$$\frac{R_左}{a} \leq \frac{P_{cr} + R_右}{b}$$

荷载向右移时：

$$R_1 \tan\alpha - R_2 \tan\beta \geq 0$$

$$(R_左 + P_{cr}) \tan\alpha - R_右 \tan\beta \geq 0$$

$$(R_左 + P_{cr}) \frac{c}{a} - R_右 \frac{c}{b} \leq 0$$

得

$$\frac{R_左 + P_{cr}}{a} \leq \frac{R_右}{b}$$

因此，三角形影响线表达一组移动荷载临界位置的必要条件为式(6.15)。

$$\left. \begin{array}{c} \dfrac{R_左}{a} \leq \dfrac{P_{cr} + R_右}{b} \\ \dfrac{R_左 + P_{cr}}{a} \leq \dfrac{R_右}{b} \end{array} \right\} \quad (6.15)$$

式(6.15)表明：三角形影响线荷载临界位置的特点为有一个集中荷载 P_{cr} 在影响线的顶点，将计入哪一边，则哪一边的荷载平均集度要大。

【例 6.9】 求图 6.27(a)所示静定梁在图 6.27(b)所示吊车荷载作用下支座 B 的最大反力，其中 $P_1=P_2=478.5$ kN，$P_3=P_4=324.5$ kN。

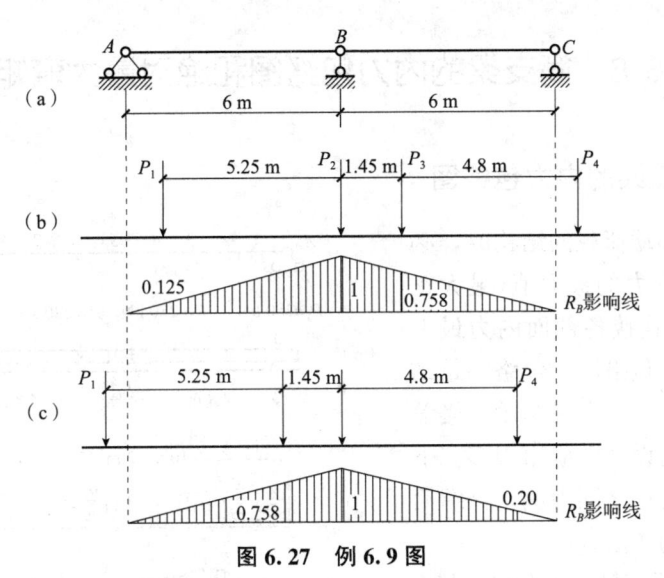

图 6.27 例 6.9 图

解： 先作出 R_B 影响线，然后根据式(6.13)来判别临界荷载。

在图 6.27(b)所示 4 个集中荷载作用下，究竟哪些荷载将是临界荷载呢？由 $Z=\sum P_i y_i$ 可以看出，欲使 Z 值为最大，则须 $\sum P_i y_i$ 中的各项 $P_i y_i$ 具有较大的值。这就要求在影响线顶点附近有较大的和较密集的集中荷载。由此可知，临界荷载必然是 P_2 或 P_3。现分别按判别式(6.13)进行验算。

首先，考虑 P_2 在 B 点左、右侧的情况，如图 6.27(b)所示，有

$$\frac{478.5+478.5}{6} > \frac{324.5}{6}$$

$$\frac{478.5}{6} < \frac{324.5+478.5}{6}$$

故知 P_2 为一临界荷载。

其次，考虑 P_3 在 B 点左、右侧的情况，如图 6.27(c)所示，有

$$\frac{478.5+324.5}{6} > \frac{324.5}{6}$$

$$\frac{478.5}{6} < \frac{324.5+324.5}{6}$$

故知 P_3 也是一个临界荷载。

以上情况说明荷载有两个临界位置。究竟哪一个为最不利荷载位置呢？在难以直观确定的情况下，应按 $Z=\sum P_i y_i$ 计算，再做比较。这时，应先分别算出各荷载位置时相应的影响线竖标。

当 P_2 在 B 点时：

$$R_B=478.5\times(0.125+1)+324.5\times 0.758=784.3(\text{kN})$$

当 P_3 在 B 点时：

$$R_B = 478.5 \times 0.758 + 324.5 \times (1+0.2) = 752.1 (\text{kN})$$

比较两者可知，当 P_2 在 B 点时为最不利荷载位置；此时有 $R_{B(\max)} = 784.3$ kN。

6.6 简支梁的内力包络图和绝对最大弯矩

6.6.1 简支梁的内力包络图

在设计承受移动荷载的结构时，必须求出每一截面内力的最大值（最大正值和最大负值）。连接各截面内力最大值的曲线称为内力包络图。包络图是结构设计中重要的工具，在吊车梁、楼盖的连续梁和桥梁的设计中应用很多。下面以吊车梁的内力包络图为例，介绍简支梁内力包络图的作法。

图 6.28(a)所示一简支吊车梁，其上承受两台桥式起重机荷载，如图 6.28(b)所示，下面仅就起重机荷载绘制其内力包络图。

先绘制梁的弯矩包络图。一般将梁分成若干等份（这里分为十等份），对每一等分点所在截面均按影响线方法求出它们的最大弯矩。图 6.28(c)～(g)依次绘出了这些等分点截面上的弯矩影响线及其相应的最不利荷载位置。由于对称，只需计算左半部分即可。将这些等分点的最大弯矩值求出后，在梁上按同一比例尺用竖标标出并连成曲线，就得到该梁的弯矩包络图，如图 6.28(h)所示。特别指出，跨中的竖标不是最大的，这在下面简支梁的最大弯矩问题的讨论中将得到证实。

同理，可作出吊车梁的剪力包络图。各等分点截面的剪力影响线及 $Q_{\max}$，相应的最不利荷载位置如图 6.29(b)～(g)所示。由于每一截图都将产生相应的最大剪力和最小剪力，故剪力包络图有两根曲线，如图 6.29(h)所示。

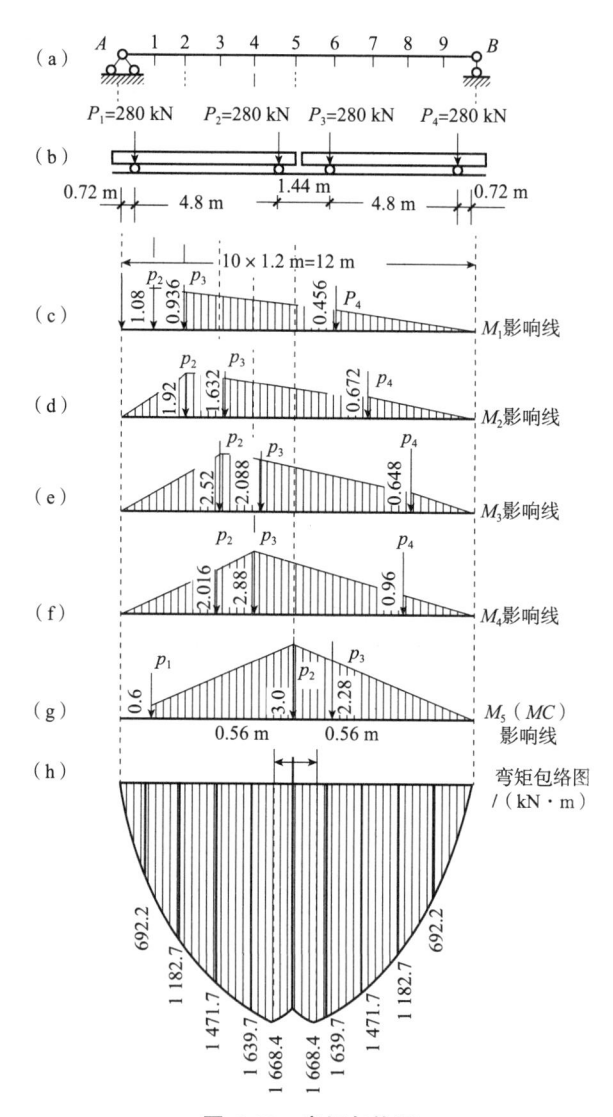

图 6.28 弯矩包络图

(a)简支吊车梁；(b)桥式起重机荷载；(c)～(g)等分点截面弯矩影响线；(h)弯矩包络图

6.6.2 简支梁的绝对最大弯矩

从以上简支梁的弯矩包络图的绘制可以看出，承受已知移动荷载的简支梁在任一截面都可求出最大弯矩和相应的最不利荷载位置。然而，在所有截图的最大弯矩中，必然有一个最大的弯矩值。这个最大的弯矩值称为绝对最大弯矩。

要确定这个绝对最大弯矩，涉及两个问题：哪个截面将产生绝对最大弯矩？相应于该截面弯矩的最不利荷载位置如何确定？这里，截图位置和荷载位置都是未知的。虽然可用前述方法把所有各截面的最大弯矩一一求出，从中找出最大值来，但这个方法是行不通的。因为梁的截面有无限多个，无法一一加以比较。因此，必须寻求其他可行的途径。

当梁上承受的是移动集中荷载组的情况时，如图 6.30 所示，绝对最大弯矩的求解可以得到简化。众所周知，在集中荷载作用于梁上某一位置时，全梁弯矩图的若干尖顶都发生在各集中荷载作用点处。随着荷载组的移动，这些尖顶的位置及其弯矩都在改变。由此可见，在集中荷载组的移动过程中，梁上的绝对最大弯矩必定出

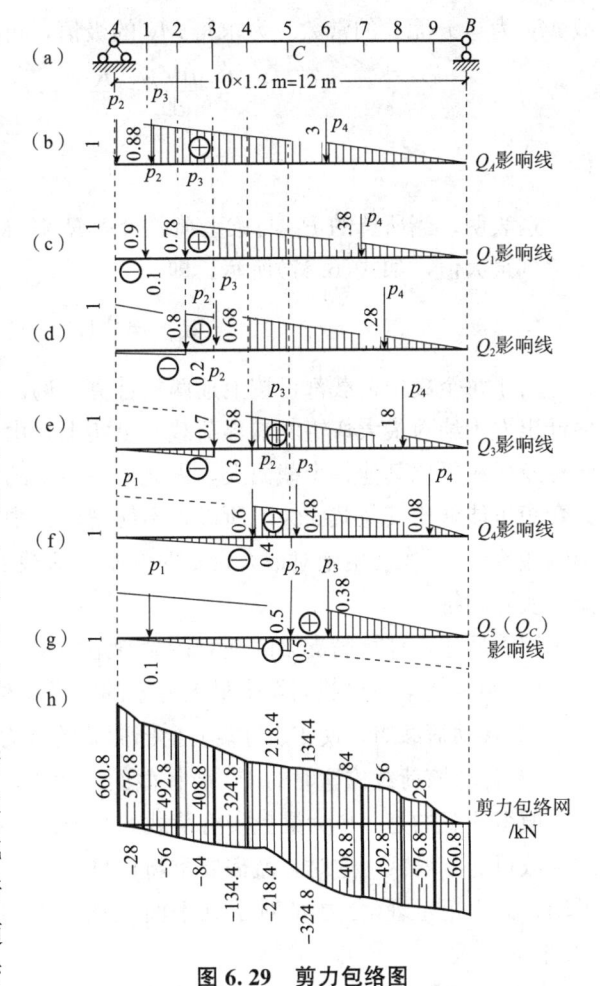

图 6.29 剪力包络图
(a) 吊车梁；(b)~(g) 各等分点截面剪力影响线；
(g) 剪力包络图

现在某个集中荷载作用点的截面，为解决究竟发生在哪个集中荷载作用点截面的问题，可先任选一个集中荷载作为对象，研究它在什么位置时会使荷载作用点截面产生最大弯矩；按相同的方法，求得发生在其他集中荷载作用点截面的最大弯矩，然后经比较即可确定绝对最大弯矩。

如图 6.30 所示，选取集中荷载 P 来考虑，设它至左支座 A 的距离为 x，梁上的荷载组的合力 R 至 P_K 的距离为 a（先由荷载组求出合力位置，设 R 位于 P_K 之右），则左支座反力 R_A 可由 $\sum M_B = 0$ 求得

$$R_A = \frac{R(l-x-a)}{l}$$

图 6.30 绝对最大弯矩的求解

P_K 作用点截面的弯矩 M_X 可以写成

$$M_X = R_A \cdot x - M_K = \frac{R}{l}(l-x-a)x - M_K$$

式中，M_K 表示 P_K 以左的梁上荷载对 P_K 作用点的力矩代数和，由于荷载间距保持不变，

故 M_K 为与 x 无关的常数。为求得 M_X 的极值，可令

$$\frac{\mathrm{d}M_X}{\mathrm{d}x}=\frac{R}{l}(l-2x-a)=0$$

得

$$x=\frac{l}{2}-\frac{a}{2} \tag{6.16}$$

这表明，当所选的 P_K 与梁上荷载合力 R 对称于梁中点的位置时，P_K 作用点截面的弯矩达到最大值，如式(6.17)所示，即

$$M_{\max}=\frac{R}{l}\left(\frac{l}{2}-\frac{a}{2}\right)^2-M_K \tag{6.17}$$

对于每个集中荷载都可按上述两式计算一遍。但当梁上荷载较多时，仍颇不便，最好能估计出发生绝对最大弯矩的临界荷载。事实上，由于简支梁中点及其附近截面的弯矩影响线竖标及面积要比其他各个截面大，因此，在给定的移动荷载作用下，梁中点及附近截面的最大弯矩可能就比其他截面大。所以，不妨把使梁中点截面产生最大弯矩时的临界荷载（利用影响线确定）当作发生绝对最大弯矩时的临界荷载 P_K。经验证明，在通常情况下这样的设想能与实际相符。

综上所述，计算简支梁的绝对最大弯矩的步骤如下：

(1) 判定使梁中点截面发生最大弯矩的临界荷载 P_K。
(2) 移动荷载组，使 P_K 与梁上全部荷载的合力 R 对称梁的中点（$x=l/2-a/2$）。
(3) 计算该荷载位置时的 P_K 所在截面的弯矩，即为绝对最大弯矩。

值得注意的是，R 为梁上实有荷载的合力。但在安排 P_K 与 R 的位置时，梁上实有荷载的个数可能有增减，这时，就需要重新计算合力 R 的数值和位置。至于合力 R 作用线位置，可用合力力矩定理（合力 R 对于其平面上任一点的力矩等于各分力对同一点的力矩的代数和）来确定。

【例6.10】 试求图6.31(a)所示简支梁在所给移动荷载作用下的绝对最大弯矩。

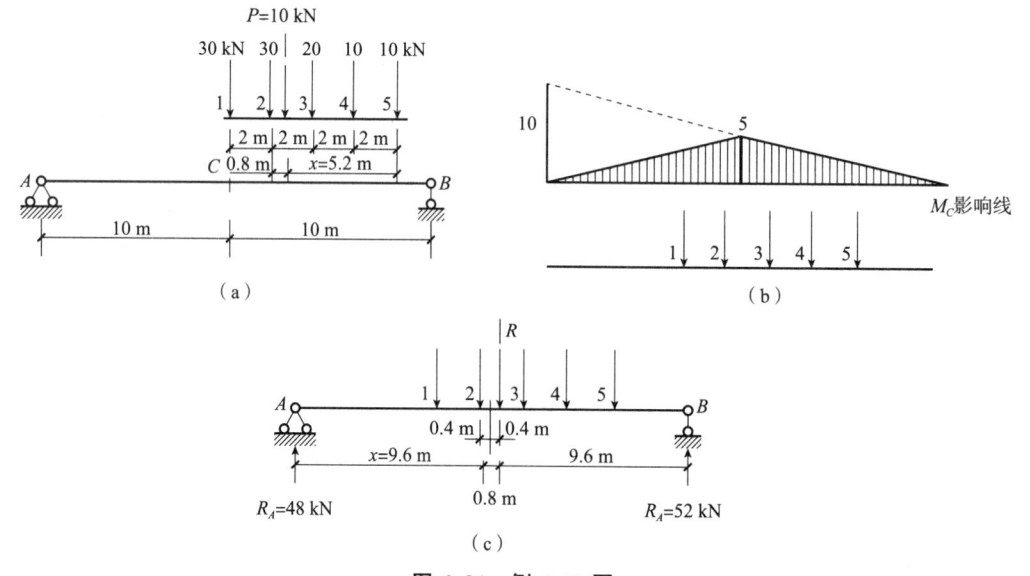

图6.31 例6.10图

解：先作出梁中点截面 C 的弯矩 M_C 影响线，如图 6.31(b)所示，并找出其相应的临界荷载 P_K。

将轮 2 置于截面 C 的左、右两边，按判别式(6.13)，有

$$\frac{30+30}{10} > \frac{20+10+10}{10}$$

$$\frac{30}{10} < \frac{30+20+10+10}{10}$$

因其他轮在截面 C 时都不满足式(6.13)，故知轮 2 即是使梁跨中截面 C 发生最大弯矩的临界荷载 P_K，此荷载也就是发生绝对最大弯矩的临界荷载。设合力 R 距轮 5 的距离为 x'，则因

$$Rx' = 10 \times 2 + 20 \times 4 + 30 \times 6 + 30 \times 8 = 520 (\text{kN} \cdot \text{m})$$

$$x' = \frac{520}{R} = \frac{520}{100} = 5.2 (\text{m})$$

则可求得合力 R 与临界荷载 P_K 之间的距离为 $a = 0.8$ m。

使轮 2 与合力 R 对称于梁的中点，如图 6.31(c)所示，或直接用式(6.16)计算，可得

$$x = \frac{20}{2} - \frac{0.8}{2} = 9.6 (\text{m})$$

据此求得绝对最大弯矩为

$$M_{\max} = \frac{R}{l}\left(\frac{l}{2} - \frac{a}{2}\right)^2 - M_K = \frac{100}{20} \times 9.6^2 - 30 \times 2 = 400.8 (\text{kN})$$

【**例 6.11**】 试求图 6.32(a)所示吊车梁跨中截面的最大弯矩和全梁的绝对最大弯矩。梁上承受两台桥式起重机荷载，已知起重机轮压为 $P_1 = P_2 = P_3 = P_4 = 280$ kN。

解：首先求出使梁跨中截面 C 发生最大弯矩的临界荷载。M_C 影响线如图 6.32(b)所示。按判别式(6.13)可知 P_1、P_2、P_3 和 P_4 都是截面 C 的临界荷载。显然，只有 P_2 或 P_3 在截面 C 时才可能产生 M_C。当 P_2 在截面 C 时，如图 6.32(a)所示，相应地 M_C 的最大值为

$$M_{C\max} = 280 \times (0.6 + 3 + 2.28) = 1\,646.4 (\text{kN})$$

同理，可求得 P_3 在截面 C 时产生的最大弯矩值。由对称性可知，它也等于 1 646.4 kN·m。

再求吊车梁的绝对最大弯矩。根据上述分析，P_2 和 P_3 都可能是产生绝对最大弯矩的临界荷载，由于对称，只考虑 P_2 作为临界荷载来计算绝对最大弯矩。为此，使 P_2 与梁上荷载的合力 R 对称于梁的中点，此时，应注意到将出现两种可能的极值情况。

(1) 梁上有四个荷载的情况，如图 6.32(c)所示。这时 P_2 在合力 R 的左方。相应地有

$$R = 280 \times 4 = 1\,120 (\text{kN})$$

合力作用线就在 P_2 与 P_3 之间，它与 P_2 的距离为

$$a = \frac{1.44}{2} = 0.72 (\text{m})$$

则有

$$x = \frac{l}{2} - \frac{a}{2} = \frac{12}{2} - \frac{0.72}{2} = 5.64 (\text{m})$$

由此可求得 P_2 作用点截面的弯矩为

$$M_{\max} = \frac{R}{l}\left(\frac{l}{2} - \frac{a}{2}\right)^2 - M_K$$

$$=\frac{1\ 120}{12}\times 5.64^2-280\times 4.8=1\ 625(\text{kN}\cdot\text{m})$$

它比 $M_{C\max}$ 小，显然不是绝对最大弯矩。

(2)梁上只有三个荷载的情况，如图 6.32(d)所示。此时，P_2 在合力 R 的右方，相应地有

$$R=280\times 3=840(\text{kN})$$

$$a=\frac{280\times 4.8-280\times 1.44}{840}=1.12(\text{m})$$

$$x=\frac{12+1.12}{2}=6.56(\text{m})$$

据此可求得

$$M_{\max}=\frac{840}{12}\times 6.56^2-280\times 4.8=1\ 668.4(\text{kN}\cdot\text{m})$$

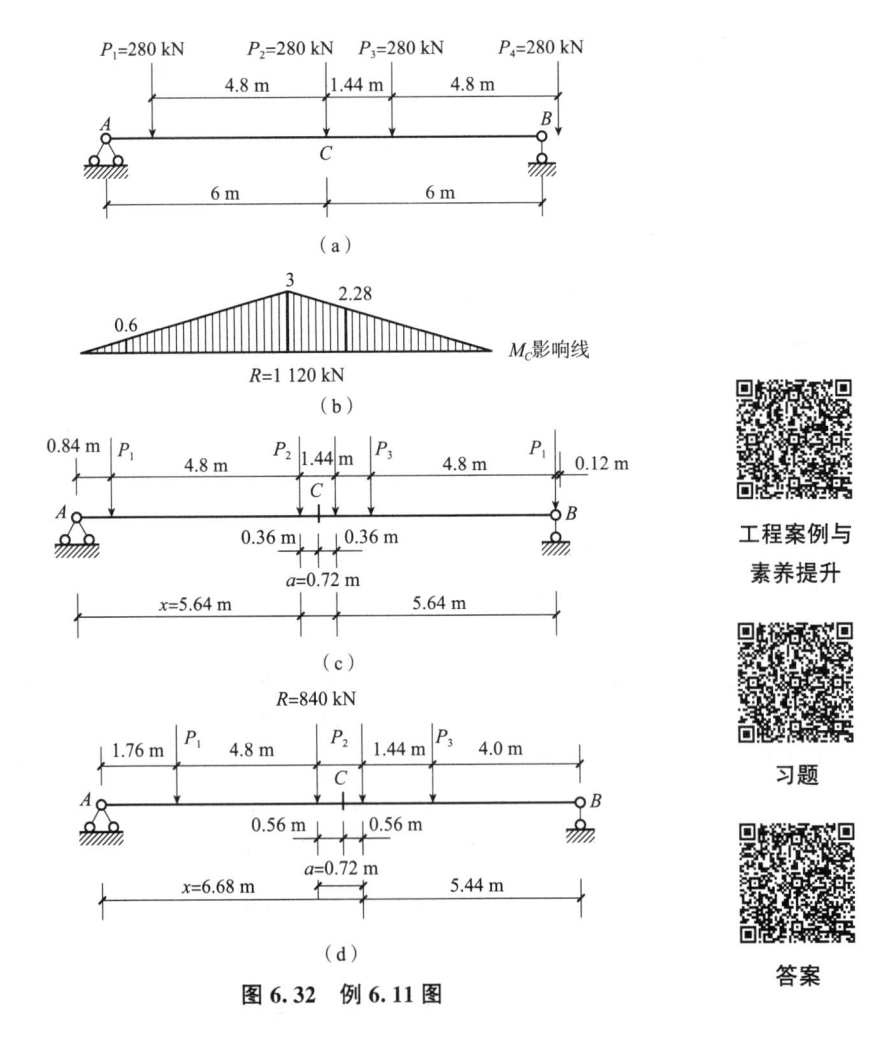

图 6.32 例 6.11 图

故该吊车梁的绝对最大弯矩为 $1\ 668.4\ \text{kN}\cdot\text{m}$，它发生在距梁跨中 $0.56\ \text{m}$ 的截面上。可见弯矩包络图最大竖标是在跨中附近，而并不正好在跨中，如图 6.29(h)所示。

第 7 章 虚功原理和结构位移计算

7.1 概述

7.1.1 结构的位移

由变形固体材料组成的任何结构在荷载或其他因素作用下都会产生应力和变形，以致结构原有的形状发生变化，结构上各点的位置发生移动，杆件结构的截面也会发生转动，这些移动和转动称为结构的位移。

位移具体又分为线位移和角位移，线位移是指截面形心位置的移动，角位移是指截面转动的角度。如图 7.1 所示，刚架在荷载作用下发生图中虚线所示的变形，使截面 A 的形心 A 移动到 A′，线段 AA′ 称为点 A 的线位移，记为 Δ_A。若将 Δ_A 沿水平和竖向分解，也可以用水平线位移 Δ_{Ax} 和竖向线位移 Δ_{Ay} 两个分量来表示。同时，截面 A 还转动了一个角度，称为截面 A 的角位移，用 φ_A 表示。

上述线位移和角位移称为绝对位移，在今后的计算中，还将用到一种相对位移，如图 7.2 所示。刚架在荷载作用下发生虚线所示变形，截面 A 移到 A′，截面 B 移到 B′。点 A 的水平线位移 Δ_{Ax} 方向向右，点 B 的水平线位移 Δ_{Bx} 方向向左，这两个方向相反的水平线位移的和称为 A 和 B 两点沿水平方向的相对线位移，用符号 Δ_{AB} 设计，即 $\Delta_{AB} = \Delta_A + \Delta_B$。同理，在图 7.2 中，C 和 D 两截面的角位移分别为顺时针转动的 φ_C 和逆时针转动的 φ_D。这两个转向相反的角位移的和称为 C 和 D 两点的相对角位移，用符号 φ_{CD} 表示，即 $\varphi_{CD} = \varphi_C + \varphi_D$。

以上提出的线位移、角位移、相对线位移、相对角位移以及某一组位移等，可通称为广义位移。

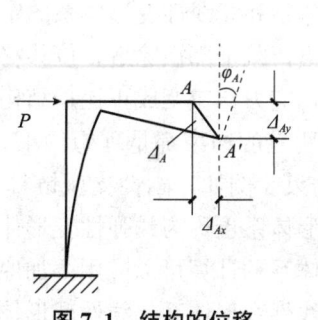

图 7.1 结构的位移

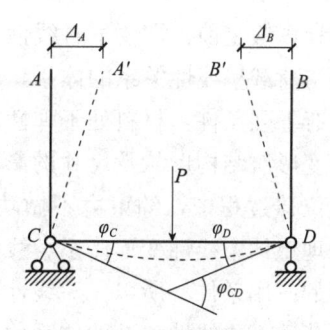

图 7.2 结构的相对位移

除荷载外，结构在其他一些因素(如温度变化、支座移动、材料收缩和制造误差等)的影响下，也会使结构改变原来的位置而产生位移，如图 7.3 所示。图 7.3(a)所示是简支梁在温度改变情况下的变形和位移，图 7.3(b)所示是简支梁在支座移动情况下的变形和位移，两者均为静定结构，虽不产生内力，却有变形和位移。

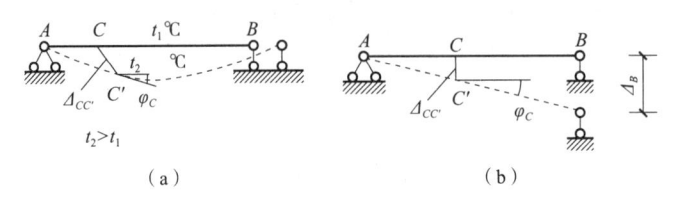

图 7.3 其他因素影响下结构的变形和位移
(a)温度变化；(b)支座移动

7.1.2 结构位移计算的应用

在工程设计和施工过程中，结构位移计算很重要，一般有以下三个方面的应用：

(1)验算结构的刚度。结构的刚度验算是校验结构的变形是否符合使用的要求。例如，列车通过桥梁时，如果桥梁的挠度过大，则在汽车行驶的过程中将引起较大的冲击震动，影响汽车的正常行驶。因此，结构的变形不得超过规范规定的容许值。如在竖向荷载的作用下，桥梁的最大挠度，钢板梁不得超过跨度的 1/700，钢桁梁不得超过跨度的 1/900。在工程上，吊车梁允许的挠度不得超过跨度的 1/600；高层建筑的最大位移不得超过高度的 1/1 000，最大层间位移不得超过层高的 1/800。

(2)在结构制作、架设和养护过程中，常需预先知道结构变形后的位置，以便做出一定的施工措施，保证施工能够顺利进行，或结构施工完成竣工后满足设计定位要求，特别是在大跨度桥梁施工设计中需要进行预拱度的设置，那么结构的位移计算是至关重要的。

(3)为超静定结构的内力计算打下基础。因为超静定结构的内力仅凭静力平衡条件不能全部确定，还需要考虑变形条件，而建立变形协调条件时，就必须计算结构的位移。

此外，在结构的动力计算和稳定计算中，也需要计算结构的位移。可见，结构的位移计算在工程上具有重要意义。

7.1.3 结构位移计算的假定

在结构位移计算假定前，需要了解线性变形体系和非线性变形体系的定义。所谓线性变形体系是指位移与荷载呈线性关系的体系，而且当荷载全部撤除后，位移将完全消失。线性变形体系需要具有下列条件：材料处于弹性阶段，应力与应变成正比；结构变形微小，在计算过程中不考虑变形对结构形状及尺寸的影响；所有的约束都是理想约束。所谓理想约束，是指在体系发生位移过程中，约束力不做功的约束。例如，刚性支座链杆和无摩擦的光滑铰，理想铰就是理想约束线性变形体系。线性变形体系也称为线弹性变形体系，它的应用条件也是叠加原理的应用条件。所以，对线性变形体系的计算可以应用叠加原理。

对于位移与荷载不成线性关系的体系称为非线性变形体系，线性变形体系和非线性变形体系称为变形体系。在本章中，只讨论线性变形体系的位移计算。

结构力学中计算位移的一般方法是以虚功原理为基础的。本章先介绍变形体系的虚功原理，然后讨论静定结构的位移计算。至于超静定结构的位移计算，在学习了超静定结构的内力计算后，仍可用这一章的方法进行计算。

7.2 虚功和虚功原理

结构位移计算与理论基础是虚功原理。虚功原理的核心是虚功。功包含了两个要素，力和位移。根据力和位移之间的关系，功具体可分为实功和虚功。下面通过实例说明实功和虚功的概念。

7.2.1 实功

外力由于自身所引起的位移而做的功，称为实功，其值恒为正值。如图7.4(a)所示，一个不变的力所做的功等于该力的大小与其作用点沿力方向相应位移的乘积，大小和方向都不变的力 P 所做的功为式(7.1)。

$$W = P\Delta \tag{7.1}$$

又如图7.4(b)所示，一对大小相等，方向相反的力 P 作用在圆盘 A 和 B 两点上，设圆盘转动时，力 P 大小不变，而方向始终垂直于直径 AB。当圆盘转动一定角度 φ 时，两力所做的功为式(7.2)。

$$W = 2P(r\varphi) \tag{7.2}$$

因为 $2Pr$ 为一对大小相等、方向相反且不位于同一作用线上的力所形成的力偶矩 M，故式(7.2)可写为式(7.3)。

$$W = M\varphi \tag{7.3}$$

即力偶所做功等于力偶矩与转角的乘积。

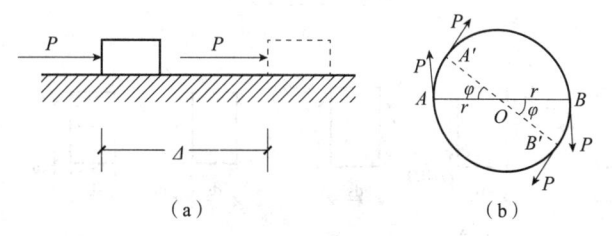

图 7.4 外力实功
(a)外力做功；(b)力偶做功

由上可知，功包含了两个要素——力和位移。当做功的力与相应位移彼此相关时，即当位移是由做功的力本身引起时，此功称为实功。上述集中力 P 与力偶所做的功均为实功。

7.2.2 虚功

当做功的力与相应位移彼此独立无关时，就把这种功称为虚功。在虚功中，力与位移是彼此独立无关的两个因素，因此可将两者看成分别属于同一体现两种彼此无关的状态。其中，力所属状态称为力状态或第一状态；位移所属状态称为位移状态或第二状态用。虚功又分为外力虚功和内力虚功。

1. 外力虚功

如图 7.5 所示，梁在 P 作用下处于平衡后，由于如果由于某种外因，如温度变化、支座移动等，使梁继续发生微小的变形而达到图 7.5 所示的虚线，这时力 P 方向的位移为 Δ_t，外力 P 在 Δ_t 上所做的功为式(7.4)。

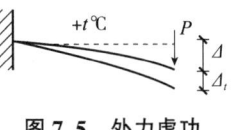

图 7.5 外力虚功

$$W = P\Delta_t \tag{7.4}$$

由于外力 P 与 Δ_t 毫无关系，因此这种整功称为外力虚功，其值可正可负。

2. 内力虚功

由于其他原因引起的结构微段变形上所做的功称为内力虚功。如图 7.6(a)所示，简支梁在荷载作用下处于平衡，梁的内力有弯矩、剪力和轴力。相同的简支梁，由于温度变化、支座移动或其他荷载作用等原因，使梁发生了图 7.6(b)虚线所示变形。为了建立梁的内力虚功表达式，可先取微段研究。若能得到此微段的内力虚功，只需对整个梁进行积分即可得到梁的内力虚功，从梁中取出微段 ds 进行讨论，如图 7.6(c)中微段 ds 的内力如图 7.6(d)所示。图 7.6(b)中相应的微段 ds 变形可分为两步，第一步是刚体移动和转动，第二步是弹性变形。由于刚体位移与变形无关，所以，内力不在此位移上做功。因此微段 ds 变形用相应弹性变形表示，如图 7.6(d)所示。

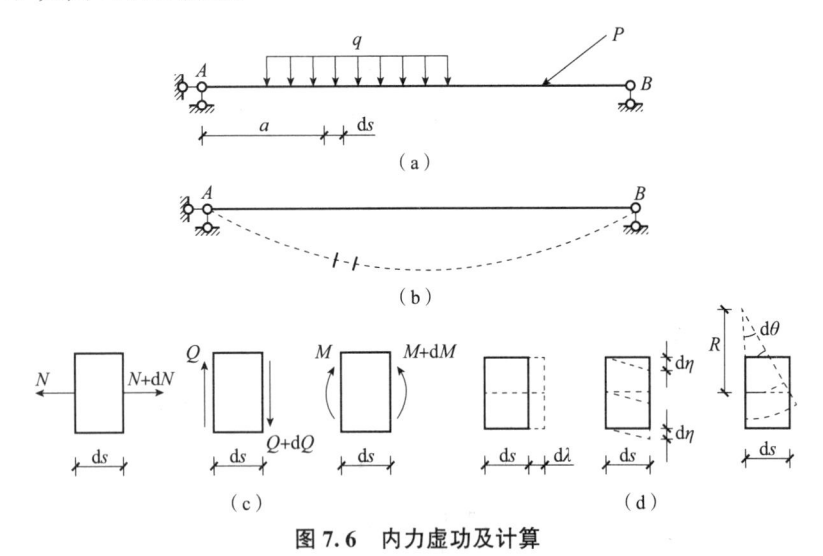

图 7.6 内力虚功及计算
(a)内力虚功；(b)微段变形；(c)微段内力；(d)微段变形

图 7.6(c)所示力状态下微段的力在图 7.6(d)所示位移状态下相应微段上变形所做虚功，略去高阶微量后为 $dW_{虚} = Nd\lambda + Qd\eta + Md\theta$，图 7.6(c)所示微段上作用的力，对梁而言是内力，而对于微段 CD 而言是外力，所以，上述所做的虚功对微段来讲是外力虚功。微段的内力与微段上外力大小相等，方向相反，因此，微段内力虚功与上述微段外力虚功相差一个负号，即 $dW_{内虚} = -(Nd\lambda + Qd\eta + Md\theta)$。

整个梁的内力虚功为式(7.5)。

$$W_{内虚} = -\left(\int_0^l Nd\lambda + \int_0^l Qd\eta + \int_0^l Md\theta\right) \tag{7.5}$$

对于由许多杆件组成的平面杆系结构，内力虚功表达式为式(7.6)。

$$W_{内虚} = -\left(\sum \int_0^l N\mathrm{d}\lambda + \sum \int_0^l Q\mathrm{d}\eta + \sum \int_0^l M\mathrm{d}\theta\right) \tag{7.6}$$

7.2.3　广义力和广义位移

如果 P 是一个力，相应的位移 Δ 为沿这个力作用方向的线位移，如图 7.7(a)所示，悬臂梁在悬臂端作用一个竖向力 P，让它经历图 7.7(a)所示的位移做功，相应的位移 Δ 为在悬臂端沿 P 作用方向的线位移，如图 7.7(a)所示。如果是一个力偶 M，相应的位移 θ 为沿力偶 M 作用方向的角位移，悬臂梁在悬臂端作用一个力偶 M，让它经历图 7.7(b)所示的位移做功，相应的位移 θ 为在悬臂端沿 M 作用方向的线位移，如图 7.7(b)所示。

如果一组力经历相应的位移做功，结果可表示为 $W=P\Delta$ 的形式，即一组力可以用一个符号 P 表示，相应的位移也可以用一个符号 Δ 表示。这种扩大了的力和位移分别称为广义力和广义位移。如图 7.7(c)所示，一对方向相反的水平力 P_1 和 P_2 是广义力 $(P=P_1=P_2)$，则相应的广义位移 Δ 为刚架在 A 点和 B 点沿力方向水平位移之和，即 A、B 两点的相对水平位移为 $\Delta(\Delta=\Delta_1+\Delta_2)$。如图 7.7(c)所示，这时，$P\Delta=P(\Delta_1+\Delta_2)=P\Delta_1+P\Delta_2$，正好是一对力所做的功。类似的，如果一对广义力 P 是一对力偶，则相应的广义位移 Δ 为沿这一对力偶作用方向的角位移之和。如图 7.7(d)所示，刚架在 A 点和 B 点分别作用一对大小相等，方向相反的广义力力偶 M，则相应的广义位移为刚架在 A 点和 B 点沿力偶 M 方向的转角 θ_A 和 θ_B 之和，即 A 点和 B 点两截面的转角。

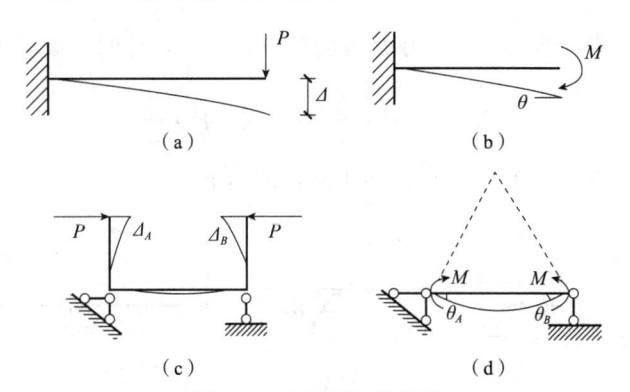

图 7.7　力和相应的位移
(a)线位移；(b)角位移；(c)广义力水平位移；(d)广义力偶角位移

7.2.4　刚体体系虚功原理的两种应用

当体系在发生位移时，不考虑材料应变，各杆只发生刚体运动时，体系属于刚体体系运动。刚体体系的虚功原理在第 6 章中已叙述，这里只说明它的应用。虚功原理所讨论的力系和位移是两个彼此无关的状态，因此，对于已给定的平衡力系状态，可以利用虚设的可能位移状态求未知力，而对于已给定的位移状态，则可以利用虚设的平衡力系求未知位移。

1. 求静定结构的未知约束力

给定力状态，虚设的是位移状态，通过虚设的位移，利用虚功方程求解给定的力状态中的未知力,这时的虚功原理也称为虚位移原理。

如图 7.8 所示,伸臂梁在荷载 P 作用下,拟求支座 A 的反力 X。

为使梁能发生刚体位移,将与拟求支座反力 X 相应的约束撤除。代以相应的力 X,这时 X 是主动力,则原结构变成具有一个自由度的几何可变体系,如图 7.8(b)所示。ABC 刚片可以绕铰支座 B 做自由转动,A 发生向上的位移 Δ_X,C 发生向下的位移 Δ_C,得到虚设的可能位移状态,如图 7.8(c)所示。

令图 7.8(a)给定的平衡力系状态在图 7.8(b)的虚位移状态做虚功,建立体系的虚功方程,可得

$$X \cdot \Delta_X - P \cdot \Delta_C = 0$$

式中,Δ_X 和 Δ_C 分别是沿 A 和 P 作用方向的虚位移。

由几何关系得知,$\Delta_X/\Delta_C = a/b$,这里 Δ_X 与 X 方向一致,取正号;Δ_C 与 P 方向相反,取负号。将 $\Delta_X/\Delta_C = a/b$ 代入 $X \cdot \Delta_X - P \cdot \Delta_C = 0$,得

$$X \cdot \Delta_X - P \cdot \frac{b}{a} \Delta_X = 0$$

即

$$X - P \cdot \frac{b}{a} = 0$$

所以

$$X = P \cdot \frac{b}{a}$$

由上面推导可以看出,$\dfrac{\Delta_X}{\Delta_C}$ 的比值不随 Δ_X 的大小而改变,因此为计算方便,可虚设 X 方向的位移为单位位移,即 $\Delta_X = 1$,沿 P 方向的位移为 $\dfrac{b}{a}$,这时,虚功方程为

$$X \cdot 1 - P \cdot \frac{b}{a} = 0, \quad X = P \cdot \frac{b}{a}$$

所得结果为正,表明力 X 与所设方向相同,即向下。

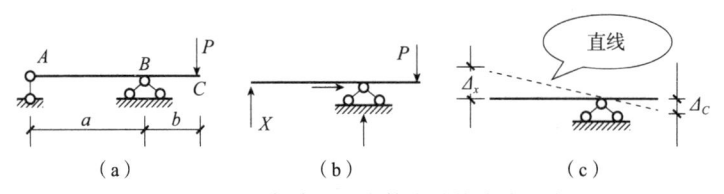

图 7.8 用虚功原理求静定结构支座反力
(a)伸臂梁;(b)撤去一个支座;(c)虚设位移状态

以上求约束力的方法,称为单位位移法。

由此,应用虚功原理可以计算静定结构某一约束力,包括支座法向力或任意截面的内力,其步骤如下:

(1)撤除与 X 相应的约束,代以相应的约束力 X,使原来的静定结构变为具有一个自由度的机构,约束力 X 变为主动力 X,X 与原来的力系维持平衡。

(2)令机构发生一刚体体系的可能位移,沿 X 正方向相应的位移为单位位移 $\Delta_x = 1$,这时与荷载 P 相应的位移可以利用几何关系求得,令其为 δ_P,得到一虚设的位移状态。

(3)在平衡力系与虚设位移 δ_P 之间建立虚功方程

$$X \cdot 1 + \sum P \cdot \delta_P = 0$$

(4)求出单位位移与 δ_P 之间的几何关系,带入虚功方程,得到

$$X = -\sum P \cdot \delta_P$$

这里,关键的步骤是撤去与拟求约束力相应的约束,并在拟求约束力正方向虚设单位位移,正确地画出虚位移图,用几何关系求出 δ_P。

【例 7.1】 利用虚功原理求图 7.9(a)所示多跨静定梁的支座反力 Y_C 和截面 C 左边的剪力 $Q_{C左}$。

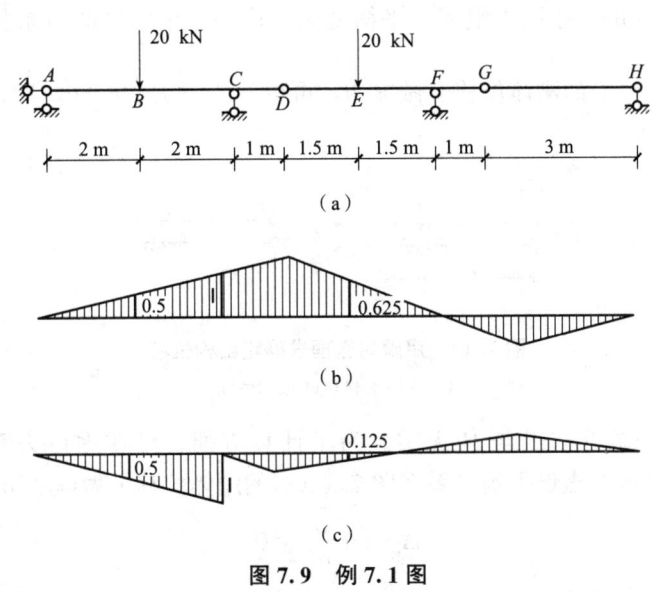

图 7.9 例 7.1 图

解:(1)求支座反力 Y_C。

1)撤去支座 C 竖向支杆,代以相应的支座反力,将静定结构变为机构,令得到的机构沿力的正方向发生单位位移,得到刚体体系的虚位移图,如图 7.9(b)所示。

2)根据刚体体系的虚位移图得到几何关系,B 点的竖向位移为 0.5,其位移与力方向相反,力与位移乘积为负;E 点的竖向位移为 0.625,其位移与力方向相反,力与位移乘积为负。

3)建立虚功方程

$$X \cdot 1 - 20 \times 0.5 - 20 \times 0.625 = 0$$

得

$$X = 22.5 \text{ kN}$$

(2)求截面 C 左侧的剪力 $Q_{C左}$。

1)撤去截面 C 左侧相应的剪力约束,代以一对大小相等、方向相反的剪力,将静定结构变为机构,令得到的机构沿力的正方向发生单位位移。得到刚体体系的虚位移图,如图 7.9(c)所示。

2)根据刚体体系的虚位移图得到几何关系,B 点的竖向位移为 0.5,其位移与力方向相同,力与位移乘积为正;E 点的竖向位移为 0.125,其位移与力方向相同,力与位移乘积为正。

3)建立虚功方程

$$X \cdot 1 + 20 \times 0.5 + 20 \times 0.125 = 0$$

得 $X=12.5$ kN

2. 求静定结构的未知位移

给定位移状态，虚设的是力状态，通过虚设的力，利用虚功方程求解给定的位移状态中的未知位移，这时的虚功原理称为虚力原理。

图 7.10(a)所示的伸臂梁，支座 A 向上移动到 A'，距离为 c，现在拟求 C 点竖向位移，图 7.10(a)所示位移状态是给定的，为了应用虚功原理，应该虚设一平衡力系。为了能在 A 点竖向位移上做虚功，即与拟求的 A 点竖向位移相同，在 C 点加一竖向力 P，支座 A 的反力为 $P\dfrac{b}{a}$，与相应的支座反力组成一平衡力系。这是一个虚设的力系状态。让虚设的平衡力系状态在图 7.10(a)的刚体位移上做虚功，可得，$P\Delta + P\dfrac{b}{a}c = 0$，即，$\Delta = -\dfrac{b}{a}c$。

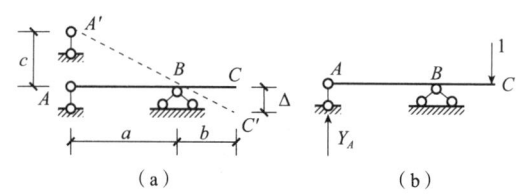

图 7.10 用虚功原理求静定结构位移
(a)支座上移；(b)令 $P=1$

由所求位移可以看出，Δ 与 P 无关。为了计算方便，可在虚设力系中令 $P=1$，如图 7.10(b)所示，令这个虚设平衡力系在图 7.10(a)的刚体位移上做虚功可直接得到。

$$\Delta \times 1 + \dfrac{b}{a}c = 0$$

$$\Delta = -\dfrac{b}{a}c$$

Δ 是负号，说明 Δ 方向与 P 方向相反，实际方向向上，如图 7.10(a)中虚线所示。

因此，在虚设力系与给定位移之间，用虚功原理可以求得位移。这里的关键步骤是沿拟求位移方向加单位力 $P=1$，用这样一个虚设的平稳虚设的单位平衡力系与给定位移，建立虚功方程求得位移，所以这个方法也称为单位荷载法。

7.2.5 变形体系的虚功原理

对于杆件结构，变形体系的虚功原理可叙述：变形体系在外力作用下处于平衡的必要和充分条件是，对于任意微小的虚位移，外力所做的虚功与内力所做虚功的总和等于零，即

$$W_{外虚} + W_{内虚} = 0$$

上式又称虚功方程，说明力状态的外力(支座反力等)和内力分别在位移状态相应位移和变形上所做功总和等于零。

又因外力(支座反力等)在所示位移上的外力虚功为

$$W_{外虚} = \sum P_i \Delta_i + \sum R_i C_i$$

将外力虚功和内力虚功带入虚功方程中整理得式(7.7)。

$$\sum P_i \Delta_i = \sum \int_0^l N \mathrm{d}\lambda + \sum \int_0^l Q \mathrm{d}\eta + \sum \int_0^l M \mathrm{d}\theta - \sum R_i C_i \qquad (7.7)$$

因为
$$d\lambda = \varepsilon ds, \quad d\eta = \gamma_0 ds, \quad d\theta = \kappa ds \tag{7.8}$$

将式(7.8)代入式(7.7)，得式(7.9)

$$\sum P_i \Delta_i = \sum \int_0^l (N\varepsilon + Q\gamma_0 + M\kappa) ds - \sum R_i C_i \tag{7.9}$$

式中　N、Q、M——结构杆件 ds 微段截面的内力，依次为轴力、剪力和弯矩；

　　　$d\lambda$、$d\eta$、$d\theta$——ds 微段截面相应的相对变形，依次为相对轴向变形、相对剪切变形和相对转角；

　　　ε、γ_0、κ——ds 微段相应的轴向应变、切应变和弯曲应变；

　　　$\int$——对杆长积分；

　　　$\sum$——对各个杆件求和。

式(7.9)就是变形体体系虚功原理的表达式，称为变形体体系的虚功方程。

注意：在上式的讨论过程中并没有涉及材料的物理性质，因此，无论对于弹性、非弹性、线性和非线性变形体系，虚功原理都适用。

7.3　单位荷载法计算位移和位移计算的一般公式

刚体体系的单位荷载法很容易推广到变形体体系。设结构已有一实际给定的变形状态，要用虚功方程式(7.9)求出其位移 Δ。在虚功方程中只包含拟求位移 Δ，不再含有其他未知位移，只需在拟求位移 Δ 的方向虚设一个相应的单位荷载 $P=1$，以此荷载及其支座反力、内力作为虚设平衡力系，用式(7.9)就可以直接求得拟求位移 Δ。

因此，将 $P=1$ 及与他相平衡的支座反力 $\overline{R}_i$ 和内力（$\overline{N}$、$\overline{Q}$、$\overline{M}$）等代入式(7.9)，得到单位荷载法计算位移 Δ 的一般公式如式(7.10)所示。

$$1 \times \Delta = \sum \int_0^l (\overline{N}\varepsilon + \overline{Q}\gamma_0 + \overline{M}\kappa) ds - \sum \overline{R}_i C_i \tag{7.10}$$

注意，这里的位移和变形状态（Δ、C_i、εds、$\gamma_0 ds$、κds）等是实际给定的，是几何可能的位移和变形状态。而这里的力系 $P=1$ 及 $P=1$ 作用下的支座反力 $\overline{R}_i$ 和结构内力（$\overline{N}$、$\overline{Q}$、$\overline{M}$）等是虚设的平衡力系。

已知结构各微段的应变 ε、γ_0、κ 和支座位移 C_i，拟求结构某点沿某方向的位移 Δ，计算步骤如下：

(1)在某点沿拟求位移 Δ 的方向加一个虚设的单位荷载 $P=1$；

(2)在单位荷载作用下，根据结构的平衡条件，计算结构的内力（$\overline{N}$、$\overline{Q}$、$\overline{M}$）和支座反力 $\overline{R}_i$；

(3)用式(7.10)计算位移 Δ。

式(7.10)的正负号规定如下：等号右边的四个乘积中，当虚设状态中内力（$\overline{N}$、$\overline{Q}$、$\overline{M}$）和支座反力 $\overline{R}_i$ 与实际状态中的应变 ε、γ_0、κ 和支座位移 C_i 方向一致时，力与变形的乘积为正，反之为负。例如，当 $\overline{M}$ 与 κ 使微段同侧纤维受拉时，$\overline{M}\kappa$ 乘积为正。

由式(7.10)求得的 Δ，如果是正值，说明位移 Δ 方向与所设单位荷载方向一致；反之相反。式(7.10)是位移计算的一般公式，可应用于计算不同的材料、不同的变形类型、产生变形的不同原因，以及不同结构类型的位移。

在实际问题中，除计算线位移外，还需要计算角位移和相对位移等，下面讨论如何按照所求位移类型的不同，设置相应的虚设力状态。

当要求某点沿某方向的线位移时，应该在该点沿所求位移方向加一个单位集中力。如图 7.11(a)所示，即为求点 A 水平线位移时的虚设力状态。当要求某截面的角位移时，则应该在该截面处加一个单位力偶，如图 7.11(b)所示，这样荷载所做的功为 φ_A，恰好等于所求角位移。有时，要求两点间距离的变化，也就是求两点沿其连线方向上的相对线位移，此时，应在两点沿其连线方向加上一对指向相反的单位力，如图 7.11(c)所示。同理，若要求两截面的相对角位移，就应在两截面加一对方向相反的单位力偶，如图 7.11(d)所示。在求桁架某杆的角位移时，由于桁架只承受轴力，故应将单位力偶转换为等效的结点集中荷载，即在该杆两端加一对方向与其杆件垂直，大小等于杆长倒数而指向相反的集中力，如图 7.11(e)所示。这是因为在位移微小的情况下，桁架杆件的角位移等于其两端在垂直于杆轴方向上的相对线位移除以杆长，如图 7.11(f)所示，即 $\varphi_{AB}=\dfrac{\Delta_A+\Delta_B}{d}$，这样，$\dfrac{\Delta_A}{d}+\dfrac{\Delta_B}{d}=\dfrac{\Delta_A+\Delta_B}{d}=\varphi_{AB}$，即等于所求杆件角位移。

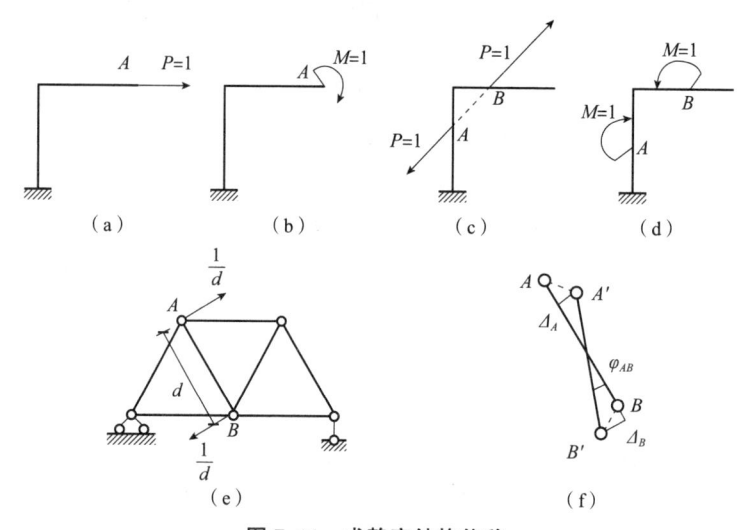

图 7.11　求静定结构位移
(a)加单位集中力；(b)加单位力偶；(c)加指向相反的力；
(d)加方向相反的单位力偶；(e)等效的结点集中荷载；(f)角位移值

7.4　荷载作用下的位移计算

7.4.1　荷载作用下的位移计算公式和步骤

对于静定结构在荷载作用下的位移计算，本书仅限于研究线弹性结构，即结构的位移与荷载是成正比例的，因而，在计算的过程中可以利用叠加原理。由于只讨论荷载作用引起位移，此时没有支座移动，故式(7.10)中 $\sum \overline{R}_i C_i$ 一项为零，同时在式(7.10)中也不计入温度改变引起微段变形，因而，仅荷载引起位移的计算公式可简化如式(7.11)所示。

$$1 \times \Delta = \sum \int_0^l (\overline{N}\varepsilon + \overline{Q}\gamma_0 + \overline{M}\kappa)\,\mathrm{d}s \tag{7.11}$$

在荷载作用下用式(7.11)计算位移时，应根据材料是弹性的特点计算荷载作用下各截面的应变 ε、γ_0、κ。由虎克定理可求得直杆在荷载作用下，轴力 N_P、剪力 Q_P、弯矩 M_P 相应的轴向应变 ε、剪切应变 γ_0 和弯曲应变 κ 为式(7.12)。

$$\left. \begin{aligned} \varepsilon &= \frac{N_P}{EA} \\ \gamma_0 &= k\frac{Q_P}{GA} \\ \kappa &= \frac{M_P}{EI} \end{aligned} \right\} \tag{7.12}$$

式中　E、G——材料的弹性模量和剪切模量；
　　　A、I——杆件截面的面积和惯性矩；
　　　EA、GA、EI——杆件截面的抗拉刚度、抗剪刚度和抗弯刚度。

k 是因为切应力在截面上分布不均匀而加的修正系数，与截面形状有关，矩形截面 $k=1.2$，圆形截面 $k=10/9$，薄壁圆环截面 $k=2$，I形截面或箱形截面 $k=A/A_\mathrm{f}$，A_f 为腹板面积。

将式(7.12)代入式(7.11)得到直杆在荷载作用下计算弹性位移的一般公式，如式(7.13)所示。

$$\Delta = \sum \int \frac{\overline{N}N_P}{EA}\,\mathrm{d}s + \sum \int k\frac{\overline{Q}Q_P}{GA}\,\mathrm{d}s + \sum \int \frac{\overline{M}M_P}{EI}\,\mathrm{d}s \tag{7.13}$$

这就是平面杆系结构在荷载作用下的位移计算公式。应该指出，式(7.13)对于直杆是正确的，对于曲杆则还要考虑曲率对变形的影响。不过在常用的曲杆结构中。其截面高度与曲率半径相比一般都很小，曲率的影响不大，可以略去不计。

注意，在式(7.13)中有两套力：$\overline{N}$、$\overline{Q}$、$\overline{M}$ 为虚设单位荷载引起的内力；N_P、Q_P、M_P 为实际荷载引起的内力。

关于内力正负号，可规定：轴力 $\overline{N}$ 和 N_P 以拉力为正，剪力 $\overline{Q}$ 和 Q_P 以使微段顺时针转动为正，弯矩 $\overline{M}$ 和 M_P 只规定乘积 $\overline{M}M_P$ 的正负号，当 $\overline{M}$ 和 M_P 使杆件同侧纤维受拉时，乘积取正。

荷载作用下位移计算的步骤如下：
(1)沿拟求位移 Δ 的位置和方向虚设相应的单位荷载；
(2)根据静力平衡条件，求出在单位荷载作用下的结构内力($\overline{N}$、$\overline{Q}$、$\overline{M}$)；
(3)根据静力平衡条件，求出在荷载作用下结构的内力(N_P、Q_P、M_P)；
(4)将单位荷载作用下的结构内力($\overline{N}$、$\overline{Q}$、$\overline{M}$)和荷载作用下结构的内力(N_P、Q_P、M_P)代入式(7.13)求位移 Δ。

7.4.2 各类结构在荷载作用下位移计算公式的简化公式

式(7.13)是静定结构在荷载作用下弹性位移计算的一般公式，公式右边的三项依次表示轴向变形、剪切变形和弯曲变形的影响。因为不同的结构类型受力特点不同，这三种影响在位移中所占的比重也不同，所以，根据不同结构的受力特点，保留主要因素，列出次要影响，可以得到不同结构的简化公式。

1. 梁与刚架

在梁和刚架中，略去影响位移的次要因素——轴力和剪力，保留影响位移的主要因素——弯矩，因此式(7.13)可简化为式(7.14)。

$$\Delta = \sum \int \frac{M_P \overline{M}}{EI} \mathrm{d}s \tag{7.14}$$

2. 桁架

因为只有轴力作用，且同一杆件 $\overline{N}$ 和 N_P 及 EA 沿杆长 l 均为常数。因此，式(7.13)可简化为式(7.15)。

$$\Delta = \sum \int \frac{N_P \overline{N}}{EA} \mathrm{d}s = \sum \frac{N_P \overline{N} l}{EA} \tag{7.15}$$

3. 拱

一般的实体拱计算位移时，可忽略曲率对位移的影响，只考虑弯矩的影响，但在扁平拱中还需要考虑轴力的影响。因此，式(7.13)可简化为式(7.16)。

$$\Delta = \sum \int \frac{M_P \overline{M}}{EI} \mathrm{d}s + \sum \int \frac{N_P \overline{N}}{EA} \mathrm{d}s \tag{7.16}$$

4. 组合结构

在组合结构中，梁式杆主要承受弯矩，链杆只承受轴力。因此式(7.13)可简化为式(7.17)。

$$\Delta = \sum \int \frac{M_P \overline{M}}{EI} \mathrm{d}s + \sum \frac{N_P \overline{N} l}{EA} \tag{7.17}$$

7.4.3 荷载作用下位移计算举例

【例7.2】 求图7.12(a)所示悬臂梁承受均布荷载时，在悬臂端 A 的竖向位移 Δ，并比较弯曲变形与剪切变形对位移的影响，已知梁的弯曲弹性模量为 E，剪切弹性模量为 G，截面为矩形，尺寸为 $b \times h$。

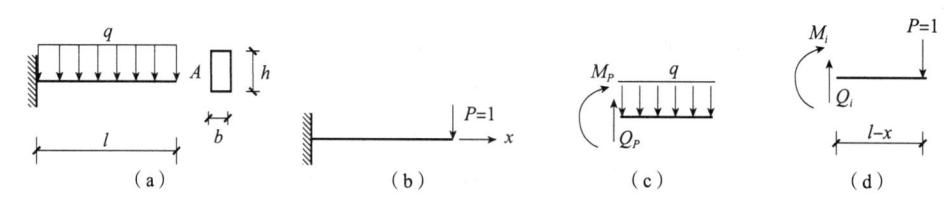

图7.12　例7.2图

解：(1)在 A 点加相应于竖向位移的单位力 $P=1$，如图 7.12(b)所示。

(2)由平衡条件求实际荷载作用下的内力如图 7.12(c)所示，再求虚设单位荷载作用下内力如图 7.12(d)所示，取悬臂端点为坐标原点。悬臂延伸方向为 x 方向，当 $0 \leqslant x \leqslant l$ 时，任意截面 x 内力表达式为

实际荷载　　$N_P(x)=0$，$Q_P(x)=-q(l-x)$，$M_P(x)=-q(l-x)^2/2$

虚设荷载　　　　　$\overline{N}(x)=0$，$\overline{Q}(x)=1$，$\overline{M}(x)=x-l$

(3)计算悬臂端 A 的竖向位移 Δ。将以上内力表达式代入式(7.13)，分别计算各项变形引起位移。

弯曲引起的位移为：$\Delta_M = \sum \int \dfrac{M_P \overline{M}}{EI} \mathrm{d}s = \int_0^l \dfrac{q(l-x)^3}{2EI} \mathrm{d}x = \dfrac{ql^4}{8EI}(\downarrow)$

Δ_M 为正值，说明 A 点的竖向位移与虚设力方向一致。

剪切变形引起位移，对于矩形截面 $k=1.2$。

$$\Delta_Q = \sum \int \dfrac{k Q_P \overline{Q}}{GA} \mathrm{d}s = \int_0^l \dfrac{q(l-x)k}{GA} \mathrm{d}x = \dfrac{qkl^2}{2GA}(\downarrow)$$

Δ_Q 为正值，说明 A 点的竖向位移与虚设力方向一致。

轴向应变引起位移为零，所以总位移为

$$\Delta = \Delta_M + \Delta_Q = \dfrac{qkl^2}{2GA} + \dfrac{ql^4}{8EI}(\downarrow)$$

(4)比较剪切变形与弯曲变形对位移影响。对于细长杆，设：$h/l=1/10$，$E/G=2.5$ 则 $A=bh$，$I=bh^3/12$ 两者的比值为

$$\dfrac{\Delta_Q}{\Delta_M} = \dfrac{1}{100}$$

当梁的高跨比 $h/l=1/10$ 时，$\Delta_Q/\Delta_M=1/100$，剪力的影响是弯曲影响的 $1/100$，故对于较长的梁，可以忽略剪切变形对位移的影响，直接用式(7.14)计算位移。

【例 7.3】 求图 7.13(a)桁架 k 点水平位移 Δ。已知各杆弯曲弹性模量为 E，截面面积均为 A，即各杆 EA 相同。

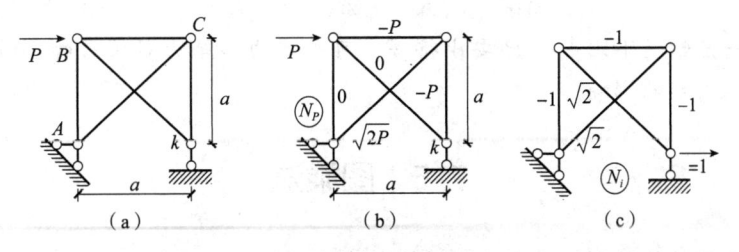

图 7.13　例 7.3 图

解：(1)在 k 点加单位力 $P=1$，如图 7.13(b)所示。

(2)求 N_P。计算在荷载作用下各杆轴力，如图 7.13(c)所示。

(3)求 $\overline{N}$。计算在单位力 $P=1$ 作用下各杆轴力，如图 7.13(b)所示。

(4)求 k 点水平位移 Δ。根据行架位移公式(7.15)，因为 AB 杆件和 Bk 杆件荷载作用下杆件的轴力为 0，所以，这两个杆件产生的位移为零，即

$$\Delta = \sum \frac{N_P \overline{N} l}{EA} = \Delta_{BC} + \Delta_{Ck} + \Delta_{AB}$$

$$\frac{1}{EA}[(-P)(-1)a + (-P)(-1)a + \sqrt{2}P \cdot \sqrt{2} \cdot \sqrt{2}a] = 2(1+\sqrt{2})\frac{Pa}{EA}(\rightarrow)$$

Δ 为正值，说明 k 点的水平方向位移与虚设力方向一致。

【例 7.4】 图 7.14(a)所示为一等截面圆弧形曲杆 AB，截面为矩形，圆弧 AB 的圆心角为 θ，半径为 R，设圆弧形曲杆 AB 的截面厚度远小于半径 R，求点 B 竖向位移 Δ，并比较剪切变形和轴向变形对位移的影响。已知 EA、EI 和 GA 均为常数。

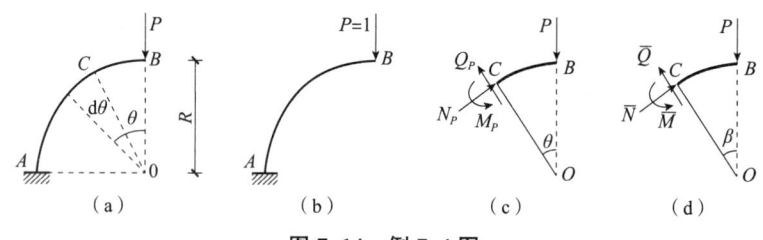

图 7.14 例 7.4 图

解：(1)在 B 点加单位力 $P=1$，如图 7.14(b)所示。

(2)取圆心 O 为坐标原点，圆心角为 θ，任意截面 C 在荷载作用下的内力为 N_P、Q_P、M_P，如图 7.14(c)所示。

$$N_P = P\sin\theta, \quad Q_P = P\cos\theta, \quad M_P = PR\sin\theta$$

(3)任意截面 C 在单位力 $P=1$ 作用下的内力为 $\overline{N}$、$\overline{Q}$、$\overline{M}$，如图 7.14(d)所示。

$$\overline{N} = \sin\theta, \quad \overline{Q} = \cos\theta, \quad \overline{M} = R\sin\theta$$

(4)将 N_P、Q_P、M_P 和 $\overline{N}$、$\overline{Q}$、$\overline{M}$，以及 $ds = Rd\theta$ 代入式(7.13)，得

$$\Delta = \Delta_N + \Delta_Q + \Delta_M = \frac{\pi PR}{4EA} + \frac{k\pi PR}{4GA} + \frac{\pi PR^3}{4EI}$$

(5)设圆弧 AB 截面为矩形的 $b \times h$，$k=1.2$，$I/A = h^2/12$，此外，取 $G=0.4E$，有

$$\frac{\Delta_Q}{\Delta_M} = \frac{1}{4}\left(\frac{h}{R}\right)^2, \quad \frac{\Delta_N}{\Delta_M} = \frac{1}{12}\left(\frac{h}{R}\right)^2$$

截面高度一般情况下比半径 R 要小得多，可见剪力和轴力对位移的影响比较小，可忽略不计，只考虑弯矩的影响。

7.5 图乘法

在求梁和钢架的位移时，经常需要计算如下的积分，即

$$\Delta = \sum \int \frac{\overline{M}M_P ds}{EI}$$

当杆件数目较多，荷载较复杂的情况下，上述积分的计算工作是比较麻烦的。但是在一定条件下，这个积分可以用 $\overline{M}$ 和 M_P 两个弯矩图相乘的方法来代替，从而简化计算工作。其条件是以杆轴为直线，EI 沿整个杆件等于常数，$\overline{M}$ 和 M_P 两个弯矩图中至少有一个为直线图形。对于等截面直杆，上述的两个条件自然可以满足，但是，对于第三个条件，虽然在

均布荷载的作用下，其 M_P 图为曲线图形。但 $\overline{M}$ 图总是由直线段组成，只要分段考虑就可以满足。因此，对于等截面直杆，包括截面分段变化阶梯形的杆件，所组成的梁和刚架，在位移计算中均可采用图乘法来代替积分运算。

7.5.1 图乘法及其应用

图 7.15 中的两个弯矩图可以说明图乘法与积分运算之间的关系。设等截面直杆 AB 段的 EI 为常数，两个弯矩图中 $\overline{M}$ 图为直线图形，M_P 图为任意形状。以 AB 连线方向的杆轴为 x 轴，以 $\overline{M}$ 图的延长线与 x 轴交点 O 为坐标原点，x 轴顺时针转动 $90°$ 为 y 轴。则积分公式中的 ds 可用 dx 代替，且因 $\overline{M}$ 图为直线变化，故有 $\overline{M} = x\tan\alpha$，且 $\tan\alpha$ 为常数，则有表达式 (7.18)。

$$\int \frac{\overline{M}M_P}{EI}ds = \frac{1}{EI}\int \overline{M}M_P ds = \frac{1}{EI}\int x\tan\alpha \cdot M_P dx$$
$$= \frac{\tan\alpha}{EI}\int xM_P dx = \frac{\tan\alpha}{EI}\int xd\omega \quad (7.18)$$

图 7.15 图乘法

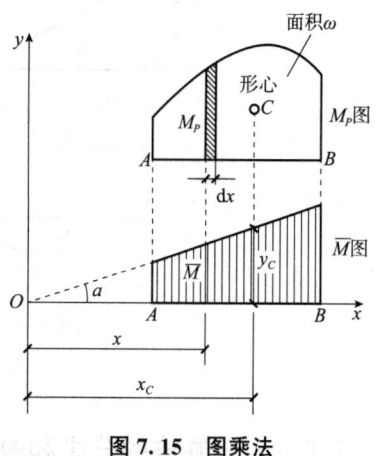

式中 $d\omega = M_P dx$，表示 M_P 图中有阴影线的微面积，故 $xd\omega$ 为微面积 $d\omega$ 对 y 轴的静矩，$\int xd\omega$ 即为整个 M_P 图的面积对 y 轴的静矩。根据合力矩定理，它应等于 M_P 图的面积 ω 乘以其形心 C 到 y 轴的距离 x_C。则有 $\int xd\omega = \omega x_C$，代入式(a)得式(7.19)

$$\int \frac{\overline{M}M_P}{EI}ds = \frac{\tan\alpha}{EI}\omega x_C = \frac{\omega y_C}{EI} \quad (7.19)$$

这里 y_C 是 M_P 图的形心 C 处所对应的 $\overline{M}$ 图的竖标。式(7.19)的积分是等于一个弯矩图的面积乘以其形心所对应的另一个直线图形的竖标，再除以 EI，称为图乘法。如果结构上所有各杆件均可图层，则位移计算公式可写为式(7.20)。

$$\Delta = \sum \int \frac{\overline{M}M_P}{EI}ds = \sum \frac{\omega y_C}{EI} \quad (7.20)$$

根据上面的推证过程可知，图层法将上述积分运算问题转化为求图形的面积、形心和竖标问题。应用图层法时需要注意以下几点。

(1) 必须符合上述前提条件。
(2) 竖标 y_C 只能取自直线图形，因此，$\overline{M}$ 图和 M_P 图中应有一个是直线。
(3) ω 与 y_C 若在杆件同侧，乘积取正值，异侧取负值。

为了应用方便，将经常遇到的三角形、二次和三次标准抛物线图形的面积及其形心位置表示于图 7.16 中。所谓标准抛物线图形是指顶点在中点或端点的抛物线形，而顶点是指其切线平行于基线的点。当弯矩图为标准抛物线时，在顶点处应有 $dM/dx = 0$，顶点处截面的剪力应等于零。

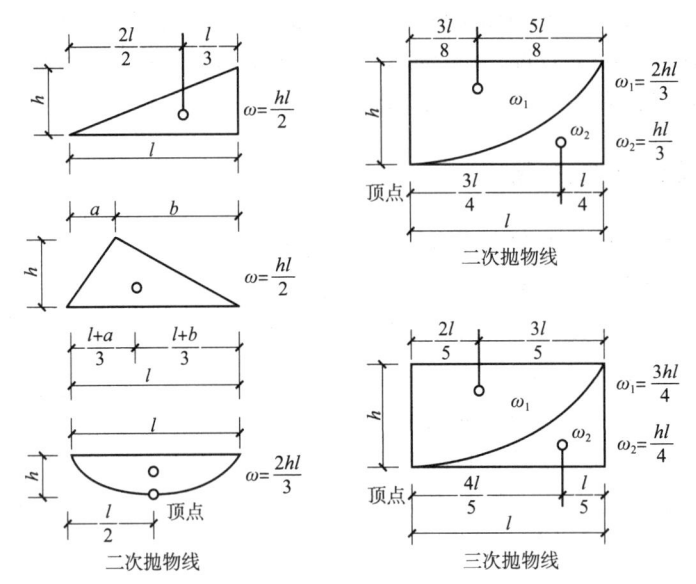

图 7.16 图形面积及其形心位置

7.5.2 图乘法的分段和叠加

1. 分段

(1)如图 7.17(a)所示,一个图形是曲线,另一个图形是由几段直线组成的折线需要分段计算,如式(7.21)所示。

$$\frac{1}{EI}\int \overline{M}M_P \mathrm{d}s = \frac{1}{EI}(\omega_1 y_1 + \omega_2 y_2 + \omega_3 y_3) \tag{7.21}$$

(2)如图 7.17(b)所示,杆件各段有不同的 EI,则应在 EI 变化处分段,分段后图乘,如式(7.22)所示。

$$\int \frac{\overline{M}M_P}{EI}\mathrm{d}s = \frac{\omega_1 y_1}{EI_1} + \frac{\omega_2 y_2}{EI_2} \tag{7.22}$$

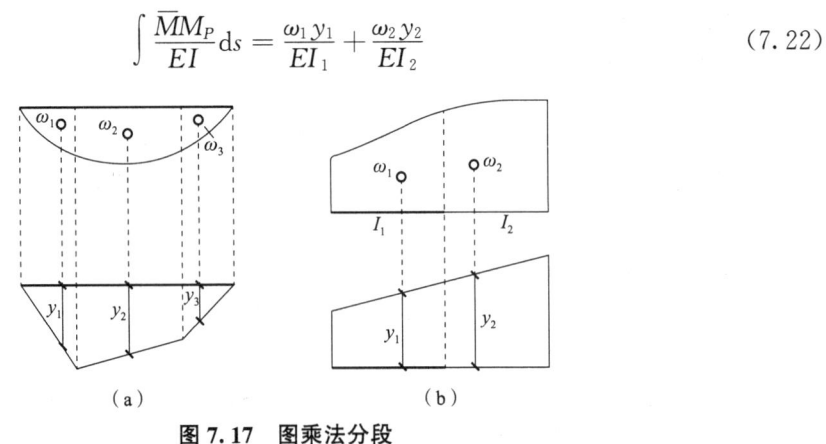

图 7.17 图乘法分段

(a)折线分段图乘;(b)不同 EI 分段图乘

2. 叠加

当图形的面积计算或形心位置的确定比较复杂时,可以将复杂图形分解为几个简单图形，叠加计算。

(1) 如果两个直线图形都是梯形，如图 7.18 所示，可以不求梯形面积及其形心。把一个梯形分为两个三角形，也可分为一个矩形和一个三角形，分别应用图乘法，然后叠加，得式(a)

$$\frac{1}{EI}\int \overline{M}M_P \mathrm{d}s = \frac{1}{EI}(\omega_1 y_1 + \omega_2 y_2) \tag{a}$$

式中，$\begin{cases} \omega_1 = \dfrac{1}{2}al \\ \omega_2 = \dfrac{1}{2}bl \end{cases}$，$\begin{cases} y_1 = \dfrac{2}{3}c + \dfrac{1}{3}d \\ y_2 = \dfrac{1}{3}c + \dfrac{2}{3}d \end{cases}$ 代入式(a)后整理得式(7.23)

$$\frac{1}{EI}\int \overline{M}M_P \mathrm{d}s = \frac{l}{6EI}(2ac + 2bd + ad + bc) \tag{7.23}$$

式(7.23)的含义是两个直线图形同边数值乘积的两倍，加上异边乘积的一倍，乘以杆长，除以 EI，公式括号内符号规定基线同侧数值乘积取正号，否则取负号。

(2) 如图 7.19 所示，在均布荷载作用下任意直杆使用叠加法绘制弯矩图，其弯矩图可以看成一个梯形与一个标准二次抛物线图形的叠加。因此。可将图 7.19(a) 中的 M_P 图分解成为两个简单图形，图 7.19(b) 的梯形图形和图 7.19(c) 的抛物线图形然后，分别应用图乘法。

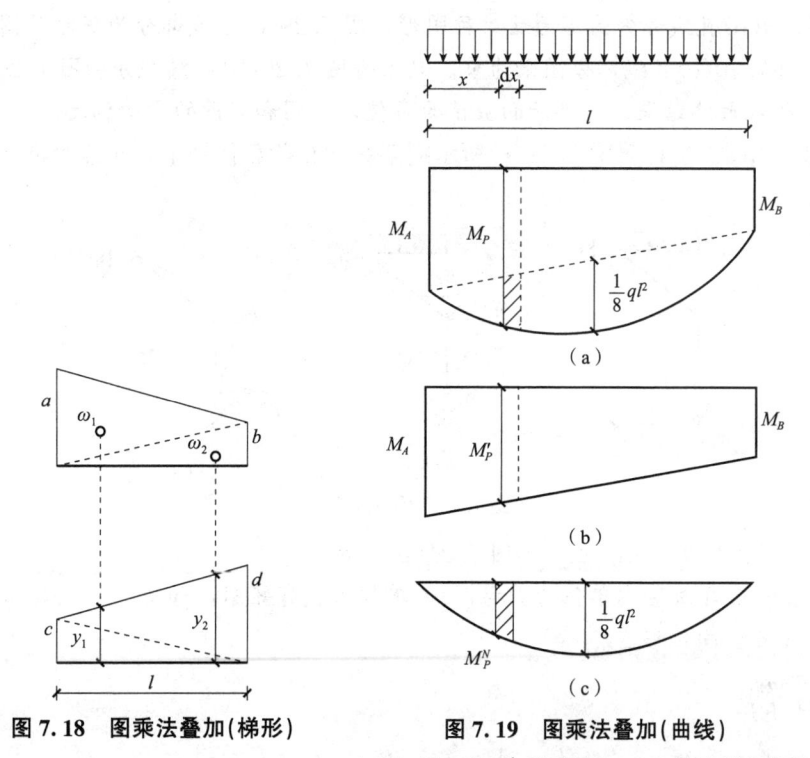

图 7.18 图乘法叠加(梯形)　　图 7.19 图乘法叠加(曲线)

(a) M_P 图；(b) M_P' 图(梯形)；(c) M_P'' 图(抛物线形)

这里需要注意的是，弯矩图的叠加是指弯矩图纵坐标的叠加，而不是图形的简单拼合。因此叠加后的抛物线所有竖标仍应为竖向，而不是垂直于 M_A 和 M_B 的连线。这样叠加后的抛物线图形与原标准抛物线在形状上虽不同，但两者任意一处对应的竖标 y 和微段长度 $\mathrm{d}s$ 仍相同。因而对应的每一窄条微分面积仍相等，由此可知，两个图形总的面积大小和形心位置仍然是相同的。

7.5.3 举例

【例7.5】 用图乘法计算图7.20(a)所示刚架在均布荷载作用下，铰C两侧截面相对转角φ_C，EI为常数。

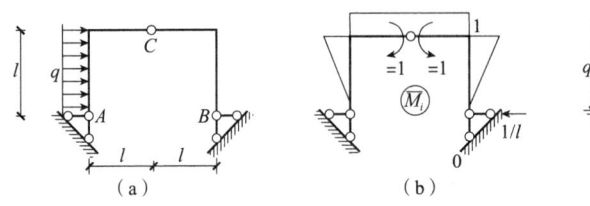

图7.20 例7.5图

解：(1)实际位移状态M_P图，如图7.20(b)所示。

(2)在刚架中点C加单位力$P=1$。做单位荷载弯矩图，如图7.20(c)所示。

(3)计算相对转角φ_C

$$\varphi_C = \sum \frac{\omega y_C}{EI} = -\frac{1}{EI} \times \frac{2}{3} \times \frac{ql^2}{8} \times \frac{1}{2} = -\frac{ql^3}{24EI}(\curvearrowleft\curvearrowright)$$

因为图7.20(b)直线部分图形为反对称图形，图7.20(c)直线部分为正对称图形，所以，图7.20(b)和图7.20(c)直线部分图乘为零。只需将图7.20(b)曲线部分和图7.20(c)直线部分图乘，即可得到最终结果。图乘后的数值为负值，说明和假设的方向相反。

【例7.6】 用图乘法计算图7.21(a)所示刚架在均布荷载作用下，A点竖向位移Δ_A。已知EI为常数。

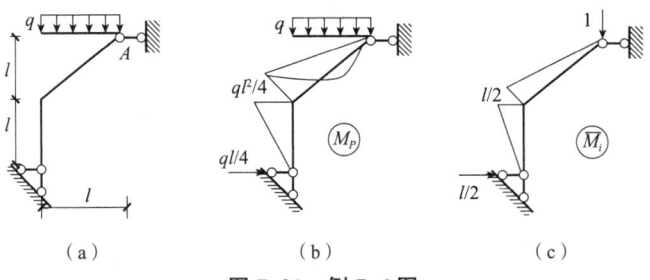

图7.21 例7.6图

解：(1)实际位移状态M_P图，如图7.21(b)所示。

(2)在刚架中点A加竖向单位力$P=1$。做单位荷载弯矩图，如图7.21(c)所示。

(3)计算A点竖向位移Δ_A。

$$\Delta_A = \sum \frac{\omega y_C}{EI}$$

$$= \frac{1}{EI}\left(\frac{1}{2} \cdot l \cdot \frac{ql^2}{4} \cdot \frac{2}{3} \cdot \frac{l}{2} + \frac{1}{2} \cdot \sqrt{2}l \cdot \frac{ql^2}{4} \cdot \frac{2}{3} \cdot \frac{l}{2} - \frac{2}{3} \cdot \sqrt{2}l \cdot \frac{ql^2}{8} \cdot \frac{1}{2} \cdot \frac{l}{2}\right)$$

$$= \frac{2+\sqrt{2}}{48EI} \cdot \frac{ql^4}{EI}(\downarrow)$$

括号内第一项和第二项是图7.21(b)和图7.21(c)直线部分图形的图乘，第三项是图7.21(b)曲线部分和图7.21(c)直线部分图形的图乘。图乘后的数值为正值，说明和假设的方向相同。

第7章 虚功原理和结构位移计算

【例 7.7】 用图乘法计算图 7.22(a)所示刚架在均布荷载作用下，C 点竖向位移 Δ_C。已知 EI 为常数。

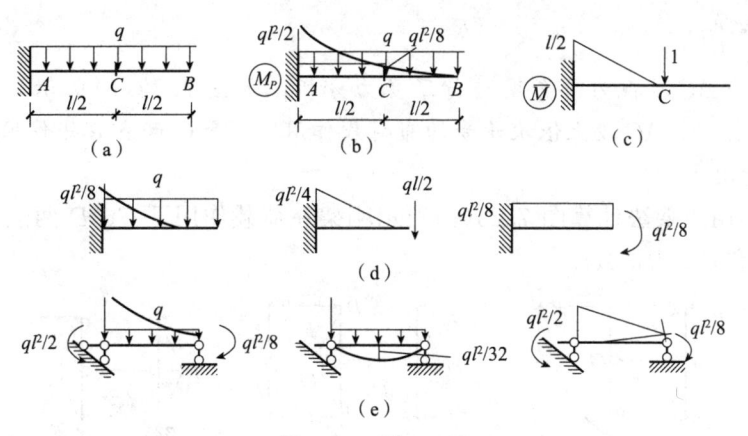

图 7.22 例 7.7 图

解：（1）实际位移状态 M_P 图，如图 7.22(b)所示。

（2）在静定梁中点 C 加竖向单位力 $P=1$。做单位荷载弯矩图，如图 7.22(c)所示。

（3）计算 C 点竖向位移 Δ_C。

解法一：

$$\Delta_C = \sum \frac{\omega y_C}{EI} = \frac{1}{EI} \cdot \frac{1}{3} \cdot l \cdot \frac{ql^2}{2} \cdot \frac{1}{2} \cdot \frac{l}{2} = \frac{1}{24} \cdot \frac{ql^3}{EI}(\downarrow)$$

如果该题是求 B 点的竖向位移，采用解法一是正确的，但若要求 C 点的竖向位移，解法一是错误的。这是因为从 $\overline{M}$ 图可以看出，AC 和 CB 部分是有折线，需要分段图乘，但是解法一计算的是整个 AB 图处的 M_P 图的面积，所以解法一是错误的。

解法二：

$$\Delta_C = \sum \frac{\omega y_C}{EI} = \frac{1}{EI}\left(\frac{1}{3} \cdot \frac{3ql^2}{8} \cdot \frac{l}{2} \times \frac{3}{4} \cdot \frac{l}{2} + \frac{l}{2} \cdot \frac{ql^2}{8} \cdot \frac{l}{4}\right) = \frac{5ql^3}{128EI}(\downarrow)$$

解法二虽然考虑了分段，但是对于 AC 段的受力分析不正确，没有考虑 C 点处弯矩也对 C 点处位移有影响，所以解法二也是错误的。

解法三：

$$\Delta_C = \sum \frac{\omega y_C}{EI} = \frac{1}{EI}\left(\frac{1}{3} \cdot \frac{l}{2} \cdot \frac{ql^2}{8} \cdot \frac{3}{4} \cdot \frac{l}{2} + \frac{1}{2} \cdot \frac{l}{2} \cdot \frac{ql^2}{4} \cdot \frac{2}{3} \cdot \frac{l}{2} + \frac{l}{2} \cdot \frac{ql^2}{8} \cdot \frac{1}{2} \cdot \frac{l}{2}\right)$$

$$= \frac{17}{384} \cdot \frac{ql^4}{EI}(\downarrow)$$

解法三针对 AC 段的悬臂段进行了受力分析，如图 7.22(d)所示，针对 AC 段悬臂梁进行受力分析，AC 段上依次承受均布荷载作用、C 点剪力作用和 C 点处弯矩作用，然后依次与图 7.22(c)进行图乘。

解法四：

$$\Delta_C = \sum \frac{\omega y_C}{EI}$$

$$= \frac{1}{EI}\left(-\frac{2}{3} \cdot \frac{l}{2} \cdot \frac{ql^2}{32} \cdot \frac{1}{2} \cdot \frac{l}{2} + \frac{1}{2} \cdot \frac{l}{2} \cdot \frac{ql^2}{2} \cdot \frac{2}{3} \cdot \frac{l}{2} + \frac{1}{2} \cdot \frac{l}{2} \cdot \frac{ql^2}{8} \cdot \frac{1}{3} \cdot \frac{l}{2}\right)$$

$$= \frac{17}{384} \cdot \frac{ql^4}{EI}(\downarrow)$$

解法四针将 AC 段视为简支梁进行了受力分析，如图 7.22(e)所示，针对 AC 段简支梁进行受力分析，AC 段上依次承受均布荷载作用、A 和 C 两点弯矩作用，然后依次与图 7.22(c)进行图乘。

【例 7.8】 用图乘法计算图 7.23(a)所示刚架在荷载作用下 C、D 两点相对水平位移 Δ_{CD}。已知 EI 和 EA 为常数。

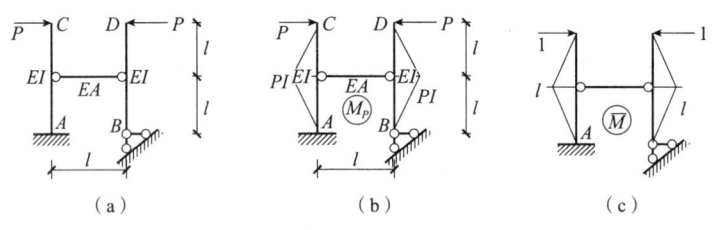

图 7.23 例 7.8 图

解：(1)实际位移状态 M_P 图，如图 7.23(b)所示。

(2)在组合结构 C、D 两点加水平方向相对单位力 $P=1$。做单位荷载弯矩图，如图 7.23(c)所示。

(3)计算 C、D 两点相对水平位移 Δ_{CD}。

$$\Delta_B = \sum \frac{\omega y_C}{EI} + \sum \frac{\overline{N}_i N_P l}{EA} = \frac{1}{EI} \cdot \frac{1}{2} \cdot Pl \cdot l \cdot \frac{2}{3} \cdot l \times 4 + \frac{1}{EA} \cdot (-2P)(-2) \cdot l$$

$$= \frac{4Pl^3}{3EI} + \frac{4Pl}{EA}(\rightarrow\leftarrow)$$

图乘后的数值为正值，说明和假设的方向相同。

【例 7.9】 已知有弹簧支座的结构位移计算公式为：$\Delta = \sum \int \frac{\overline{M} M_P}{EI} \mathrm{d}s + \sum \frac{\overline{S}_i S_P}{k}$，$\overline{S}_i$ 和 S_P 分别为单位荷载和荷载作用下弹簧支座的支座反力。用图乘法计算图 7.24(a)所示刚架在荷载作用下 A 点的竖向位移 Δ_A。已知 EI 为常数。

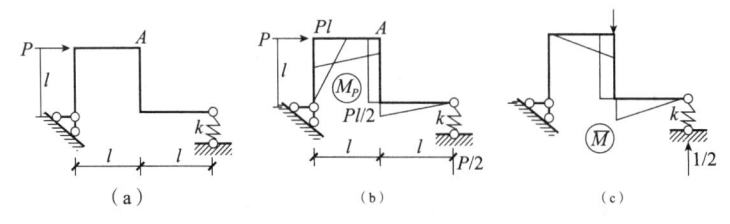

图 7.24 例 7.9 图

解：(1)实际位移状态 M_P 图，如图 7.24(b)所示。

(2)在刚架 A 点加竖直方向单位力 $P=1$。做单位荷载弯矩图，如图 7.24(c)所示。

(3)计算 A 点竖向位移 Δ_A。

$$\Delta_A = \sum \frac{\omega y_C}{EI}$$
$$= \frac{1}{EI}\left(l \cdot \frac{Pl}{2} \cdot \frac{l}{4} + \frac{1}{2} \cdot l \cdot \frac{Pl}{2} \cdot \frac{1}{3} \cdot \frac{l}{2} + l \cdot \frac{Pl}{2} \cdot \frac{l}{2} \cdot \frac{1}{2} + l \cdot \frac{Pl}{2} \cdot \frac{2}{3} \cdot \frac{l}{2}\right) + \frac{P}{2} \cdot \frac{1}{2} \cdot \frac{1}{k}$$
$$= \frac{Pl^3}{2EI} + \frac{P}{4k}(\downarrow)$$

7.6 温度作用时的位移计算

温度作用是指结构周围的温度发生变化时对结构的受力和变形作用。

对于静定结构，温度改变时不引起内力，但材料会发生膨胀和收缩，使结构产生变形和位移。如图 7.25(a)所示，静定钢架上侧温度升高 t_1，下侧温度升高 t_2，上下边缘的温差为 Δt，求由温度引起的任意点沿任意方向的位移，例如，求 K 点竖向位移可以应用位移计算式(7.10)。这时，要求出由于温度变化引起的应变，即 ε、γ_0、κ。

$$1 \times \Delta = \sum \int_0^l (\overline{N}\varepsilon + \overline{Q}\gamma_0 + \overline{M}\kappa)\mathrm{d}s - \sum \overline{R}_i C_i$$

现在来研究实际位移状态中任意微段 $\mathrm{d}s$ 由于温度变化产生的变形，微段上下边纤维的伸长量为 $\alpha t_1 \mathrm{d}s$ 和 $\alpha t_2 \mathrm{d}s$，如图 7.25(b)所示，这里 α 是材料的线膨胀系数。为简便计算，假设温度沿杆件截面厚度呈直线变化，即在发生温度变形后，截面仍保持为平面。截面的变形可分解为沿杆轴线方向的拉伸变形 $\mathrm{d}u_t$ 和截面的转角 $\mathrm{d}\varphi_t$，但温度的变化不引起剪切变形，拉伸变形 $\mathrm{d}u_t$ 和截面的转角 $\mathrm{d}\varphi_t$ 的计算如下。

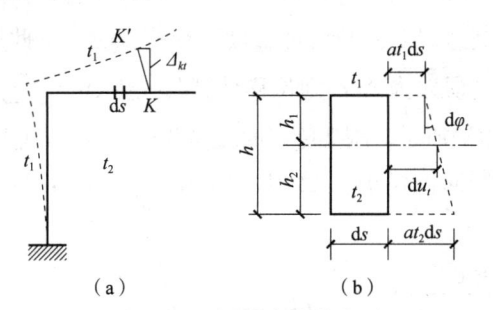

图 7.25 温度变化的变形
(a)温度变化；(b)微段变形量

当杆件截面对称于形心轴时（$h_1 = h_2$），则其形心轴处的温度 t_0 为
$$t_0 = \frac{t_1 + t_2}{2}$$

当杆件截面不对称形心轴时（$h_1 \neq h_2$），则其形心轴处的温度 t_0 为
$$t_0 = t_1 + \frac{h_1}{h}(t_2 - t_1) = \frac{h_2 t_1 + h_1 t_2}{h}$$

而上下边缘温度改变差 Δt 为
$$\Delta t = t_2 - t_1$$

式中　h——杆件截面厚度；

h_1、h_2——杆轴距上下边缘的距离；

t_1、t_1——上、下边缘温度的改变值。

微段 ds 的变形为

$$du_t = \varepsilon ds = \alpha t_0 ds$$

$$d\varphi_t = \kappa ds = \alpha t_1 ds + \frac{h_1}{h}(\alpha t_2 ds - \alpha t_1 ds) = \alpha \frac{(h_2 t_1 + h_1 t_2)}{h} ds = \frac{\alpha \Delta t ds}{h}$$

将拉伸变形 du_t 和截面的转角 $d\varphi_t$ 带入式(7.10)，并令 $\gamma_0 = 0$ 和 $C_i = 0$，得到计算温度作用引起的位移公式：

$$\Delta_t = \sum \int \overline{N} \alpha t_0 ds + \sum \int \overline{M} \frac{\alpha \Delta t ds}{h} = \sum \alpha t_0 \int \overline{N} ds + \sum \alpha \Delta t \int \frac{\overline{M} ds}{h}$$

如果 t_0 和 Δt 沿每一件杆长全长为常数，则得式(7.24)：

$$\Delta_t = \sum \alpha t_0 \int \overline{N} ds + \sum \frac{\alpha \Delta t}{h} \int \overline{M} ds \tag{7.24}$$

式中，积分号包括杆件全长；$\int \overline{N} ds$ 和 $\int \overline{M} ds$ 分别表示每一杆件 $\overline{M}$ 图和 $\overline{N}$ 图的面积；总和号包括梁、刚架、桁架的各杆。

在应用上述公式时，应注意公式中各项符号的确定，轴力 $\overline{N}$ 以拉伸为正，t_0 以升温为正，弯矩 $\overline{M}$ 和温差 Δt 引起的弯曲变形为同一方向。$\overline{M}$ 和 Δt 使杆件产生弯曲的受拉边在同侧时，其乘积为正值，反之取负。

在计算由于温度变化所引起的位移时，不能忽视轴向变形的影响。

对于桁架，在温度改变时，其位移公式可修改为 $\Delta_t = \sum \alpha t_0 \overline{N} l$。

当桁架的杆件长度因制造误差而与设计长度不相符合时，由此所引起的位移计算与温度变化时相类似，设各杆长度误差为 Δl，则位移计算公式为 $\Delta_t = \sum \overline{N} l$。

【例 7.10】 如图 7.26(a)所示，刚架施工时温度为 −25 ℃，试求冬季外侧温度为 −10 ℃，内侧温度为 0 ℃时 A 点的竖向位移 Δ_A。已知 $l = 6$ m，$\alpha = 10^{-5}$，各杆均为矩形截面杆，杆件高度 $h = 40$ cm。

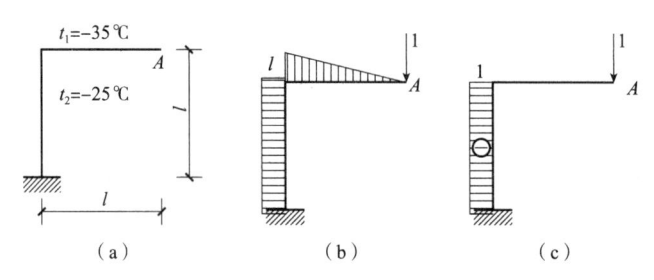

图 7.26 例 7.10 图

外侧温度变化为 $t_1 = -10 - 25 = -35(℃)$，内侧温度变化为 $t_2 = 0 - 25 = -25(℃)$可得

$$t_0 = \frac{-35 - 25}{2} = -30(℃)$$

$$\Delta t = -25 - (-35) = 10(℃)$$

绘出 $\overline{M}$ 图和 $\overline{N}$ 图，如图 7.26(b)、(c)所示，并注意正负号的确定，可得

$$\Delta_A = \sum \alpha t_0 \int \overline{N} ds + \sum \frac{\alpha \Delta t}{h} \int \overline{M} ds = \alpha \times (-30) \times (l \times 1) + \frac{\alpha \times 10}{h} \times \left[-\frac{1}{2} \times l \times l - l^2\right]$$

$$= -30\alpha l - \frac{15\alpha}{h} l^2 = -30 \times 10^{-5} \times 6 - \frac{15 \times 10^{-5}}{0.4} \times 6^2 = -1.53 (\text{cm})(\uparrow)$$

【例 7.11】 如图 7.27(a)所示，桁架杆件的上弦杆温度升高 t_0 ℃，求图示桁架温度改变引起的 AB 杆转角。

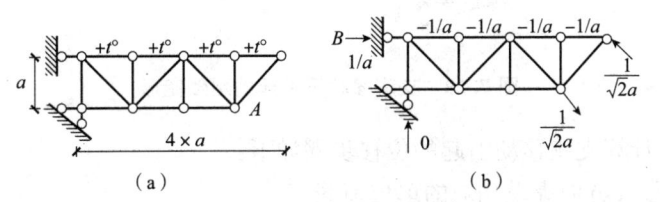

图 7.27 例 7.11 图

解：为求 AB 杆的转角，沿 AB 杆的垂直方向加一对大小相等、方向相反的单位力除以杆长，因为桁架只有上弦杆温度变化，故只需计算上弦杆所对应的单位荷载作用下的轴力，如图 7.27(b)所示。计算位移：

$$\theta_{AB} = \sum \alpha t_0 \overline{N} l = \alpha \cdot t \cdot (-1/a) a \times 4 = -4\alpha \cdot t$$

【例 7.12】 如图 7.28(a)所示，桁架的每个上弦杆加长 8 mm，求由此引起的 A 点竖向位移。

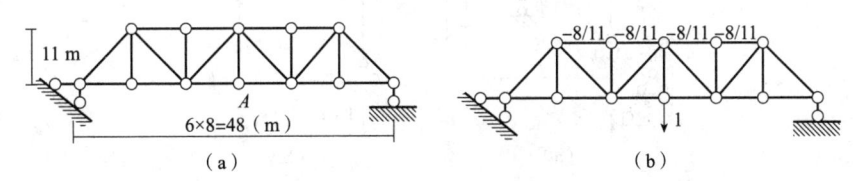

图 7.28 例 7.12 图

解：为求 A 点的竖向位移，沿 A 点的竖向位移加的单位力，因为桁架只有上弦杆有制造误差，故只需计算上弦杆所对应的单位荷载作用下的轴力，如图 7.28(b)所示。计算位移：

$$\Delta_A = \sum \overline{N} l = \left(-\frac{8}{11}\right) \times 8 \times 4 = -23.27 (\text{mm})(\uparrow)$$

7.7 支座移动时的位移计算

由于静定结构是几何不变无多余约束的体系，当有支座移动时，静定结构将发生刚体位移，因此，支座移动不引起应变，也不引起静定结构的内力，如图 7.29 所示，静定刚架支座发生水平方向位移、竖直方向位移和转角位移。这时，刚架只发生刚体位移。因此，静定结构支座移动时的位移计算，属于刚体体系的位移计算，可用刚体体系的虚功原理求解，当用单位荷载法计算时，由式(7.10)可得支座移动时位移计算公式为式(7.25)

$$\Delta_{ic} = -\sum \overline{R}_i \cdot C_i \tag{7.25}$$

式中，C_i 为实际的制作移动，$\overline{R}_i$ 为与 $P=1$ 平衡的支座反力，$\overline{R}_i \cdot C_i$ 是虚设力系的支座反

力 $\overline{R}_i$ 在实际相应支座位移 C_i 上所做虚功，两者方向一致，乘积为正，反之为负。

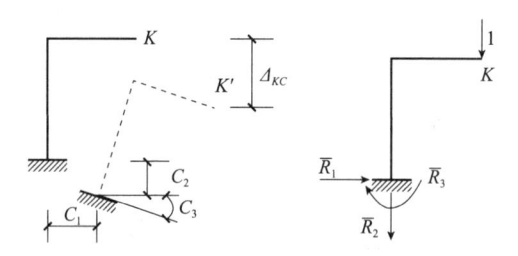

图 7.29 支座移动下引起的刚架变形

用单位荷载法计算支座移动引起的位移步骤如下：
(1) 沿拟求位移 Δ 方向虚设相应的单位荷载。
(2) 求 $\overline{R}_i$，根据静力平衡条件求单位荷载作用下相应于制作位移 C_i 的支座反力 $\overline{R}_i$。
(3) 用式(7.25)求位移 Δ。

【**例 7.13**】 如图 7.30(a)所示，刚架的支座 A 发生水平向左的位移 C_1 和竖直向下的位移 C_2，同时刚架的另外一个支座 C 发生竖直向下的位移 C_3，求 C 点处的水平方向位移 Δ_{Cx}。

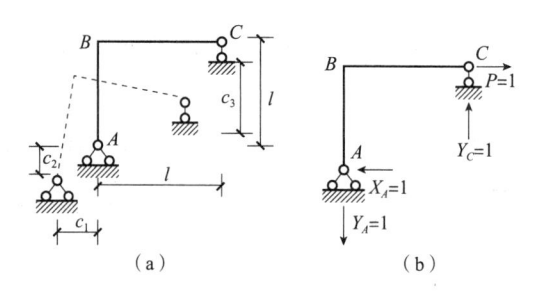

图 7.30 例 7.13 图

解：(1) 在 C 点加水平单位荷载 $P=1$，如图 7.30(b)所示。
(2) 由静力平衡条件，求支座反力 $\overline{R}_i \cdot C_i$ 代入式(7.25)，得

$$\Delta_{Cx} = -(1 \times C_1 + 1 \times C_2 - 1 \times C_3) = -(C_1 + C_2 - C_3)$$

这里支座反力 $\overline{R}_i \cdot C_i$ 与支座位移 C_i 方向同向，乘积为正，Δ_{Cx} 为负值，说明 C 点的实际水平位移方向与所设单位荷载 $P=1$ 方向相反，即向左。

【**例 7.14**】 如图 7.31(a)所示，刚架的支座 B 发生水平向右的位移 Δ_{Bx} 和竖直向下的位移 Δ_{By}，求刚架的另外一个支座 A 的转角 φ_A。已知 $l=12$ m，$h=8$ m，$\Delta_{Bx}=0.04$ m，$\Delta_{By}=0.06$ m。

解：(1) 在 A 点加单位荷载 $P=1$，如图 7.31(b)所示。
(2) 由静力平衡条件，求支座反力 $\overline{R}_i \cdot C_i$ 和其他已知数值代入式(7.25)，得

$$\varphi_A = -\sum \overline{R}_i \cdot C_i = -\left(-\frac{1}{l}\Delta_{By} - \frac{1}{2h}\Delta_{Bx}\right) = 0.0075 \text{ rad}$$

这里支座反力 $\overline{R}_i \cdot C_i$ 与支座位移 C_i 方向同向，乘积为负，φ_A 为正值，说明 A 点的实际转动方向与所设单位荷载 $P=1$ 方向相同，即顺时针转动。

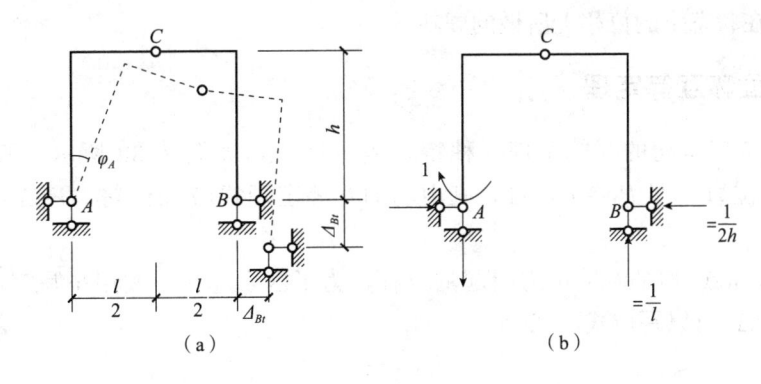

图 7.31 例 7.14 图

7.8 线弹性结构的互等定理

线弹性变形体包括四个互等定理：功的互等定理、位移互等定理、反力互等定理和反力位移互等定理。这些定理对超静定结构的计算有很大用途。

7.8.1 功的互等定理

设有两组外力 P_1 和 P_2 分别作用于同一线弹性体系上，如图 7.32 所示，分别称为状态 I 和状态 II，如图 7.32 所示。如果计算状态 I 的外力和内力在状态 II 相应的位移和变形上所做的虚功 W_{12}。并根据虚功原理，则有式(7.26)。

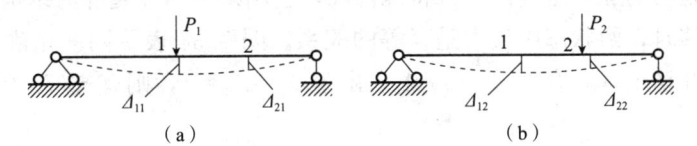

图 7.32 功的互等定理
(a)第 I 状态；(b)第 II 状态

$$W_{12} = \sum P_1 \Delta_2 = \sum \int \frac{M_1 M_2}{EI} \mathrm{d}s + \sum \int \frac{N_1 N_2}{EA} \mathrm{d}s + \sum \int K \frac{Q_1 Q_2}{GA} \mathrm{d}s \quad (7.26)$$

这里，式(7.26)有两个角标，第一个角标表示力状态下的力作用位置，第二个角标表示位移状态下的位移位置。如：Δ_{12} 的两个角标的含义，第一个角标"1"表示位移的点和方向，第二个角标"2"表示产生位移的原因。Δ_{12} 表示 P_2 引起的沿 P_1 方向上的位移。

反过来，如果计算状态 II 的外力和内力在状态 I 相应位移变形上所做虚功 W_{21}，并根据虚功原理，则有式(7.27)。

$$W_{21} = \sum P_2 \Delta_1 = \sum \int \frac{M_2 M_1}{EI} \mathrm{d}s + \sum \int \frac{N_2 N_1}{EA} \mathrm{d}s + \sum \int K \frac{Q_2 Q_1}{GA} \mathrm{d}s \quad (7.27)$$

从式(7.26)和(7.27)可以得出，两式的右边是相同的，因此左边也相同，则有式(7.28)。

$$\sum P_1 \Delta_2 = \sum P_2 \Delta_1 \quad (7.28)$$

即 $W_{12} = W_{21}$ 这就是功的互等原定理，它表明状态 I 的力在状态 II 的位移上所做虚功等于状态Ⅱ的力在状态Ⅰ的位移上所做的虚功。

7.8.2 位移互等定理

位移互等定理是功的互等定理一种特殊表示形式，如图 7.33 所示，假设两个状态中荷载都是单位力，即 $P_1=P_2=1$，则由功的互等定理式(7.28)得，$P_1\Delta_{12}=P_2\Delta_{21}$，即 $\Delta_{12}=\Delta_{21}$。

此处的 Δ_{12} 和 Δ_{21} 均是由单位力引起的位移，为了区别起见，改用小写字母 δ_{12} 和 δ_{21} 表示。于是 $\Delta_{12}=\Delta_{21}$ 可以写成式(7.29)。

$$\delta_{12}=\delta_{21} \tag{7.29}$$

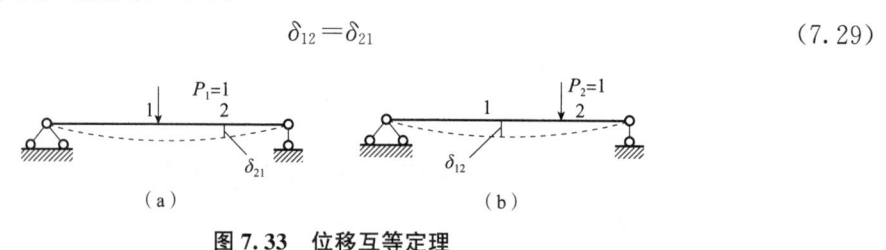

图 7.33 位移互等定理
(a)第Ⅰ状态；(b)第Ⅱ状态

这就是位移互等定理，它表明第二个单位力引起的第一个单位力作用点沿其方向上的位移，等于第一个单位力所引起的第二个单位力作用点沿其方向位移。这里的单位荷载 P_1 和 P_2 可以是广义力，则位移是相应的广义位移。

7.8.3 反力互等定理

这个定理也是功的互等定理的一种特殊情况，它用来说明在超静力结构中两个支座反力分别发生单位位移时，两状态中反力是互等的关系。图 7.34 表示同一超静定结构两种变形状态。根据功的互动定理，有 $r_{12}\Delta_2=r_{21}\Delta_1$。由于 $\Delta_1=\Delta_2=1$，则有式(7.30)。

$$r_{12}=r_{21} \tag{7.30}$$

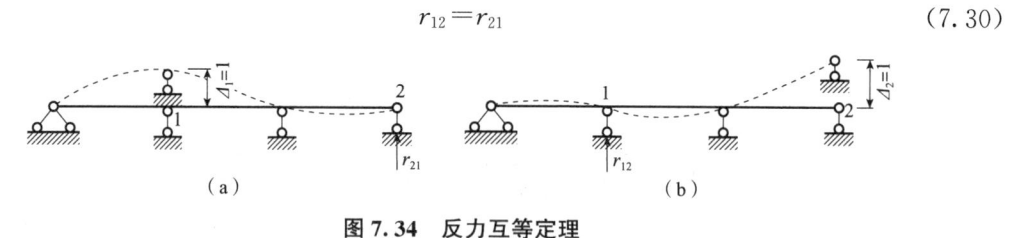

图 7.34 反力互等定理
(a)变形状态Ⅰ；(b)变形状态Ⅱ

这就是反力互动定理。它表明第 1 个支座发生单位位移所引起的第 2 个支座的反力等于第 2 个支座发生单位位移所引起第 1 个支座的反力。

7.8.4 反力位移互等定理

反力位移互等定理仍然是功的互等定理的一个特性，它说明的是一个状态中的反力与另一个状态中位移之间的互等关系。

如图 7.35(a)所示，超静定梁的点"2"的作用单位荷载 $P_2=1$ 时，在支座"1"处引起的反力为 k_{12}，此为状态Ⅰ。如图 7.35(b)所示，该梁的支座"1"沿 k_{12} 的方向发生单位角位移

$\varphi_1=1$ 时，在点"2"沿 $P_2=1$ 的方向上引起的位移为 δ_{21}，称此为状态Ⅱ。根据功的互等定理，则有，$k_{12}\times 1+1\times\delta_{21}=0$，见式(7.31)。

$$k_{12}=-\delta_{21} \qquad (7.31)$$

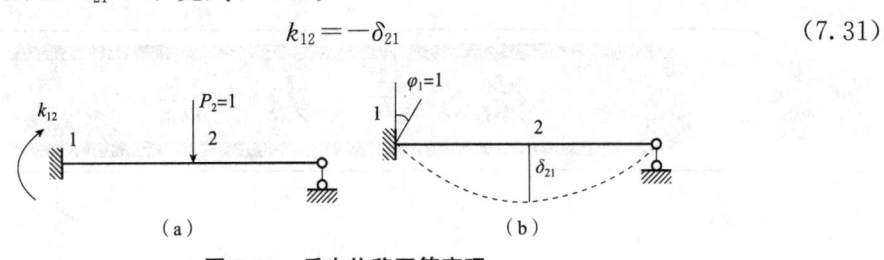

图7.35 反力位移互等定理
(a)状态Ⅰ；(b)状态Ⅱ

这就是反力互等定理，它表明单位荷载引起结构的某支座的反力，等于该支座发生单位位移时所引起单位荷载作用点沿其方向上的位移，但是符号相反。

第8章 力 法

8.1 超静定结构和超静定次数

8.1.1 超静定结构概念

静定结构的全部反力和内力仅用静力平衡条件即可求出。但是在实际工程中,还有一类结构,它们的反力和内力只凭静力平衡条件不能确定或不能完全确定,这类结构称为超静定结构。

如图8.1(a)所示,连续梁结构的支座反力和各截面内力不能完全由静力平衡条件确定,又如图8.2(a)所示,虽然由静力平衡条件可以确定桁架的全部反力,但不能确定其全部杆件的内力,因此,这两个结构都是超静定结构。从几何组成分析结果来看,静定结构是没有多余约束的几何不变体系,而超静定结构是有多余约束的几何不变体系。

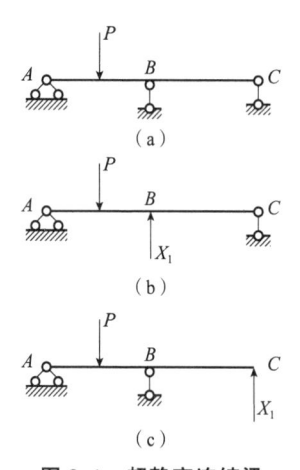

图8.1 超静定连续梁
(a)连续梁;(b)简支梁;(c)伸臂梁

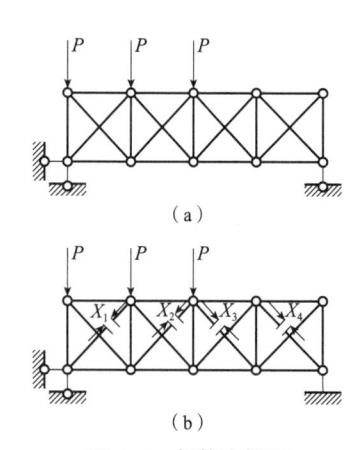

图8.2 超静定桁架
(a)桁架;(b)去掉腹杆的桁架

超静定结构和静定结构在几何组成上都是几何不变的。对于静定结构若去掉一个联系,则将变成几何可变的。但是,对于超静定结构,若去掉其某一个或某几个联系后,则仍然可能是一个几何不变体系。例如,图8.1(a)所示的连续梁,若去掉支座B处的链杆或支座C处的链杆,就得到图8.1(b)、(c)所示的简支梁和伸臂梁,它们都是几何不变的。又如图8.2(a)所示桁架,若去掉其中不在同一节间的四根腹杆,就得到图8.2(b)所示的桁架,它也是几何不变的。由此可以看出,仅就保持结构的几何不变性来说,超静定结构具有多余约束。并从图 8.1 可以看出，多余约束的位置不是固定的。多余约束中产生的力称多余约束力，如图 8.1(b)、(c)中的 X_1，图 8.2(b)中的 X_1、X_2、X_3 和 X_4。

因此，是否具有多余约束，是静定结构与超静定结构的基本区别。

超静定结构由于有多余约束，其内力分布较静定结构均匀，从结构安全上考虑意味着有更大的安全储备，不会因一处支杆失效而引起结构整体破坏。因此，在工程中得到广泛的应用。

8.1.2 超静定结构计算

超静定结构内力与材料的物理性质、截面的几何形状和尺寸有关，并且温度变化、支座移动一般会产生内力，因此，超静定问题的求解要同时考虑结构的"变形、本构、平衡"条件。其计算方法根据未知量的取法及计算工具的不同，有以多余约束力作为基本未知量的力法；以结点位移作为基本未知量的位移法，包含适合手算的力矩分配法，以矩阵为工具的矩阵位移法；同时以结点位移和多余约束力作为基本未知量的混合法。这些方法的基本思想：找出未知问题不能求解的原因，将其化成会求解的问题，找出改造后的问题与原问题的差别，最后消除差别后，改造后的问题的解即为原问题的解。

无论采用什么方法计算超静定结构，都必须综合考虑以下三个条件：

(1)平衡条件：结构的整体及任一部分的受力状态都应满足平衡方程。

(2)几何条件(位移条件)：结构的变形和位移必须符合支承约束条件和变形连续条件。

(3)物理条件：即变形(或位移)与力之间满足一定的物理关系。

8.1.3 超静定次数确定

超静定次数是指超静定结构中多余约束的数目。如果从原结构中去掉 n 个约束，结构就变成静定的，则原结构即为 n 次超静定，即从几何组成分析角度看，超静定次数等于把原结构变成静定结构时所需撤除的约束个数。

从静力分析的角度看，超静定次数等于根据平衡方程计算未知力时所缺少的方程的个数，即超静定次数等于多余未知力的个数，即未知力个数减去平衡方程的个数。

若一个结构有 n 个多余约束，则称其为 n 次超静定结构。常用的判断方法如下：

(1)比较法：与相近的静定结构相比，比静定结构多几个约束即为几次超静定结构。

(2)去约束法：去掉几个约束后成为静定结构，则为几次超静定。

1)去掉一个链杆或切断一个链杆相当于去掉一个约束，如图 8.3 所示。

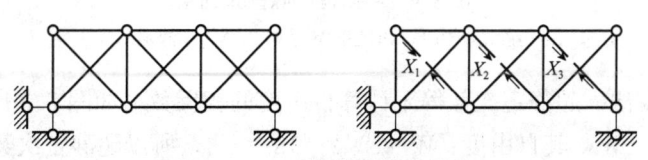

图 8.3 三次超静定桁架结构

2)对于一个刚架[图 8.4(a)]去掉一个固定端支座或切断一根弯曲杆相当于去掉三个约束，如图 8.4(b)~(d)所示。

3)将刚结点变成铰结点或将固定端支座变成固定铰支座相当于去掉一个约束，如图 8.4(e)所示。

(3)一个无铰封闭框有三个多余约束,如图 8.5 所示。若有 n 个封闭框格时,其超静定次数即等于 $3n$。图 8.6(a)所示结构的超静定次数为 $3\times4=12$(次)。在确定封闭框格数目时,应注意由地基本身围成的框格不应计算在内,也就是地基应作为一个开口的刚片。图 8.6(b)所示结构,其封闭框数应为 3 而不是 4。如果框格中含有铰时,由于每增加一个单铰,超静定次数降低一次,当结构中有 h 个单铰时,超静定次数就降低 h 次,其超静定次数为 $3n-h$。图 8.6(c)所示结构的超静定次数为 $3\times4-4=8$(次)。

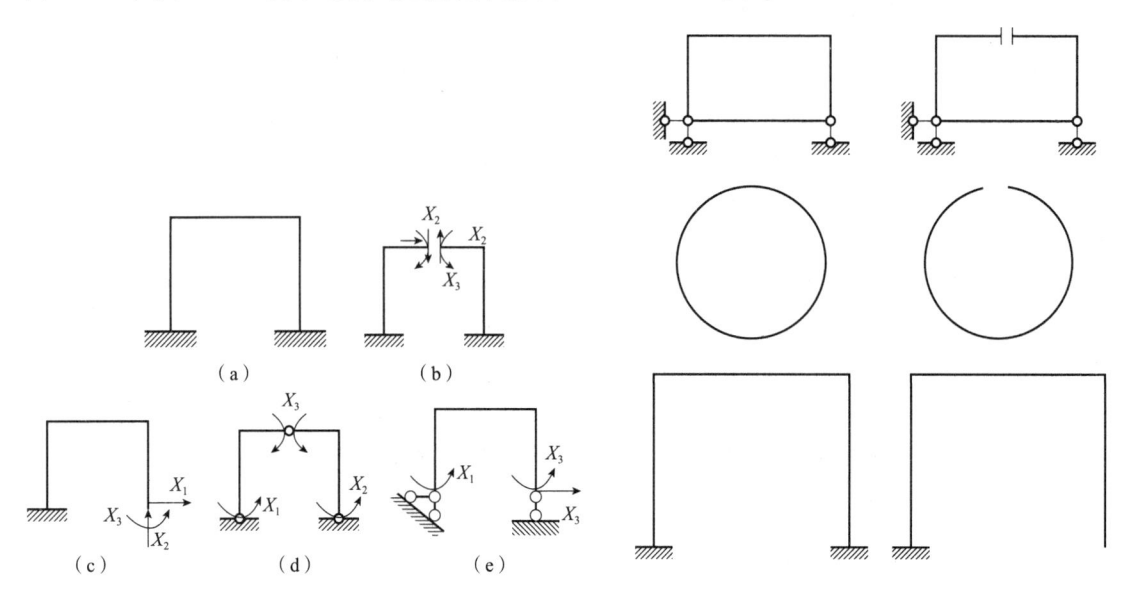

图 8.4　三次超静定刚架结构
(a)刚架；(b)~(d)去掉一个固定端支座或切断一根弯曲杆；
(e)将刚结点变成铰结点或将固定端支座变成固定铰支座

图 8.5　三次超静定封闭框架

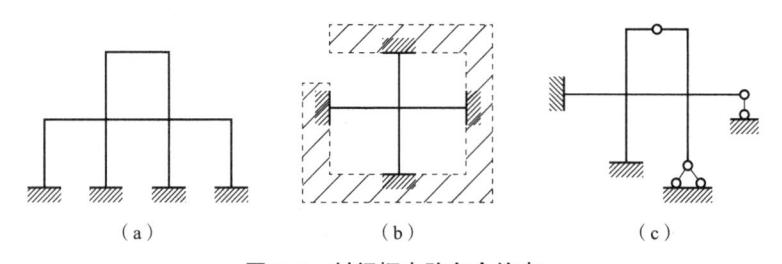

图 8.6　封闭框去除多余约束
(a)超静定结构 1；(b)超静定结构 2；(c)超静定结构 3

(4)计算自由度法。超静定次数等于计算自由度的相反数,如图 8.3 所示。

超静定次数 $=-W$,其自由度：$W=8\times2-19=-3$,所以超静定次数为 3 次。

以上为常用的判断超静定次数的方法,结合实际结构灵活选用。在撤去多余约束时,应该注意以下两点：

(1)不能把原结构拆成一个几何可变体系。如将图 8.1(a)所示梁中的水平支座链杆去掉,这样就变成为几何可变体系。

(2)要把全部多余约束都拆除。图 8.7(a)中闭合框格结构,如果只拆去一根竖向支座链杆，如图 8.7(b)所示，则其闭合框仍然有三个多余约束。还必须将其再切开一个截面，如图 8.7(c)所示，这时，才成为静定结构。因为原结构共有四个多余约束。

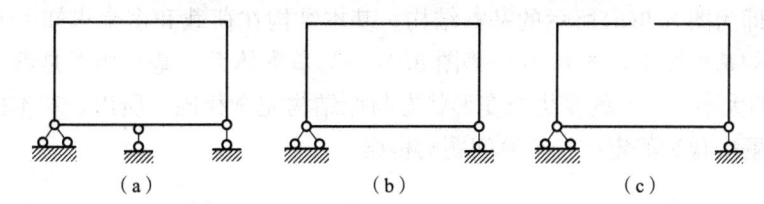

图 8.7 去除多余约束
(a)封闭框格结构；(b)拆去一根竖向链杆；(c)切开一根杆

(5)对于同一个超静定结构，可以采取不同的方式去掉多余约束，而得到不同的静定结构，去掉多余约束的数目总是相同的，不同性质的对于约束带来不同的计算工作量。如图 8.8(a)所示，结构在拆开单铰、去掉支座链杆并在刚结处做一切口后，将可得到图 8.8(b)所示的静定结构，故知原结构为 8 次超静定。例如，对于上述结构，也可以按图 8.8(c)方式去掉多余约束，但是，超静定次数仍是 8 次。

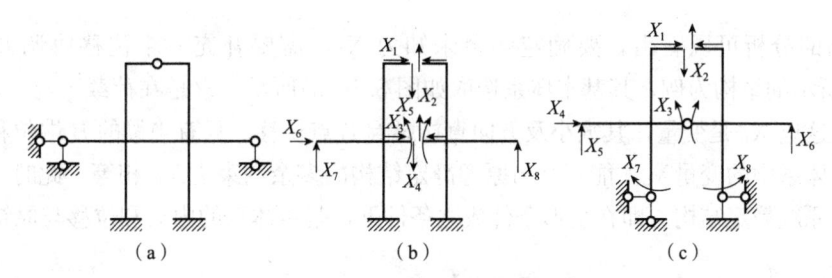

图 8.8 多种去约束
(a)超静定结构；(b)(c)不同去约束得到的静定结构

8.2 力法的基本概念和基本原理

力法是计算超静定结构的基本方法。力法的基本思路是通过去掉多余约束将超静定结构转化为静定结构，利用位移协调条件求出多余力，再求静定结构在荷载与多余力共同作用下的支座反力和内力。这样就将未知的超静定结构的计算问题转化为熟知的静定结构的计算问题。

8.2.1 基本未知量与基本体系

图 8.9(a)所示的一次超静定梁，共有四个支座反力 X_A、X_B、Y_A、M_A，显然不能完全用三个静力平衡方程求出，需要补充一个方程。若撤去支座 B，代以一个相应的多余未知力 X_1，如图 8.9(b)所示，这时结构变成了静定体系。如能将 X_1 求出，则原结构就转化为在荷载 q 和 X_1 共同作用下的静定结构的计算问题，其余支座反力和内力就可以用平衡条件求出。所以，力法的关键问题是求多余力 X_1。由于原结构 B 支座为刚性链杆支撑，B 点的竖向位移为零，所以在图 8.9(b)所示的结构中 B 点的竖向位移也应该为零，因此，可以以此

为条件，建立补充方程，从而确定多余力 X_1。

在超静定结构中，去掉多余约束所得到的静定结构称为力法的基本结构，图 8.9(c)所示的静定结构即为图 8.9(a)所示的基本结构。基本结构在荷载和多余未知力共同作用下的体系称为力法的基本体系，图 8.9(b)为图 8.9(a)的基本体系。基本体系是静定结构，可以通过调节 X_1 的大小，使它的受力与变形状态与原结构完全相同。所以，基本体系是将超静定结构计算问题转化为静定结构计算问题的桥梁。

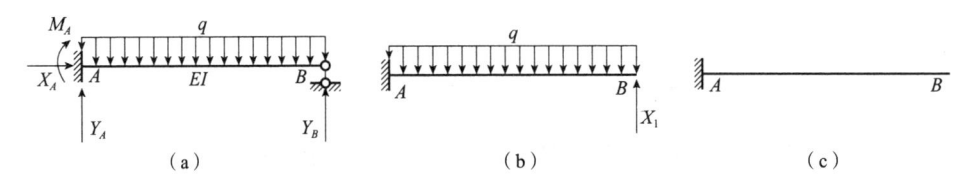

图 8.9 超静定结构的基本未知量与基本体系
(a)超静定结构；(b)基本体系；(c)基本结构

8.2.2 基本方程

从上面的分析可以看出，要确定多余未知力 X_1，需要补充一个位移协调方程。仍以图 8.9(a)所示的结构为例，其基本体系选取如图 8.10(a)所示，它是在荷载 q 与 X_1 共同作用下的体系。这里 X_1 是变量，其大小及方向直接影响 B 点位移。只有当梁的 B 端位移正好等于零时，基本体系中的变量 X_1 才能正好与原超静定结构的多余约束力 Y_B 相等。此时，基本体系才能等效于原超静定结构。即在变形条件成立条件下，基本体系的内力和位移与原结构相同。

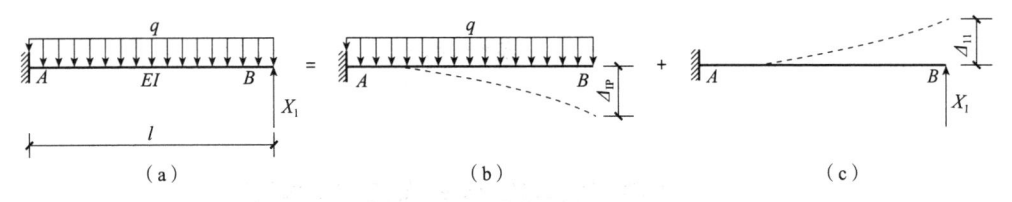

图 8.10 力法基本方程的建立
(a)基本体系；(b)基本结构在荷载单独作用沿 X_1 方向的位移 Δ_{1P}；(c)基本结构在未知力 X_1 单独作用沿 X_1 方向的位移 Δ_{11}

因此，基本体系转化为原超静定结构的条件：基本体系沿多余未知力 X_1 方向的位移 Δ_1 应与原结构相同。即式(8.1)：

$$\Delta_1 = 0 \tag{8.1}$$

式(8.1)是一个变形条件，也即计算多余未知力 X_1 的补充条件。

从图 8.10 可以看出，基本体系 B 点沿 X_1 方向位移可分为两部分：在外荷载 q 作用下产生的位移 Δ_{1P}；在未知力 X_1 作用下产生的位移 Δ_{11}。如果结构是线性变形体系，根据叠加原理，变形条件可写成式(8.2)

$$\Delta_1 = \Delta_{11} + \Delta_{1P} = 0 \tag{8.2}$$

式中 Δ_1——基本体系(基本结构在荷载与未知力 X_1 共同作用下)沿 X_1 方向的总位移，即图 8.10(a)中 B 点的竖向位移；

Δ_{1P}——基本结构在荷载单独作用下沿 X_1 方向的位移，如图 8.10(b)所示；

Δ_{11}——基本结构在未知力 X_1 单独作用下沿 X_1 方向的位移,如图 8.10(c)所示。

上述位移与所设 X_1 的正方向相同时规定为正;反之为负。

在线性变形体系中,令 $X_1=1$ 时的位移为 δ_{11},则位移 Δ_{11} 与 X_1 成正比,可表示为式(8.3)

$$\Delta_{11}=\delta_{11}X_1 \tag{8.3}$$

式中,系数 δ_{11} 表示基本结构在单位力 $X_1=1$ 单独作用下沿 X_1 方向产生的位移,如图 8.11(b)所示。

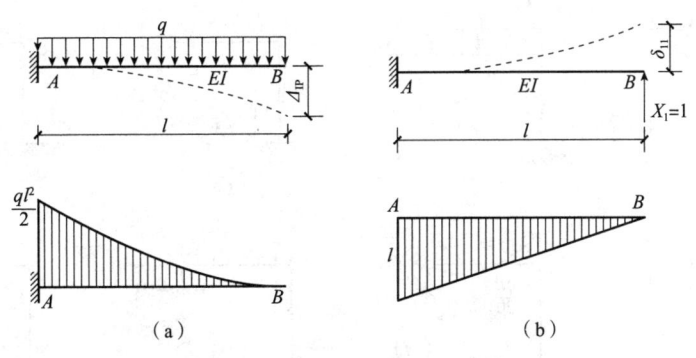

图 8.11 力法基本体系的位移计算
(a)M_P 图;(b)$\overline{M}$ 图

则变形条件可写成式(8.4)

$$\delta_{11}X_1+\Delta_{1P}=0 \tag{8.4}$$

上式即为力法求解多余力的方程,简称力法方程。其中,系数 δ_{11} 和自由项 Δ_{1P} 是基本结构(静定结构)的位移,画出 M_P 图、$\overline{M}$ 图,如图 8.11 所示,用单位荷载法图乘计算,得

$$\Delta_{1P}=-\frac{1}{EI}\left(\frac{1}{3}\times l\times\frac{1}{2}ql^2\right)\times\frac{3}{4}l=-\frac{ql^4}{8}$$

$$\delta_{11}=\frac{1}{EI}\left(\frac{1}{2}\times l\times l\right)\times\frac{2}{3}l=\frac{l^3}{3EI}$$

代入式(8.4),求得 $X_1=\dfrac{3}{8}ql$

求得的 X_1 是正号,表示其方向与所设的方向相同,即向上。

多余未知力 X_1 求出后,就可以利用静力平衡条件求原结构的支座反力和任一截面的内力,叠加 $M=M_P+X_1\overline{M}$ 绘制弯矩图。计算结果如图 8.12 所示。

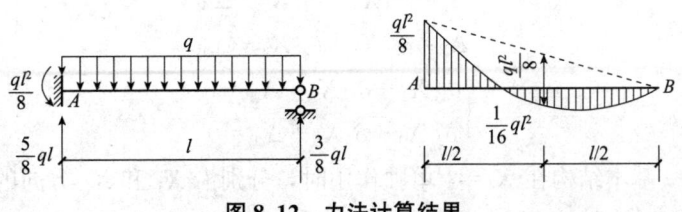

图 8.12 力法计算结果

综上,力法基本思路:原超静定结构解除多余约束,转化为静定结构—多余约束代以多余未知力—基本未知力—分析基本结构在单位基本未知力和外界因素作用下的位移,建立位移协调条件—力法方程—从力法方程解得基本未知力,由叠加原理获得结构内力。

8.2.3 典型方程

前面讨论了一次超静定结构的力法方程，如果结构是多次超静定，基本方法是相同的。图 8.13(a)所示为两次超静定结构，因此，必须去掉两个多余约束。若撤除图示铰支座，以相应的多余未知力 X_1 和 X_2 代替，得到图 8.13(b)所示的基本体系，而 X_1 和 X_2 即为基本未知量。

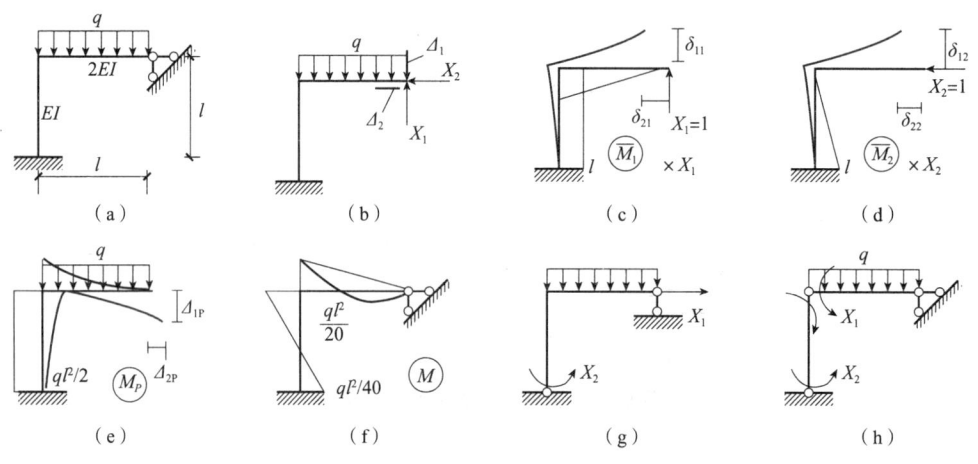

图 8.13　两次超静定的力法方程的建立
(a)超静定结构；(b)基本体系；(c)$\overline{M}_1$ 图；(d)$\overline{M}_2$ 图；(e)M_P 图；(f)M 图；(g)(h)其他基本体系

为确定基本未知量 X_1 和 X_2，可利用多余约束处的变形条件，即基本体系在荷载和多余未知力 X_1 和 X_2 共同作用下在支座处点沿 X_1 和 X_2 方向的位移与原结构在支座点的位移相同，即都等于零。因此，变形条件可写为式(8.5)：

$$\begin{cases} \Delta_1 = 0 \\ \Delta_2 = 0 \end{cases} \tag{8.5}$$

式中　Δ_1——基本体系在 X_1、X_2 和荷载共同作用下沿 X_2 方向的位移，即铰结点的竖向位移；

Δ_2——基本体系在 X_1、X_2 和荷载共同作用下沿 X_2 方向的位移，即铰结点的水平位移。

在线性变形体系中，利用叠加原理，将式中的 Δ_1 和 Δ_2 展开表示为式(8.6)和式(8.7)：

$$\begin{cases} \Delta_1 = \delta_{11} X_1 + \delta_{12} X_2 + \Delta_{1P} \\ \Delta_2 = \delta_{21} X_1 + \delta_{22} X_2 + \Delta_{2P} \end{cases} \tag{8.6}$$

也即

$$\begin{cases} \delta_{11} X_1 + \delta_{12} X_2 + \Delta_{1P} = 0 \\ \delta_{21} X_1 + \delta_2 X_2 + \Delta_{2P} = 0 \end{cases} \tag{8.7}$$

式中　δ_{11}、δ_{21}——基本结构在 $X_1 = 1$ 单独作用时，分别沿 X_1 和 X_2 方向的位移；

δ_{22}、δ_{12}——基本结构在 $X_2 = 1$ 单独作用时，分别沿 X_1 和 X_2 方向的位移；

Δ_{1P}、Δ_{2P}——基本结构在荷载单独作用时，分别沿 X_1 和 X_2 方向的位移。

依次绘出 $\overline{M}_1$ 图、$\overline{M}_2$ 图和 M_P 图，如图 8.13(c)~(e)所示，计算出 δ_{11}、δ_{21}、δ_{22}、δ_{12}、Δ_{1P}、Δ_{2P}。

$$\delta_{11} = \frac{1}{2EI} \cdot \frac{l^2}{2} \cdot \frac{2l}{3} + \frac{1}{EI} \cdot l^3 = \frac{7}{6} \cdot \frac{l^3}{EI}$$

$$\delta_{21} = \frac{1}{EI} \cdot \frac{l^2}{2} \cdot l = \frac{1}{2} \cdot \frac{l^3}{EI}$$

$$\delta_{22} = \frac{1}{EI} \cdot \frac{l^2}{2} \cdot \frac{2l}{3} = \frac{1}{3} \cdot \frac{l^3}{EI}$$

$$\Delta_{1P} = -\frac{9}{16} \cdot \frac{ql^4}{EI}$$

$$\Delta_{2P} = -\frac{1}{4} \cdot \frac{ql^4}{EI}$$

$$X_1 = 9ql/20, \quad X_2 = 3ql/40$$

根据式图乘法求得多余未知力 X_1 和 X_2 后，便可应用静力平衡条件求出原结构的其他全部支座反力和杆件内力。此外，也可利用叠加原理求内力，如任一截面的弯矩可用叠加式(8.8)计算，最终弯矩图如图 8.13(f)所示：

$$M = \overline{M_1} X_1 + \overline{M_2} X_2 + M_P \tag{8.8}$$

超静定结构可以按不同方式选取力法的基本结构和相应的基本未知量，如图 8.13(a)所示结构，除图 8.13(b)基本体系外，还可用图 8.13(g)或(h)所示的静定结构作为基本体系。这时，力法的基本方程在形式上与式(8.7)是完全相同，但由于实际含义不同，因而变形条件的实际含义也不同。此外，还需注意基本结构必须是几何不变的。因此，几何不变体系不能作为基本结构。基本结构选取的不同将影响计算工作量的大小。

如果是 n 次超静定结构，它就有 n 个多余约束。用力法计算时，必须去掉 n 个约束，得到静定的基本结构，因此，力法的基本未知量就为 X_1、X_2……X_n n 个未知力，而力法的基本方程则为 n 个多余约束处的 n 个变形条件，即基本体系在 X_1、X_2……X_n 和荷载共同作用下沿 n 个多余未知力方向的位移应与原结构相应的位移相等。在线性变形体系中，根据叠加原理，n 个变形条件可写为式(8.9)：

$$\begin{cases} \delta_{11} X_1 + \delta_{12} X_2 + \cdots + \delta_{1n} X_n + \Delta_{1P} = 0 \\ \delta_{21} X_1 + \delta_{22} X_2 + \cdots + \delta_{2n} X_n + \Delta_{2P} = 0 \\ \cdots\cdots\cdots\cdots \\ \delta_{n1} X_1 + \delta_{n2} X_2 + \cdots + \delta_{nn} X_n + \Delta_{nP} = 0 \end{cases} \tag{8.9}$$

式(8.9)为 n 次超静定结构在荷载作用下力法方程的一般形式，称为力法方程的典型形式。该方程只和未知量个数(超静定次数)有关。

式中系数 δ_{ij} 和自由项 Δ_{iP} 分别表示基本结构在单位力和荷载作用下的位移。位移符号中采用两个下标：第一个下标表示位移的方向，第二个下标表示产生位移的原因。例如，δ_{ij}，由单位力 $X_j = 1$ 单独作用于基本结构时产生的沿 X_i 方向的位移，也称为柔度系数；Δ_{iP}，由荷载单独作用于基本结构时产生的沿 X_i 方向的位移。

由于系数 δ_{ij} 和自由项 Δ_{iP} 均为位移，其符号规定：当 δ_{ij} 或 Δ_{iP} 的方向与相应的所设力 X_i 正方向相同时为正；否则为负。

式中，主对角线上的系数 δ_{11}、δ_{22}……δ_{nn} 称为主系数。主系数 δ_{ii} 代表 X_i 作用时，基本结构沿 X_i 方向的位移，因此，它总是与单位力 $X_i = 1$ 方向一致，所以，δ_{ii} 总是正值且不为零。不在主对角线上的系数 $\delta_{ij}(i\neq j)$ 称为副系数，副系数可以是正值，也可以是负值，或为零。根据位移互等定理，有 $\delta_{ij}=\delta_{ji}$。

式(8.9)也可用矩阵形式表示，如式(8.10)所示：

$$\begin{bmatrix} \delta_{11} & \delta_{12} & \cdots & \delta_{1n} \\ \delta_{21} & \delta_{22} & \cdots & \delta_{2n} \\ \cdots & \cdots & & \cdots \\ \delta_{n1} & \delta_{n2} & \cdots & \delta_{nn} \end{bmatrix} \begin{bmatrix} X_1 \\ X_2 \\ \cdots \\ X_n \end{bmatrix} + \begin{bmatrix} \Delta_{1P} \\ \Delta_{2P} \\ \cdots \\ \Delta_{nP} \end{bmatrix} = \begin{bmatrix} 0 \\ 0 \\ \cdots \\ 0 \end{bmatrix} \quad (8.10)$$

式中由柔度系数 δ_{ij} 组成的矩阵称为柔度矩阵，它是一个对称矩阵。因此，力法方程也称为柔度方程，力法也称为柔度法。

系数和自由项求得后，解力法方程组，即可求得多余未知力 X_1、X_2……X_n，然后根据静力平衡条件或叠加原理，计算各截面内力，绘制内力图。按叠加原理计算内力的公式为式(8.11)

$$\begin{cases} M = \overline{M}_1 X_1 + \overline{M}_2 X_2 + \cdots + \overline{M}_i X_i \cdots + \overline{M}_n X_n + M_P \\ Q = \overline{Q}_1 X_1 + \overline{Q}_2 X_2 + \cdots + \overline{Q}_i X_i \cdots + \overline{Q}_n X_n + Q_P \\ N = \overline{N}_1 X_1 + \overline{N}_2 X_2 + \cdots + \overline{N}_i X_i \cdots + \overline{N}_n X_n + N_P \end{cases} \quad (8.11)$$

式中 $\overline{M}_i$、$\overline{Q}_i$、$\overline{N}_i$——基本结构由于 $X_i=1$ 单独作用时所产生的任一截面的内力；

M_P、Q_P、N_P——基本结构由于荷载单独作用时所产生的相应截面的内力。

综上所述，力法典型方程是体系的变形协调方程，其方程形式只和超静定次数有关，不同的基本结构位移形式不一样。

8.3 超静定梁、刚架和排架

根据上节所述，用力法计算超静定梁、刚架的基本步骤如下：

(1)选取基本体系。在原结构上去掉多余约束得到静定的基本体系。同一结构可以按不同的方式选取基本结构，因此，选取基本结构时，应以计算简单为原则，但要注意，基本结构不能为几何可变体系或几何瞬变体系。

(2)列力法方程。根据基本体系(在荷载和多余未知力共同作用下)在多余未知力处的变形与原结构在多余约束处变形相等的条件建立力法典型方程。

(3)计算系数和自由项。对于梁和刚架，通常忽略剪力和轴力对位移的影响，只需考虑弯矩的影响。因此，力法方程中系数和自由项可以利用图乘法计算，分别作出基本结构在单位力作用下的内力图和荷载作用下的内力图，图乘确定柔度系数和自由项。

(4)解方程，求出多余未知力。

(5)作内力图。首先利用叠加公式作弯矩图，然后根据杆件平衡条件和结点平衡条件作剪力图和轴力图。

【**例 8.1**】 试分析图 8.14(a)所示单跨超静定梁。$EI=$常数。

解：(1)此梁有三个多余约束，为三次超静定。

(2)去掉 A、B 端抗转动约束及 B 端水平支座链杆，得到一简支梁为基本体系，如图 8.14(b)所示。

(3)基本体系应满足在 A 端，B 端的转角和 B 端的水平位移等于零的变形条件，写出力

法典型方程为

$$\begin{cases} \delta_{11}X_1+\delta_{12}X_2+\delta_{13}X_3+\Delta_{1P}=0 \\ \delta_{21}X_1+\delta_{22}X_2+\delta_{23}X_3+\Delta_{2P}=0 \\ \delta_{31}X_1+\delta_{32}X_2+\delta_{33}X_3+\Delta_{3P}=0 \end{cases}$$

(4)计算系数和自由项(只考虑弯曲变形的影响)。先绘制基本结构分别在 $X_1=1$，$X_2=1$ 和 $X_3=1$ 单独作用下的弯矩图，即 $\overline{M}_1$ 图，$\overline{M}_2$ 图和 $\overline{M}_3$ 图，如图 8.14(c)~(e)所示，以及基本结构在荷载单独作用下的弯矩图，即 M_P 图，如图 8.14(f)所示，可得

$$\delta_{11}=\frac{1}{EI}\left(\frac{1}{2}\times l\times 1\right)\times\frac{2}{3}\times 1=\frac{l}{3EI}$$

$$\delta_{22}=\frac{1}{EI}\left(\frac{1}{2}\times l\times 1\right)\times\frac{2}{3}\times 1=\frac{l}{3EI}$$

$$\delta_{33}=0+\frac{l}{EA}=\frac{l}{EA}$$

（因为 $\overline{M}_3=0$，不用考虑轴力对位移的影响）

$$\delta_{12}=\delta_{21}=-\frac{1}{EI}\left(\frac{1}{2}\times l\times 1\right)\times\frac{1}{3}\times 1=-\frac{l}{6EI}$$

$$\delta_{13}=\delta_{31}=0$$

$$\delta_{23}=\delta_{32}=0$$

$$\Delta_{1P}=\frac{1}{EI}\left(\frac{2}{3}\times\frac{1}{8}ql^2\times l\right)\times\frac{1}{2}\times 1=\frac{ql^2}{24EI}$$

$$\Delta_{2P}=-\frac{1}{EI}\left(\frac{2}{3}\times\frac{1}{8}ql^2\times l\right)\times\frac{1}{2}\times 1=-\frac{ql^2}{24EI}$$

$$\Delta_{3P}=0$$

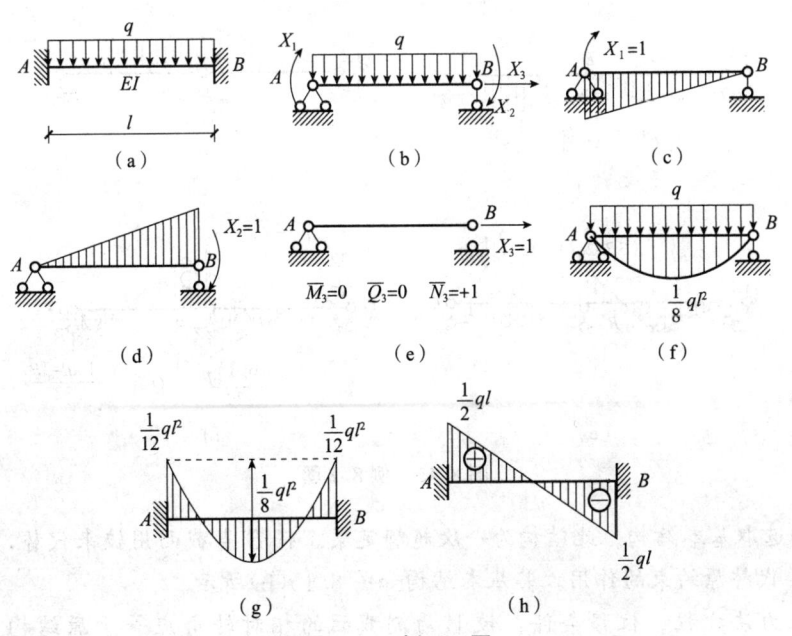

图 8.14 例 8.1 图

(5)解力法方程，求多余约束力。将求得的系数及自由项，代入力法方程化简后得

$$\begin{cases} 2X_1 - X_2 + \dfrac{1}{4}ql^2 = 0 \\ -X_1 + 2X_2 - \dfrac{1}{4}ql^2 = 0 \\ \dfrac{l}{EA}X_3 = 0 \end{cases}$$

解联立方程，得

$$X_1 = -\dfrac{1}{12}ql^2,\ X_2 = \dfrac{1}{12}ql^2,\ X_3 = 0$$

这表明两端固定的梁在垂直于梁轴线的荷载作用下并不产生水平反力。

由以上运算可看出，力法方程中每个系数和自由项均与各杆的 EI 有关，因而可以消去。由此可知，在荷载作用下，超静定结构的内力只与各杆 EI 的相对值有关，而与各杆 EI 的绝对值无关。

(6)作内力图。根据弯矩叠加公式 $M = \overline{M_1}X_1 + \overline{M_2}X_2 + \overline{M_3}X_3 + M_P$ 绘出弯矩图，如图 8.14(g)所示，再利用平衡条件绘出剪力图，如图 8.14(h)所示。

【**例 8.2**】 图 8.15(a)所示的梁，试用力法作其弯矩和剪力图。已知 $EI = $ 常数。

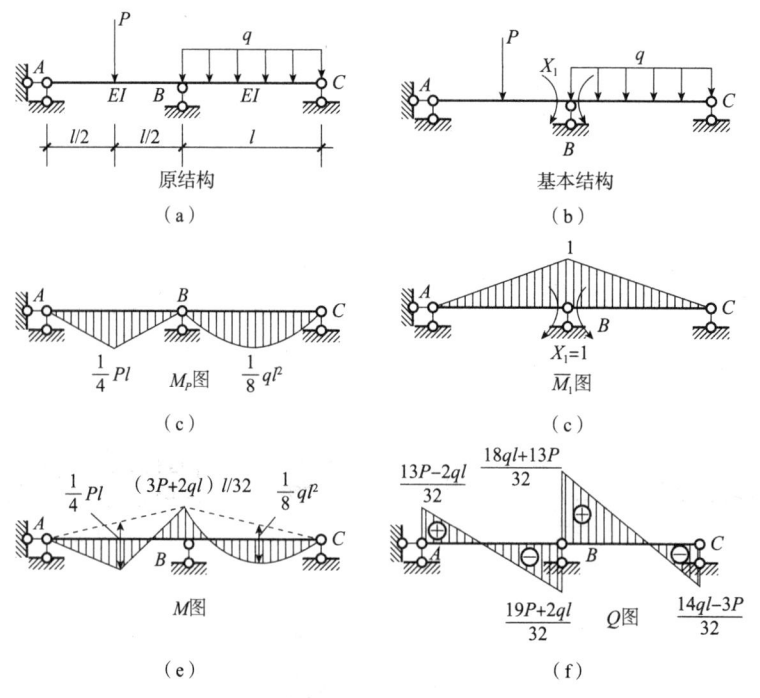

图 8.15 例 8.2 图

解：(1)选取基本结构。此结构为一次超静定梁。将 B 点截面用铰来代替，以相应的多余未知力 X_1 代替原约束的作用，其基本结构如图 8.15(b)所示。

(2)建立力法方程。位移条件：铰 B 两侧截面的相对转角应等于原结构 B 点两侧截面的相对转角。由于原结构的实际变形是处处连续的，显然同一截面两侧不可能有相对

转动或移动，故位移条件为 B 点两侧截面相对转角等于零。由位移条件建立力法方程如下：
$$\delta_{11}X_1+\Delta_{1P}=0$$

(3) 计算系数和自由项。分别作基本结构的荷载弯矩图 M_P 图和单位弯矩图 $\overline{M}_1$ 图，如图 8.15(c)、(d) 所示。利用图乘法求得系数和自由项分别如下：

$$\delta_{11}=\frac{2l}{3EI} \qquad \Delta_{1P}=-\frac{(3P+2ql)l^2}{48EI}$$

(4) 求未知力。将以上系数和自由项代入力法方程，得
$$X_1=\frac{(3P+2ql)l}{32}$$

(5) 作内力图。

1) 根据叠加原理作弯矩图，如图 8.15(e) 所示。

2) 根据弯矩图和荷载作剪力图，如图 8.15(f) 所示。

【例 8.3】 作图 8.16(a) 所示超静定刚架的弯矩图。已知刚架各杆 EI 均为常数。

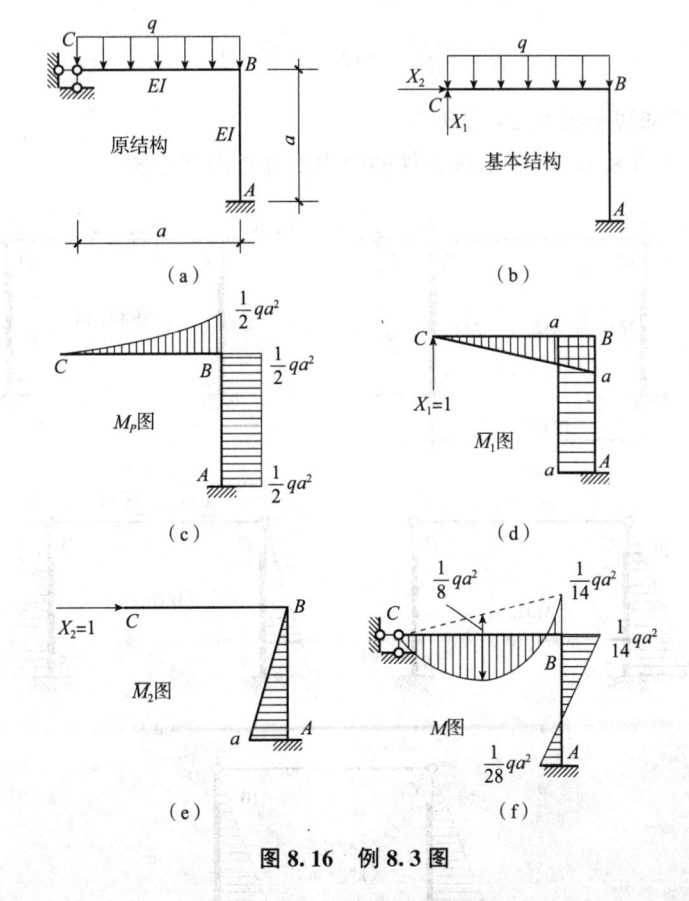

图 8.16 例 8.3 图

解：(1) 选取基本结构。此结构为二次超静定刚架，去掉 C 支座约束，代之以相应的多余未知力 X_1、X_2，得图 8.16(b) 所示悬臂刚架作为基本结构。

(2) 建立力法方程。原结构 C 支座处无竖向位移和水平位移，则其力法方程为

$$\delta_{11}X_1+\delta_{12}X_2+\Delta_{1P}=0$$
$$\delta_{21}X_1+\delta_{22}X_2+\Delta_{2P}=0$$

(3)计算系数和自由项。分别作基本结构的荷载弯矩图 M_P 图和单位弯矩图 $\overline{M}_1$ 图、$\overline{M}_2$ 图，如图 8.16(c)～(e)所示。利用图乘法计算各系数和自由项分别为

$$\delta_{11}=\frac{1}{EI}\left(\frac{1}{2}\times a\times a\times \frac{2}{3}a+a\times a\times a\right)=\frac{4a^3}{3EI}$$

$$\delta_{22}=\frac{a^3}{3EI} \qquad \delta_{12}=\delta_{21}=\frac{a^3}{2EI}$$

$$\Delta_{1P}=-\frac{5qa^4}{8EI} \qquad \Delta_{2P}=-\frac{qa^4}{4EI}$$

(4)求未知力。

$$\frac{a^3}{2EI}X_1+\frac{a^3}{3EI}X_2-\frac{qa^4}{4EI}=0$$

$$\frac{4a^3}{3EI}X_1+\frac{a^3}{2EI}X_2-\frac{5qa^4}{8EI}=0$$

解得 $X_2=\frac{3qa}{28}(\rightarrow)\quad X_1=\frac{3qa}{7}(\uparrow)$

(5)叠加法作弯矩图如图 8.16(f)所示。

【例 8.4】 计算图 8.17(a)所示排架柱的内力，并作出弯矩图。

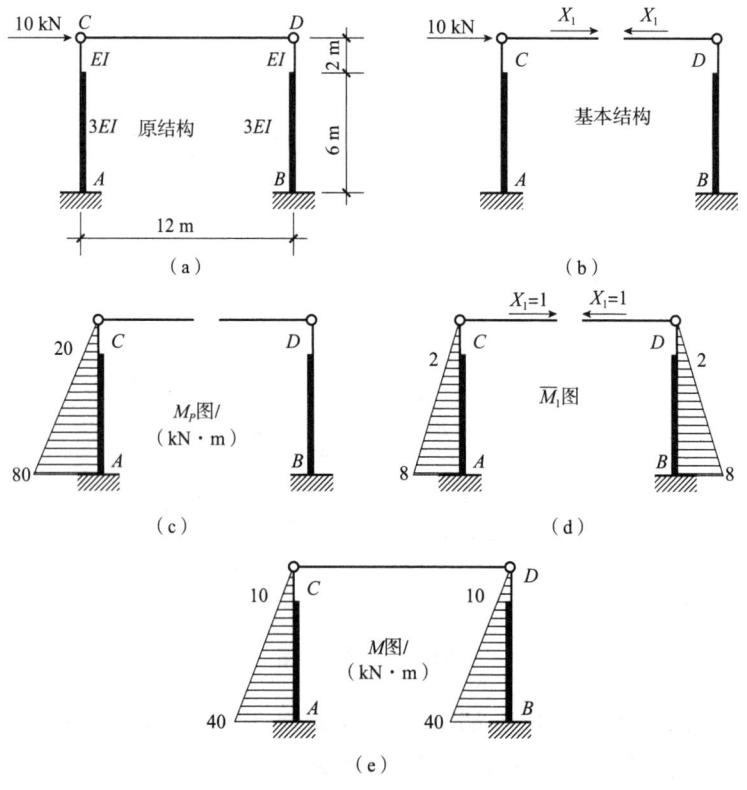

图 8.17 例 8.4 图

解：(1)选取基本结构。此排架是一次超静定结构，切断横梁代之以多余未知力 X_1 得到基本结构如图 8.17(b)所示。

(2)建立力法方程。
$$\delta_{11}X_1+\Delta_{1P}=0$$

(3)计算系数和自由项。分别作基本结构的荷载弯矩图 M_P 图和单位弯矩图 $\overline{M_1}$ 图如图 8.17(c)和(d)所示。利用图乘法计算系数和自由项分别如下

$$\delta_{11}=\frac{2}{EI}\times\frac{1}{2}\times2\times2\times\frac{2}{3}\times2+\frac{2}{3EI}\left[\frac{1}{2}\times2\times6\times\left(\frac{2}{3}\times2+\frac{1}{3}\times8\right)+\frac{1}{2}\times6\times8\right.$$
$$\left.\times\left(\frac{2}{3}\times8+\frac{1}{3}\times2\right)\right]=\frac{352}{3EI}$$

(4)计算多余未知力。
$$\Delta_{1P}=\frac{1}{EI}\times\frac{1}{2}\times2\times20\times\frac{2}{3}\times2+\frac{1}{3EI}\left[\frac{1}{2}\times6\times20\times\left(\frac{2}{3}\times2+\frac{1}{3}\times8\right)+\frac{1}{2}\times6\times80\times\right.$$
$$\left.\left(\frac{2}{3}\times8+\frac{1}{3}\times2\right)\right]=\frac{1\,760}{3EI}$$

将系数和自由项代入力法方程，得
$$\frac{352}{3EI}X_1+\frac{1\,760}{3EI}=0$$

解得
$$X_1=-5\text{ kN}$$

(5)叠加法作弯矩图如图 8.17(e)所示。

单层厂房常采用排架结构，它由屋架(屋面大梁)、柱和基础组成。当排架柱上(柱顶)受力时，进行排架内力计算时，屋架刚度很大，常可将屋架简化为与柱顶交接刚度无限大的链杆。注意基础的刚性连接简化为固定端。计算排架时一般将两端铰支的横梁作为多余约束而切断，代以相应约束力，利用切口两侧相对位移为零的条件，建立力法方程。

8.4 超静定桁架和组合结构

8.4.1 超静定桁架

桁架的杆件全部为二力杆，在结点荷载作用下，杆件内力只有轴力。因此，力法方程中的系数和自由项的表达式见式(8.12)：

$$\left.\begin{array}{l}\delta_{ii}=\sum\dfrac{\overline{N_i}\,\overline{N_i}}{EA}l\\[6pt]\delta_{ij}=\sum\dfrac{\overline{N_i}\,\overline{N_j}}{EA}l\\[6pt]\Delta_{iP}=\sum\dfrac{\overline{N_i}N_P}{EA}l\end{array}\right\} \quad(8.12)$$

叠加法计算各杆最后的轴力为式(8.13)。
$$N=\overline{N_1}X_1+\overline{N_2}X_2+\cdots\cdots+\overline{N_n}X_n+N_P \tag{8.13}$$

【例 8.5】 求图 8.18(a)所示超静定桁架各杆件的内力。已知各杆 EA 相同。

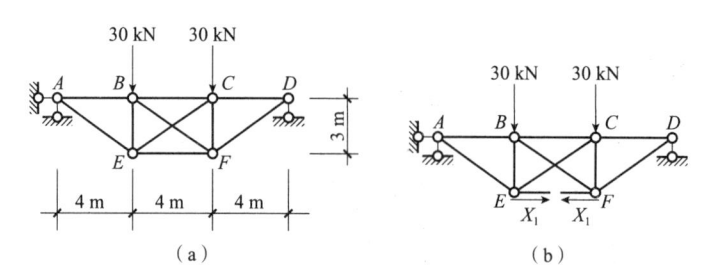

图 8.18 例 8.5 图

解：（1）选取基本结构。此结构为一次超静定桁架，切断下弦杆 EF 代之以相应的多余未知力 X_1，得到图 8.18(b)所示静定桁架作为基本结构。

（2）建立力法方程。按照原结构变形连续的条件，基本结构上与 X_1 相应的位移，即切口两侧截面沿杆轴方向的相对位移应为零，故力法方程为

$$\delta_{11}X_1 + \Delta_{1P} = 0$$

（3）计算系数和自由项。基本结构分别受单位力 $X_1=1$ 和荷载作用引起的各杆内力列入表 8.1，δ_{11}、Δ_{1P} 的计算也已在该表中示出。由表 8.1 可得

$$\delta_{11} = \frac{1}{EA}\sum \overline{N_1}^2 l = \frac{27}{EA}$$

$$\Delta_{1P} = \frac{1}{EA}\sum N_P \overline{N_1} l = \frac{-1\,215}{EA}$$

表 8.1 桁架杆件内力

杆件	$\overline{N_1}$	N_P/kN	l/m	$\overline{N_1}N_P l$	$\overline{N_1}^2 l$	N/kN
AE	0	50	5	0	0	50
AB	0	−40	4	0	0	−40
BE	0.75	−60	3	−135	1.687 5	−26.25
BC	1	−80	4	−320	4	−35
BF	−1.25	50	5	−312.5	7.812 5	6.25
EF	1	0	4	0	4	45
CF	0.75	−60	3	−135	1.687 5	−26.25
CD	0	−40	4	0	0	−40
DF	0	50	5	0	0	50
CE	−1.25	50	5	−312.5	7.812 5	−6.25
$\sum$				−1 215	27	

（4）求多余未知力。将以上系数和自由项代入力法方程，得

$$\frac{27}{EA}X_1 - \frac{1\,215}{EA} = 0$$

$$X_1 = 45 \text{ kN}$$

(5)计算各杆内力。根据叠加原理,各杆内力为 $N=\overline{N_1}X_1+N_P$,由此式计算得到各杆轴力,将结果列入表的最后一栏。

8.4.2 超静定组合结构

组合结构是由梁式杆和链杆组成的结构。在组合结构中,链杆只受轴力作用,而梁式杆既承受轴力,也承受轴力和剪力作用。在计算位移时,对链杆只考虑轴力项的影响,对梁式杆则只考虑弯矩项的影响,忽略轴力和剪力项的影响。因此,力法方程的系数和自由项的计算公式为式(8.14)。

$$\left.\begin{aligned}\delta_{ii}&=\sum\frac{\overline{N_i}\,\overline{N_i}}{EA}l+\sum\int\frac{\overline{M_i}\,\overline{M_i}}{EI}\mathrm{d}x\\ \delta_{ij}&=\sum\frac{\overline{N_i}\,\overline{N_j}}{EA}l+\sum\int\frac{\overline{M_i}\,\overline{M_j}}{EI}\mathrm{d}x\\ \Delta_{iP}&=\sum\frac{\overline{N_i}N_P}{EA}l+\sum\int\frac{\overline{M_i}M_P}{EI}\mathrm{d}x\end{aligned}\right\} \tag{8.14}$$

叠加法计算各杆最后的内力为式(8.15)。

$$\begin{aligned}N&=\overline{N_1}X_1+\overline{N_2}X_2+\cdots\cdots+\overline{N_n}X_n+N_P\\ M&=\overline{M_1}X_1+\overline{M_2}X_2+\cdots\cdots+\overline{M_n}X_n+M_P\end{aligned} \tag{8.15}$$

【例 8.6】 计算图 8.19(a)所示超静定组合结构的内力。横梁惯性矩和链杆横截面面积分别为 $I=1\times10^{-4}\mathrm{m}^4$,$A=1\times10^{-3}\mathrm{m}^3$,$E$ 为常数。

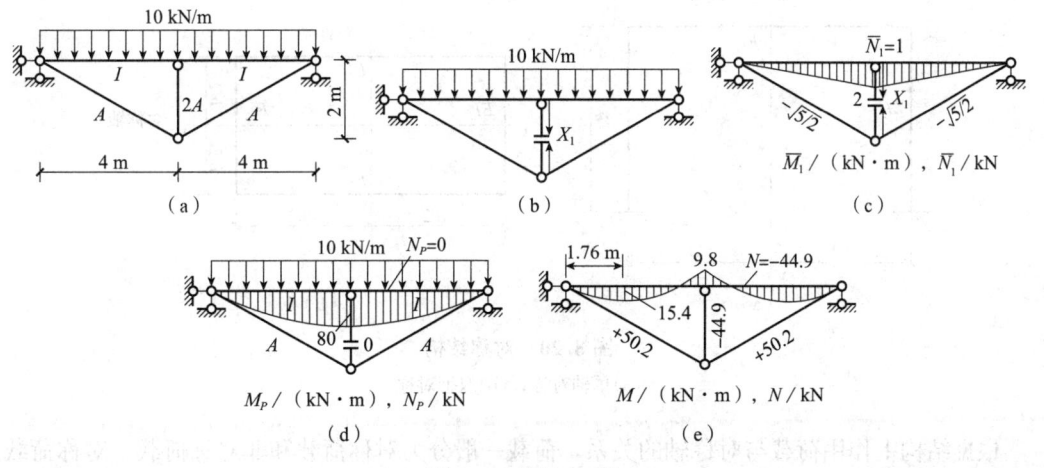

图 8.19 例 8.6 图

解:(1)选取基本结构。此结构为一次超静定桁架,切断竖向链杆代之以相应的多余未知力 X_1,得到图 8.19(b)所示静定桁架作为基本结构。

(2)建立力法方程。按照原结构变形连续的条件,基本结构上与 X_1 相应的位移,即切口两侧截面沿杆轴方向的相对位移应为零,故力法方程为

$$\delta_{11}X_1+\Delta_{1P}=0$$

(3)计算系数和自由项。基本结构分别受单位力 $X_1=1$ 和荷载作用引起的各杆内力 $\overline{M_1}$、$\overline{N_1}$ 图、M_P、N_P 如图 8.19(c)和(d)所示。

$$\delta_{11} = \frac{1}{E \times 1 \times 10^{-4}} \left(2 \times \frac{4 \times 2}{2} \times \frac{2 \times 2}{3}\right) + \frac{1}{E \times 1 \times 10^{-3}} \left(\frac{1^2 \times 2}{2} + 2 \times \left(-\frac{\sqrt{5}}{2}\right)^2 \times 2\sqrt{5}\right)$$

$$= \frac{1.188}{E} \times 10^5$$

$$\Delta_{1P} = \frac{5.333}{E} \times 10^6$$

(4) 求多余未知力。将以上系数和自由项代入力法方程,得

$$X_1 = -44.9 \text{ kN}$$

(5) 计算各杆内力。根据叠加原理,各杆内力为 $N = \overline{N_1} X_1 + N_P$,$M = \overline{M_1} X_1 + M_P$,如图 8.19(e)所示。

8.5 对称结构的计算

8.5.1 结构的对称性

工程中很多结构是对称的。对称结构是指结构的几何形状、杆件的截面尺寸、支撑情况和弹性模量均对称于某一几何轴线(对称轴线)。即如果将结构绕对称轴线对折后,结构将完全重合。例如,图 8.20(a)所示的单跨刚架,有一个对称轴 $y-y$,为单轴对称结构;图 8.20(b)则有两个对称轴 $x-x$ 和 $y-y$,为双轴对称结构。

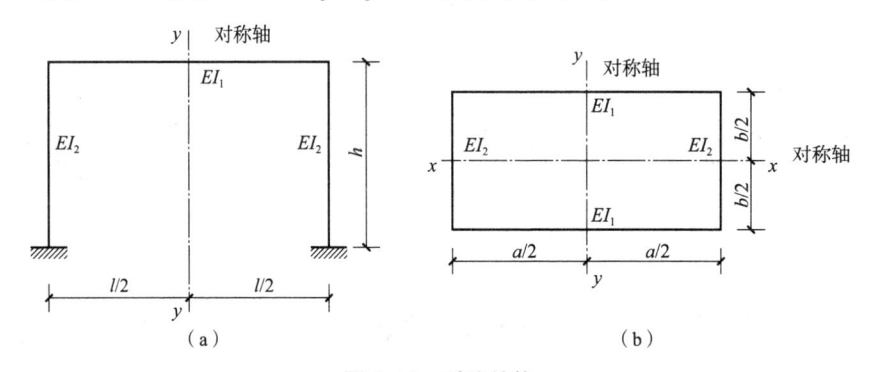

图 8.20 对称结构
(a)单轴对称;(b)双轴对称

根据结构上作用荷载与对称轴的关系,荷载一般分为对称荷载和非对称荷载。对称荷载又分为正对称荷载和反对称荷载。正对称荷载,即作用在对称结构对称轴两侧,大小相等,方向相同,作用点对称的荷载,如图 8.21(a)所示;反对称荷载,即作用在对称结构对称轴两侧,大小相等,方向相反,作用点对称的荷载,如图 8.21(b)所示。任何一非对称荷载均可以用一对正对称荷载与一对反对称荷载的和表示,如图 8.22(a)~(c)所示。

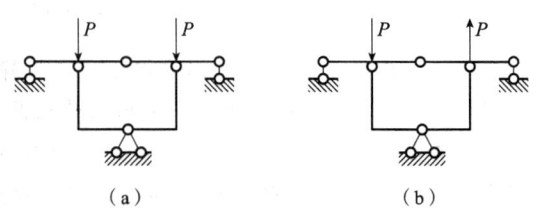

图 8.21 对称荷载
(a)正对称荷载;(b)反对称荷载

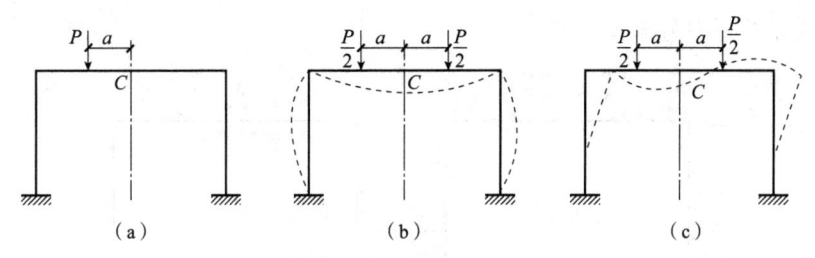

图 8.22　非对称荷载的表达
(a)非对称荷载；(b)一对正对称荷载；(c)一对反对称荷载

8.5.2　利用对称性简化计算

(1)选用对称的基本结构。沿对称轴切开建立基本结构，得到正对称和反对称多余未知力。图 8.23(a)所示为三次超静定刚架，建立图 8.23(b)所示基本结构，其中 X_1、X_2 分别为正对称未知力，X_3 为反对称未知力，分别作单位弯矩图如图 8.23(c)、(d)、(e)所示。由图可知，正对称多余未知力的单位弯矩图 $\overline{M}_1$ 和 $\overline{M}_2$ 是正对称的，而反对称多余未知力的单位弯矩图 $\overline{M}_3$ 是反对称的。

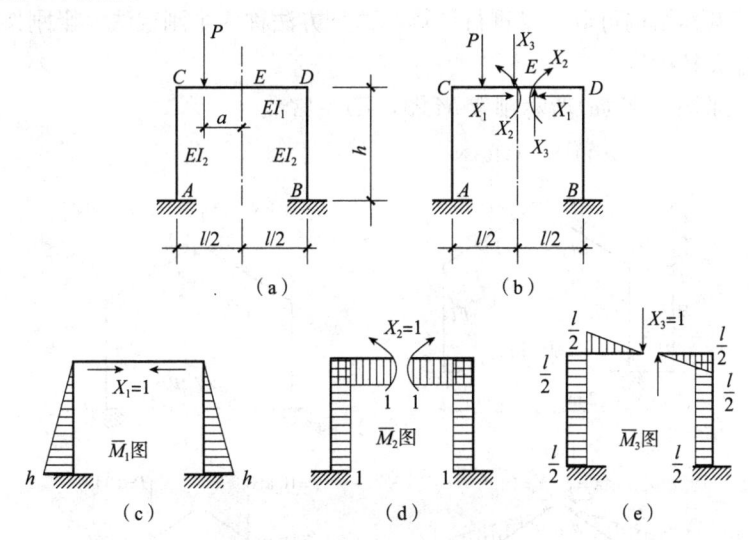

图 8.23　对称结构的单位弯矩图
(a)三次超静定刚架；(b)基本结构；(c)$\overline{M}_1$ 图；(d)$\overline{M}_2$ 图；(e)$\overline{M}_3$ 图

由力法典型方程可得

$$\begin{cases} \delta_{11}X_1+\delta_{12}X_2+\delta_{13}X_3+\Delta_{1P}=0 \\ \delta_{21}X_1+\delta_{22}X_2+\delta_{23}X_3+\Delta_{2P}=0 \\ \delta_{31}X_1+\delta_{32}X_2+\delta_{33}X_3+\Delta_{3P}=0 \end{cases}$$

可知 $\delta_{31}=\delta_{13}=\delta_{23}=\delta_{32}=0$，即正对称弯矩图与反对称弯矩图图乘结果为零。

根据以上结果，可得如图 8.24 所示的结果。

一般来说，对称结构在对称荷载作用下，变形是对称分布的，支座反力和内力也是对称分布的，因此，反对称的未知力必等于零，只需计算对称未知力。而对称结构在反对称荷载作用下，变形是反对称分布的，支座反力和内力也是反对称分布的。因此，对称的未知力必等于零，只需计算反对称未知力。

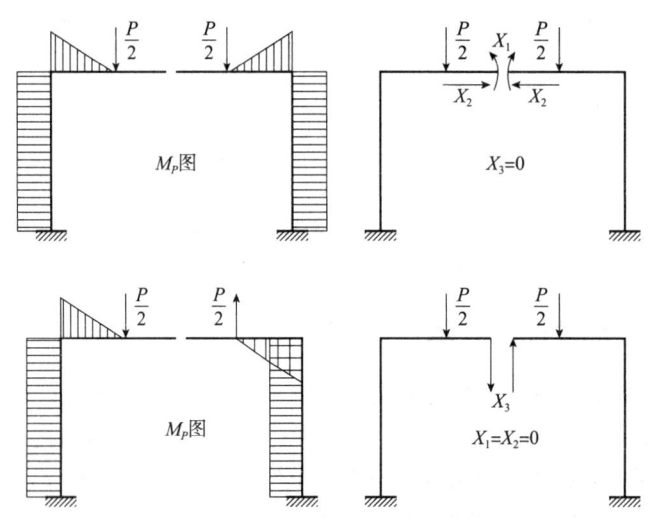

图 8.24 对称结构受对称与反对称荷载时的情形

因此，计算对称结构可取一半进行计算，这种方法称为半刚架法。半刚架法不仅能简化计算还可提高计算精确度。

【例 8.7】 求图 8.25(a)所示刚架 M 图，EI＝常数。

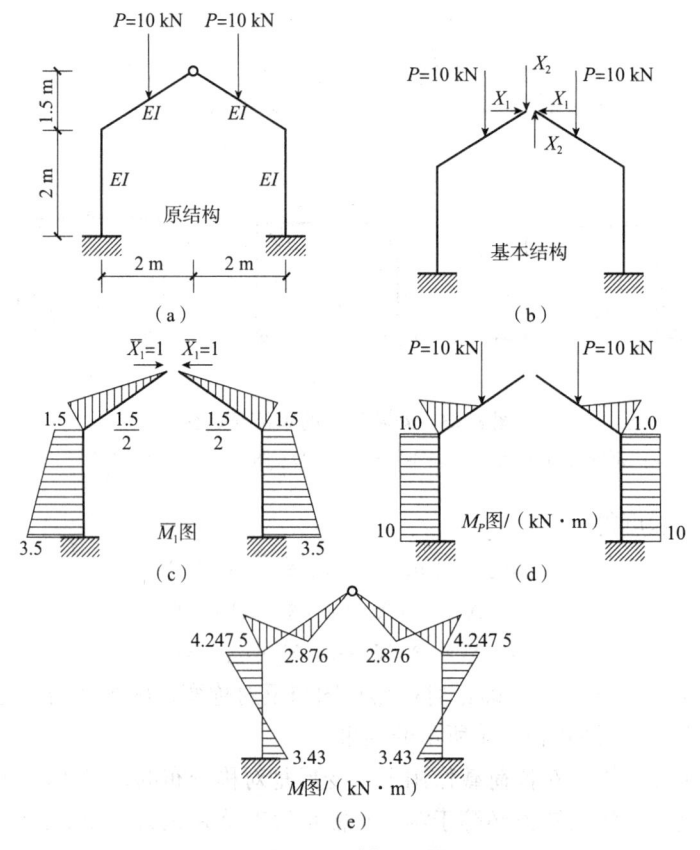

图 8.25 例 8.7 图

解：

(1) 取基本结构。原结构为两次超静定对称刚架，基本结构按对称性取，如图 8.25(b) 所示。

(2) 建立力法典型方程。由于是对称结构作用正对称荷载，反对称未知力为零，则只需求正对称未知力 X_1，于是有

$$\delta_{11}X_1+\Delta_{1P}=0$$

(3) 求系数和自由项。作 $\overline{M}_1$ 图和 M_P 图，如图 8.25(c) 和 (d) 所示，并求系数和自由项为

$$\Delta_{1P}=\frac{337.5}{3EI}$$

(4) 求解未知力。将系数和自由项代入力法典型方程得

$$\frac{88}{3EI}X_1+\frac{337.5}{3EI}=0$$

解方程得

$$X_1=-3.835 \text{ kN}$$

(5) 作最后弯矩图，如图 8.25(e) 所示。

可见，只要取成对称的基本结构，便可利用上述结论判定等于零的未知力，从而使未知力减少，也减少了解方程的次数。

8.5.3 半刚架的取法

当结构对称时，可以取半边结构进行计算，以进一步进行简化。为使半边结构与原结构等效，关键是要处理好边界的支承条件。

当为奇数跨的对称刚架（如一跨对称刚架）时，在正对称荷载作用下，如图 8.26(a) 所示，变形也是对称的。则对称轴上的截面 C 发生位移后仍然在对称轴上（C' 点），其变形曲线的切线是水平的，即斜率等于零。因此，对称轴上的 C 点只有竖向位移，水平位移和转角为零。同时，由于荷载也是对称的，截面 C 上就只有对称的内力，即弯矩 X_1 和轴力 X_2，反对称内力（剪力 X_3）则等于零。因此，从对称轴切开取半边结构时，边界的支座可取为滑动支座，如图 8.26(b) 所示，这是一个二次超静定结构。如果在反对称荷载作用下，如图 8.27(a) 所示，变形也是反对称的，对称轴上截面 C 发生位移后到 C' 点。此时 C 点有水平位移和转角，但

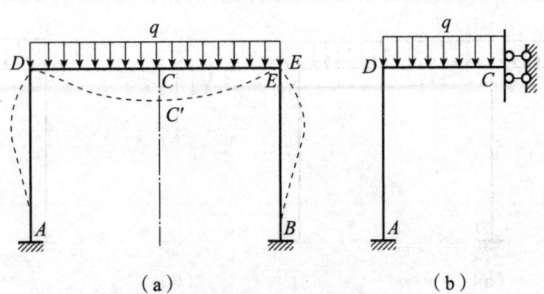

图 8.26 对称荷载作用下的奇数跨结构的半刚架

(a) 正对称荷载奇数跨的对称刚架；(b) 半刚架

竖向位移为零。当在反对称荷载作用下时，受力也是反对称的，因此 C 截面上只有反对称内力，即剪力 X_3，而对称内力，即弯矩 X_1 和轴力 X_2 等于零。因此，取半边结构时，C 端可取为辊轴支座，如图 8.27(b)所示，变为一次超静定结构。

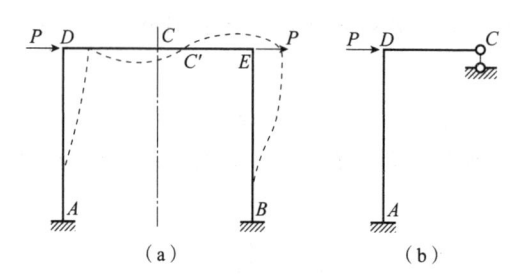

图 8.27 反对称荷载作用下的奇数跨结构的半刚架

(a)反对称荷载奇数跨的对称刚架；(b)半刚架

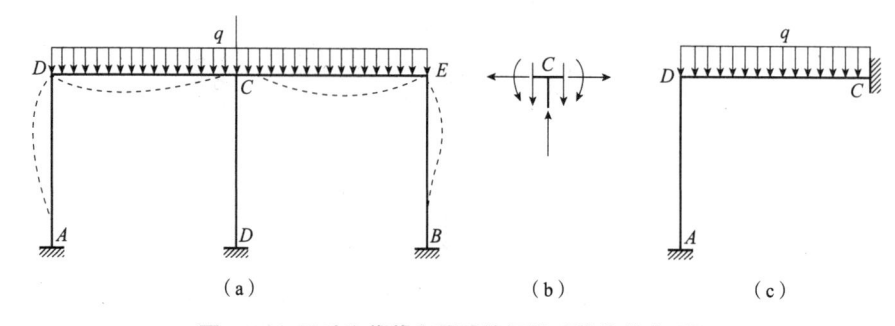

当为偶数跨的对称刚架（如两跨刚架）时，在对称荷载作用下，如图 8.28(a)所示，对称轴上有柱 CD，如果忽略柱的轴向变形，则 C 点的竖向位移等于零，同时，由变形的对称性可知，C 点的水平位移和转角也等于零。由于外荷载对称，柱 CD 将没有弯矩和剪力，只有轴力。而 C 点左右两侧的横梁截面则有一对互相平衡的力矩、轴力以及和柱轴力平衡的对称的剪力，如图 8.28(b)所示。因此，如果忽略柱的轴向变形后，沿对称轴切开取半边结构计算时，C 端可取为固定支座，计算简图如图 8.28(c)所示，结构降为三次超静定结构。如果在反对称的荷载作用下[图 8.29(a)]，变形将是反对称的。因此，对称轴会有弯曲变形，对称轴上 C 点将移至点 C'，此时，刚结点有转角，但 C 点的竖向位移为零。由于外荷载为反对称，则对称轴上的柱 CD 有弯矩和剪力，而无轴力。如果将柱 CD 切开，相当于分布于对称轴两侧的刚度为 $\dfrac{I}{2}$ 的量分柱。则原结构分为了两个对称的单跨半结构刚架，它们之间的相互作用力只存在一对反对称未知剪力 X_3，如图 8.29(b)所示，对称轴两侧的受力图形如图 8.29(c)所示，相应的计算简图可取图 8.29(d)。由图 8.29(c)可知，X_3 的作用只是对左、右两半刚架的分柱 C_1D_1、C_2D_2 产生大小相等和方向相反的一对轴力，因此，去掉 C_1 处竖支杆也不影响受力，计算简图可进一步简化为图 8.29(e)所示的三次超静定刚架。

图 8.28 正对称荷载作用下的偶数跨结构的半刚架

(a)正对称荷载作用下的偶数跨结构；(b)C 处的受力和弯矩；(c)半刚架

上面分析了对称结构如何取为半边结构。当半边结构取出后，可用力法计算出多余未知力，绘制出半边结构的内力图，而另一侧半边结构的内力图可根据对称关系绘出。在对称荷载作用下，对称结构的弯矩图、轴力图是对称的，剪力图是反对称的；在反对称荷载作用下，对称结构的弯矩图、轴力图是反对称的，而剪力图是对称的。

应注意的是两跨对称刚架，在对称荷载作用下，与对称轴重合的柱子有轴力，其数值为对称轴两侧截面剪力之和，符号由平衡条件确定，如图 8.28(b)所示。因此，在轴力图中应包括与对称轴重合的中间柱子的轴力图。在反对称荷载作用下，中间柱的内力应为两个半刚架柱 C_1D_1 和 C_2D_2 内力的总和。因此，柱 CD 的弯矩和剪力分别应为按半刚架计算所得柱 C_1D_1 的弯矩和剪力的两倍，其总轴力应为两个半刚架分柱 C_1D_1 和 C_2D_2 轴力之和，而轴力是反对称的，两分柱轴力数值相等，符号相反，故柱 CD 的总轴力为零。

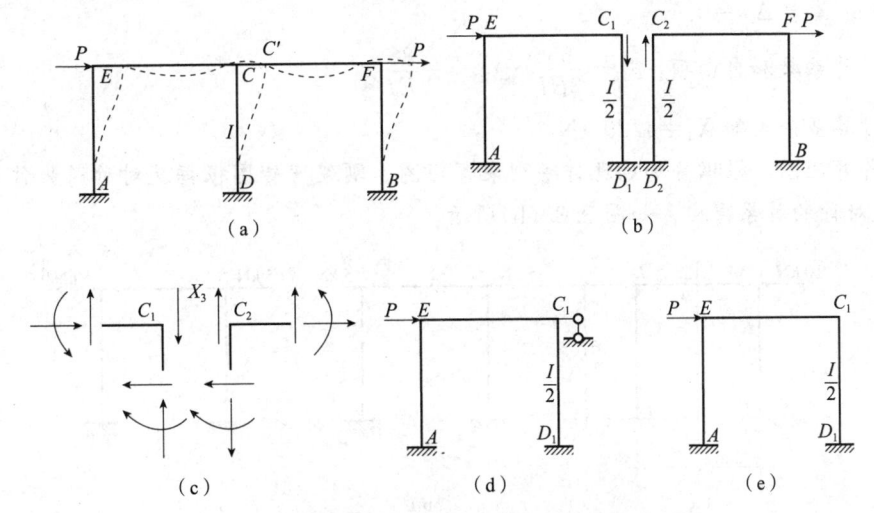

图 8.29　反对称荷载作用下的偶数跨结构的半刚架

(a)反对称荷载作用下的偶数跨结构；(b)两个对称的单跨半结构刚架；(c)对称轴两侧的受力图形；(d)(e)计算简图

现将对称结构的简化计算小结如下：

(1)采用对称的基本体系，将基本未知量分为对称未知力和反对称未知力两组，则在力法方程中将有 $\delta_{ij}=0$（这里，i 为对称未知力方向，j 为反对称未知力方向）。这样，多元方程组将分解为两组低元方程。对于不同类型的荷载，又可分为以下三种情形：

1)正对称荷载作用，则只需计算对称未知力(反对称未知力为零)。

2)反对称荷载作用，则只需计算反对称未知力(对称未知力为零)。

3)任意荷载作用，可将其分解为正对称和反对称两种情形分别计算，然后进行叠加得到最后结果。也可不分解，直接用非对称荷载计算，但要采用对称的基本体系和基本未知力，力法方程自然分为两组。

(2)采用半边结构计算。对称结构可分为奇数跨和偶数跨两种情形，它们在正对称荷载和反对称荷载作用时在对称轴上的变形和内力是不同的。此外，采用半边结构简化计算时，荷载必须是正对称荷载或反对称荷载。如果是非对称荷载，则须分解为正对称荷载和反对称荷载两种情形，分别采用半边结构计算简图进行计算，然后叠加得到最后结果。

【例 8.8】 计算图 8.30(a)所示超静定刚架的内力。已知各杆 EI 相等且为常数。

解：(1)取半结构及其基本结构。

1)分解荷载简化计算，首先将图 8.30(a)所示荷载分解为正对称荷载和反对称荷载的叠加，分别如图 8.30(b)、(c)所示。在正对称荷载作用下[图 8.30(b)]，如果忽略横梁轴向变形，则只有横梁承受 5 kN 压力，其他杆件无内力。因此，原刚架的弯矩图仅等于在反对称荷载，如图 8.30(c)作用下的弯矩图。

2)取半刚架。由于图 8.30(c)是对称结构在反对称荷载作用下，故从对称轴截面切开，应加可动铰支座得半结构如图 8.30(d)所示。

3)选取基本结构半刚架为一次超静定结构，去掉可动铰支座并代之以多余未知力 X_1 得图 8.30(e)所示悬臂刚架作为基本结构。

(2)建立力法方程。由图 8.30(d)所示半结构可知，E 支座处无竖向位移，于是可得力法方程为 $\delta_{11}X_1+\Delta_{1P}=0$。

(3)计算系数和自由项：$\delta_{11}=\dfrac{56}{3EI}$ $\Delta_{1P}=-\dfrac{80}{EI}$。

(4)计算多余未知 $X_1=4.29$ kN。

(5)作弯矩图。根据叠加原理作半刚架弯矩图。刚架弯矩图根据反对称荷载作用下弯矩图应是反对称的关系得出，如图 8.30(h)所示。

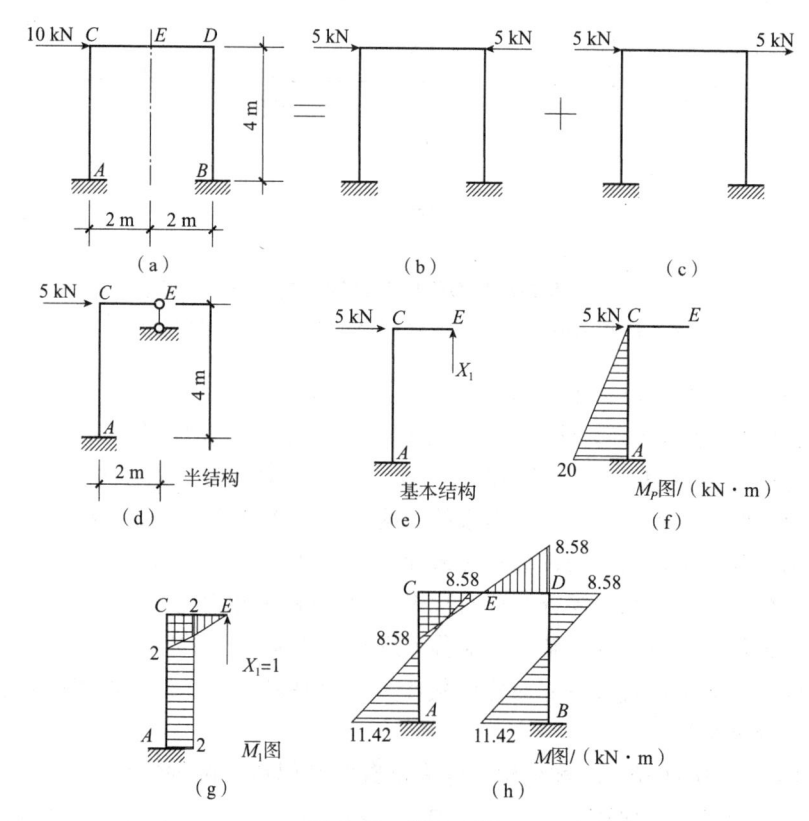

图 8.30 例 8.8 图

【例 8.9】 计算图 8.31(a)所示超静定刚架的内力。已知各杆 EI 相等且为常数。

解：这是一个四次两跨对称超静定刚架，可取半边结构分析。在对称荷载的作用下，计算简图如图 8.31(b)所示。此半边结构为一个二次超静定刚架，基本体系可取为如图 8.31(c)所示的三铰刚架，基本未知力为 X_1 和 X_2。根据基本体系在 X_1、X_2 和荷载共同作用下，在铰结点 D 处两侧截面相对转角为零和铰支座 E 的转角为零的变形条件，建立力法方程如下：

$$\delta_{11}X_1+\delta_{12}X_2+\Delta_{1P}=0$$
$$\delta_{21}X_1+\delta_{22}X_2+\Delta_{2P}=0$$

绘制 $\overline{M_1}$、$\overline{M_2}$、M_P，如图 8.31(d)、(e)和(f)，图乘求出系数和自由项。

$$\delta_{11}=\frac{7}{3EI},\ \delta_{22}=\frac{1}{EI}$$

$$\delta_{12}=\frac{1}{2EI}=\delta_{21}$$

$$\Delta_{1P}=\frac{16}{3EI},\ \Delta_{2P}=0$$

解方程可得 $X_1=-2.56\ \text{kN}$ $X_2=1.28\ \text{kN}$

利用叠加原理及弯矩图的对称性质，可得弯矩图如图 8.31(g)所示。

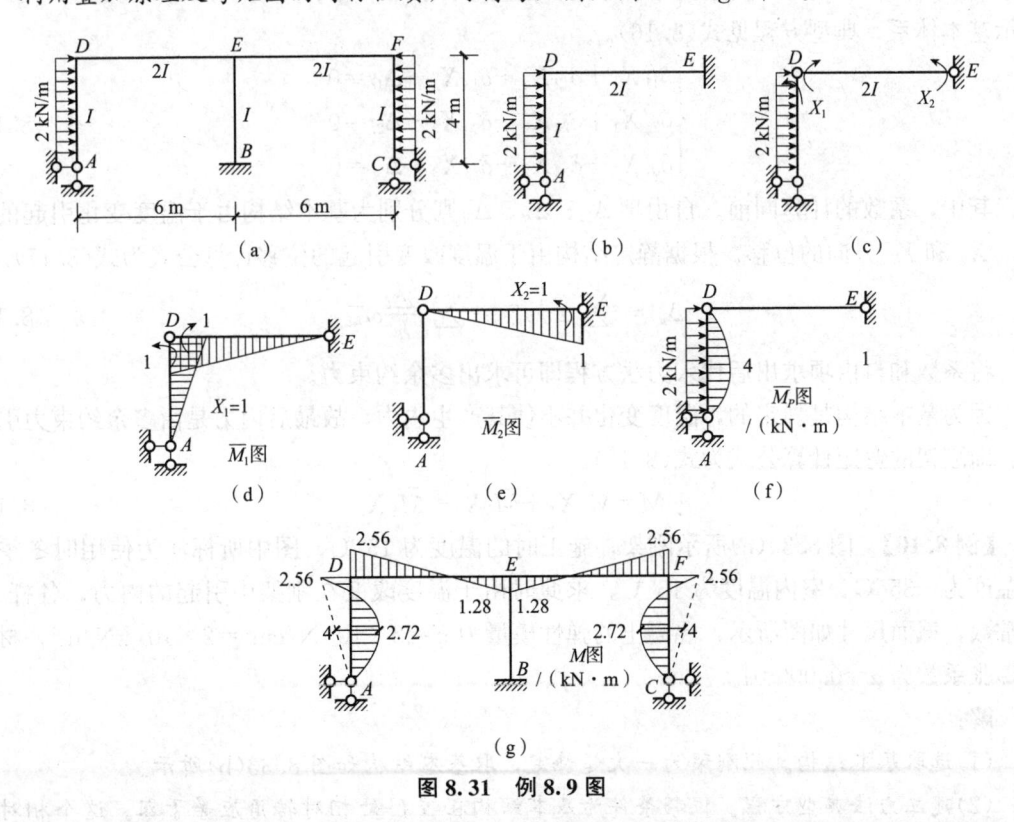

图 8.31 例 8.9 图

8.6 温度改变时超静定结构的计算

静定结构温度改变时会产生变形，但不引起内力。而超静定结构在温度改变时，既会产生变形，也可以引起内力，这是超静定结构的特点之一。

用力法分析温度改变时的超静定结构，其基本原理与在荷载作用下的情况相仿，所不同的是力法典型方程中的自由项不再是荷载因素产生，而是温度改变引起。基本结构的选择原则和建立典型方程的位移条件仍然，与荷载作用时一样。

图 8.32(a)所示是一个三次超静定结构，设各杆外侧温度升高 t_1，内侧温度升高 t_2，现用力法计算其内力。

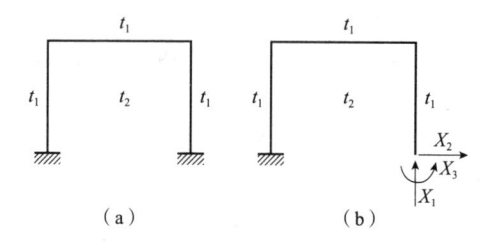

图 8.32 温度改变的超静定结构计算
(a)原结构；(b)基本体系

去掉支座 B 处的三个多余约束，并代以相应的多余约束力 X_1、X_2 和 X_3，得到图 8.32(b)所示基本体系。典型方程见式(8.16)。

$$\begin{cases} \delta_{11}X_1 + \delta_{12}X_2 + \delta_{13}X_3 + \Delta_{1t} = 0 \\ \delta_{21}X_1 + \delta_{22}X_2 + \delta_{23}X_3 + \Delta_{2t} = 0 \\ \delta_{31}X_1 + \delta_{32}X_2 + \delta_{33}X_3 + \Delta_{3t} = 0 \end{cases} \tag{8.16}$$

其中，系数的计算同前。自由项 Δ_{1t}、Δ_{2t}、Δ_{3t} 则分别为基本结构由于温度变化引起的沿 X_1、X_2 和 X_3 方向的位移。根据静定结构由于温度改变引起的位移计算公式为式(8.17)。

$$\Delta_{it} = \sum \alpha t_0 \omega \overline{N} + \sum \frac{\alpha \Delta t}{h} \omega \overline{M} \tag{8.17}$$

将系数和自由项求出后代入力法方程即可求出多余约束力。

因为基本结构是静定的，温度变化并不使其产生内力，故最后内力是由多余约束力引起的。即刚架的弯矩计算公式为式(8.18)。

$$M = \overline{M_1}X_1 + \overline{M_2}X_2 + \overline{M_3}X_3 \tag{8.18}$$

【例 8.10】 图 8.33(a)所示刚架，施工时的温度为 15 ℃，图中所标注为使用时冬季室外温度为 -35 ℃，室内温度为 15 ℃，求此时由于温度改变在刚架中引起的内力，各杆 EI 为常数，截面尺寸如图所示，混凝土的弹性模量为 $E = 2 \times 10^4 \text{ N/cm}^2 = 2 \times 10^7 \text{ kN/m}^2$，材料线膨胀系数为 $\alpha = 0.00001$。

解：

(1)选取基本结构。此刚架为一次超静定，取基本结构如图 8.33(b)所示。

(2)建立力法典型方程。位移条件为基本结构在铰 C 处相对转角应等于零。这个相对角位移是由温度改变和多余力 X_1 共同作用产生的，即

$$\delta_{11}X_1 + \Delta_{1t} = 0$$

(3)计算系数和自由项。为此，作 $\overline{M}_1$ 图和 $\overline{N}_1$ 图，如图 8.33(c)和(d)所示，其系数的计算与荷载作用时相同，由图乘法得

$$\delta_{11} = \frac{1}{EI}\left[1 \times 8 \times 1 + 2 \times \left(\frac{1}{2} \times 1 \times 6\right) \times \frac{2}{3} \times 1\right] = \frac{12}{EI}$$

自由项 Δ_{1t} 利用式(8.17)计算。

施工时的温度与冬季温度的变化值为：室外 $t_1 = -50\ ℃$，室内 $t_1 = 0\ ℃$。

因此，中和轴处平均温度变化为

$$t_0 = \frac{1}{2}(-50+0) = -25\ (℃)$$

室内外温度改变差

$$\Delta t = 0 - (-50) = 50\ (℃)$$

所以 $\Delta_{1t} = \alpha \times \dfrac{50}{0.6} \times \left(1 \times 8 + \dfrac{1 \times 6}{2} \times 2\right) - \alpha \times 25 \times \left(\dfrac{1}{6} \times 8\right) = 1\,133\alpha$

(4) 求解多余力。由典型方程得

$$X_1 = -\frac{\Delta_{1t}}{\delta_{11}} = \frac{1\,133\alpha}{12/EI} = -94.2\alpha EI$$

由杆件截面尺寸计算 $I = \dfrac{0.4 \times 0.6^3}{12} = 0.007\,2\ (m^4)$，连同 E、α 值代入得

$$X_1 = -94.2 \times 0.000\,01 \times 2 \times 10^7 \times 0.007\,2 = -135.648\,(kN \cdot m)$$

(5) 作内力图。由叠加原理作 M 图和 N 图，如图8.33(e)和(f)所示。

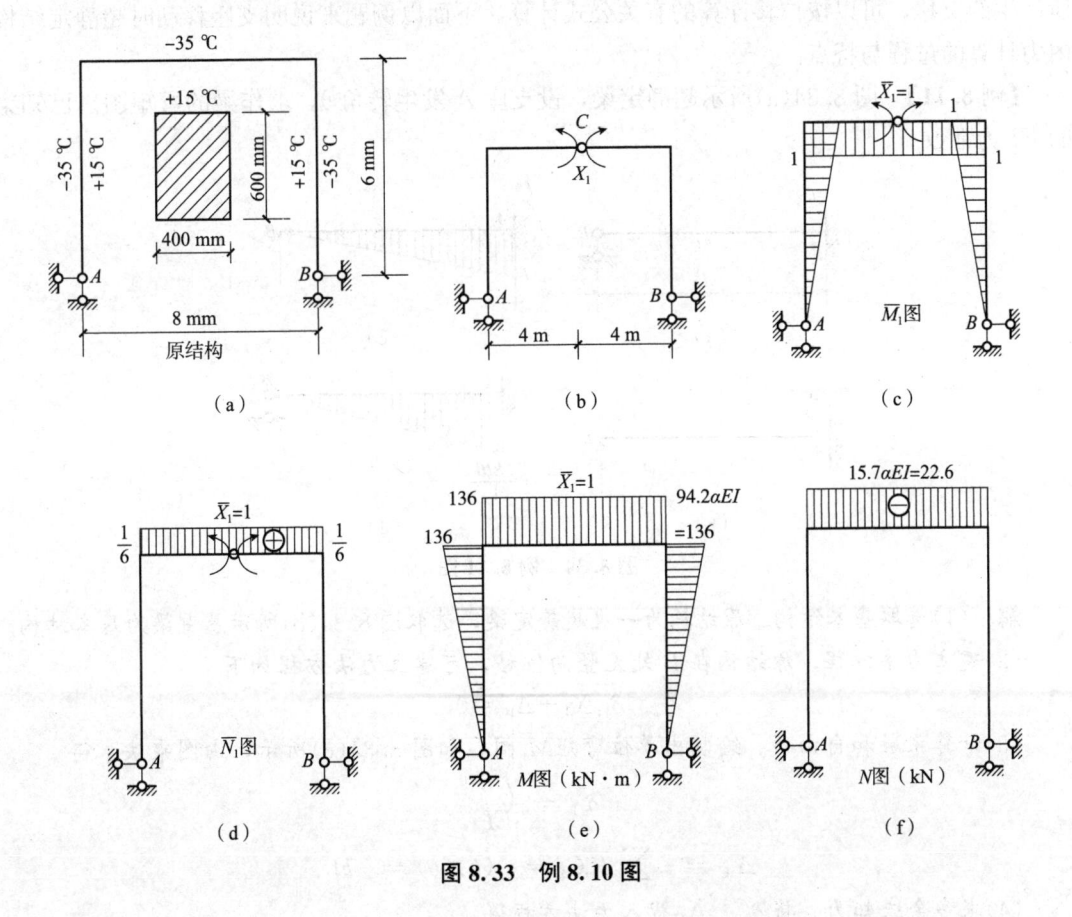

图 8.33 例 8.10 图

计算结果表明，因为典型方程的自由项 Δ_{it} 中，不含有公因子 EI，解方程时无法消去 EI；故在温度改变的影响下，超静定结构的内力与各杆的抗弯刚度 EI 的绝对值有关。而

且，一般抗弯刚度 EI 的绝对值越大，相应的弯矩也越大。这是与荷载作用下的超静定结构的内力所不同的。所以，为改善结构在温度作用下的受力状态，加大截面尺寸并不是一个有效的途径，甚至会适得其反。

8.7 支座移动下力法的应用

超静定结构由于存在多余约束，当没有荷载作用时，只要有使结构发生变形的因素，如支座移动、温度变化、材料收缩、制造误差等，都可以使结构产生内力，这种内力称为自内力，这是超静定结构不同于静定结构的特征之一。

用力法计算超静定结构，要根据位移条件建立求解多余力的典型力法方程。位移条件是指基本结构在外在因素和多余力共同作用下，去掉联系处的位移与原结构的实际位移相符合。显然，这对于荷载以外的其他因素，如温度改变、支座移动等也是适用的。

对于支座移动因素，因为支座存在移动量，要特别注意典型方程右边项当原结构在多余未知力 X_i 方向存在已知实际位移值 Δ_i，就不为零，也就是当 Δ_i 与多余未知力方向一致时取正值，否则取负值。同时自由项代表基本结构由于支座移动时在去掉多余联系处沿 X_1 方向所产生的位移，可以按位移计算的有关公式计算。下面以例题来说明支座移动时超静定结构内力计算的过程与特点。

【例 8.11】 图 8.34(a)所示超静定梁，设支座 A 发生转角 θ，求作梁的弯矩图。已知梁的 EI 为常数。

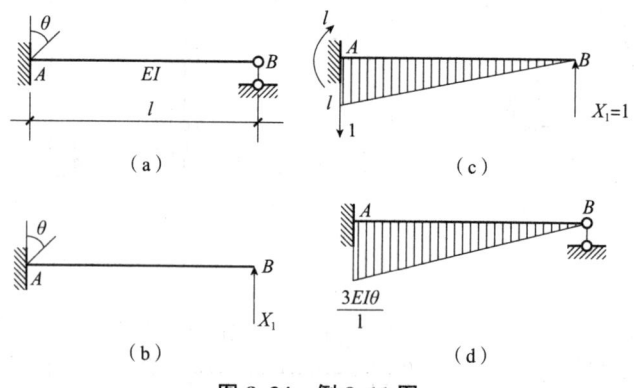

图 8.34 例 8.11 图

解：(1)选取基本结构。原结构为一次超静定梁，选取图 8.34(b)所示悬臂梁为基本结构。

(2)建立力法方程。原结构在 B 处无竖向位移，可建立力法方程如下

$$\delta_{11}X_1 + \Delta_{1C} = 0$$

(3)计算系数和自由项。绘制出单位弯矩 $\overline{M}_1$ 图，如图 8.34(c)所示，由图乘法求得

$$\delta_{11} = \frac{l^3}{3EI}$$

$$\Delta_{1C} = -\sum \overline{R}_i C_i = -(l \times \theta) = -l\theta$$

(4)求多余未知力。将 δ_{11}、Δ_{1C} 代入力法方程得

$$\frac{l^3}{3EI}X_1 - l \cdot \theta = 0$$

$$X_1 = \frac{3EI\theta}{l^2}$$

(5)作弯矩图。由于支座移动在静定的基本结构中不引起内力,故 $M = \overline{M}_1 X_1$

$$M = \overline{M}_1 X_1$$

$$M_{AB} = l \times \frac{3EI\theta}{l^2} = \frac{3EI\theta}{l}$$

$$M_{BA} = 0$$

思考:如果把 A 端力偶作为基本未知力,取简支梁作为基本结构,过程与结果有什么不同?请读者练习比较。

【例 8.12】 图 8.35(a)所示为一次超静定刚架,梁、柱截面尺寸如图 8.35(a)所示。$E = 20$ GPa。已知支座 D 的移动分别为 $\Delta_{DH} = 8$ cm,$\Delta_{DV} = 4$ cm。试计算刚架由此而引起的内力,并画出内力图。

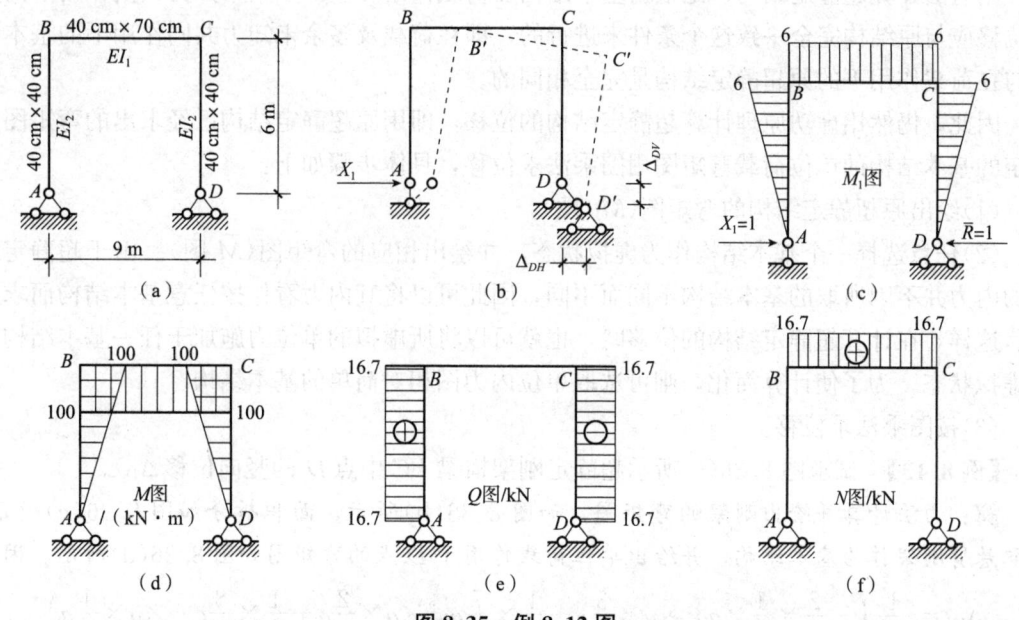

图 8.35 例 8.12 图

解:(1)取支座 A 的水平反力为多余未知力,则力法方程为

$$\delta_{11} X_1 + \Delta_{1C} = 0$$

(2)求系数和自由项。

$$\delta_{11} = \frac{324}{EI_1} + \frac{144}{EI_2}$$

$$\Delta_{1C} = -(-1 \times 8) = 8(\text{cm}) = 0.08 \text{ m}$$

(3)求多余未知力。将 δ_{11}、Δ_{1C} 代入方程得

$$\left(\frac{324}{EI_1} + \frac{144}{EI_2}\right) X_1 + 0.08 = 0, \quad X_1 = \frac{0.08}{\dfrac{324}{EI_1} + \dfrac{144}{EI_2}}$$

代入已知数据可得

$$X_1 = -16.7 \text{ kN}$$

(4)作内力图。由 $M=\overline{M_1}X_1$ 可绘出弯矩图,进而绘出剪力图、轴力图。如图 8.35(d)～(f)所示。

由以上可知,在超静定结构中,由于温度变化、支座移动、支座误差、材料收缩等非荷载因素均可引起内力,但荷载作用下的内力仅与各杆的相对刚度有关,而温度变化、支座移动等非荷载因素下的内力与各杆的绝对刚度有关。因此,为了提高结构抵抗温度变化、支座移动的能力,依靠增大截面尺寸并不是有效措施。

8.8 超静定结构位移计算及内力图校核

8.8.1 超静定位移计算

用力法计算超静定结构,是根据基本结构在荷载作用和全部多余未知力共同作用下内力和位移应与原结构完全一致这个条件来进行的,即在荷载及多余未知力共同作用下的基本结构与在荷载作用下的原超静定结构是完全相同的。

因此,仍然用虚功原理计算超静定结构的位移,即用原超静定结构已经求出的弯矩图与静定的基本结构的单位荷载弯矩图用图乘法求位移,具体步骤如下:

(1)绘出原超静定结构的弯矩图(M_P 图)。

(2)任意选择一个基本结构作为虚拟状态,并绘出相应的弯矩图($\overline{M}$ 图)。由于超静定结构的内力并不因所取的基本结构不同而不同,因此可以将其内力看作按任意基本结构而求得的。这样,在计算超静定结构的位移时,也就可以将所虚拟的单位力施加于任一基本结构作为虚拟状态。为了使计算简化,则可选取单位内力图相对简单的基本结构。

(3)按图乘法求位移。

【例 8.13】 试求图 8.36(a)所示超静定刚架横梁 BC 中点 D 的竖向位移 Δ_{DV}。

解:力法计算并绘出刚架的弯矩图,如图 8.36(b)所示,面积折分如图 8.36(c)所示。现取悬臂刚架作为基本结构,并绘出单位荷载作用于 D 点的弯矩图如图 8.36(d)所示。因此

$$\Delta_{DV}=\frac{1}{4EI}\left(-\frac{2}{3}\times\frac{1}{2}\times qa^2\times a\times\frac{3}{8}a+\frac{1}{2}\times\frac{7}{12}qa^2\times a\times\frac{2}{3}a+\frac{1}{2}\times\frac{8}{30}qa^2\times a\times\frac{1}{3}a\right)$$

$$=\frac{3qa^4}{160EI}(\downarrow)$$

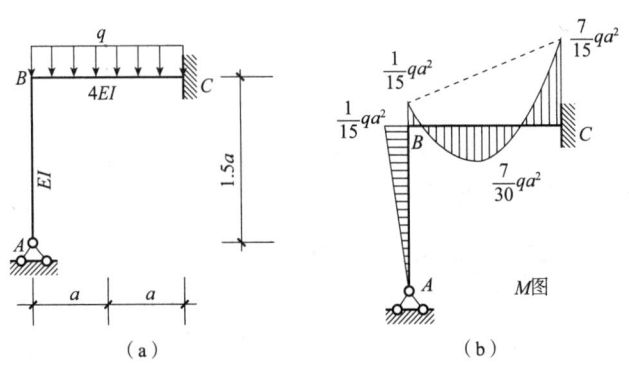

图 8.36 例 8.13 图

图 8.36 例 8.13 图(续)

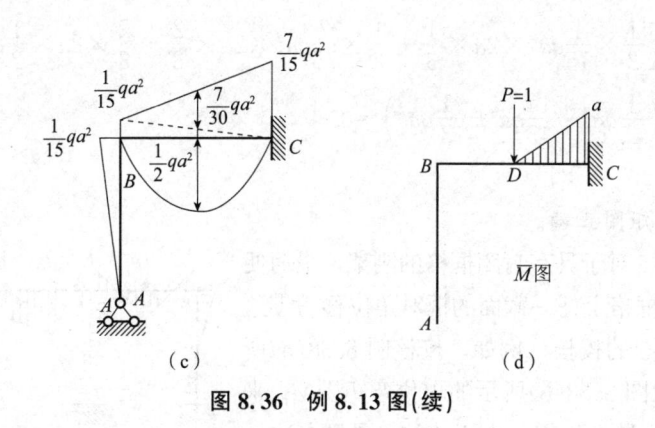

8.8.2 超静定结构内力图校核

在超静定结构的计算中,往往计算步骤多、数字运算量大,比较容易发生错误,因此,对计算结果进行校核十分重要。超静定结构的最后内力图,除需满足平衡条件外,还应满足变形条件。特别在力法中,典型方程是根据变形条件建立的,因此,校核变形条件的满足应该是重点。

(1)变形条件的校核。要校核变形条件可任意选取基本结构,任意选取一个多余未知力X_i然后根据最后的内力图算出沿X_i方向的位移Δ_i,检查Δ_i是否与原结构中的相应位移(给定值)相等,即检查是否满足式:Δ_i=给定值。

(2)平衡条件的校核。超静定结构的最后内力图应当完全满足静力平衡条件,即结构的整体或任意取出结构的一部分(如从结构中截取的任一刚结点、任一根杆件或一部分杆件体系),都应满足平衡条件,当然,进行位移条件校核时,并非一定要用原来计算多余力时所采用的基本结构和位移条件,也可选取另外的基本结构,并可验算其他已知的、但并非求多余力时所应用的位移条件。

【**例 8.14**】 试校核例 8.13 中所示刚架图弯矩图进行校核。

解:刚架受力图及弯矩图如图 8.37(a)、(b)所示。

(1)平衡条件校核。经验算结点弯矩,满足。过程略。

(2)变形条件校核。原结构在C截面没有角位移。现求C截面的角位移φ_C。取基本结构如图 8.37(c)所示,并绘出单位荷载的弯矩图$\overline{M}$图。则

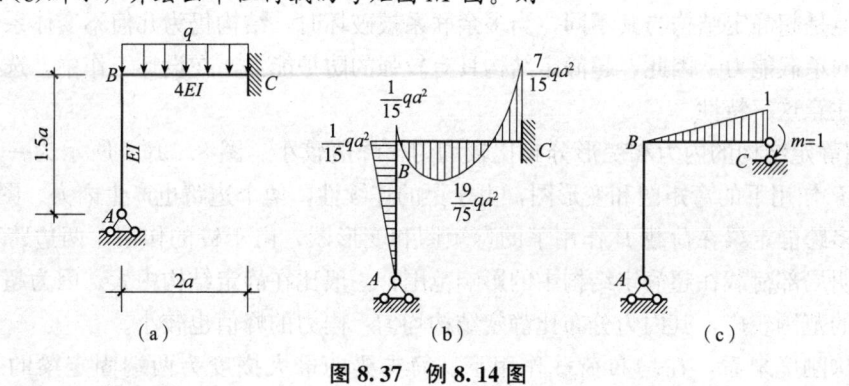

图 8.37 例 8.14 图

$$\varphi_C = \frac{1}{4EI}\left[\frac{1}{2}\times\frac{1}{15}qa^2\times 2a\times\frac{1}{3}+\frac{1}{2}\times\frac{7}{15}qa^2\times 2a\times\frac{2}{3}-\frac{2}{3}\times 2a\times\frac{1}{2}qa^2\times\frac{1}{2}\right]$$

$$=\frac{1}{4EI}\left(\frac{1}{45}qa^3+\frac{14}{45}qa^3-\frac{1}{3}qa^3\right)=0$$

满足位移条件。

故原结构的弯矩图正确。

值得指出的是，对于具有封闭框格的刚架，最简便的方法是利用封闭框格上任一截面的框对角位移为零这一条件来进行弯矩图的校核。例如，校核图 8.38(a)所示的 M 图时，可取图 8.38(b)所示的单位弯矩图 $\overline{M}_K$ 来校核相对角位移 Δ_K 是否为零，由于该 $\overline{M}_K$ 图只在这一封闭框格上不为零，且各竖标都等于 1，故利用图乘法计算 Δ_K 的结果，即等于该封闭框格上 M 图的面积除以相应刚度后的代数和。如果所绘出的弯矩图是正确的，则此代数和必等于零，见式(8.19)。

$$\Delta_K = \sum\int\frac{\overline{M}_K M}{EI}dx = \sum\int\frac{M}{EI}dx = \sum\int\frac{\omega_M}{EI} = 0 \tag{8.19}$$

由此可知，对于具有封闭框格的刚架，校核最后弯矩图的正确性时，可按下述条件来别：任何封闭框格的最后弯矩图的面积除以相应刚度(EI)后的代数和应等于零。

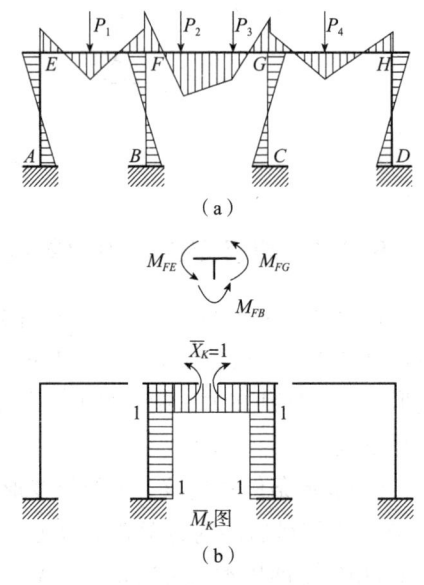

图 8.38 封闭无铰框
(a)M 图；(b)$\overline{M}_K$ 图

8.9　超静定结构的特性

与静定结构比较，超静定结构具有以下一些重要特性：

(1)超静定结构具有多余联系。从几何组成角度看，多余联系的存在是超静定结构区别于静定结构的主要特征。由于存在多余联系，相应地就有多余力，因此，超静定结构的反力和内力仅凭静力平衡条件不能唯一确定，必须同时考虑变形条件后才能得到唯一解答。从抵抗突然破坏的观点来看，静定结构有一个联系被破坏时，就成为几何可变体系，因而丧失承载能力。但是超静定结构与其不同，当多余联系被破坏时，结构仍为几何不变体系，因而还具有一定的承载能力。因此，超静定结构具有较强的防护能力。在设计工作中，选择结构形式时，应注意这一特性。

(2)超静定结构的内力和变形分布比较均匀，峰值较小。图 8.39(a)所示为一三跨连续梁在荷载 P 作用下的弯矩图和变形图，由于梁的连续性，两个边跨也产生内力。图 8.39(b)所示为一多跨静定梁在荷载 P 作用下的弯矩图和变形图，由于铰的作用，两边跨不产生内力。这说明局部荷载在超静定结构中的影响范围，一般比在静定结构中大。因为超静定结构内力分布的范围较广，其内力分布比静定结构均匀，内力的峰值也较小。

从结构刚度来看，在均布荷载作用下，简支梁的最大挠度为两端固定梁的 5 倍，如

(a)
(b)

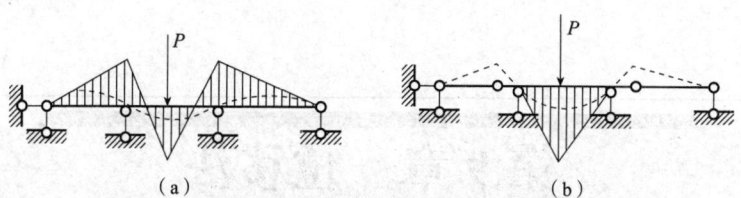

图 8.39 多跨连续梁在荷载作用下的弯矩图和变形图

(a)三跨连续梁；(b)静定多跨梁

图 8.40 所示。这说明由于多余联系的存在，结构刚度有所提高，如果根据同样的容许应力和容许位移进行设计，显然超静定结构的设计截面将比静定结构的设计截面小得多，这无疑是比较经济的。

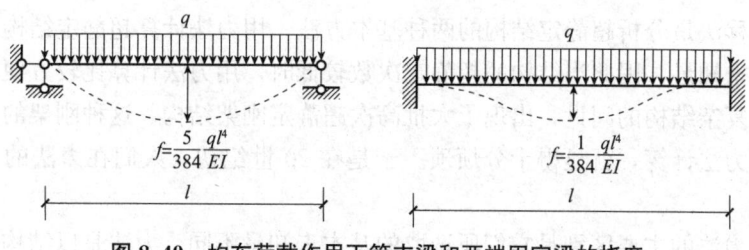

$f = \dfrac{5}{384}\dfrac{ql^4}{EI}$

$f = \dfrac{1}{384}\dfrac{ql^4}{EI}$

图 8.40 均布荷载作用下简支梁和两端固定梁的挠度

(3)在超静定结构中，由于温度改变、支座移动、制作误差、材料收缩等因素都可以引起内力。

"没有荷载，就没有内力。"这个结论只适用于静定结构，而不适用于超静定结构。在超静定结构中，不仅是荷载产生内力，其他因素都可能引起内力。这是因为这些因素所引起的超静定结构的变形，在其发生过程中，一般将受到多余联系的约束，因而相应地产生了内力。

然而，超静定结构在荷载作用下的反力和内力，仅与各杆相对刚度有关；超静定结构在温度改变和支座位移时引起的内力，与各杆刚度的绝对值有关。这在前面的计算中可明显地看出。在结构设计中也应注意这方面的特性，例如，为了提高结构对支座位移和温度改变的抵抗能力，增大结构截面的尺寸，并不是有效的措施。

工程案例与素养提升   习题   答案

第 9 章 位移法

9.1 位移法的基本概念

力法和位移法是分析超静定结构的两种基本方法。用力法计算超静定结构时,以多余约束力作为基本未知量,因此当结构的超静定次数较低时,用力法计算比较方便。但是,随着钢筋混凝土等复杂结构的问世,出现了大批高次超静定刚架结构,这种刚架的超静定次数比较高,若再用力法计算,就显得十分烦琐。于是在 20 世纪初,人们在力法的基础上,又提出了位移法。

位移法与力法的主要区别是它们所选取的基本未知量不同。力法是以结构中的多余未知力为基本未知量,求出多余未知力后,再据此计算其他未知力和位移。而位移法是取结点位移为基本未知量,根据求得的结点位移,再计算结构的未知内力和其他未知位移。位移法未知量的个数与超静定次数无关,对于一些超静定次数比较高的刚架,有时候用位移法要比力法计算简单得多。

9.1.1 位移法基本假定

本章主要讨论等截面直杆组成的刚架、连续梁等结构。为了简化,用位移法计算刚架时做出如下基本假定,这些基本假定是用位移法分析刚架时画出结构变形示意图的主要依据。

(1)刚性结点假定:各杆不是铰结合,而是牢固结合。假定这种结点是刚性的,即假定变形时在该结点相交各杆端的截面有相同的转角。

(2)杆端连线长度不变假定:对于受弯杆件,通常可略去轴向变形和剪切变形的影响,并认为弯曲变形是微小的,因而可假定各杆端之间的连线长度在变形后仍保持不变。

(3)小变位假定:即结点线位移的弧线可用垂直于杆件的切线来代替。

9.1.2 基本思路

图 9.1(a)所示的刚架在荷载 P 作用下,若忽略 AC 和 CB 两杆的轴向变形,再注意到结点 C 是刚性结点,其变形如图 9.1(a)虚线所示。此刚架没有结点线位移,只有结点角位移,即汇交于刚结点 C 处的两杆杆端拥有相同的角位移 θ_C,并假设 θ_C 沿顺时针方向转动。

为确定每根杆件的内力,先在刚结点 C 处添加一约束刚结点转动的刚臂,它使得 A 点产生与实际情况完全相同的角位移,然后假想把刚架拆成两个单跨超静定梁。在拆的过程中可把刚结点 C 视为产生了转角位移 θ_C 的固定支座,AC 为两端固定,C 端有转角位移 θ_C 的单跨梁,如图 9.1(d)所示。CB 为 B 端铰支,C 端有转角 θ_C,且 CB 上有集中荷载作用的单跨梁，如图 9.1(e)所示。以上两种单跨超静定梁的内力均可通过力法求出，若能设法把转角 θ_C 求出来，则两根梁的变形即确定，从而可求出其内力。如何求节点角位移正是位移法所要解决的问题。

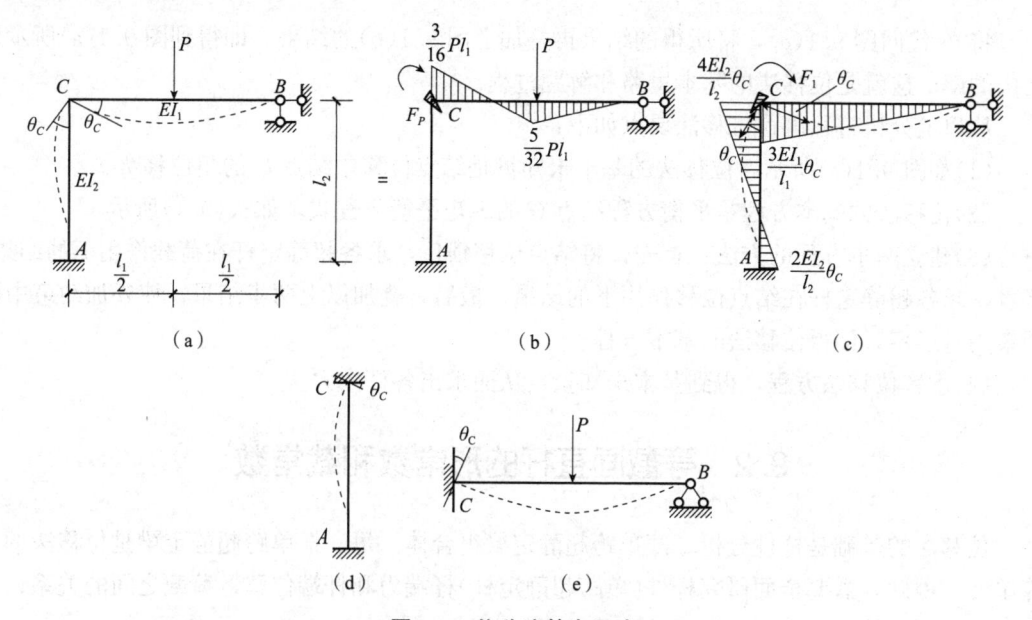

图 9.1 位移法基本思路
(a)刚架；(b)增加约束，将结点位移锁住；(c)施加力偶，使结点 C 产生角位移；
(d)C 视为转角位移 Q_C 的固定支座；(e)CB 分析

现讨论如何求基本未知量 θ_C 的问题，计算分为两步：

第一步，增加约束，将结点位移锁住。此时结构实际上变为两根超静定杆。在荷载作用下，这两根杆的弯矩可用力法求出，如图 9.1(b)所示。这时，在结点 C 处施加了一个外部约束力矩 $F_P = \dfrac{3}{16} Pl_1$。

第二步，施加力偶，使结点 C 产生角位移。两根超静定杆在 C 端有转角 θ_C 时弯矩图也可由力法求出，如图 9.1(c)所示。这时，在结点 C 处施加了外部力矩 $F_1 = \dfrac{3EI_1}{l_1}\theta_C + \dfrac{4EI_2}{l_2}\theta_C$。

这里将图 9.1(a)实际结构的受力和变形分解成了两部分：一部分是荷载单独作用下的结果，如图 9.1(b)所示，此时只有荷载作用，而无结点 C 的角位移；另一部分是结点位移单独作用下的结果，如图 9.1(c)所示，此时只有结点 C 的角位移，而无荷载作用。反过来，将图 9.1(b)和图 9.1(c)所示的两种状态叠加起来，即成为实际结构。而实际结构在结点 C 处是没有外加约束力矩的，因此，由图 9.1(b)和图 9.1(c)叠加后的结果，在结点 C 处也不应有外加力矩，其计算式为式(9.1)。

$$F_1 + F_P = 0$$
$$\dfrac{3EI_1}{l_1}\theta_C + \dfrac{4EI_2}{l_2}\theta_C - \dfrac{3}{16}Pl_1 = 0 \tag{9.1}$$

得出 θ_C 的解为式(9.2)。

$$\theta_C = \frac{\frac{3}{16}Pl_1}{\frac{3EI_1}{l_1} + \frac{4EI_2}{l_2}} \tag{9.2}$$

将 θ_C 代回图 9.1(c)，将所得的结果再叠加上图 9.1(b) 的结果，即得到图 9.1(a) 所示原结构的解。这就是位移法的基本思路和解题过程。

从以上分析过程可得位移法要点如下：
(1) 如图 9.1(a) 所示，位移法的基本未知量是结点位移中结点 C 的角位移 θ_C。
(2) 位移法的基本方程是平衡方程结点 C 的力矩平衡方程式，如式(9.1)所示。
(3) 建立基本方程的方法：首先，将结点位移锁住，求各超静定杆在荷载作用下的结果；接着，求各超静定杆在结点位移作用下的结果；最后，叠加以上两步结果，使外加约束中的约束力等于零，即得位移法的基本方程。
(4) 求解位移法方程，得到基本未知量，从而求出各杆内力。

9.2 等截面直杆的形常数和载常数

位移法的基础是杆件分析，即单跨超静定梁组合体。每一根单跨超静定梁是位移法的计算单元。因此，需要全面研究杆件（单跨超静定杆）杆端力和杆端位移、荷载之间的关系，以便为位移法解算超静定刚架打下基础。

9.2.1 等截面直杆的形常数

图 9.2 所示为一等截面直杆 AB 的隔离体，杆件材料和截面抗弯刚度 EI 为常数，杆端 A 和 B 的角位移分别为 θ_A 和 θ_B，杆端 A 和 B 在垂直于杆轴 AB 方向的相对线位移为 Δ，弦转角 $\varphi = \frac{\Delta}{l}$，杆端 A 和 B 的弯矩和剪力分别为 M_{AB}、M_{BA}、Q_{AB}、Q_{BA}。在位移法中，杆端角位移 θ_A、θ_B 以顺时针转向为正；杆两端相对线位移 Δ（或 φ）以使杆件产生顺时针转动时为正。杆端弯矩 M_{AB}、M_{BA} 以顺时针转向为正；杆端剪力 Q_{AB}、Q_{BA} 以使作用截面产生顺时针转动时为正。

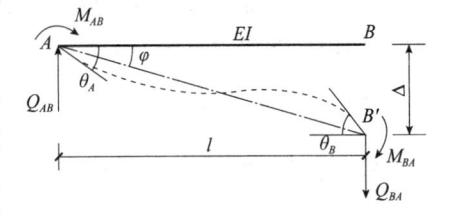

图 9.2 杆端位移和杆端力

采用位移法分析等截面直杆时，关键是要用杆端位移表示杆端力。当杆端位移是单位值（等于 1）时，所得的杆端力称为等截面直杆的刚度系数。因刚度系数只与杆件材料性质、尺寸及截面几何形状有关，故也称为形常数。

(1) 当 A 端作为固定端，有角位移 $\theta_A = 1$ 时的形常数。

1) 如图 9.3(a) 所示，B 端为固定支座。当 A 端位移为 θ_A 时，由力法计算得到的内力如式(9.3)所示。

$$\left.\begin{array}{l} M_{AB} = 4i_{AB}\theta_A \\ M_{BA} = 2i_{AB}\theta_A \\ Q_{AB} = Q_{BA} = -\dfrac{6i_{AB}}{l}\theta_A \end{array}\right\} \tag{9.3}$$

其中，$i_{AB}=\dfrac{EI}{l}$ 称为杆 AB 的线刚度。当 $\theta_A=1$ 时，杆 AB 的 A 端弯矩的形常数为 $4i_{AB}$，B 端弯矩的形常数为 $2i_{AB}$，A 端和 B 端剪力的形常数为 $-\dfrac{6i_{AB}}{l}$。

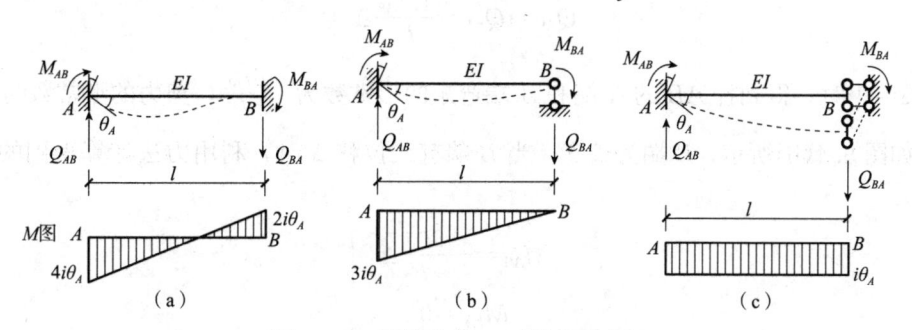

图 9.3 A 端位移为 θ_A 时的杆端弯矩

(a)B 端固定；(b)B 端铰支；(c)B 端为滑动支座

2)如图 9.3(b)所示，B 端为铰支座。当 A 端位移为 θ_A 时，利用力法计算得到的内力为式(9.4)。

$$\left.\begin{array}{l}M_{AB}=3i_{AB}\theta_A\\M_{BA}=0\\Q_{AB}=Q_{BA}=-\dfrac{3i_{AB}}{l}\theta_A\end{array}\right\} \tag{9.4}$$

当 $\theta_A=1$ 时，杆 AB 的 A 端弯矩的形常数为 $3i_{AB}$，A 端和 B 端剪力的形常数为 $-\dfrac{3i_{AB}}{l}$。

3)如图 9.3(c)所示，B 端为滑动支座。当 A 端位移为 θ_A 时，利用力法计算得到的内力为式(9.5)。

$$\left.\begin{array}{l}M_{AB}=i_{AB}\theta_A\\M_{BA}=-i_{AB}\theta_A\\Q_{AB}=Q_{BA}=0\end{array}\right\} \tag{9.5}$$

当 $\theta_A=1$ 时，杆 AB 的 A 端弯矩的形常数为 i_{AB}，B 端弯矩的形常数为 $-i_{AB}$，A 端和 B 端剪力的形常数则为零。

(2)当 A 端作为固定端，而 AB 两端有相对杆端线位移 $\Delta=1$ 时的形常数。

1)如图 9.4(a)所示，B 端为固定支座。

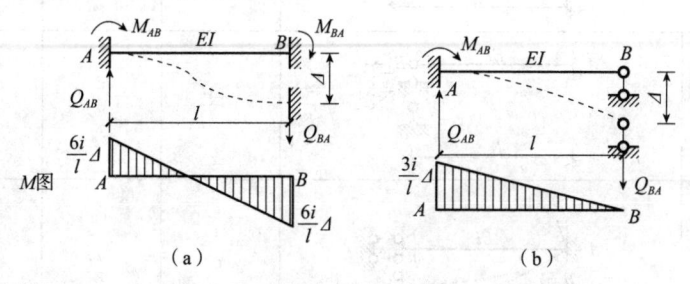

图 9.4 有杆端相对线位移 Δ 时的杆端弯矩

(a)B 端固定；(b)B 端铰支

当 B 端有线位移 Δ 时，利用力法计算得到的内力为式(9.6)。

$$\left.\begin{aligned} M_{AB} &= M_{BA} = -\frac{6i_{AB}}{l}\Delta \\ Q_{AB} &= Q_{BA} = \frac{12i_{AB}}{l^2}\Delta \end{aligned}\right\} \qquad (9.6)$$

当 $\Delta=1$ 时，得到杆 AB 的 A 端和 B 端弯矩的形常数为 $-\dfrac{6i_{AB}}{l}$，剪力的形常数为 $\dfrac{12i_{AB}}{l^2}$。

2)如图 9.4(b)所示，B 端为铰支。当 B 端有线位移 Δ 时，利用力法计算得到的内力为式(9.7)。

$$\left.\begin{aligned} M_{AB} &= -\frac{3i_{AB}}{l}\Delta \\ M_{BA} &= 0 \\ Q_{AB} &= Q_{BA} = \frac{3i_{AB}}{l^2}\Delta \end{aligned}\right\} \qquad (9.7)$$

当 $\Delta=1$ 时，得到杆 AB 的 A 端的形常数为 $-\dfrac{3i_{AB}}{l}$，B 端弯矩的形常数为 0，A 端和 B 端剪力的形常数为 $\dfrac{3i_{AB}}{l^2}$。

各种情形的形常数见表 9.1。形常数用 $\overline{M}_{AB}$、$\overline{M}_{BA}$、$\overline{Q}_{AB}$ 和 $\overline{Q}_{BA}$ 表示。

表 9.1 等截面直杆的形常数

编号		简图	弯矩 $\overline{M}_{AB}$	弯矩 $\overline{M}_{BA}$	剪力 $\overline{Q}_{AB}$	剪力 $\overline{Q}_{BA}$
两端固定	1		$4i$	$2i$	$-\dfrac{6i}{l}$	$-\dfrac{6i}{l}$
两端固定	2		$-\dfrac{6i}{l}$	$-\dfrac{6i}{l}$	$\dfrac{12i}{l^2}$	$\dfrac{12i}{l^2}$
一端固定 一端铰支	3		$3i$	0	$-\dfrac{3i}{l}$	$-\dfrac{3i}{l}$
一端固定 一端铰支	4		$-\dfrac{3i}{l}$	0	$\dfrac{3i}{l^2}$	$\dfrac{3i}{l^2}$
一端固定 一端滑动	5		i	$-i$	0	0

9.2.2 等截面直杆的载常数

在等截面直杆中,当杆两端固定(或一端固定、一端铰支,或一端固定、一端滑动,均称为固端),只受荷载作用时,所得的杆端力通常称为固端力(包括固端弯矩和固端剪力)。因固端力与杆件所受荷载的形式有关,故也称为载常数。同样,可利用力法求得各种荷载作用下的杆件固端力。

常用的载常数见表 9.2。载常数用 M_{AB}^F、M_{BA}^F、Q_{AB}^F 和 Q_{BA}^F 表示。

表 9.2 等截面直杆的载常数

编号	简图	弯矩 M_{AB}^F	弯矩 M_{BA}^F	剪力 Q_{AB}^F	剪力 Q_{BA}^F
两端固定 1		$-\dfrac{Pab^2}{l^2}$ 当 $a=b=l/2$ 时,$-\dfrac{Pl}{8}$	$\dfrac{Pa^2b}{l^2}$ $\dfrac{Pl}{8}$	$\dfrac{Pb^2(l+2a)}{l^3}$ $\dfrac{P}{2}$	$-\dfrac{Pa^2(l+2b)}{l^3}$ $-\dfrac{P}{2}$
2		$-\dfrac{ql^2}{12}$	$\dfrac{ql^2}{12}$	$\dfrac{ql}{2}$	$-\dfrac{ql}{2}$
3		$-\dfrac{qa^2}{12l^2}(6l^2-8la+3a^2)$	$\dfrac{qa^3}{12l^2}(4l-3a)$	$\dfrac{qa}{2l^3}(2l^3-2la^2+a^3)$	$-\dfrac{qa^3}{2l^3}(2l-a)$
4		$-\dfrac{ql^2}{20}$	$\dfrac{ql^2}{30}$	$\dfrac{7ql}{20}$	$-\dfrac{3ql}{20}$
5		$M\dfrac{b(3a-l)}{l^2}$	$M\dfrac{a(3b-l)}{l^2}$	$-M\dfrac{6ab}{l^3}$	$-M\dfrac{6ab}{l^3}$
6		$-\dfrac{EI\alpha\Delta t}{h}$	$\dfrac{EI\alpha\Delta t}{h}$	0	0
一端固定、一端铰支 7		$-\dfrac{Pab(l+b)}{2l^2}$ 当 $a=b=l/2$ 时 $-\dfrac{3Pl}{16}$	0 0	$\dfrac{Pb(3l^2-b^2)}{2l^3}$ $\dfrac{11P}{16}$	$-\dfrac{Pa^2(2l+b)}{2l^3}$ $-\dfrac{5P}{16}$

续表

编号		简图	弯矩		剪力	
			M_{AB}^F	M_{BA}^F	Q_{AB}^F	Q_{BA}^F
一端固定、一端铰支	8		$-\dfrac{ql^2}{8}$	0	$\dfrac{5ql}{8}$	$-\dfrac{3ql}{8}$
	9		$-\dfrac{qa^2}{24}\left(4-\dfrac{3a}{l}+\dfrac{3a^2}{5l^2}\right)$	0	$\dfrac{qa^2}{8}\left(4-\dfrac{a^2}{l^2}+\dfrac{a^3}{5l^3}\right)$	$-\dfrac{qa^3}{8l^2}\left(1-\dfrac{a}{5l}\right)$
			当 $a=l$ 时 $-\dfrac{ql^2}{15}$	0	$\dfrac{4ql}{10}$	$-\dfrac{ql}{10}$
	10		$-\dfrac{7ql^2}{120}$	0	$\dfrac{9ql}{40}$	$-\dfrac{11ql}{40}$
	11		$M\dfrac{l^2-3b^2}{2l^2}$	0	$-M\dfrac{3(l^2-b^2)}{2l^3}$	$-M\dfrac{3(l^2-b^2)}{2l^3}$
			当 $a=l$ 时,$\dfrac{M}{2}$	M	$-M\dfrac{3}{2l}$	$-M\dfrac{3}{2l}$
	12		$-\dfrac{3EI\alpha\Delta t}{2h}$	0	$\dfrac{3EI\alpha\Delta t}{2hl}$	$\dfrac{3EI\alpha\Delta t}{2hl}$
一端固定、一端滑动	13		$-\dfrac{Pa(2l-a)}{2l}$	$-\dfrac{Pa^2}{2l}$	P	0
			当 $a=l/2$ 时,$-\dfrac{3Pl}{8}$	$-\dfrac{Pl}{8}$	P	0
	14		$-\dfrac{Pl}{2}$	$-\dfrac{Pl}{2}$	P	$Q_{B左}=P$ $Q_{B右}=0$
	15		$-\dfrac{ql^2}{3}$	$-\dfrac{ql^2}{6}$	ql	0
	16		$-\dfrac{EI\alpha\Delta t}{h}$	$\dfrac{EI\alpha\Delta t}{h}$	0	0

表 9.1 和表 9.2 中的杆端弯矩(包括固端弯矩)、杆端剪力(包括固端剪力)一律以顺时针转向为正。

当超静定梁承受荷载及支座移动的共同作用时,可将表 9.1 和 9.2 的结果进行叠加求得。对于等截面两端固定梁同时承受已知的杆端位移和荷载作用,则根据叠加原理可求的杆端弯矩的一般公式为式(9.8)。

$$\left.\begin{array}{l} M_{AB} = 4i\theta_A + 2i\theta_B - \dfrac{6i}{l}\Delta_{AB} + M_{AB}^F \\ M_{BA} = 2i\theta_A + 4i\theta_B - \dfrac{6i}{l}\Delta_{AB} + M_{BA}^F \end{array}\right\} \quad (9.8)$$

对于一端固定、另一端铰支的等截面梁，其转角位移方程除利用叠加原理外，也可由式(9.8)导出。设 B 端为铰支，则根据式(9.8)的第二式，有

$$M_{BA} = 2i\theta_A + 4i\theta_B - \dfrac{6i}{l}\Delta_{AB} + M_{BA}^F = 0$$

故可求得式(9.9)

$$\theta_B = -\dfrac{1}{2}\left(\theta_A - \dfrac{3}{l}\Delta_{AB} + \dfrac{1}{2i}M_{BA}^F\right) \quad (9.9)$$

可见在此情况下，θ_B 为 θ_A 和 Δ_{AB} 的函数，它是不独立的。将式(9.9)代入式(9.8)的第一式中，即得一端固定、另一端铰支等截面直杆的转角位移方程为式(9.10)。

$$M_{AB} = 3i\left(\theta_A - \dfrac{\Delta_{AB}}{l}\right) + M_{AB}^F \quad (9.10)$$

杆端弯矩求出后，杆端剪力可由平衡条件求出。

9.3 位移法的基本未知量和基本体系

9.3.1 基本未知量确定

用位移法计算超静定结构时，是以刚结点的角位移和独立的结点线位移作为基本未知量的。因此，计算时先要确定作为基本未知量的角位移和线位移。

(1)结点角位移。确定独立的结点角位移数目比较容易。由于在同一结点处刚结点的各杆端的转角都相等，即每一个刚结点只有一个独立的角位移。因此，结构有几个刚结点就有几个角位移。如图9.5(a)所示，连续梁在荷载作用下，将产生图中虚线所示的变形。固定端 A 的转角等于零，B 是自由刚结点，可以转动，根据变形连续条件可知，自由刚结点 B 处只有一个独立的转角 θ_B。C 是铰结点，C 处转角为 θ_C，已知 $M_{CB} = 0$，可知 θ_C 不独立，所以，θ_C 可以不作为基本未知量。因此，取自由刚结点 B 处的角位移 θ_B，作为基本未知量。由上述可知，结点角位移的数目等于结构上自由刚结点的数目。如图9.5(b)所示，刚架独立的结点角位移数目为6。因此，结点角位移未知量的数目就等于结构刚结点的数目。

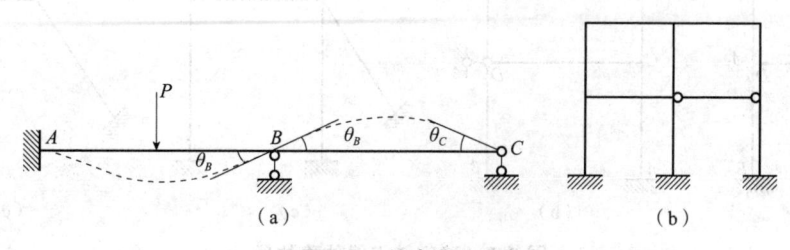

图 9.5 结点角位移

(a)连续梁；(b)刚架

(2)独立的结点线位移。在一般情况下,每个结点均可能有水平线位移和竖向线位移。但是,为了简化计算,通常对于受弯直杆可以忽略其轴向变形,并设其弯曲变形也是微小的。于是,可以假设受弯直杆两端间的距离在变形前后保持不变,从而减少独立结点线位移的数目。如图9.6(a)所示,刚架 A 和 B 固定端为不动点,且 AC、BD 杆长又不发生变化,故点 C 和点 D 都没有竖向线位移。而结点 C 和 D 虽有水平线位移,但由于 CD 杆长度不变,结点 C 和 D 的水平线位移应等。因此,此刚架只有一个独立的结点线位移。

值得指出的是,上述确定独立的结点线位移数目的方法,是以受弯直杆变形后两端距离不变的假设为依据的。对于需要考虑轴向变形的链杆或受弯曲杆,则其两端距离不能看作是不变的。因此,对于图9.6(b)、(c)所示的两个结构,图9.6(b)中横梁 $EA \neq \infty$ 的其独立结点线位移的数目均为2而不是1。

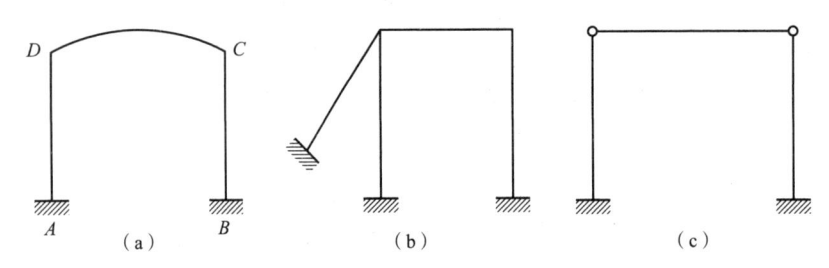

图9.6 独立的结点线位移

(a)结点线位移1;(b)结点线位移2;(c)结点线位移3

对于简单刚架的结点线位移,可观察判断确定。对于复杂刚架结点线位移数目的确定,有一种简便的方法:在确定独立的结点线位移数目时,首先可把原结构的所有刚结点和固定支座假设改为铰,这就得到一个铰结图形。若此铰结图形是几何不变体系,则由此可以知道原结构所有结点均无线位移。如这个铰结图形是几何可变或瞬变的,则可以通过添加链杆使其成为几何不变,所需添加的最少链杆数目就是原结构独立的结点线位移数目。如图9.7(a)所示,将刚架所有的刚结点及固定支座都换为铰后,它变成了一个几何可变的铰结体系,然后加两根支座链杆,这时体系就变为几何不变的,如图9.7(b)所示。因此,原结构有两个独立的结点线位移,即 C 点和 D 点水平线位移 Δ_1,E 点和 F 点水平线位移 Δ_2。再如图9.7(c)和(d)所示的刚架,分别可用上述方法很容易确定出结点线位移数目分别为0和1。

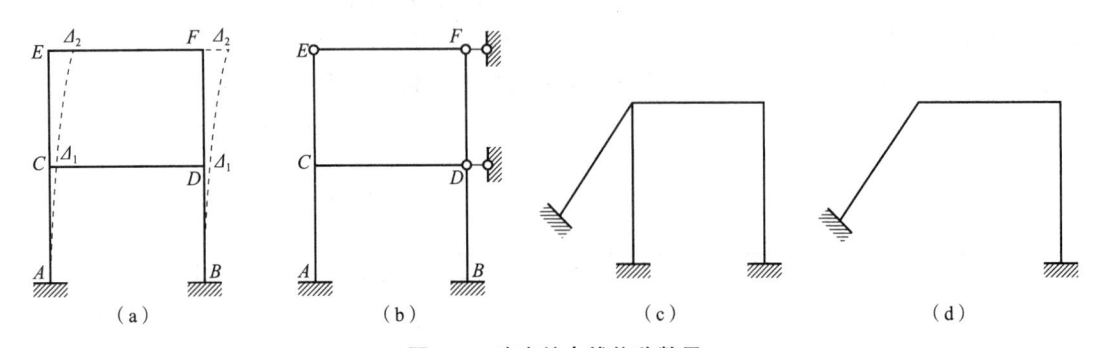

图9.7 确定结点线位移数目

(a)结点线位移1;(b)结点线位移2;(c)结点线位移3;(d)结点线位移4

总之，用位移法计算时，基本未知量的数目等于结点角位移数和结点线位移数的和。

9.3.2 位移法的基本结构

用位移法解算超静定结构时，是将超静定刚架看成若干个单跨的超静定梁，如图9.8所示。因此，位移法的基本结构是把刚架取为一组单跨梁，单跨梁多数是超静定的，个别的可以是静定的，如悬臂梁。

如图9.8(a)所示，刚架有两个刚结点A和B，所以有两个结点角位移θ_A和θ_B，没有结点线位移。因此，可在刚结点A和B处增加两个控制结点转动的附加约束，用╱符号表示(注意：这种约束只能阻止结点的转动，但不限制结点线位移)，称为附加刚臂，而得到图9.8(b)所示的基本结构。

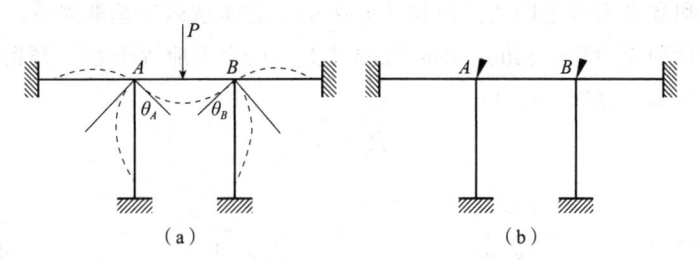

图9.8 带结点角位移的基本结构
(a)刚架；(b)基本结构

建立位移法的基本结构，可在刚架的每个刚性结点上假想地加上一个附加刚臂，以阻止刚结点的转动，但不能阻止刚结点的移动；对产生线位移的结点加上附加链杆，以阻止其线位移，而不阻止结点的转动。这样一来，就得到了单跨超静定梁的组合体。这就是位移法的基本结构。

图9.9(a)所示为一超静定刚架，它有两个刚结点D、E，有两个结点角位移，两结点有相同的线位移，其个数为1。如在刚结点D、E处分别加两个刚臂，在E点加一根水平支座链杆，就得到图9.9(b)所示的基本结构，这个基本结构由5根单跨超静定梁组成。

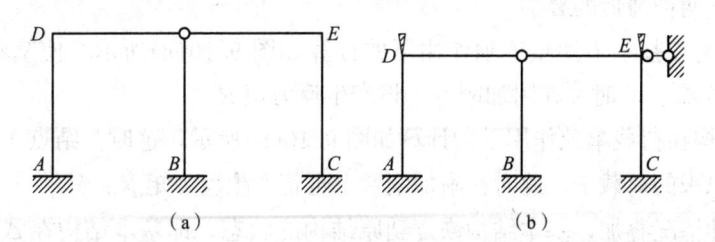

图9.9 带结点线位移的基本结构
(a)超静定刚架；(b)基本结构

位移法的基本结构是通过增加刚臂和链杆得到的，一般情况下只有一种形式的基本结构。这与力法不同，力法的基本结构是通过减少约束，用多余未知力来代替多余约束，采用静定结构作为基本结构，因此，它的基本结构可有多种形式。

9.4 位移法典型方程

9.4.1 位移法方程建立

使用图 9.10(a)所示刚架，说明位移法方程的建立。

此刚架只有一个独立的结点角位移 Δ_1，在结点 1 处加附加刚臂，可以得到基本结构。为了在计算中能用基本结构来代替原结构，应该使两者具有完全相同的受力和变形。为了使基本结构的变形和受力情况与原结构相同，基本结构除承受荷载 P 外，还必须强制附加刚臂发生与原结构相同的结点转角，如图 9.10(b)所示，这样两者的位移和变形就完全一致了。基本结构在荷载和基本未知量即结点位移共同作用下的体系称为基本体系。此时，若基本体系与原结构的位移和受力完全相同，则附加刚臂上的反力矩应等于零。据此便可建立一个方程求解基本未知量 Δ_1，为式(9.11)。

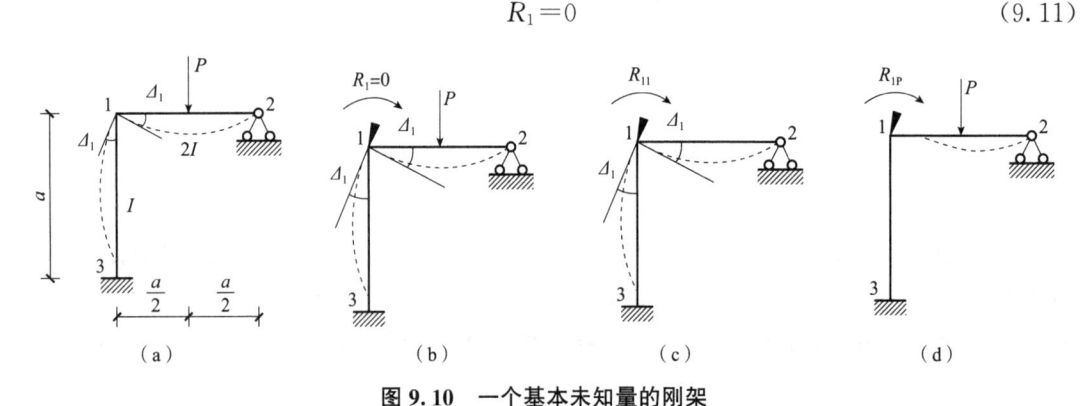

$$R_1 = 0 \tag{9.11}$$

图 9.10 一个基本未知量的刚架

(a)刚架；(b)结点转角相同；(c)反力矩 R_{11}；(d)反力矩 R_{1P}

现在根据使 $R_1=0$ 条件来建立位移法方程，实质上就是原结构的静力平衡条件。$R_1=0$ 可以分解为以下两种情形的叠加。

(1)基本结构在基本未知量单独作用下的计算如图 9.10(c)所示，使基本结构的结点 1 发生结点角位移 Δ_1。此时，在附加刚臂上将产生反力矩 R_{11}。

(2)基本结构在荷载单独作用下的计算如图 9.10(d)所示，这时，结点 1 处于约束状态。基本结构承受原来的荷载 P，此时在附加刚臂上也将产生反力矩 R_{1P}。

将以上两种情况叠加，基本结构恢复到原结构的状态，即基本结构在 Δ_1 和荷载共同作用下附加刚臂上的反力矩 R_1 应消失。这时，如图 9.10(b)所示，虽然结点 1 处形式上有附加刚臂但实际上已不起作用，即结点 1 处于放松状态。据上述分析，则有式(9.12)。

$$R_1 = R_{11} + R_{1P} = 0 \tag{9.12}$$

若以 k_{11} 表示由单位位移 $\Delta_1=1$ 所引起的附加刚臂上的反力矩，则上式可写为式(9.13)。

$$k_{11}\Delta_1 + R_{1P} = 0 \tag{9.13}$$

式(9.13)就是求解 Δ_1 的方程，称为位移法方程。

9.4.2 位移法方程的典型形式

对于具有多个基本未知量的结构，仍然应用上述思路，建立位移法方程的典型形式。

1. 两个基本未知量的位移法方程

如图 9.11(a)所示，刚架(EI＝常数)有两个基本未知量，结点 C 的转角 Δ_1 和水平位移 Δ_2。在结点 C 施加控制转动的约束，为约束 1，在结点 C 加一控制水平线位移的约束——支杆，为约束 2。基本体系如图 9.11(b)所示。下面利用叠加原理建立位移法方程。

(1)基本结构在 Δ_1 单独作用时的计算，如图 9.11(c)所示。

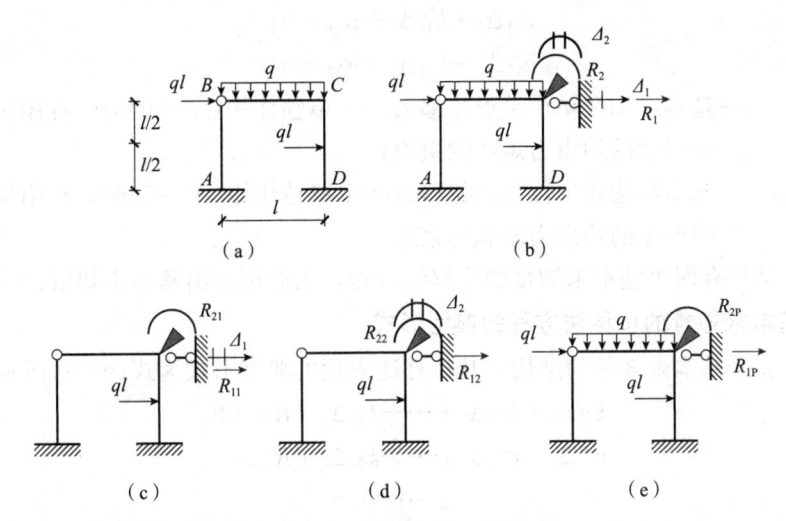

图 9.11 两个基本未知量的刚架
(a)刚架；(b)基本体系；(c)基本结构在 Δ_1 单独作用时的计算；(d)基本结构在 Δ_2 单独作时的计算；
(e)基本结构在荷载单独作用时的计算

使基本结构在结点 C 发生结点线位移 Δ_1，但结点 C 的角位移仍被锁住。这时，可求出基本结构在杆件 CB 和 CD 的杆端力，以及在两个约束中分别存在的约束力矩 R_{11} 和约束力 R_{21}。

(2)基本结构在 Δ_2 单独作用时的计算，如图 9.11(d)所示。使基本结构在结点 C 发生结点位移 Δ_2，但结点 C 的线位移仍被锁住。这时，可求出基本结构在杆件 CB 和 CD 的杆端力，以及在两个约束中分别存在的约束力矩 R_{12} 和约束力 R_{22}。

(3)基本结构在荷载单独作用时的计算，如图 9.11(e)所示。先求出各杆的固端力，然后求出两个约束中分别存在的约束力矩 R_{1P} 和 R_{2P}。

叠加以上三步结果，得基本体系在荷载和结点位移 Δ_1 和 Δ_2 共同作用下的结果。这时，基本体系已转化原结构，虽然在形式上还有约束，但实际上已不起作用，附加约束中的总约束力应等于零，如式(9.14)所示。

$$\left.\begin{array}{l} R_1=0 \\ R_2=0 \end{array}\right\} \tag{9.14}$$

展开式(9.14)如式(9.15)所示。

$$\left.\begin{array}{l} R_1=R_{11}+R_{12}+R_{1P}=0 \\ R_2=R_{21}+R_{22}+R_{2P}=0 \end{array}\right\} \tag{9.15}$$

式中　R_{1P}、R_{2P}——基本结构在荷载单独作用时在附加约束 1 和 2 中产生的约束力矩和约束力；

　　　R_{11}、R_{21}——基本结构在结点位移 Δ_1 单独作用（$\Delta_2=0$）时，在附加约束 1 和 2 中产生的约束力矩和约束力；

　　　R_{12}、R_{22}——基本结构在结点位移 Δ_2 单独作用（$\Delta_1=0$）时，在附加约束 1 和 2 中产生的约束力矩和约束力。

利用叠加原理，可将 R_1、R_2 等表示为与 Δ_1、Δ_2 有关的量，将式（9.15）展开为式（9.16）：

$$\left.\begin{aligned} k_{11}\Delta_1+k_{12}\Delta_2+R_{1P}=0 \\ k_{21}\Delta_1+k_{22}\Delta_1+R_{2P}=0 \end{aligned}\right\} \quad (9.16)$$

式中　k_{11}、k_{21}——基本结构在单位结点位移 $\Delta_1=1$ 单独作用（$\Delta_2=0$）时，在附加约束 1 和 2 中产生的约束力矩和约束力；

　　　k_{12}、k_{22}——基本结构在单位结点位移 $\Delta_2=1$ 单独作用（$\Delta_1=0$）时，在附加约束 1 和 2 中产生的约束力矩和约束力。

式（9.16）是具有两个基本未知量的位移法方程，由此可求出基本未知量 Δ_1 和 Δ_2。

2. n 个基本未知量的位移法方程的典型形式

对于具有 n 个基本未知量的结构，其位移法方程的典型形式为式（9.17）所示。

$$\left.\begin{aligned} k_{11}\Delta_1+k_{12}\Delta_2+\cdots+k_{1n}\Delta_n+R_{1P}=0 \\ k_{21}\Delta_1+k_{22}\Delta_1+\cdots+k_{2n}\Delta_n+R_{2P}=0 \\ \cdots \\ k_{n1}\Delta_1+k_{n2}\Delta_1+\cdots+k_{nn}\Delta_n+R_{nP}=0 \end{aligned}\right\} \quad (9.17)$$

式中　k_{ii}——基本结构在单位结点位移 $\Delta_i=1$ 单独作用（其他结点位移为 0）时，在附加约束 i 中产生的约束力（$i=1、2、\cdots、n$）；

　　　k_{ij}——基本结构在单位结点位移 $\Delta_j=1$ 单独作用（其他结点位移为 0）时，在附加约束 i 中产生的约束力（$i=1、2、\cdots、n$，$j=1、2、\cdots、n$，$i\neq j$）；

　　　R_{iP}——基本结构在荷载单独作用（结点位移 Δ_1、Δ_2、$\cdots$、Δ_n 都锁住）时，在附加约束 i 中产生的约束力（$i=1、2、\cdots、n$）。

式（9.17）中的每一方程表示基本体系中与每一基本未知量相应的附加约束处约束力等于零的平衡条件。具有 n 个基本未知量的结构，其基本体系就有 n 个附加约束，也就有 n 个附加约束处的平衡条件，即 n 个平衡方程。显然，可由 n 个平衡方程解出 n 个基本未知量。

在建立位移法方程时，基本未知量 Δ_1、Δ_2、$\cdots$、Δ_n 均假设为正号，即假设结点角位移为顺时针转向，结点线位移使杆产生顺时针转动。计算结果为正时，说明 Δ_1、Δ_2、$\cdots$、Δ_n 的方向与所设方向一致；计算结果为负时，说明 Δ_1、Δ_2、$\cdots$、Δ_n 的方向与所设方向相反。

式（9.17）中系数 k_{ii}、k_{ij} 等也称为结构的刚度系数，可由杆件的形常数求得；自由项 R_{iP} 则可由杆件的载常数求得。式（9.17）中处于主对角线上的系数 k_{ii} 称为主系数，其值恒大于零；处于主对角线两侧的 k_{ij} 等称为副系数，其值可大于零，可小于零，或等于零。由力法章节讨论的反力互等定理可知式（9.18）：

$$k_{ii} = k_{ij} \tag{9.18}$$

由此可减少副系数的计算工作量。

9.5 位移法计算有侧移刚架和排架

在上一节里，详细介绍了用位移法典型方程计算超静定结构的分析方法，并归纳出具体的解题步骤。本节将通过一些算例介绍如何使用位移法典型方程计算超静定结构。

【例 9.1】 用位移法计算图 9.12(a)所示连续梁的内力，$EI=$ 常数。

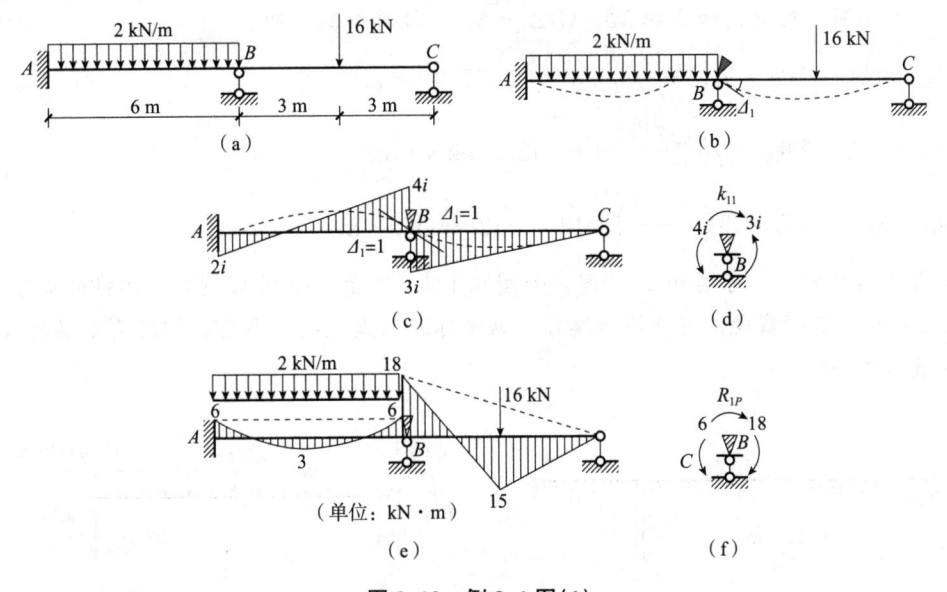

图 9.12 例 9.1 图(1)

解：(1)基本未知量。连续梁结点 B 角位移 Δ_1。

(2)基本体系。在结点 B 施加抵抗转动的约束，得到图 9.12(b)所示的基本体系。

(3)位移法方程：

$$k_{11}\Delta_1 + R_{1P} = 0$$

(4)计算 k_{11}。k_{11} 为基本结构在结点有 B 单位转角 $\Delta_1=1$ 作用下在附加约束中的约束力矩。

1)令 $i=\dfrac{EI}{6}$，利用各杆形常数计算各杆杆端弯矩，并作 $\overline{M}_1$ 图，如图 9.12(c)所示。

$$\overline{M}_{BC}=3i,\ \overline{M}_{BA}=4i,\ \overline{M}_{AB}=2i$$

2)由结点 B 的力矩平衡，如图 9.12(d)所示，可得

$$\sum M_B = 0,\ k_{11} = 4i + 3i = 7i$$

(5)计算 R_{1P}。R_{1P} 为基本结构在荷载作用下在附加约束中的约束力矩，此时结点 B 锁住。

1)利用各杆载常数计算各杆固端弯矩，并作 M_P 图，如图 9.12(e)所示。

$$-M_{AB}^F = M_{BA}^F = \frac{ql^2}{12} = \frac{2\times 6^2}{12} = 6(\text{kN}\cdot\text{m})$$

$$M_{BC}^F = -\frac{3Pl}{16} = -\frac{3\times 16\times 6}{16} = -18(\text{kN}\cdot\text{m})$$

2) 由结点 B 的力矩平衡，如图 9.12(e)所示，可得

$$\sum M_B = 0, \quad R_{1P} + 18 - 6 = 0 \text{ 则 } R_{1P} = -12 \text{ kN}\cdot\text{m}$$

(6) 将 k_{11} 和 R_{1P} 代入位移法方程，解出 Δ_1：

$$\Delta_1 = -\frac{R_{1P}}{k_{11}} = \frac{12}{7i} = -1.714\frac{1}{i}$$

(7) 作 M 图。利用叠加公式 $M = \overline{M}_1\Delta_1 + M_P$，计算杆端弯矩：

$$M_{AB} = 2i\Delta_1 + M_{AB}^F = 2i\left(\frac{1.714}{i}\right) - 6 = -2.57(\text{kN}\cdot\text{m})$$

$$M_{BA} = 4i\Delta_1 + M_{BA}^F = 4i\left(\frac{1.714}{i}\right) + 6 = 12.86(\text{kN}\cdot\text{m})$$

$$M_{BC} = 3i\Delta_1 + M_{BC}^F = 3i\left(\frac{1.714}{i}\right) - 18 = -12.86(\text{kN}\cdot\text{m})$$

求得杆端弯矩后，可绘制出 M 图，如图 9.13(a)所示。绘制 M 图时，仍将杆端弯矩纵坐标画在受拉边。有荷载段，将杆件两端弯矩纵坐标连以虚直线，再叠加相应简支梁的 M^0 图，即得到最后 M 图。

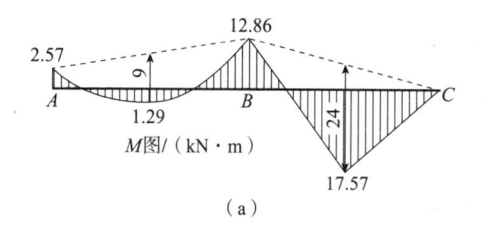

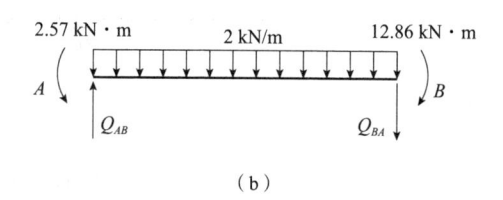

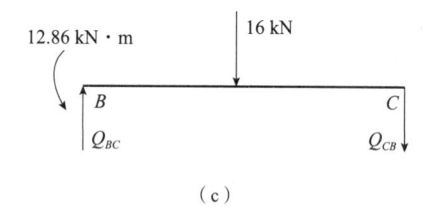

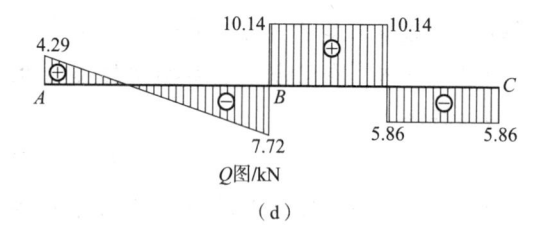

图 9.13 例 9.1 图(2)

(a)弯矩图；(b)杆件 AB 的隔离体；(c)杆件 BC 的隔离体；(d)剪力图

(8) 绘制 Q 图。由杆 AB 的隔离体[图 9.13(b)]，可得

$$\sum M_B = 0, \quad Q_{AB} = \frac{-12.86 + 2\times 6\times 3 + 2.57}{6} = 4.29(\text{kN})$$

$$\sum M_A = 0, \quad Q_{BA} = \frac{-12.86 - 2\times 6\times 3 + 2.57}{6} = -7.72(\text{kN})$$

由杆 BC 的隔离体，如图 9.13(c)所示，可得

$$\sum M_B = 0, \quad Q_{CB} = \frac{-16\times 3 + 12.86}{6} = -5.86(\text{kN})$$

$$\sum M_C = 0, \quad Q_{BC} = \frac{16 \times 3 + 12.86}{6} = 10.14 \text{(kN)}$$

由杆 BC 的隔离体[图 9.13(c)]，可得 Q 图，如图 9.13(d)所示。

(9)校核。结点 B 满足力矩平衡有：$\sum M_B = 12.86 - 12.86 = 0$

连续梁整体满足 $\sum Y = 0$：$4.29 + 17.86 + 5.86 - 2 \times 6 - 16 \approx 0$

通过以上例题，可将位移法的一般计算步骤归纳如下：

(1)确定基本未知量，即独立的结点角位移和线位移的数目。

(2)建立位移法的基本体系。在有结点位移的结点上增加附加约束，并标出正向未知结点位移，即形成了位移法的基本体系。

(3)建立位移法的典型方程。根据位移法的基本结构在所有结点位移和外荷载共同作用下，各附加约束上的反力矩或反力均等于零的条件，即可建立位移法的典型方程。

(4)计算典型方程中的系数和自由项。利用表 9.1 绘出基本结构在各单位结点位移和荷载等外因作用下的弯矩图，由平衡条件求出各系数和自由项。

(5)解算位移法典型方程，求出作为基本未知量的各结点位移。

(6)绘制最后弯矩图。根据叠加原理，即可求出各杆端弯矩，绘制最后弯矩图；再根据弯矩图绘制出剪力图。

【**例 9.2**】 用位移法作图 9.14(a)所示无侧移刚架的弯矩图。

解：(1)确定基本未知量：此刚架具有两个刚结点 B 和 C，因此有两个结点角位移，没有结点线位移。

(2)位移法的基本体系如图 9.14(b)所示。

(3)根据图 9.14(b)建立位移法典型方程为

$$\left. \begin{array}{l} k_{11}\Delta_1 + k_{12}\Delta_2 + R_{1P} = 0 \\ k_{21}\Delta_1 + k_{22}\Delta_1 + R_{2P} = 0 \end{array} \right\}$$

(4)计算系数和自由项：绘 $\overline{M}_1$、$\overline{M}_2$ 和 M_P 图，如图 9.14(c)～(e)所示。

根据结点的平衡条件，计算系数和自由项。由图 9.14(f)所示结点 B 的平衡方程 $\sum M_B = 0$ 得

$$k_{11} = 4i + 8i = 12i$$

由图 9.14(g)或图 9.14(h)所示的结点 C 或结点 B 的平衡方程 $\sum M_C = 0$ 和 $\sum M_B = 0$，得

$$k_{12} = k_{21} = 4i$$

由图 9.14(i)所示结点 C 平衡方程 $\sum M_C = 0$ 得

$$k_{22} = 4i + 8i + 6i = 18i$$

由图 9.14(j)和图 9.14(k)所示的结点 B 和结点 C 的平衡方程 $\sum M_B = 0$ 和 $\sum M_C = 0$，得

$$R_{1P} = -10 - 26.67 = -36.67$$
$$R_{2P} = 26.67 - 30 = -3.33$$

(5)解位移法典型方程求基本未知量：将以上系数和自由项代入位移法方程，得

$$\left. \begin{array}{l} 12i\Delta_1 + 4i\Delta_2 - 36.67 = 0 \\ 12i\Delta_1 + 18i\Delta_1 - 3.33 = 0 \end{array} \right\}$$

结构力学

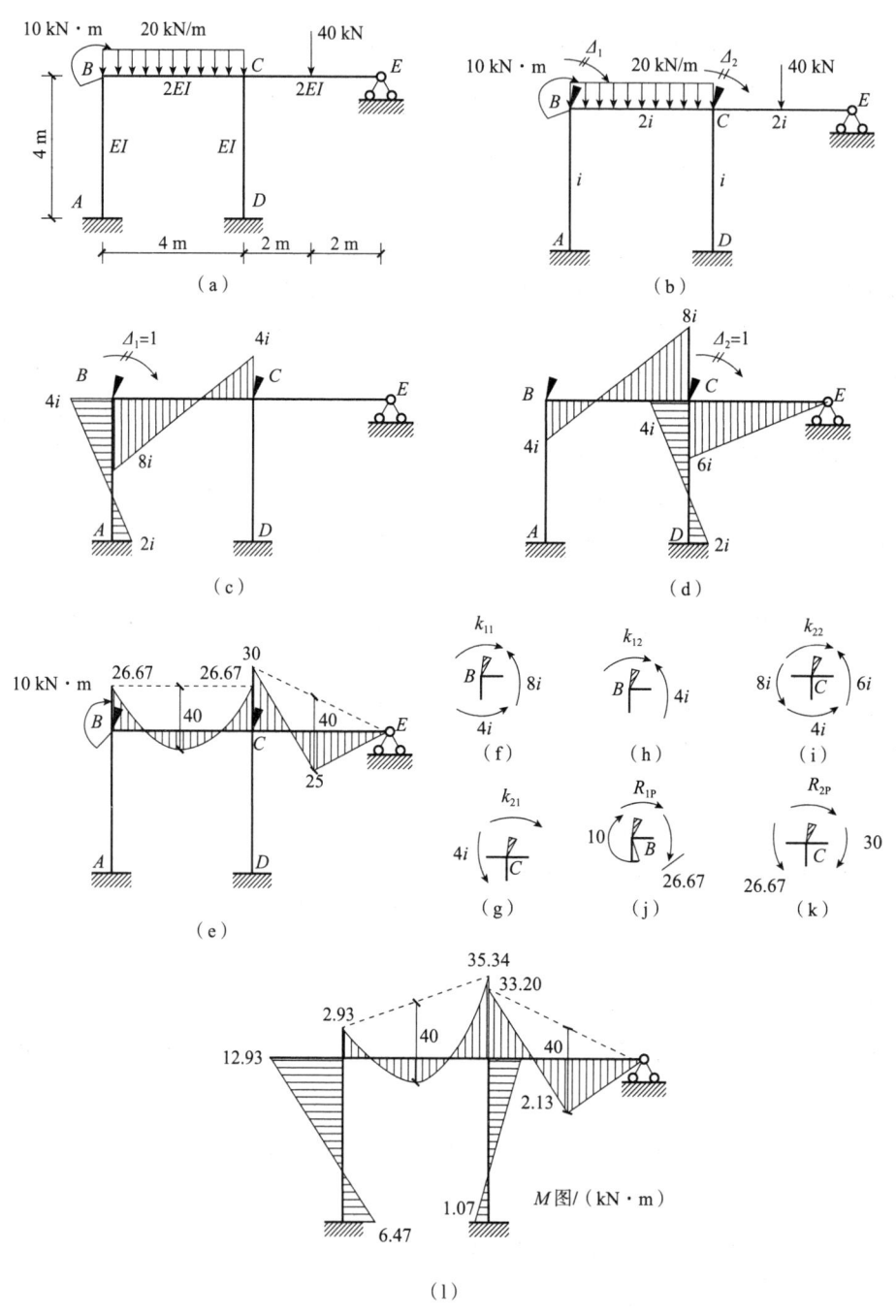

图 9.14 例 9.2 图

解得

$$\Delta_1 = \frac{3.23}{i}, \quad \Delta_2 = -\frac{0.53}{i}$$

(6)绘制 M 图:利用叠加公式 $M = \overline{M}_1 \Delta_1 + \overline{M}_2 \Delta_2 + M_P$ 计算每杆端弯矩值,从而绘出弯矩图,如图 9.14(1)所示。

以上两例均无结点线位移，故称为无侧移结构，下面分析有结点线位移的有侧移刚架。

【例9.3】 试用位移法计算图9.15(a)所示刚架，并绘制M图，EI＝常数。

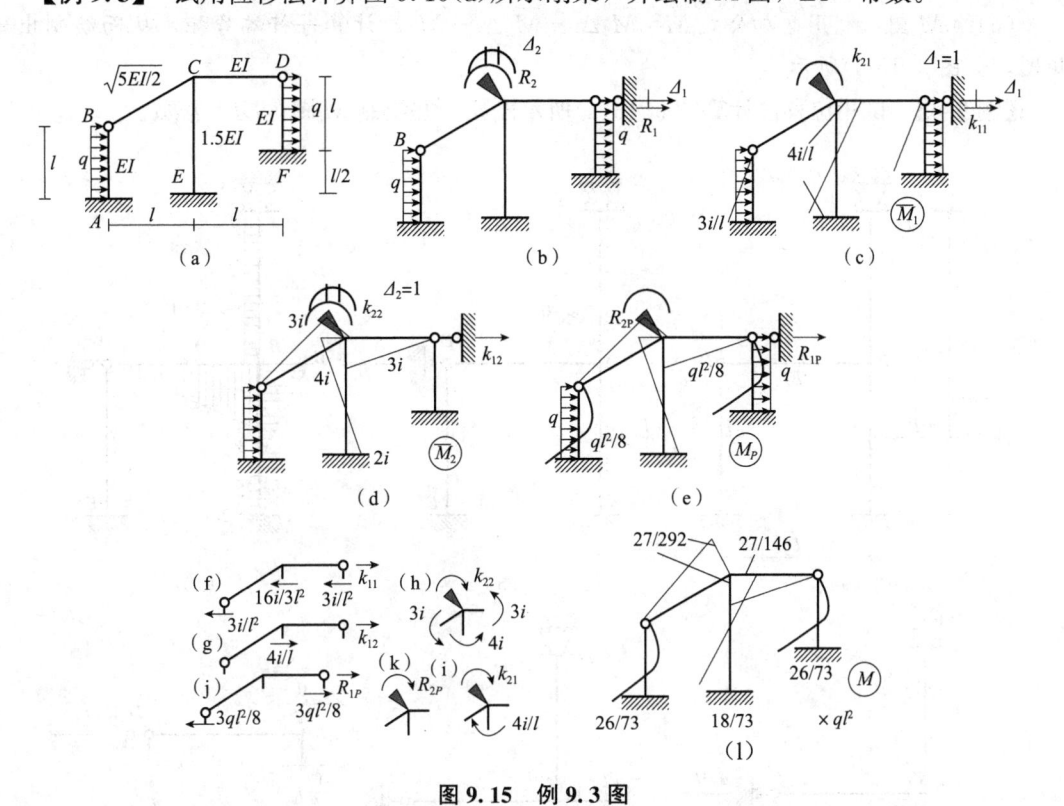

图9.15 例9.3图

解：(1)此刚架具有一个结点角位移Δ_1，同时还有一个独立结点线位移Δ_2。

(2)位移法的基本体系如图9.15(b)所示。

(3)建立位移法典型方程为

$$\left.\begin{array}{l} k_{11}\Delta_1+k_{12}\Delta_2+R_{1P}=0 \\ k_{21}\Delta_1+k_{22}\Delta_2+R_{2P}=0 \end{array}\right\}$$

(4)计算系数和自由项：绘$\overline{M}_1$图、$\overline{M}_2$图和M_P图，如图9.15(c)~(e)所示。根据结点和隔离体的平衡条件，计算系数和自由项。

根据$\overline{M}_1$图、$\overline{M}_2$图和M_P图的结点B的力矩平衡方程得

$$k_{22}=10i,\ k_{21}=-4i/l,\ R_{2P}=0$$

并由图9.15(f)、(g)和(j)所示隔离体投影平衡方程$\sum X=0$，得

$$k_{11}=\frac{34i}{3l^2},\ k_{12}=-\frac{4i}{l},\ R_{1P}=-\frac{3ql^2}{4}$$

(5)解位移法方程求基本未知量：将以上系数和自由项代入位移法方程，得

$$\left.\begin{array}{l} \dfrac{34i}{3l^2}\Delta_1-\dfrac{4i}{l}\Delta_2-\dfrac{3ql^2}{4}=0 \\ -\dfrac{4i}{l}\Delta_1+10i\Delta_2+0=0 \end{array}\right\}$$

解得 $\Delta_1 = \dfrac{45ql^2}{584i}$，$\Delta_2 = \dfrac{9ql^3}{292i}$

(6)绘 M 图：利用叠加公式 $M = \overline{M}_1 \Delta_1 + \overline{M}_2 \Delta_2 + M_P$，计算每杆端弯矩，从而绘制出弯矩图，如图 9.15(l)所示。

【例 9.4】 试用位移法计算图 9.16(a)所示刚架，并绘制 M 图，EI = 常数。

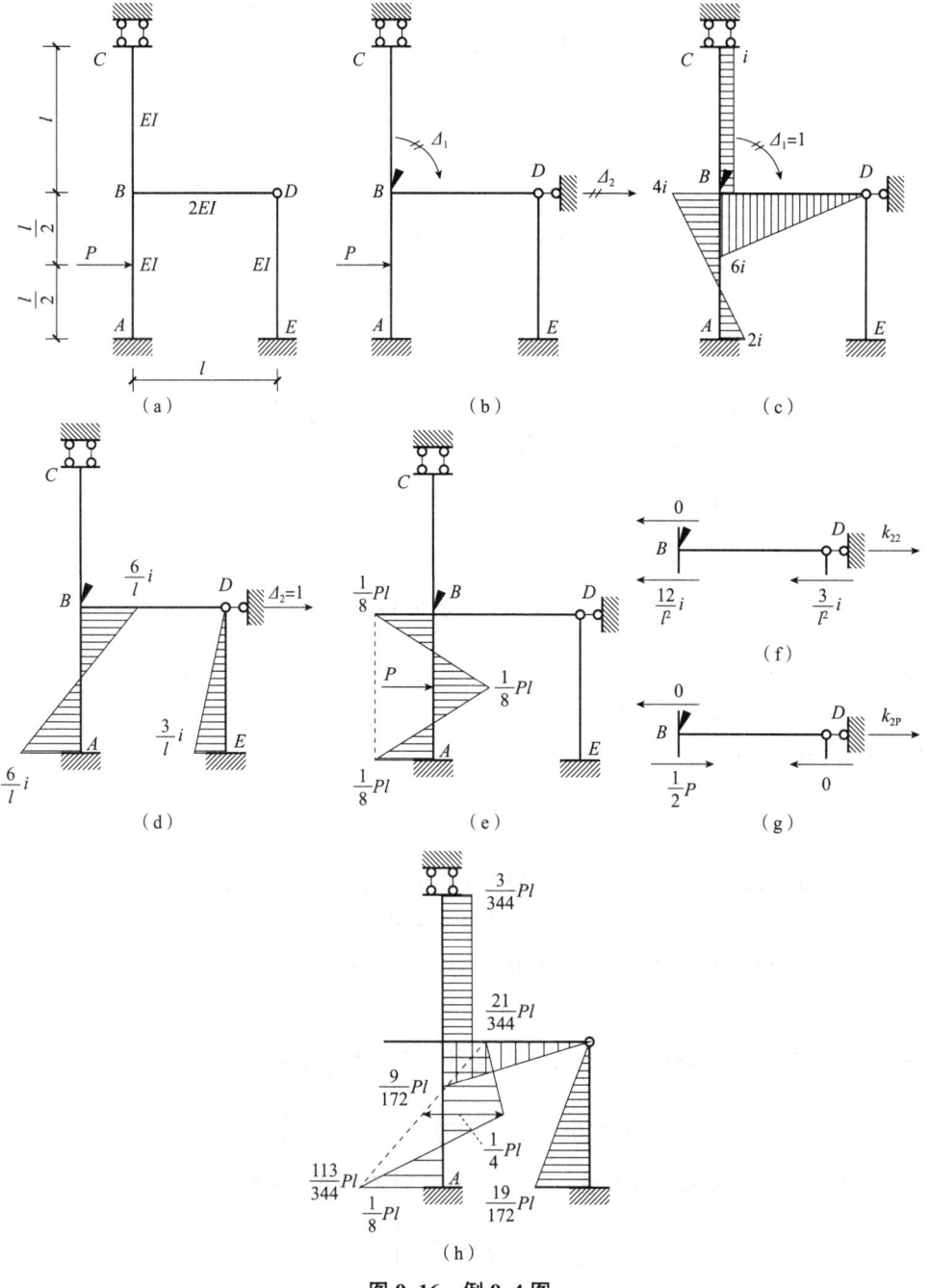

图 9.16 例 9.4 图

解：(1)此刚架具有一个结点角位移 Δ_1，同时还有一个独立结点线位移 Δ_2。
(2)位移法的基本体系如图 9.16(b)所示。
(3)建立位移法典型方程为

$$\left.\begin{array}{l}k_{11}\Delta_1+k_{12}\Delta_2+R_{1P}=0\\ k_{21}\Delta_1+k_{22}\Delta_2+R_{2P}=0\end{array}\right\}$$

(4)计算系数和自由项：绘制 $\overline{M}_1$ 图、$\overline{M}_2$ 图和 M_P 图，如图 9.16(c)~(e)所示。
根据结点和隔离体的平衡条件，计算系数和自由项。
根据 $\overline{M}_1$ 图、$\overline{M}_2$ 图和 M_P 图的结点 B 的力矩平衡方程得

$$k_{11}=11i,\ k_{12}=k_{21}=-6i/l,\ R_{2P}=Pl/8$$

并由图 9.16(f)和(g)所示隔离体投影平衡方程 $\sum X=0$，得

$$k_{22}=\frac{15i}{l^2},\ R_{2P}=-\frac{P}{2}$$

(5)解位移法方程求基本未知量：将以上系数和自由项代入位移法方程，得

$$\left.\begin{array}{l}11i\Delta_1-\dfrac{6i}{l}\Delta_2+\dfrac{Pl}{8}=0\\ -\dfrac{6i}{l}\Delta_1+\dfrac{15i}{l^2}\Delta_2-\dfrac{P}{2}=0\end{array}\right\}$$

解得 $\Delta_1=\dfrac{3Pl}{344i},\ \Delta_2=\dfrac{19Pl^2}{516i}$

(6)绘制 M 图：利用叠加公式 $M=\overline{M}_1\Delta_1+\overline{M}_2\Delta_2+M_P$，计算每杆端弯矩，从而绘出弯矩图，如图 9.16(l)所示。

9.6 位移法计算对称结构

用位移法计算超静定结构时，当结点位移基本未知量较多时，需要解较多数目的联立方程，计算工作量较大。而在实际工程中，应用较多的结构为对称结构，因此，仍然可以利用结构和荷载的对称性进行简化计算。

在力法中讨论结构的对称性时曾指出，任何荷载可分解为对称荷载和反对称荷载。而对称结构在对称荷载作用下，变形和内力是对称分布的；在反对称荷载作用下，变形和内力是反对称分布的。因此，用位移法计算对称结构时，在对称荷载或反对称荷载作用下，仍然可以利用对称轴上的变形和内力特征，取半边结构的计算简图进行计算，以减少基本未知量的个数。

【例 9.5】 用位移法作图 9.17(a)所示对称刚架的弯矩图。

解：(1)确定基本未知量和基本体系。图 9.17(a)所示刚架有四个结点位移，三个结点角位移和一个结点线位移。但刚架是对称刚架，在对称荷载作用下，可取半边结构的计算简图，如图 9.17(b)所示进行计算，此半边结构只有一个结点 A 的角位移 Δ_1 和一个线位移 Δ_2。所以，基本未知量为结点 A 的角位移 Δ_1 和一个线位移 Δ_2。

(2)位移法的基本体系。在结点 A 施加转动约束，加以线位移，得到基本体系如图 9.17(c)所示。

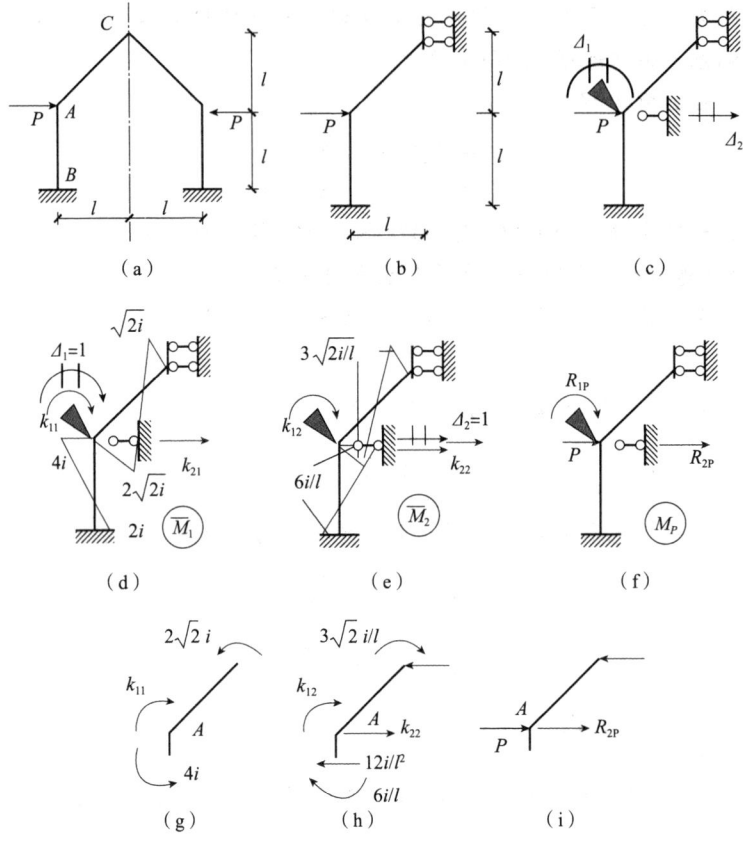

图 9.17 例 9.5 图

(3) 建立位移法典型方程为

$$\left.\begin{array}{l}k_{11}\Delta_1+k_{12}\Delta_2+R_{1P}=0\\k_{21}\Delta_1+k_{22}\Delta_2+R_{2P}=0\end{array}\right\}$$

(4) 计算系数和自由项：绘制 $\overline{M}_1$ 图、$\overline{M}_2$ 图和 M_P 图，如图 9.17(d)~(f)所示。根据结点和隔离体的平衡条件，计算系数和自由项。

根据 $\overline{M}_1$ 图、$\overline{M}_2$ 图和 M_P 图的结点 A 的力矩平衡方程得

$$k_{11}=(4+2\sqrt{2})i,\ k_{12}=k_{21}=(3\sqrt{2}-6)i/l,\ R_{1P}=0$$

并由图 9.17(h)和(i)所示隔离体投影平衡方程 $\sum X=0$，得

$$k_{22}=\frac{(12+6\sqrt{2})i}{l^2},\ R_{2P}=-P$$

(5) 解位移法方程求基本未知量：将以上系数和自由项代入位移法方程，得

$$\left.\begin{array}{l}(4+2\sqrt{2})i\Delta_1-\dfrac{(3\sqrt{2}-6)i}{l}\Delta_2+0=0\\-\dfrac{(3\sqrt{2}-6)i}{l}\Delta_1+\dfrac{(12+6\sqrt{2})i}{l^2}\Delta_2-P=0\end{array}\right\}$$

解得 $\Delta_1=\dfrac{0.013Pl}{i}$，$\Delta_2=\dfrac{0.05Pl^2}{i}$

(6)绘制 M 图:利用叠加公式 $M=\overline{M}_1\Delta_1+\overline{M}_2\Delta_2+M_P$,计算每杆端弯矩,从而绘出弯矩图,可自行绘制。

如图 9.18(a)所示框架,用位移法典型方程计算时,可先利用对称进行简化,取原结构的 1/4 进行计算即可,如图 9.18(b)所示。在绘制出四分之一结构的弯矩图后,再利用对称性就可绘制出原结构的弯矩图。

图 9.19(a)所示的刚架为对称结构在非对称荷载作用下的单跨刚架,根据前面的分析,它可以化为正对称荷载和反对称荷载两种情况的叠加,如图 9.19(b)、(c)所示。对于这两种情况,可分别得到它们的简化结构如图 9.19(d)、(e)所示。在用位移法典型方程计算图 9.19(e)所示的刚架时,它虽有结点侧位移,但在确定基本结构时在 D 点加刚臂后,如图 9.19(f)所示。杆件 AD 和 DE 就相当于图 9.19(g)、(h)所示的单跨梁,D 点虽有水平位移,但其杆端弯矩与其无关,不难画出基本结构 $\Delta_1=1$ 和荷载作用下的弯矩图 $\overline{M}_1$ 和 M_P。因此,图 9.19(g)所示刚架的 D 点角位移 Δ_1 是它的基本未知量。有关具体计算过程此处从略。

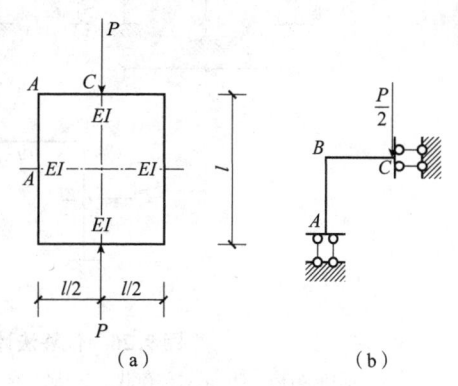

图 9.18 位移法计算对称框架
(a)对称框架;(b)四分之一结构

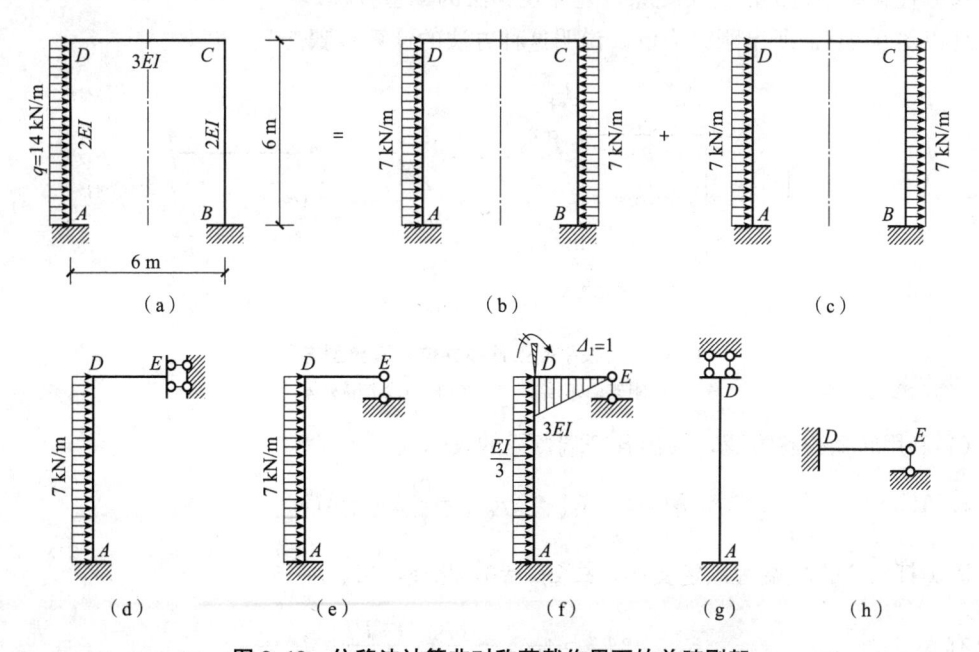

图 9.19 位移法计算非对称荷载作用下的单跨刚架
(a)原结构刚架;(b)正对称荷载;(c)反对称荷载;(d)正对称荷载简化结构;(e)反对称荷载简化结构;
(f)基本结构加刚臂;(g)杆件 AD;(h)杆件 DE

图 9.20(a)所示的刚架是偶数跨对称结构在非对称荷载作用下的情形,它可以化为正对称荷载和反对称荷载两种情形的叠加,如图 9.20(b)、(c)所示。它们的简化结构分别如图 9.20(d)、(e)所示。对此两者分别采用位移法和力法计算比较简单,具体计算在此不予叙述。

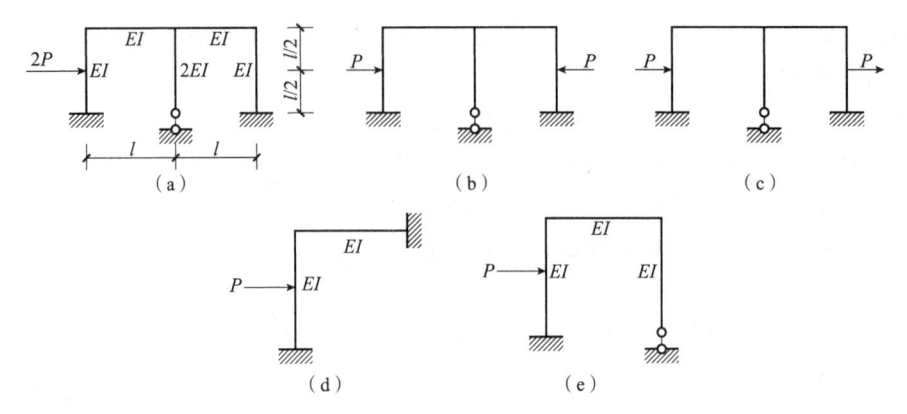

图 9.20 位移法计算非对称荷载作用下的两跨刚架
(a)原结构；(b)正对称荷载；(c)反对称荷载；(d)正对称荷载简化结构；(e)反对称荷载简化结构

9.7 按平衡条件建立位移法典型方程

基本体系的各杆端力与杆端位移和荷载之间的关系是由转角位移方程来确定的。而位移法典型方程又反映了原结构的静力平衡条件。因此，也可以不通过基本体系，而直接利用转角位移方程和原结构的静力平衡条件建立位移法的典型方程。

现以图 9.21(a)所示刚架为例，说明这种方法的计算步骤。

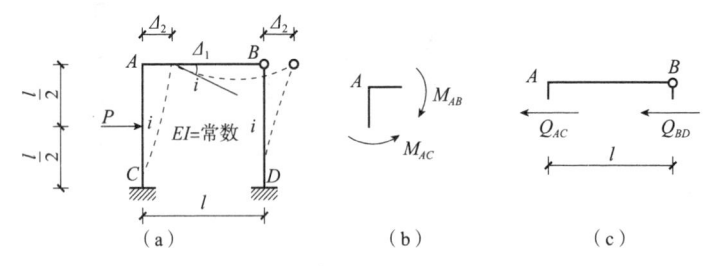

图 9.21 按平衡条件建立位移法典型方程
(a)刚架；(b)结点 A；(c)柱顶以上隔离体

(1)利用转角位移方程，写出各杆端弯矩的表达式。

杆 AC
$$M_{AC}=4i\varphi_{AC}+2i\varphi_{CA}-\frac{6i}{l}\Delta_{AC}+M_{AC}^F$$

因为杆 AC 的 C 端为固定支座，故 $\varphi_{CA}=0$，此外，$M_{AC}^F=\dfrac{Pl}{8}$。

所以有
$$M_{AC}=4i\varphi_{AC}-\frac{6i}{l}\Delta_{AC}+\frac{Pl}{8}$$

同理有
$$M_{CA}=2i\varphi_{AC}-\frac{6i}{l}\Delta_{AC}-\frac{Pl}{8}$$

杆 AB
$$M_{AB}=3i\varphi_{AB}-\frac{3i}{l}\Delta_{AB}+M_{AB}^F$$

因为 $\Delta_{AB}=0$，且 $M_{AB}^F=0$

所以有
$$M_{AB}=3i\varphi_{AB}$$

而
$$M_{BA} = 0$$

杆 BD
$$M_{DB} = 3i\varphi_{DB} - \frac{3i}{l}\Delta_{BD} + M_{DB}^F$$

因为
$$\varphi_{DB} = 0, \quad M_{DB}^F = 0$$

所以有
$$M_{DB} = -\frac{3i}{l}\Delta_{BD}$$

(2) 利用杆端位移与结点位移必须协调的变形连续条件，将杆端转角 φ_{AC}、φ_{AB} 改用结点转角 Δ_1 表示 ($\varphi_{AC} = \varphi_{AB} = \Delta_1$)，将两竖柱的顶端位移 Δ_{AC}、Δ_{BD} 改用结点线位移 Δ_2 表示 ($\Delta_{AC} = \Delta_{BD} = \Delta_2$)，即可将杆端弯矩表示为式(9.19)~式(9.21)。

$$\left. \begin{array}{l} M_{AC} = 4i\Delta_1 - \dfrac{6i}{l}\Delta_2 + \dfrac{Pl}{8} \\ M_{CA} = 2i\Delta_1 - \dfrac{6i}{l}\Delta_2 - \dfrac{Pl}{8} \end{array} \right\} \tag{9.19}$$

$$\left. \begin{array}{l} M_{AB} = 3i\Delta_1 \\ M_{BA} = 0 \end{array} \right\} \tag{9.20}$$

$$\left. \begin{array}{l} M_{DB} = -\dfrac{3i}{l}\Delta_2 \\ M_{BD} = 0 \end{array} \right\} \tag{9.21}$$

(3) 根据结点 A 的力矩平衡条件 $\sum M_A = 0$ [图 9.21(b)]，以及截取两柱顶以上部分为隔离体的投影平衡方程 $\sum X = 0$ [图 9.21(c)]，可建立式(9.22)~式(9.24)。

$$\left. \begin{array}{l} \sum M_A = M_{AB} + M_{AC} = 0 \\ \sum X = Q_{AC} + Q_{BD} = 0 \end{array} \right\} \tag{9.22}$$

由于
$$Q_{AC} = Q_{AC}^0 - \frac{(M_{AC} + M_{CA})}{l} = -\frac{P}{2} - \frac{(M_{AC} + M_{CA})}{l} \tag{9.23}$$

$$Q_{BD} = -\frac{M_{DB}}{l} \tag{9.24}$$

将式(9.19)~式(9.24)有关式子代入式(9.22)，整理后得式(9.25)。

$$\left. \begin{array}{l} 7i\Delta_1 - \dfrac{6i}{l}\Delta_2 + \dfrac{Pl}{8} = 0 \\ -\dfrac{6i}{l}\Delta_1 + \dfrac{15i}{l^2}\Delta_2 - \dfrac{P}{2} = 0 \end{array} \right\} \tag{9.25}$$

式(9.25)与按基本体系建立的位移法方程完全相同。

由此可见，上述计算超静定结构的方法在本质上与建立力法典型方程中所用的方法完全相同，只不过在建立典型方程时所经过的途径不同。

第 10 章 渐近法

无论采用力法还是位移法计算超静定结构，都要建立和求解典型方程。当未知量较多时，求解方程的工作是非常繁重的。且在求得基本未知量后，还要利用叠加法求得杆端弯矩。为了更加简捷地计算超静定结构，自 20 世纪 30 年代以来，陆续出现了以位移法为基础的各种渐近法，如力矩分配法、无剪力分配法、剪力分配法、迭代法等。这些方法的共同特点是避免了建立和求解典型方程，以逐次渐近的方法来计算杆端弯矩，其结果的精度随计算轮次的增加而提高，最后收敛于精确解。这些方法的物理概念生动形象，计算步骤比较简单和规格化，且可直接求得杆端弯矩，因而易于掌握，适合手算。精度可以满足工程要求，因而在工程中应用很广泛。随着计算机的普及和矩阵位移法程序的推广，在未知量较少的场合下仍不失为一种简便易行的手算方法。

10.1 力矩分配法的基本概念与基本原理

10.1.1 基本概念

力矩分配法是位移法演变而来的一种结构计算方法，故其结点角位移、杆端力的符号规定均与位移法相同。力矩分配法主要用于求解连续梁与无侧移的刚架，其用到的基本概念如下。

1. 转动刚度 S

如图 10.1 所示，当杆件 AB 的 A 端转动单位转角时，A 端（称近端）的弯矩 M_{AB} 称为该杆端的转动刚度，用 S_{AB} 来表示，它表示该杆端抵抗转动能力的大小，其值不仅与杆件的线刚度 i 有关，还与杆件另一端（称远端）的支承情况有关。

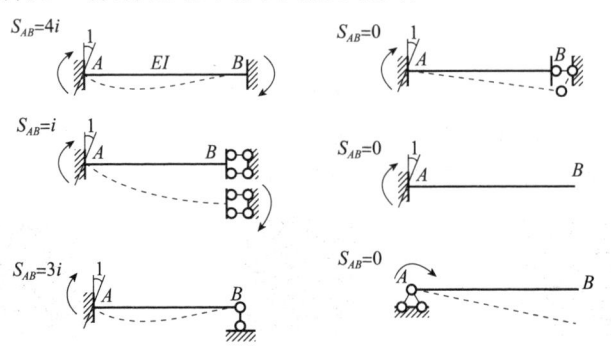

图 10.1 转动刚度

杆端转动刚度的数值也就是第 9 章位移法中等截面杆在杆端转动单位转角时的弯矩形常数。

2. 传递系数 C

由图 10.1 可知，当 A 端转动时，B 端也产生一定的弯矩，这好像近端的弯矩按一定的比例传到了远端一样，故将 B 端弯矩与 A 端弯矩之比称为由 A 端向 B 端的传递系数，用 C_{AB} 表示，如式(10.1)所示。

$$C_{AB} = \frac{M_{BA}}{M_{AB}} \text{ 或 } M_{BA} = C_{AB} M_{AB} \tag{10.1}$$

对于等截面直杆的转动刚度和传递系数见表 10.1。

表 10.1 等截面直杆的转动刚度和传递系数

远端支撑情况	转动刚度 S	传递系数 C
固定	$4i$	$1/2$
滑动	i	-1
铰支	$3i$	0
自由或轴向支撑	0	—

10.1.2 基本原理

现以图 10.2(a)所示刚架为例说明力矩分配法的基本原理。该刚架用位移法计算时只有一个角位移 Δ_1，其典型方程为：

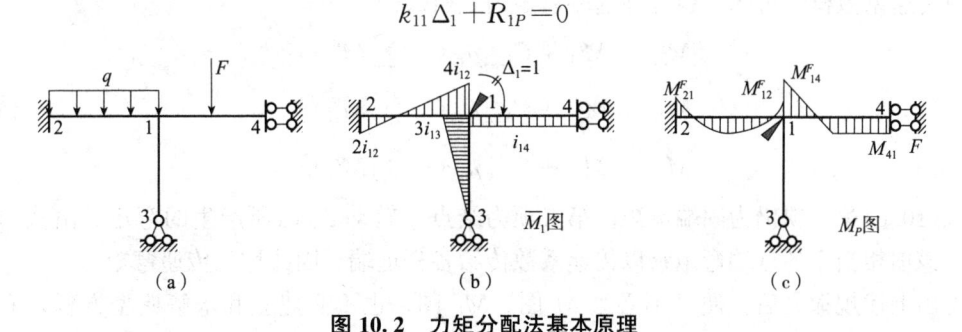

$$k_{11}\Delta_1 + R_{1P} = 0$$

(a) 刚架；(b) $\overline{M}_1$ 图；(c) M_P 图

图 10.2 力矩分配法基本原理

绘制 $\overline{M}$ 图、M_P 图，可求得系数和自由项为式(10.2)。

$$R_{1P} = M_{12}^F + M_{13}^F + M_{14}^F = \sum M_{1j}^F \tag{10.2}$$

由位移法可知，R_{1P} 为结点 1 上附加刚臂上的反力矩，它等于汇交于结点 1 的各杆件杆端弯矩的代数和，也就是各固端弯矩所不能平衡的差额，故又称结点上的不平衡弯矩，如式(10.3)所示。

$$k_{11} = 4i_{12} + 3i_{13} + i_{14} = S_{12} + S_{13} + S_{14} = \sum S_{1j} \tag{10.3}$$

即为汇交于结点 1 的各杆端的转动刚度的和。

解位移法典型方程得

$$\Delta_1 = \frac{-\sum M_{1j}^F}{\sum S_{1j}}$$

然后，即可按叠加法 $M = M_P + \Delta_1 \overline{M}$ 计算各杆端的最后弯矩。各杆汇交于结点 1 的一端为近端，另一端为远端。近端各杆端弯矩分别为式(10.4)。

$$\left. \begin{aligned} M_{12} &= M_{12}^F + \frac{S_{12}}{\sum S_{1j}}(-\sum M_{1j}^F) = M_{12}^F + \mu_{12}(-\sum M_{1j}^F) \\ M_{13} &= M_{13}^F + \frac{S_{13}}{\sum S_{1j}}(-\sum M_{1j}^F) = M_{13}^F + \mu_{13}(-\sum M_{1j}^F) \\ M_{14} &= M_{14}^F + \frac{S_{14}}{\sum S_{1j}}(-\sum M_{1j}^F) = M_{14}^F + \mu_{14}(-\sum M_{1j}^F) \end{aligned} \right\} \quad (10.4)$$

式(10.4)第一项为荷载产生的固端弯矩，即固端弯矩。第二项为结点 1 转动 Δ_1 时所产生的弯矩。由式(10.4)可知，该项相当于把结点不平衡力矩反号后按各杆端转动刚度大小的比例分配给各杆端，因此称为分配弯矩。现定义 μ_{12}、μ_{13}、μ_{14} 为分配系数，对结点 1 上某杆 $1j$ 来说，可以用以下公式表示计算结果，如式(10.5)所示。

$$\mu_{1j} = \frac{S_{1j}}{\sum S_{1j}} \quad (10.5)$$

显然，汇交于同一结点上的各杆端的分配系数之和等于 1，即 $\sum \mu_{1j} = 1$。即，各杆端分配弯矩等于相应杆端分配系数乘以结点不平衡弯矩的相反数。

由传递系数概念可知，各杆件远端弯矩为式(10.6)。

$$\left. \begin{aligned} M_{21} &= M_{21}^F + C_{12}[\mu_{12}(-\sum M_{1j}^F)] \\ M_{31} &= M_{31}^F + C_{13}[\mu_{13}(-\sum M_{1j}^F)] \\ M_{41} &= M_{41}^F + C_{14}[\mu_{14}(-\sum M_{1j}^F)] \end{aligned} \right\} \quad (10.6)$$

式(10.6)第一项仍为固端弯矩。第二项为结点 1 转动 Δ_1 时所产生的弯矩。由式(10.6)可知，该项相当于各近端弯矩乘以传递系数传给各杆远端，因此称为传递弯矩。

得出上述规律之后，便可不必绘 $\overline{M}$ 图、M_P 图，也不必建立和求解典型方程，而直接按以上方法计算各杆端弯矩。其过程可形象地归纳为两步：

(1)固定结点。加入刚臂，各杆端有固端弯矩，而此时结点上的不平衡力矩由刚臂承担。

(2)放松结点。取消刚臂，让结点转动。这相当于在结点上又加入一个相反符号的不平衡力矩，于是，不平衡力矩被消除而结点获得平衡。此反号的不平衡力矩将按转动刚度大小的比例分配给各近端，于是各近端得到分配弯矩，同时各自向其远端进行传递，各远端得到传递弯矩。

最后，各近端弯矩等于固端弯矩加分配弯矩，各远端弯矩等于固端弯矩加传递弯矩。

以上是用力矩的分配和传递的概念解决荷载作用下结构内力的计算问题，故称力矩分配法。

【例 10.1】 试作图示 10.3(a)所示刚架的弯矩图。各杆件 EI 为常数。

解：(1)分配系数计算。令 $\dfrac{EI}{4}=i$，则 $i_{AB}=i_{AC}=i$，$i_{AD}=3i$，由式(10.5)可得

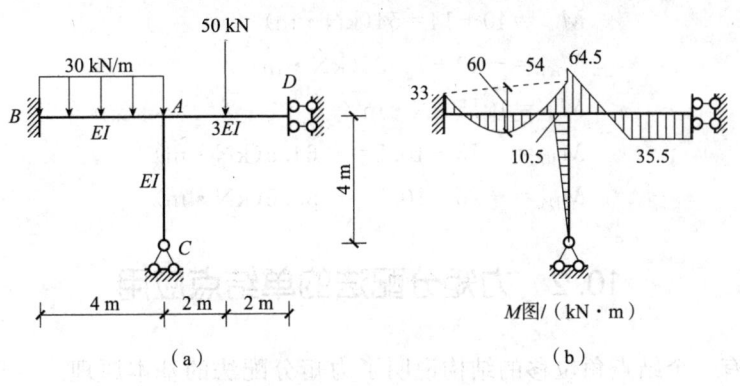

图 10.3　例 10.1 图

$$\mu_{AB}=\dfrac{S_{AB}}{\sum S_{Aj}}=\dfrac{4i}{4i+3i+3i}=0.4$$

$$\mu_{AC}=\dfrac{3i}{4i+3i+3i}=0.3$$

$$\mu_{AD}=\dfrac{3i}{4i+3i+3i}=0.3$$

(2)计算固端弯矩。根据位移法载常数表得

$$M_{AB}^{F}=\dfrac{1}{12}\times 30\times 4^{2}=40(\text{kN}\cdot\text{m})$$

$$M_{BA}^{F}=-\dfrac{1}{12}\times 30\times 4^{2}=-40(\text{kN}\cdot\text{m})$$

$$M_{AD}^{F}=-\dfrac{3}{8}\times 50\times 4=-75(\text{kN}\cdot\text{m})$$

$$M_{DA}^{F}=-\dfrac{1}{8}\times 50\times 4=-25(\text{kN}\cdot\text{m})$$

(3)计算分配弯矩和传递弯矩。结点 A 上的不平衡弯矩 $\sum M_{Aj}^{F}=40-75=-35(\text{kN}\cdot\text{m})$，将其反号后乘以分配系数，即得各杆件近端弯矩；再乘以传递系数，即得到各远端的传递弯矩。

分配弯矩：

$$M'_{AB}=\mu_{AB}\times 35=0.4\times 35=14(\text{kN}\cdot\text{m})$$

$$M'_{AC}=\mu_{AC}\times 35=0.3\times 35=10.5(\text{kN}\cdot\text{m})$$

$$M'_{AD}=\mu_{AD}\times 35=0.3\times 35=10.5(\text{kN}\cdot\text{m})$$

传递弯矩：

$$M''_{BA}=C_{AB}\times 14=\dfrac{1}{2}\times 14=7(\text{kN}\cdot\text{m})$$

$$M''_{CA}=\mu_{AC}\times 10.5=0$$

$$M''_{DA}=\mu_{AD}\times 10.5=-1\times 10.5=-10.5(\text{kN}\cdot\text{m})$$

（4）计算杆端最后弯矩。将固端弯矩和分配弯矩、传递弯矩叠加，便得到各杆端的最后弯矩。据此即可绘出刚架的弯矩图，如图 10.3(b)所示。

$$M_{AB}=40+14=54(\text{kN}\cdot\text{m})$$
$$M_{BA}=-40+7=33(\text{kN}\cdot\text{m})$$
$$M_{AC}=10.5\ \text{kN}\cdot\text{m}$$
$$M_{AD}=-75+10.5=-64.5(\text{kN}\cdot\text{m})$$
$$M_{DA}=-25-10.5=-35.5(\text{kN}\cdot\text{m})$$

10.2 力矩分配法的单结点应用

上面以只有一个结点角位移的结构说明了力矩分配法的基本原理。对于实际应用中，为了使计算过程的表达更加紧凑、直观，避免罗列大量算式，整个计算一般可直接在图上书写（或列表计算）。单结点的力矩分配法可按照固定结点和放松结点直接计算杆端弯矩。

【例 10.2】 用力矩分配法计算图示 10.4(a)所示连续梁的弯矩图。各杆件 EI 为常数。

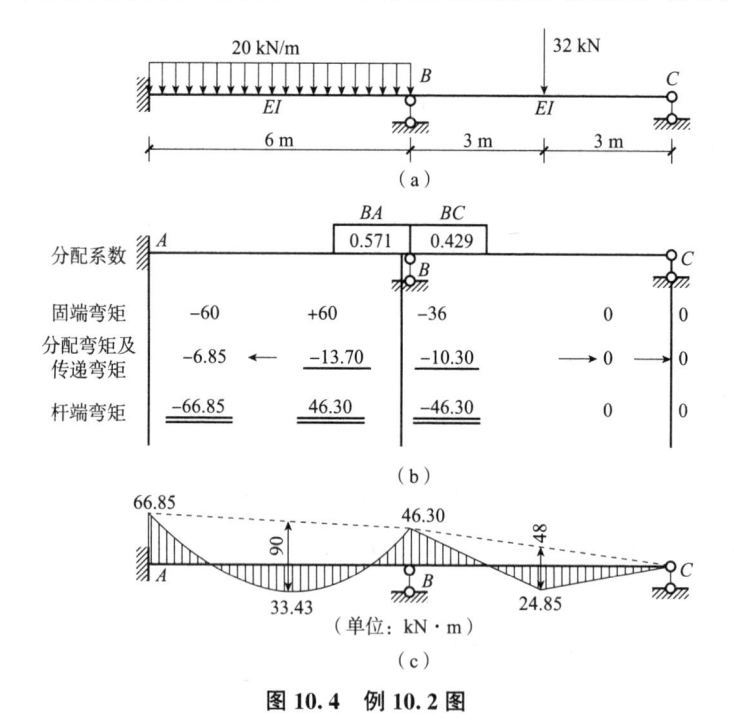

图 10.4 例 10.2 图

解：（1）固定结点 B，求解各杆端固端弯矩，并将计算所得固端弯矩数值写在各杆端的下方，如图 10.4(b)所示，固端弯矩的计算如下：

$$M_{AB}^F=-\frac{1}{12}\times 20\times 6^2=-60(\text{kN}\cdot\text{m})$$

$$M_{BA}^F=\frac{1}{12}\times 20\times 6^2=60(\text{kN}\cdot\text{m})$$

$$M_{BC}^F = -\frac{3}{16} \times 32 \times 6 = -36(\text{kN} \cdot \text{m})$$

在结点 B 处，各杆端弯矩总和为约束力矩 M_B：

$$M_B = 60 - 36 = 24(\text{kN} \cdot \text{m})$$

(2) 放松结点 B。相当于在结点 B 施加一个力偶荷载（24 kN·m）。该力偶荷载按分配系数分配于 B 端的两杆，并通过传递系数传递至 A 端（远端）。具体如下：

令 $\dfrac{EI}{6} = i$，则 $i_{BA} = i_{BC} = i$，分配系数为

$$\mu_{BA} = \frac{S_{BA}}{S_{BA} + S_{BC}} = \frac{4i}{4i + 3i} = 0.571$$

$$\mu_{BC} = \frac{3i}{4i + 3i} = 0.429$$

并将分配系数写在图 10.4(b) 中结点 B 上面 BA 端和 BC 端的方框内。分配弯矩写在各杆分配系数下面，并在分配弯矩下面画一横线，表示结点已放松，达到平衡。根据传递系数（远端固定时，传递系数为 1/2；远端为铰支时，传递系数为 0）将近端弯矩传递至远端，计算传递弯矩。并在图 10.4(b) 中用箭头表示传递方向。

(3) 将以上 (1) 和 (2) 的结果叠加，即得到各杆最后的杆端弯矩。最后绘制弯矩图如图 10.4(c) 所示。

实际计算时，可将以上步骤汇集在一起，按图 10.4(b) 的格式演算。下面画双横线表示各杆杆端弯矩的最后结果。注意结点 B 应满足平衡条件：

$$\sum M_B = 46.3 - 46.3 = 0$$

【例 10.3】 用力矩分配法计算图示 10.5(a) 所示刚架的弯矩图。各杆件 EI 为常数。

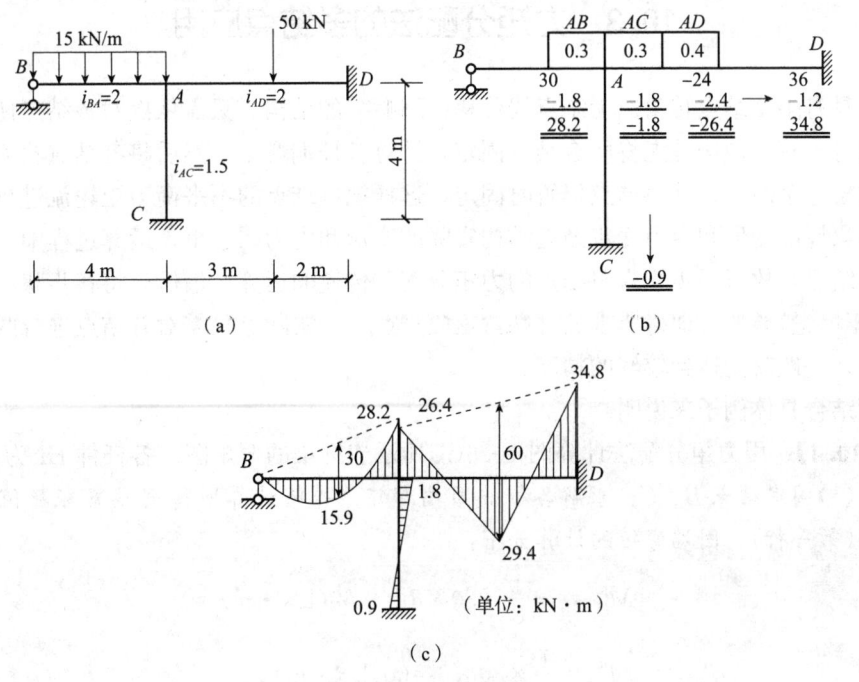

图 10.5 例 10.3 图

解：(1)固定结点 A，求解各杆端固端弯矩。并将计算所得固端弯矩数值写在各杆端的下方，固端弯矩的计算如下：

$$M_{AB}^F = \frac{1}{8} \times 15 \times 4^2 = 30(\text{kN}\cdot\text{m})$$

$$M_{AD}^F = -\frac{Pab^2}{l^2} = -\frac{50}{5^2} \times 3 \times 2^2 = -24(\text{kN}\cdot\text{m})$$

$$M_{BC}^F = \frac{Pa^2b}{l^2} = 36 \text{ kN}\cdot\text{m}$$

在结点 B 处，各杆端弯矩总和为约束力矩 M_B：

$$M_A = 30 - 24 = 6(\text{kN}\cdot\text{m})$$

(2)放松结点 A。相当于在结点 A 施加一个力偶荷载(6 kN·m)。该力偶荷载按分配系数分配于 A 端的两杆，并通过传递系数传递至远端。具体如下：

分配系数为

$$\mu_{AB} = \frac{S_{AB}}{S_{AB} + S_{AC} + S_{AD}} = \frac{3 \times 2}{3 \times 2 + 4 \times 2 + 4 \times 1.5} = 0.3$$

$$\mu_{AC} = \frac{4 \times 1.5}{3 \times 2 + 4 \times 2 + 4 \times 1.5} = 0.3$$

$$\mu_{AD} = \frac{4 \times 2}{3 \times 2 + 4 \times 2 + 4 \times 1.5} = 0.4$$

(3)列表进行分配弯矩和传递弯矩计算，如图 10.5(b)所示。
(4)根据各杆最后的杆端弯矩绘制弯矩图，如图 10.5(c)所示。
由以上计算可知，单结点力矩分配法计算结果为精确解。

10.3　力矩分配法的多结点应用

对于具有多个结点转角但无结点线位移(无侧移)的结构。只需依次对各结点使用上节所述方法便可求解。做法是先将所有结点固定，计算各杆端弯矩；然后将各结点轮流放松，即每次只放松一个结点，其他结点仍暂时固定，这样把各结点的不平衡力矩轮流进行分配、传递，直到累计的变形和内力逐步渐近结构实际的变形和内力，这里，运算过程中的每一步只放松一个结点，故每一步均为单结点的力矩分配和传递的运算；最后，将各步骤所得的杆端弯矩(弯矩增量)叠加，即得所求的杆端弯矩(总弯矩)。实际上只需对各结点进行两到三个循环的运算，一般就能达到较好的精度。

下面结合具体例子来说明。

【例 10.4】 用力矩分配法计算图 10.6(a)所示连续梁的弯矩图。各杆件 EI 为常数。

解：(1)固定结点 B、C，求解各杆端固端弯矩。并将计算所得固端弯矩数值写在各杆端的下方(第一行)，固端弯矩的计算如下：

$$M_{BC}^F = -\frac{1}{8} \times 80 \times 6 = -60(\text{kN}\cdot\text{m})$$

$$M_{CB}^F = \frac{1}{8} \times 80 \times 6 = 60(\text{kN}\cdot\text{m})$$

第10章 渐近法

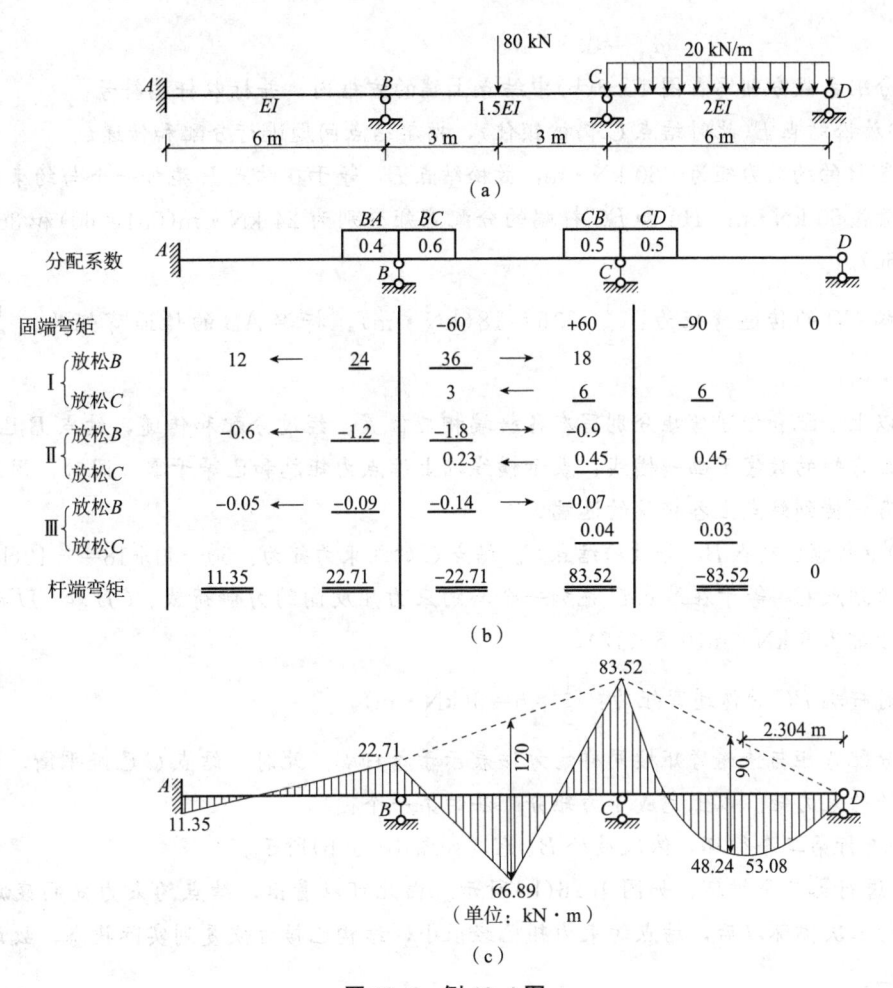

图10.6 例10.4图

$$M_{CD}^F = -\frac{ql^2}{8} = -\frac{1}{8} \times 20 \times 6^2 = -90 (\text{kN} \cdot \text{m})$$

(2)计算各结点的分配系数。令 $\dfrac{EI}{6} = i$,则 $i_{BA} = i$,$i_{BC} = 1.5i$,$i_{CD} = 2i$

B 结点分配系数为

$$S_{AB} = 4i$$
$$S_{AB} = 3i$$
$$S_{AB} = i$$
$$S_{AB} = 0$$

$$\mu_{BA} = \frac{S_{BA}}{S_{BA} + S_{BC}} = \frac{4i}{4i + 4 \times 1.5i} = 0.4$$

$$\mu_{BC} = \frac{4 \times 1.5i}{4i + 4 \times 1.5i} = 0.6$$

C 分配系数为

$$\mu_{CB} = \frac{S_{CB}}{S_{CB} + S_{CD}} = \frac{4 \times 1.5i}{4 \times 1.5i + 3 \times 2i} = 0.5$$

$$\mu_{CD}=0.5$$

将分配系数分别写在图 10.6(b)中结点上端的方框内,并标以杆端符号。

(3)放松结点 B(此时结点 C 仍被锁住),按单结点问题进行分配和传递。

结点 B 的约束力矩为 $-60\ \text{kN·m}$,放松结点 B,等于在结点 B 施加一个与约束力矩反向的力偶荷载 $60\ \text{kN·m}$。BA 和 BC 杆端的分配弯矩分别为 $24\ \text{kN·m}(0.4\times 60)$ 和 $36\ \text{kN·m}(0.6\times 60)$。

杆端 CB 的传递弯矩为:$\frac{1}{2}\times 36 = 18(\text{kN·m})$,杆端 AB 的传递弯矩为:$\frac{1}{2}\times 24 = 12(\text{kN·m})$。

将以上分配和传递弯矩分别写在各杆端相应位置。经过分配和传递,结点 B 已经平衡,可在分配弯矩的数字下画一横线,表示横线以上结点力矩总和已等于零。同时,用箭头表示将分配弯矩传到结点上各杆端的远端。

(4)重新锁住结点 B,并放松结点 C。结点 C 的约束力矩为:$60-90+18=-12(\text{kN·m})$。

放松结点 C,等于在结点 C 施加一个与约束力矩反向的力偶荷载。CB 和 CD 两杆端的分配弯矩都为 $6\ \text{kN·m}(0.5\times 12)$。

同时杆端 BC 的传递弯矩为:$\frac{1}{2}\times 6 = 3(\text{kN·m})$。

将分配弯矩与传递弯矩按同样的方法表示于各杆端。此时,结点 C 已经平衡,但结点 B 又有新的约束力矩。以上完成了力矩分配法的第一个循环。

(5)进行第二个循环,依次放松 B、C,如图 10.6(b)所示。

(6)进行第三个循环,如图 10.6(b)所示。由此可以看出,结点约束力矩的衰减速度很快。进行三次循环以后,结点约束力矩已经很小,结构已接近恢复到实际状态,故计算工作可以停止。

(7)将各杆的固端弯矩、历次的分配弯矩和传递弯矩叠加,即得到最后的杆端弯矩。

(8)根据杆端弯矩的数值和符号,绘制出弯矩图,如图 10.6(c)所示。

【例 10.5】 用力矩分配法计算图示 10.7(a)所示刚架的弯矩图。各杆件 EI 为常数。

解:该结构为对称结构,其半刚架如图 10.7(b)所示。设 $\frac{EI}{8}=1$,各杆线刚度如图中圈中数字所示。各计算过程如图 10.7(c)所示。

【例 10.6】 用力矩分配法计算图示 10.8(a)所示连续梁的弯矩图。各杆件 EI 为常数。

解:(1)右边 EF 悬臂部分的内力是静定的,可将 F 处的力简化为作用在结点 E 处的一个力和一个力偶,则结点 E 便化为铰支端来处理,如图 10.8(b)所示。

(2)计算分配系数。设 $\frac{EI}{4}=i$,则各杆端分配系数如图 10.8(c)所示计算过程。

(3)计算固端弯矩。DE 杆相当于一端固定一端铰支的梁,在铰支端处承受一集中力及一力偶的荷载。其中集中力 4 kN 将为支座 E 直接承受而不使梁产生弯矩,故

$$M_{ED}^F = 4\ \text{kN·m}$$

$$M_{DE}^F = \frac{1}{2}\times 4 = 2(\text{kN·m})$$

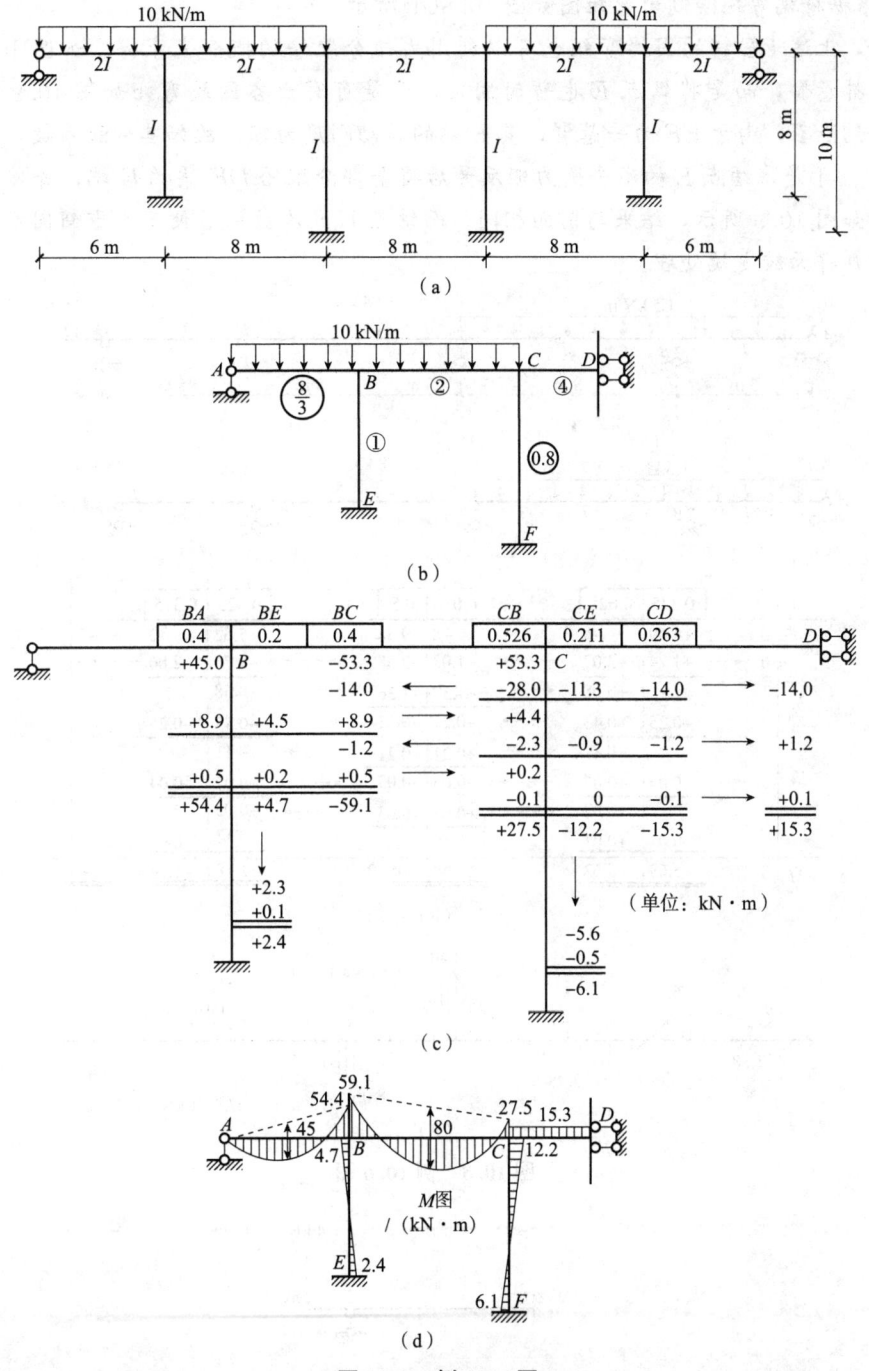

图 10.7 例 10.5 图

(4) 计算过程如图 10.8(c) 所示。为了使计算时收敛较快，分配宜从不平衡力矩数值较大的结点开始，本例先放松结点 D。此外，由于放松结点 D 时，结点 C 是固定的，故又可同时放松结点 B。由此可知，凡不相邻的各结点每次均可同时放松，这样便可加快收敛的速度。

(5)根据杆端弯矩绘制出弯矩图如图 10.8(d)所示。

此外,上述 DE 杆的固端弯矩也可以利用力矩分配法的概念来求得。如图 10.9 所示,先不必去掉悬臂,而是将结点 E 也暂时固定,于是可写出各固端弯矩如图 10.9 所示。然后,放松结点 E,由于 EF 为一悬臂,其 E 端的转动刚度为零,故知其分配系数 $\mu_{EF}=0$,而有 $\mu_{ED}=1$。于是,结点 E 的不平衡力矩反号后将全部分配给 DE 梁的 E 端,并传一半至 D 端。计算如图 10.9 所示,结果与前面相同。而结点 E 此次放松后便不再重新固定,在以后的计算中则作为铰支端处理。

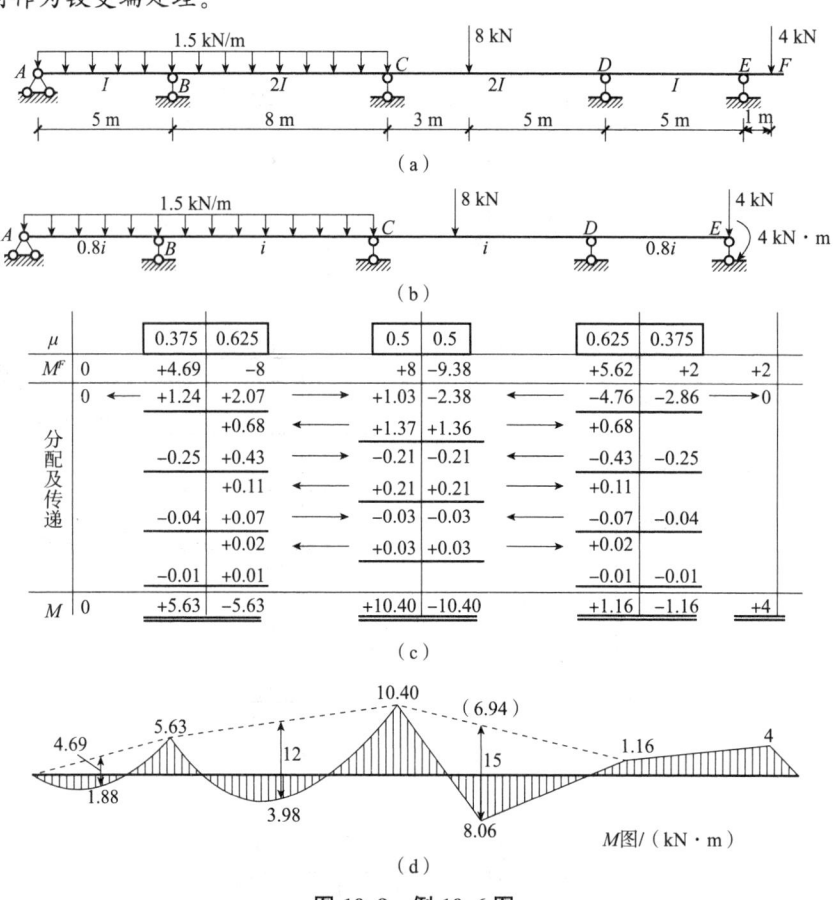

图 10.8 例 10.6 图

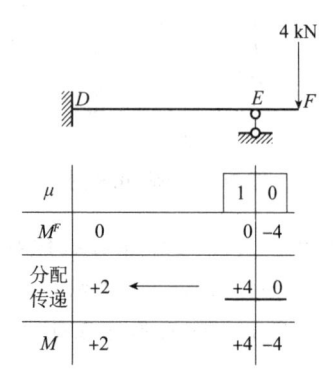

图 10.9 例 10.6 悬臂部分计算

由以上计算可知，多结点力矩分配法计算结果为近似解，其结果随计算轮数的增加逐步逼近精确解，其精确度也逐步提高。

10.4 无剪力分配法

力矩分配法是连续梁及无侧移刚架的渐近法，对于有侧移刚架不能直接使用。但对某些特殊的有侧移刚架，可以用与力矩分配法类似的无剪力分配法进行计算。

10.4.1 无剪力分配法的应用条件

图 10.10 所示为单跨对称刚架的半刚架，其变形和受力有如下特点：横梁虽有水平位移但两端并无相对线位移(无垂直于杆轴的相对位移)，这种杆件称为无侧移杆件；竖柱两端虽有相对侧移，但由于右端支座处无水平反力，故竖柱的剪力是静定的，这种杆件称为剪力静定杆件。

无剪力分配法的应用条件：刚架中除两端无相对线位移的杆件外，其余杆件都是剪力静定杆件。

在图 10.11 所示的有侧移刚架中，竖柱 AB 和 CD 既不是两端无相对线位移的杆件，也不是剪力静定杆，所以，这种刚架不能直接用无剪力分配法计算。

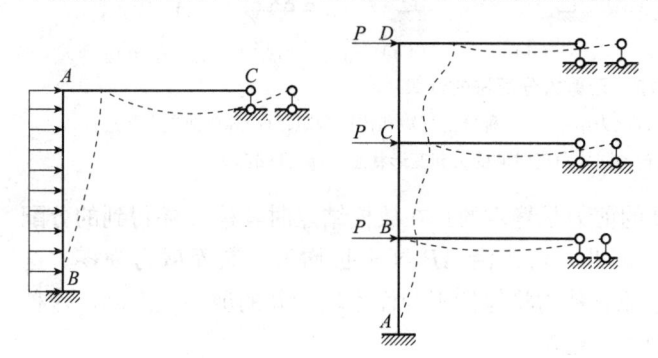

图 10.10 能用无剪力分配法的刚架 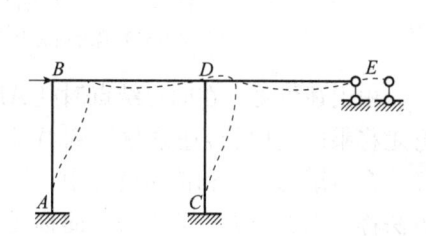　　图 10.11 不能用无剪力分配法的刚架

下面着重讨论剪力静定杆件。

10.4.2 剪力静定杆件的固端弯矩

采用无剪力分配法计算图 10.12(a)所示半边刚架时，计算过程与力矩分配法相同，仍分为以下两步：

(1)固定结点 B(只阻止结点的角位移，但不阻止线位移)。求各杆的固端弯矩如图 10.12(b)所示。这样，柱 AB 的上端虽不能转动但仍可自由地水平滑行，故相当于下端固定上端滑动的梁，如图 10.12(c)所示。对于横梁 BC 则因其水平移动并不影响本身内力，仍相当于一端固定另一端铰支的梁。由位移法中载常数表可查得柱的固端弯矩为

$$M_{AB}^F = -\frac{1}{3}ql^2, \quad M_{BA}^F = -\frac{1}{6}ql^2$$

结点 B 的不平衡力矩暂时由刚臂承受。注意此时柱 AB 的剪力仍然是静定的，$Q_{BA}=0$，

$Q_{AB}=ql$ 其两端剪力为

$$Q_{BA}=0, \quad Q_{AB}=ql$$

即全部水平荷载由柱的下端剪力所平衡。

(2)放松结点(结点产生角位移，同时也产生线位移)，求各杆的分配弯矩和传递弯矩，如图 10.12(d)所示。由于柱 AB 为下端固定上端滑动，当上端转动时柱的剪力为零，因而处于纯弯曲受力状态，如图 10.12(e)所示，这与上端固定下端滑动而上端转动同样角度时的受力和变形状态[图 10.12(f)]完全相同，故可推知其转动刚度应为 i，而传递系数为 -1。于是，结点 B 的分配系数为

$$\mu_{BA}=\frac{i}{i+3\times 2i}=\frac{1}{7}, \quad \mu_{BC}=\frac{3\times 2i}{i+3\times 2i}=\frac{6}{7}$$

其余计算同力矩分配法，将两步所得的结果叠加，即得出原刚架的杆端弯矩[图 10.12(g)]。

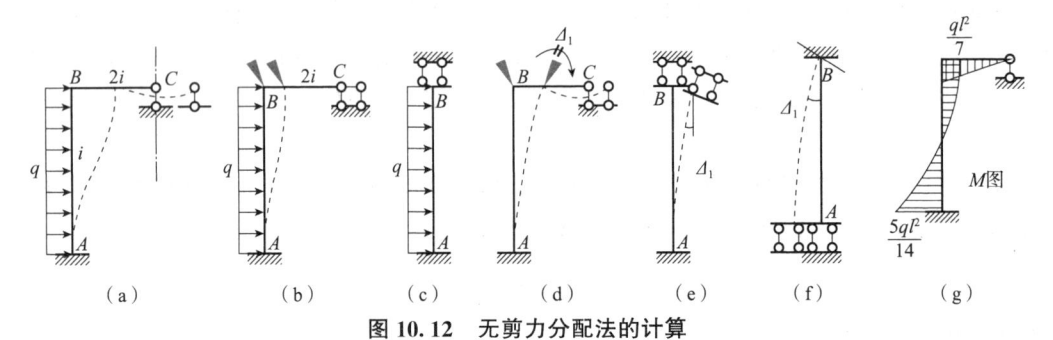

图 10.12 无剪力分配法的计算

(a)半边刚架；(b)各杆固端弯矩；(c)杆件转化为梁；(d)各种分配弯矩和传递弯矩；(e)纯弯曲受力状态；(f)上端固定下端滑动而上端转动同样角度时的受力和变形状态；(g)杆端弯矩

由上述可见，在固定结点时柱 AB 的剪力是静定的；在放松结点时，柱 B 端得到的分配弯矩将乘以 -1 的传递系数传到 A 端，因此，弯矩沿 AB 杆全长均为常数而剪力为零。这样，在力矩的分配和传递过程中，柱中原有剪力将保持不变而不增加新的剪力，因此，这种方法称为无剪力力矩分配法，简称无剪力分配法。

【例 10.7】 计算图示 10.13(a)所示刚架的弯矩图。各杆件 EI 为常数。

解：(1)刚架中的杆 BC 为两端无相对线位移杆件，杆 AB 为剪力静定杆件，可以采用无剪力分配法计算。

固端弯矩：

$$M_{BC}^F=-\frac{3}{16}\times 5\times 4=-3.75(\text{kN}\cdot\text{m})$$

$$M_{BA}^F=-\frac{1}{6}\times 1\times 4^2=-2.67(\text{kN}\cdot\text{m})$$

$$M_{AB}^F=-\frac{ql^2}{3}=-5.33(\text{kN}\cdot\text{m})$$

(2)计算分配系数。

$$\mu_{BA}=\frac{S_{BA}}{S_{BA}+S_{BC}}=\frac{3}{3+3\times 4}=\frac{1}{5}$$

$$\mu_{BC}=\frac{3\times 4}{3+4\times 3}=\frac{4}{5}$$

其计算过程如图 10.13(b)所示，弯矩图如图 10.13(c)所示。

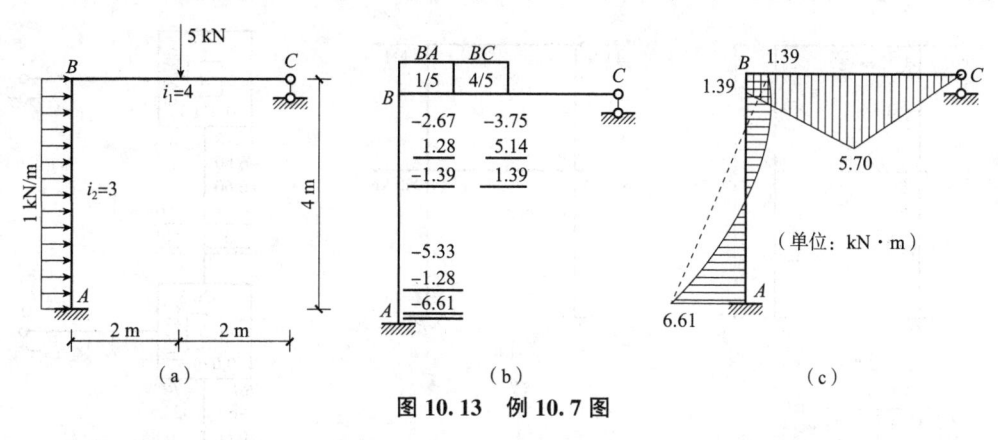

图 10.13 例 10.7 图

以上方法可以推广到多层的情况。如图 10.14(a)所示刚架，各横梁均为无侧移杆，各竖柱则均为剪力静定杆。固定结点时仍只加刚臂阻止各结点的转动，而并不阻止其线位移，如图 10.14(b)所示。此时，各层柱子两端均无转角，但有侧移。以其中任一层柱子为例，例如 BC 两端的相对侧移时，可将其下端看作不动的，上端是滑动的，但由平衡条件可知，其上端的剪力值为 $Q_{CB}=2ql$[图 10.14(c)]。由此可推知，无论刚架有多少层，每一层的柱子均可视为上端滑动下端固定的梁，而除柱身承受本层荷载外，柱顶处还承受剪力，其值等于柱顶以上各层所有水平荷载的代数和。这样，便从载常数表中查出各层竖柱的固端弯矩。然后，将各结点轮流地放松，进行力矩的分配、传递。图 10.14(d)所示为放松结点 C 时的情形，这相当于将该结点上的不平衡力矩反号作为力偶荷载施加于该结点上。此时结点 C 不仅转动某一角度 θ_C，同时 BC、CD 两柱还将产生相对侧移，但由平衡条件知两柱剪力均为零，处于纯弯曲受力状态，因而计算时各柱的转动刚度应取各自的线刚度 i，而传递系数为 -1(指等截面杆)。值得指出，此时只有汇交于结点 C 的各杆才产生变形而受力；B 以下各层无任何位移故不受力；D 以上各层则随着 D 点一起发生水平位移，但其各杆两端并无相对侧移，故仍不受力。因此，放松结点 C 时，力矩的分配、传递将只在 CB、CF、CD 三杆范围内进行。放松其他结点时情况也相似。对于力矩分配、传递的具体计算步骤则与一般力矩分配法相同，无须赘述。

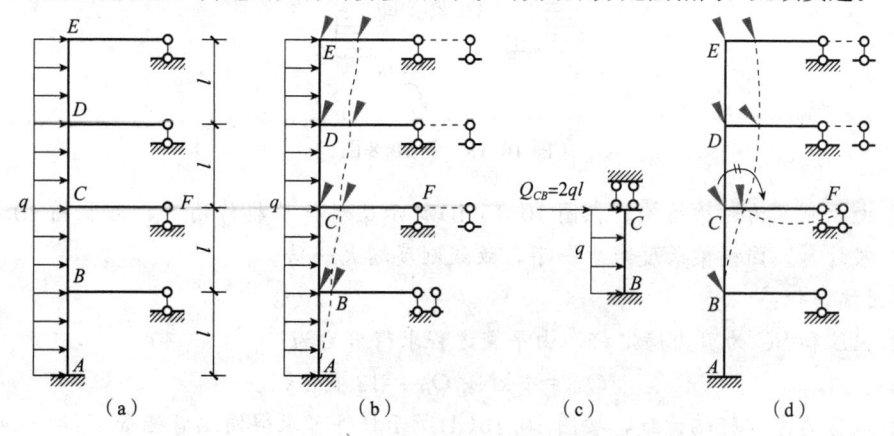

图 10.14 无剪力分配法的多层刚架

(a)多层刚架；(b)加刚臂固定结点；(c)剪力值 Q_{CB}；(d)放松结点 C

【例 10.8】 计算图示 10.15(a)所示刚架的弯矩图。各杆件 EI 为常数。

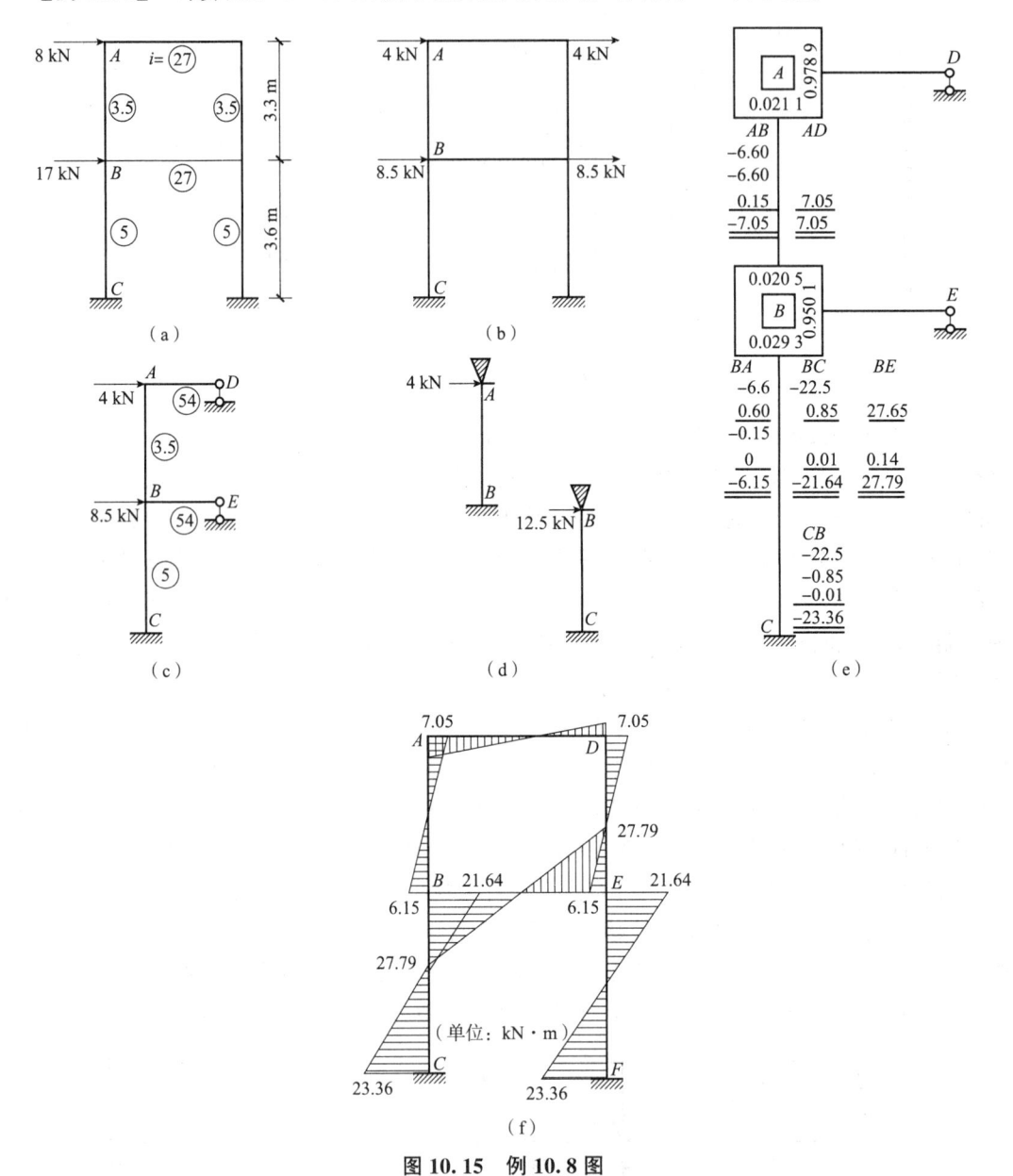

图 10.15 例 10.8 图

解： 由于刚架为对称结构，在图 10.15(b)所示反对称荷载作用下，可取图 10.15(c)所示半边刚架计算。因横梁长度减少一半，故线刚度增大一倍。

(1) 固端弯矩：

立柱 AB 和 BC 为剪力静定杆，由平衡方程求得剪力为

$$Q_{AB}=4 \text{ kN}, \quad Q_{BC}=12.5 \text{ kN}$$

将杆端剪力看作杆端荷载，按图 10.15(d)所示杆件可求得固端弯矩如下：

$$M_{AB}^F = M_{BA}^F = -\frac{1}{2} \times 4 \times 3.3 = -6.6 (\text{kN} \cdot \text{m})$$

$$M_{BC}^F = M_{CB}^F = -\frac{1}{2} \times 12.5 \times 3.6 = -22.5 (\text{kN} \cdot \text{m})$$

(2) 计算分配系数：

$$\mu_{BA} = \frac{S_{BA}}{S_{BA}+S_{BC}+S_{BE}} = \frac{3.5}{3.5+5+3\times 54} = 0.020\ 5$$

$$\mu_{BC} = 0.029\ 3$$

$$\mu_{BE} = 0.950\ 1$$

同理，可求出结点 A 的分配系数，写在图 10.15(e) 的方格内。

(3) 力矩分配和传递：计算过程如图 10.15(e) 所示。结点分配次序为 B、A、B。注意：立柱的传递系数为 -1。最后绘制弯矩图，如图 10.15(f) 所示。

10.5 剪力分配法

本节介绍的剪力分配法是适用于所有横梁为刚性杆、竖柱为弹性杆的框架结构计算的一种较简便方法，尤其适用于铰结排架和横梁刚度为无限大（无结点角位移）的有侧移刚架。

10.5.1 铰结排架的剪力分配

柱顶为铰、柱底固定的柱，在柱顶发生单位水平线位移 $\Delta=1$ 时，排架柱的剪力形常数为 $\overline{Q}=\frac{3i}{h^2}$，也为柱的侧移刚度系数，即柱顶有单位侧移时所引起的剪力，现记为 $d=\frac{3i}{h^2}$。

对图 10.16(a) 所示柱顶有水平荷载作用的铰结排架，由于各柱侧移 Δ 相等 [图 10.16(b)]，因此，各柱的剪力为

$$Q_1 = \frac{3i_1}{h_1^2}\Delta = d_1\Delta$$

$$Q_2 = \frac{3i_2}{h_2^2}\Delta = d_2\Delta$$

$$Q_3 = \frac{3i_3}{h_3^2}\Delta = d_3\Delta$$

由平衡条件，各柱剪力的和应等于 P [图 10.16(c)]，即

$$Q_1 + Q_2 + Q_3 = P$$

因此可求出：

$$Q_j = \frac{d_j}{\sum d_j} P = \mu_j P$$

因此，对于图 10.16(b) 所示铰结排架柱顶受集中荷载 P 时，此集中力 P 按各柱的侧移刚度系数之比，即剪力分配系数 $\mu_j = \frac{d_j}{\sum d_j}$ 进行分配，从而求得各柱顶的剪力。因弯矩零

点在柱顶,进而可由剪力求出弯矩,如图 10.16(c)所示。这种方法称为剪力分配法。

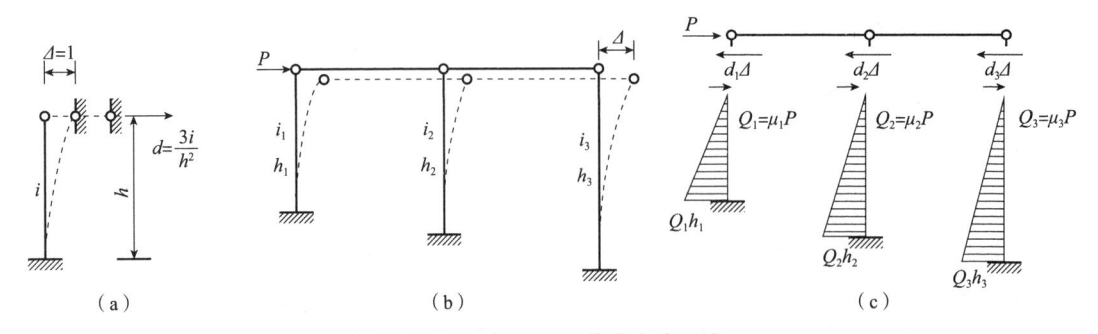

图 10.16 铰结排架的剪力分配法
(a)铰结排架;(b)各柱侧移 Δ;(c)各柱剪力

10.5.2 横梁刚度无限大时刚架的剪力分配

对横梁刚度为无限大的刚架,当柱顶作用水平荷载时,如图 10.17(a)所示,也可以用剪力分配法进行计算。

如图 10.17(a)所示刚架,因为横梁刚度无限大,用位移法计算时,结点角位移 θ 为零,只有结点线位移。两端无转角的柱,在柱顶发生单位水平线位移 $\Delta=1$ 时,柱的剪力值 $\overline{Q}=\dfrac{12i}{h^2}$,记为 $d=\dfrac{12i}{h^2}$,为两端无转动柱的侧移刚度系数,如图 10.17(b)所示。由于各柱侧移 Δ 相等,因此,各柱剪力为

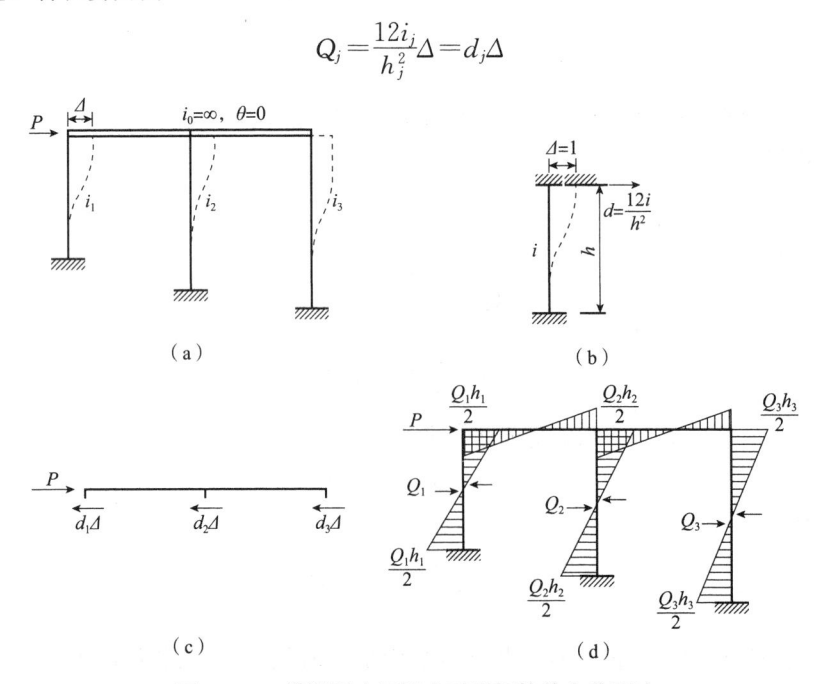

$$Q_j = \frac{12i_j}{h_j^2}\Delta = d_j\Delta$$

图 10.17 横梁刚度无限大时刚架的剪力分配法
(a)刚架;(b)侧移刚度系数;(c)各柱剪力;(d)横梁弯矩

由平衡条件，各柱剪力的和应等于 P，如图 10.17(c)所示，即

$$Q_1+Q_2+Q_3=P$$

因此，可求出：$Q_j = \dfrac{d_j}{\sum d_j}P = \mu_j P$

所以，横梁刚度无限大的刚架，受柱顶集中荷载 P 时，集中力 P 也按各柱的侧移刚度系数之比，即剪力分配系数 $\mu_j = \dfrac{d_j}{\sum d_j}$ 进行分配，从而求得各柱的剪力。由柱的剪力求柱的弯矩时，应注意：两端无转动的柱发生侧移 Δ 时，柱上、下端的弯矩是等值而反方向的，即弯矩零点在柱高的中点。根据柱弯矩零点（即反弯点）在柱中点的条件，可由剪力求得各柱两端弯矩为 $M=Q\dfrac{d}{2}$。据此可画出立柱的弯矩图。最后，再根据结点的平衡条件，由柱端弯矩求出梁端弯矩，画出横梁的弯矩图，如图 10.17(d)所示。

以上剪力分配法对于绘制多层多跨刚架在风力、地震力（通常简化为结点水平力荷载）作用下的弯短图是非常方便的，但其基本假设均是横梁刚度为无穷大，各刚结点均无转角，因而各柱的反弯点在其高度的 1/2 处。但实际结构的横梁刚度并非无穷大，故各柱反弯点的高度与上述结果有所不同。经验表明，当梁与柱的线刚度比大于 5 时，上述结果仍足够精确。随着梁柱线刚度比的减小，结点转动的影响将逐渐增加，柱的反弯点位置将有所变动，大体变化规律：底层柱的反弯点位置逐渐升高；顶部少数层柱的反弯点位置逐渐降低（尤以最顶层较为显著）；其余中间各层则变化不大，柱的反弯点仍在中点附近。了解这一规律，对于确定多层刚架弯矩图的形状及定性校核计算的输出结果，都是很有用处的。

10.5.3　柱间有水平荷载作用时的计算

图 10.18(a)所示的受起重机刹车力（集中力）铰结排架和受风荷载（均布力）作用的刚架，即柱间有水平荷载作用时也可应用剪力分配法计算弯矩，下面说明其计算过程。

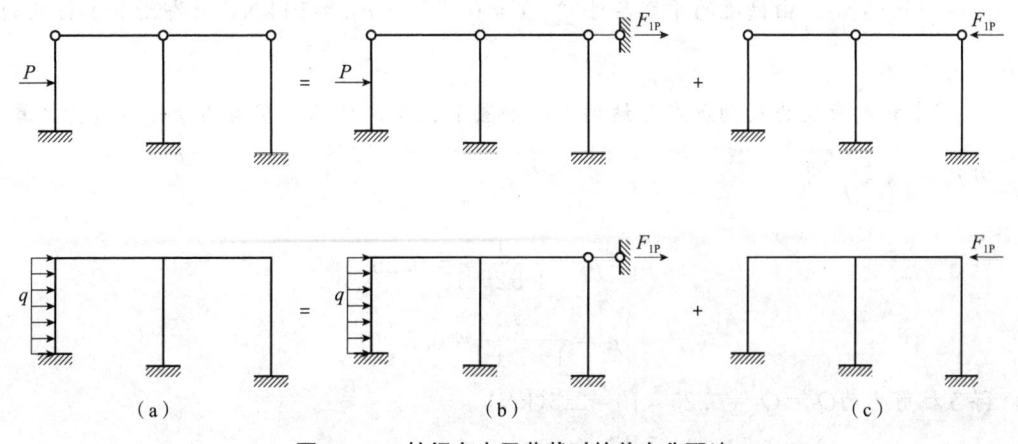

图 10.18　柱间有水平荷载时的剪力分配法
(a)原结构；(b)柱顶加一水平链杆；(c)将 F_{1P} 反方向加上

(1)先在柱顶加一水平链杆,如图 10.18(b)所示,使结构不能产生水平位移。从位移法中的载常数表可查出受载柱的杆端剪力 Q_F^F,进而求出附加链杆的约束反力 F_{1P},此即位移法基本结构中附加链杆的约束反力。

(2)将 F_{1P} 反方向加在原结构上,如图 10.18(c)所示。这一步可用剪力分配法进行计算。

(3)原结构图 10.18(a)的结果即等于图 10.18(b)和图 10.18(c)两种情况的结果叠加。

【例 10.9】 用剪力分配法计算图示 10.19(a)所示刚架的弯矩图。

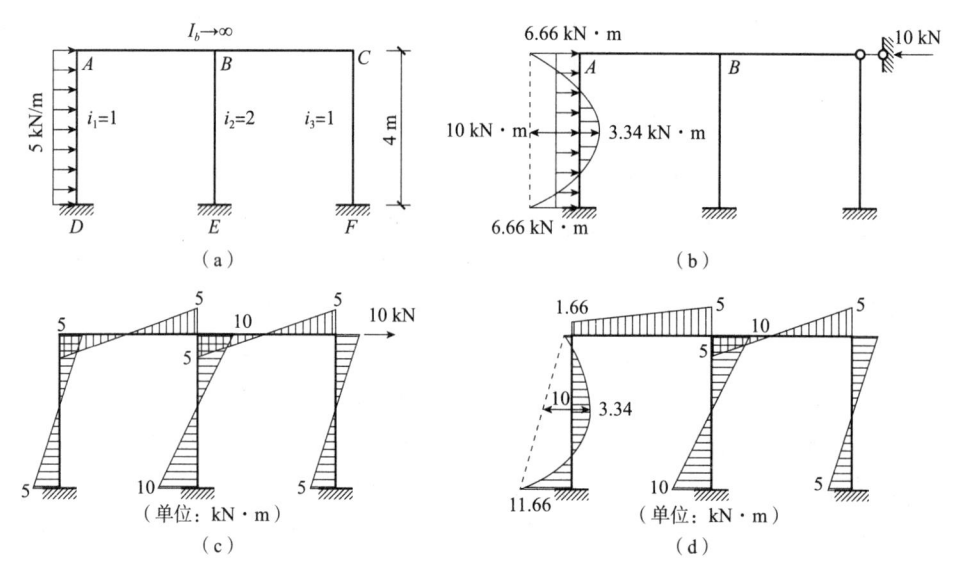

图 10.19 例 10.9 图

解:(1)在柱顶加水平支杆,求支杆的约束反力。

在图 10.19(b)中,只有左边柱间受均布荷载。从位移法中载常数表可查出 $Q_{AD}^F = -\dfrac{qh}{2} = -\dfrac{5 \times 4}{2} = -10(\mathrm{kN})$。由横梁的平衡条件 $\sum X = 0$ 可求出 $F_{1P} = 10 \text{ kN}$,此即附加支杆的约束反力。

(2)将支杆约束反力反向加在原结构上,如图 10.19(c)所示,用剪力分配法进行计算。

由 $\mu_j = \dfrac{d_j}{\sum d_j}$ 得

$$\mu_1 = \mu_3 = \dfrac{1}{1+2+1} = 0.25$$

$$\mu_2 = \dfrac{2}{1+2+1} = 0.5$$

得各柱剪力为 $Q_1 = Q_3 = 0.25 \times 10 = 2.5(\mathrm{kN})$

$$Q_2 = 0.5 \times 10 = 5(\mathrm{kN})$$

得柱端弯矩:$M_1 = M_3 = -Q_1 \times \dfrac{h_1}{2} = -2.5 \times \dfrac{4}{2} = -5(\mathrm{kN})$

$$M_2 = -10 \text{ kN}$$

由梁端弯矩平衡得 $M_{AB} = M_{BA} = M_{BC} = 5 \text{ kN·m}$，如图 10.19(c)所示。

(3)叠加图 10.19 中的(b)、(c)即得原结构的弯矩图，如图 10.19(d)所示。

【例 10.10】 用剪力分配法计算图示 10.20(a)所示多层刚架的弯矩图。各杆件 E 为常数。

解： 上层剪力：$Q_{14} = \mu_{14} F$

$$Q_{25} = \mu_{25} F$$

$$Q_{36} = \mu_{36} F$$

$$Q_{47} = \mu_{47} \times 3F$$

下层剪力：$Q_{58} = \mu_{58} \times 3F$

$$Q_{69} = \mu_{69} \times 3F$$

其余计算略，结果如图 10.20(b)所示。

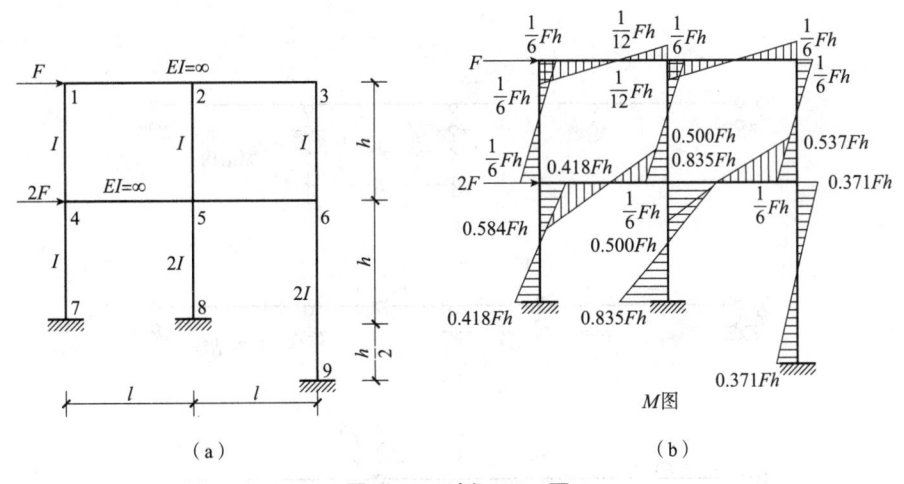

图 10.20 例 10.10 图

10.6 连续梁影响线及内力包络图

10.6.1 用机动法绘制连续梁影响线的轮廓

利用影响线确定最不利荷载位置等问题已经在前几章节讨论了，对于超静定梁，欲确定在移动荷载下的最不利荷载位置，同样需要借助影响线。

静定梁的反力和内力影响线都是由直线段组成的，其竖标的计算比较简单，而且只要定出每段直线的两个竖标，则影响线即容易绘出。但当某一集中荷载沿超静定梁移动时，其反力和内力影响线都为曲线，其竖标的计算及影响线的绘制要复杂得多。若用静力法绘制其上各量值的影响线，必须先解算超静定结构，求得影响线方程，再将梁分为若干等分，依次求出各等分点的竖标,再连成曲线。显然,这样绘制影响线将是十分繁杂的。

不过,工程中通常遇到的多跨连续梁在活载作用下的计算,多为可动均布荷载情况(如楼面上的人群荷载)。这时,只要知道影响线的轮廓,就可确定最不利荷载位置,而不必求出影响线竖标的具体数值。由前述可知,用机动法可以不经过具体计算即可绘制出影响线的轮廓,这给活载作用下连续梁的计算带来很大的方便。

设有一 n 次超静定梁,如图 10.21(a)所示,欲绘制其上某指定量值 X_K(如 M_K)的影响线,可先去掉与 X_K 相应的联系,并以 X_K 代表其作用,如图 10.21(b)所示。求 X_K 时,以这种去掉相应联系后所得到的$(n-1)$次超静定结构作为力法的基本结构。按照力法的一般原理,根据原结构在截面 K 处的已知位移条件可建立如下力法方程:

$$\delta_{KK}X_K + \delta_{KP} = 0$$

因此得式(10.7)。

$$X_K = -\frac{\delta_{KP}}{\delta_{KK}} \tag{10.7}$$

式中,δ_{KK} 代表基本结构上由于 $\overline{X}_K = 1$ 的作用,在截面 K 并沿 X_K 的方向。

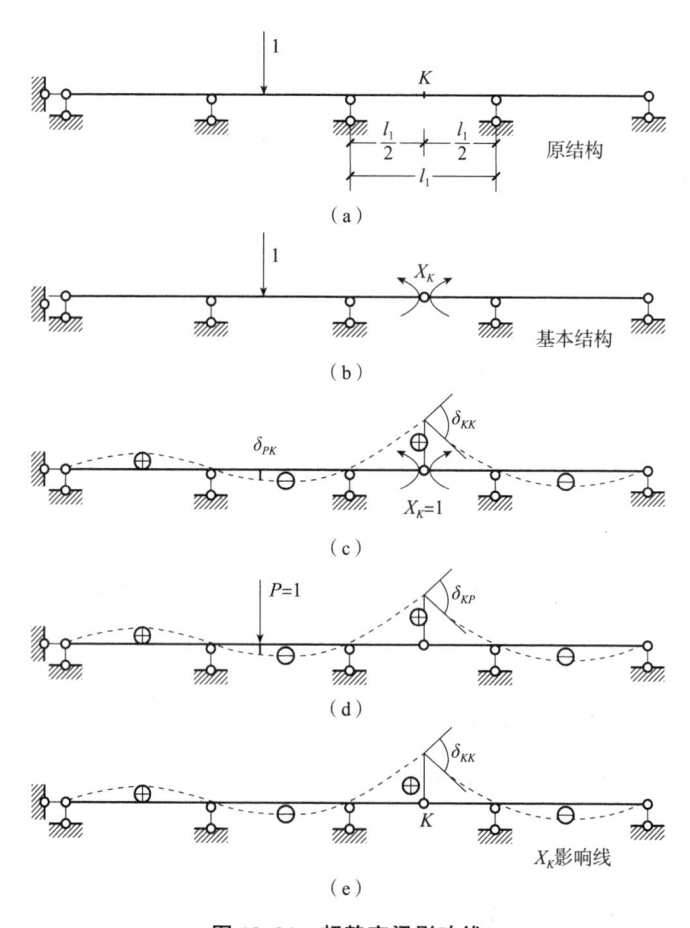

图 10.21 超静定梁影响线

(a)原结构;(b)基本结构;(c)位移 δ_{KK};(d)位移 δ_{KP};(e)X_K 影响线

所引起的位移，如图 10.21(c)所示，其值与荷载 P 的位置无关，而为一常数且为正值。δ_{KP} 代表基本结构上由于 $P=1$ 的作用在截面 K 沿 X_K 的方向所引起的位移，其值则随荷载 P 的位置移动而变化，如图 10.21(d)所示。

由位移互等定理，有 $\delta_{KP}=\delta_{PK}$ 代表由于 $\overline{X}_K=1$ 的作用在移动荷载 P 的方向上引起的位移。于是式(10.7)可写为式(10.8)。

$$X_K=-\frac{\delta_{KP}}{\delta_{KK}}=-\frac{\delta_{PK}}{\delta_{KK}} \tag{10.8}$$

在式(10.8)中，X_K 和 δ_{PK} 均随荷载 P 的移动而变化，它们都是荷载位置 X 常数。因此，式(10.8)可以更明确地写成式(10.9)。

$$X_K=-\frac{\delta_{KP}(X)}{\delta_{KK}} \tag{10.9}$$

X_K 随 X 而变化的图形就是 X_K 的影响线，而函数 $\delta_{PK}(X)$ 的变化图形即是图 10.21(c)所示的竖向位移图，由此得出结论：超静定结构某一量值 X_K 的影响线，和去掉与 X_K 相应联系后由 $\overline{X}_K=1$ 所引起的竖向位移图成正比。进一步考察式(10.9)，若将位移 δ_{PK} 图的竖标乘以常数 $\frac{1}{\delta_{KK}}$，便是所要求的 X_K 影响线，或者如果使作用所产生的位移 δ_{KK} 恰好为一个单位，即令 $\delta_{KK}=1$，则式(10.9)就变为式(10.10)。

$$X_K=-\delta_{PK} \tag{10.10}$$

这就是说，相应于 $\delta_{KK}=1$ 而产生的竖向位移图就代表 X_K 的影响线，如图 10.21(e)所示，但符号相反。因竖向位移 δ_{KP} 图是取向下为正，如图 10.21 所示位移的符号，而 X_K 与 δ_{PK} 反号，故在 X_K 影响线图形中，应取梁轴线上方的位移为正、下方为负，如图 10.21(e)所示。

综上所述可知，用机动法作超静定结构影响线的步骤与机动法作静定梁的影响线是基本一致的，即为了作出某一量值 X_K 的影响线，只要去掉与 X_K 相应的联系，而使所得体系沿 X_K 的正向产生单位位移，则由此得到的位移图即代表 X_K 的影响线。

下面列举作剪力和竖向反力影响线的例子。如图 10.22(a)所示连续梁，设要绘制截面 K 的剪力 Q_K 影响线。为此，先将与 Q_K 相应的联系去掉，即在截面 K 处切开，并加入两个平行的链杆。这种联系可以抵抗轴力和弯矩，但不能抵抗剪力。然后以一对剪力 Q_K 代替原有联系的作用，使这种体系沿 Q_K 的正向产生单位位移，则所得到的位移图即表示 Q_K 的影响线轮廓，如图 10.22(b)所示。图 10.22(c)表示反力 R_i 的影响线轮廓，它是由去掉该支座的联系后，以 R_i 代替，并使其沿 R_i 的正向产生单位位移而得到的位移图。

有了影响线的轮廓，就可以方便地确定连续梁在均布活载作用下的最不利荷载分布。如图 10.23(a)所示连续梁，欲确定 BC 跨中截面 K 和支座截面 C 的弯矩的最不利荷载位置，可先分别绘出 M_K 和 M_C 的影响线轮廓，如图 10.23(b)和(e)所示。根据 $Z=q\omega$ 可知，将均布活载布满影响线面积的正号部分时，即为相应于该量值最大值时的最不利荷载分布情况；反之，使均布活载布满影响线面积的负号部分时，即为相应于该量值最小值(最大负值)时的最不利荷载分布情况。相应于 M_K 和 M_C 的最大、最小值的最不利荷载位置分别示于图 10.23(c)、(d)和(f)、(g)。当各量值的最不利荷载位置确定后，则其最大值、最小值便不难求得。

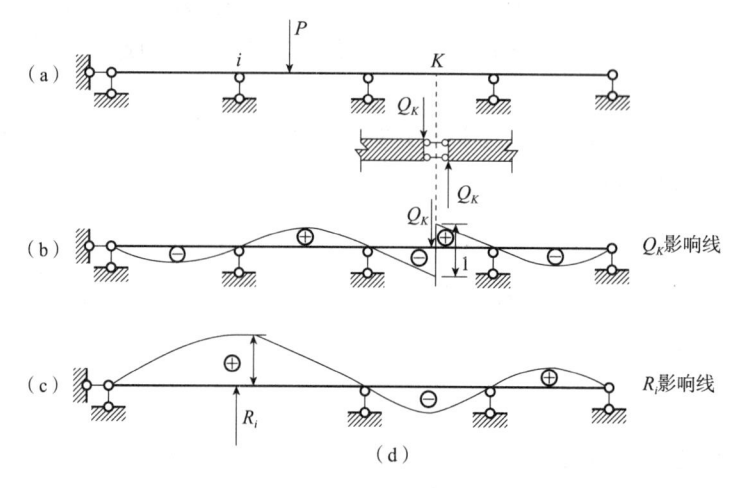

图 10.22 超静定梁剪力和竖向反力影响线

(a)原结构；(b)Q_K 影响线；(c)R_i 影响线

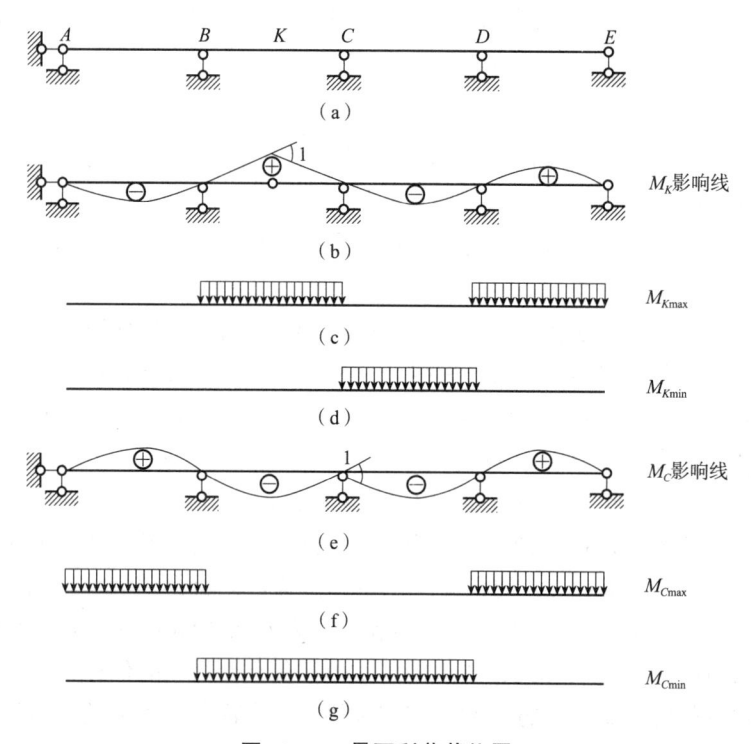

图 10.23 最不利荷载位置

(a)连续梁；(b)M_K 影响线；(c)$M_{K\max}$；(d)$M_{K\min}$；(e)M_C 影响线；(f)$M_{C\max}$；(g)$M_{C\min}$

10.6.2 连续梁的内力包络图

连续梁是工程中常用的一种结构，如房屋建筑中的肋形楼盖，它的板、次梁和主梁一般都按连续梁进行计算。这些连续梁将受到恒载和活载的共同作用，因此，设计时必须考虑两者的共同影响，求出各个截面可能产生的最大和最小内力值，作为选择截面尺寸的依据。连续梁在恒载和活载共同作用下不仅会产生正弯矩，而且还会产生负弯矩（这里正弯矩是指梁下边受拉；负弯矩是指梁上边受拉）。因此，与简支梁不同，它的弯矩包络图将由两条曲线组成，其中一条曲线表示各截面可能出现的最大弯矩值；另一条曲线则表示各截面可能出现的最小弯矩值（当该截面的弯矩为负值时，此最小值即为最大的负弯矩值）。由于恒载经常存在，它所产生的内力是固定不变的；而活载引起的内力随活载分布的不同而改变。因此，求梁各截面最大内力的主要问题在于确定活载的影响。只需求出活载作用下的某一截面的最大内力和最小内力，然后加上恒载产生的内力，即可得到恒载和活载共同作用下该截面的最大内力和最小内力。将梁上各截面的最大内力和最小内力用图形表示出来，就得到连续梁的内力包络图。

由上节可知，当连续梁受均布活载作用时，其各截面弯矩的最不利荷载位置是在若干跨内布满荷载。这只需每一跨单独布满活载的情况逐一绘制出其弯矩图，然后对于任一截面，将这些弯矩图中的对应的所有正弯矩值相加，便得到该截面的最大正弯矩；同样，若将对应的所有负弯矩值相加，便得到该截面在活载作用下的最大负弯矩值。于是，对于这种活荷载作用下的连续梁，其弯矩包络图可按以下步骤进行绘制：

(1) 求出恒载作用下的弯矩图。
(2) 依次按每一跨上单独布满活载的情况，逐一求出其弯矩图。
(3) 将各跨分为若干等分，对每一等分点处截面，将恒载弯矩图中该截面的竖标值与所有各个活载弯矩图中对应的正（负）竖标值叠加，便得到各截面的最大（小）弯矩值。
(4) 将上述各最大（小）弯矩值在同一图中按同一比例用竖标表示，并以曲线相连，即得到所求的弯矩包络图。

有时还需要绘制出表明连续梁在恒载和活载共同作用下的最大剪力和最小剪力变化情形的剪力包络图。其绘制步骤与弯矩包络图相同。由于设计时用到的主要是各支座附近截面上的剪力值。因此，在实际工作中，通常只将各跨两端靠近支座处截面上的最大剪力值和最小剪力值求出，而在每跨中以直线相连，近似地作为所求的剪力包络图。

【例10.11】 试绘制图10.24(a)所示三跨等截面连续梁的弯矩包络图和剪力包络图。梁上承受的恒载为 $q=20\ \text{kN/m}$，均布活载为 $P=40\ \text{kN/m}$。

解： 首先作出恒载作用下的弯矩图，如图10.24(b)所示，和各跨分别承受活载时的弯矩图，如图10.24(c)～(e)所示，将梁的每一跨分为四等份，求得各弯矩图中各等分点处的竖标值，然后将恒载弯矩图中各截面的竖标值和各跨分别承受活载的弯矩图中对应的正（负）竖标值相加，即得最大（最小）弯矩值。例如，在支座1处，其弯矩值为

$$M_{1\max}=-72+24=-48(\text{kN}\cdot\text{m})$$
$$M_{1\min}=-72+(-96)+(-72)=-240(\text{kN}\cdot\text{m})$$

最后，将各个最大弯矩值和最小弯矩值分别用曲线相连，即得弯矩包络图，如图10.24(f)所示。图中弯矩单位为 kN·m。

同理，为了绘制剪力包络图，需要先绘制出恒载作用下的剪力图[图10.25(a)]和各跨单独作用活载时的剪力图[图10.25(b)～(d)]。然后，将恒载剪力图中各支座左、右两侧截面的竖标值和各跨单独作用活载时的剪力图中对应的正（负）竖标值相叠加，便得到各支座截

面处的最大(最小)剪力值,例如,在支座 2 右侧截面上,其剪力值为
$$Q_{2\max}=72+12+136=220(\text{kN})$$
$$M_{2\min}=72+(-4)=68(\text{kN})$$

最后,将各支座两侧截面上的最大剪力值和最小剪力值分别用直线相连,便得到近似的剪力包络图,如图 10.25(e)所示。图中剪力的单位为 kN。

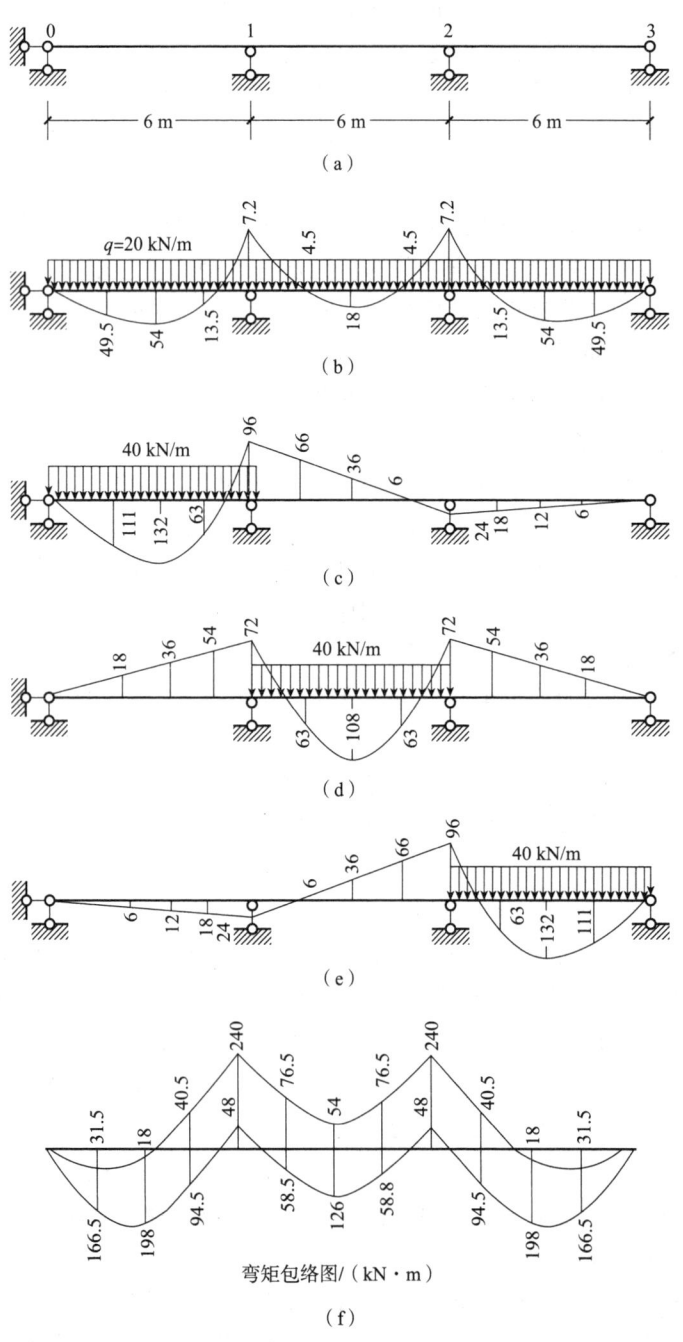

图 10.24　例 10.11 图(1)

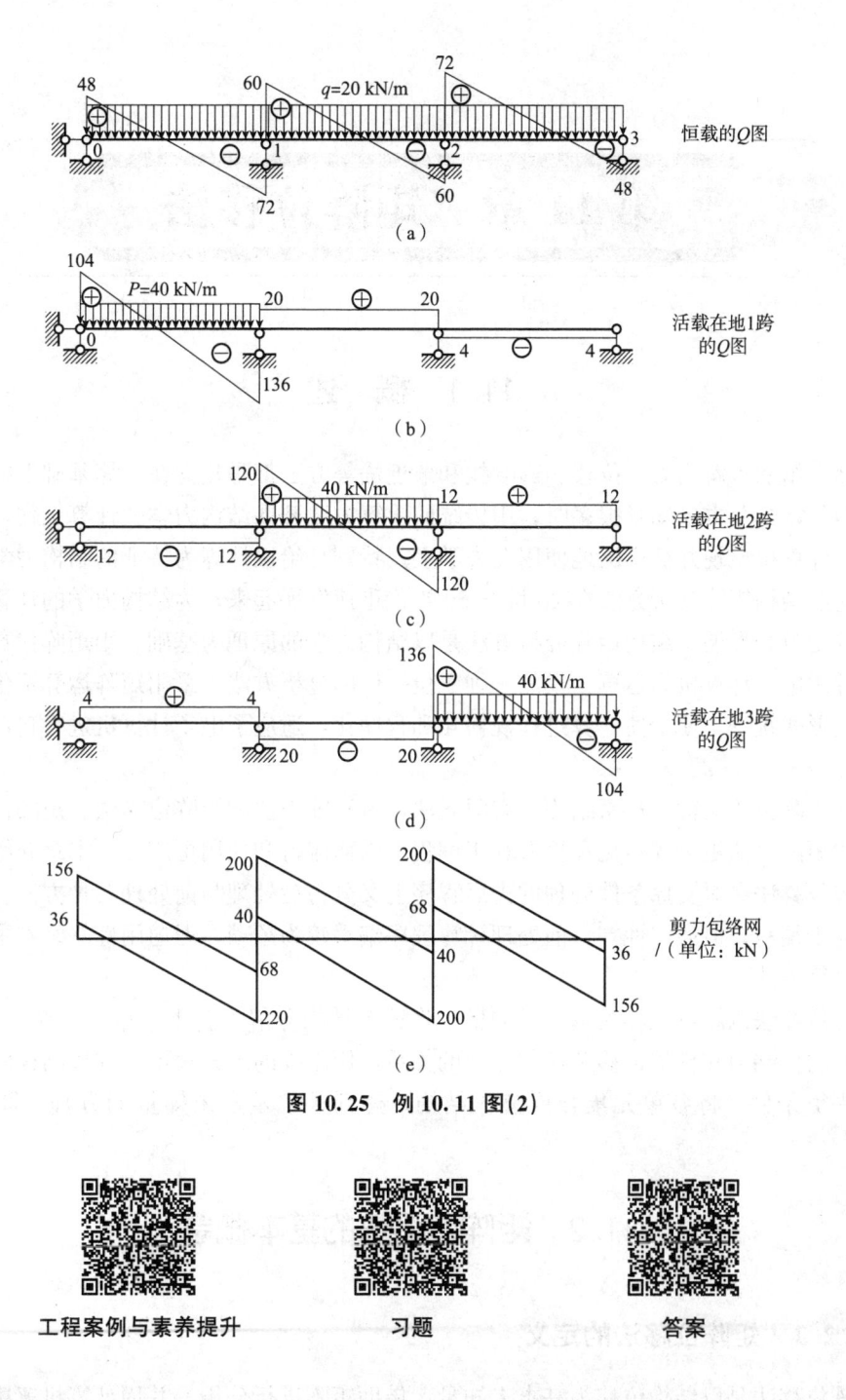

图 10.25 例 10.11 图(2)

第 11 章 矩阵位移法

11.1 概　述

前面介绍的求解内力、位移、影响线和渐近法等方法都是建立在手算基础上的传统计算方法。但是，当基本未知量很多时，用传统的手算方法开展结构力学的计算工作，是很繁杂的。由于计算机出现并被广泛地使用在力学上，特别是给以计算为特征的结构力学，基于计算机解题的结构矩阵分析方法在 20 世纪 60 年代迅速发展起来，为结构力学的计算方法带来了较大的变革和发展。结构矩阵分析方法是以结构力学的原理为基础，用矩阵代数表达计算公式，并用电子计算机为运算工具的一种三位一体的分析方法。采用矩阵运算不仅使公式紧凑，而且形式统一，便于使计算过程规格化和程序化，适应了电子计算机进行自动化计算的要求。

结构矩阵分析又称为杆系结构的有限元法，有矩阵力法和矩阵位移法。矩阵位移法的计算过程比矩阵力法更为规格化和更有利于编程，因而流行和使用更广泛，本章介绍矩阵位移法。矩阵位移法在对支撑条件处理的先后程序上又分为后处理与前处理两种方法。后处理计算程度易于编写，但通用性差，前处理计算程序编写较为烦琐，但通用性好。本书主要介绍前处理计算方法。

矩阵位移法以结点位移为基本未知量，将整个结构分解为若干个单元。对每一个单元，分析单元的杆端力和杆端位移及荷载之间的关系，用矩阵的形式表示，利用结构的变形协调条件和平衡条件，将各单元集合成整体结构，得到求解基本未知量的方程，即整体刚度方程。

11.2 矩阵位移法的基本概念

11.2.1 矩阵位移法的定义

矩阵位移法是以结构位移为基本未知量，借助矩阵进行分析，并用计算机解决各种杆系结构受力、变形等计算的方法。它的解题方法可分为两大步骤：单元分析，是研究单元的力学特性；整体分析，考虑单元的集合，研究整体方程所组成原理和求解方法。刚度法的两个基本环节是单元分析和整理分析，而建立单元刚度矩阵和形成结构刚度矩阵是刚度法的两个主要内容，又因为结构刚度矩阵可以在单元刚度矩阵的基础上，由单元刚度矩阵中的元素按照一定的规律直接形成，故又称为直接刚度法。

11.2.2 结构的离散化

在杆系结构中,一般是把每个杆件作为一个单元,为了方便起见,只采用等截面直杆这种形式单元。根据上述要求,划分单元的结点应该是结构杆件的转折点、交汇点、支撑点和截面突变点等,这些结点都是根据结构本身的构造特征来确定的,故称为构造结点。结点间的杆件称为单元,单元的连接点称为结点。对于曲杆结构(如拱),可将它画成许多折线来处理。每一直线段取作一个单元。如果截面是变化的,也可以将杆件分为若干段,并取每段终点处的截面按等截面单元来计算,显然,这样的单元划分越多,其计算结果将越接近真实情况。图11.1所示连续梁,用矩阵位移法计算时候,结点为 A、B、C 和 D,可将该连续梁离散为①、②、③三个单元。同理,如图11.2所示,刚架的结点为1、2、3、4、5、6,可将该刚架离散为①、②、③、④、⑤、⑥六个单元。

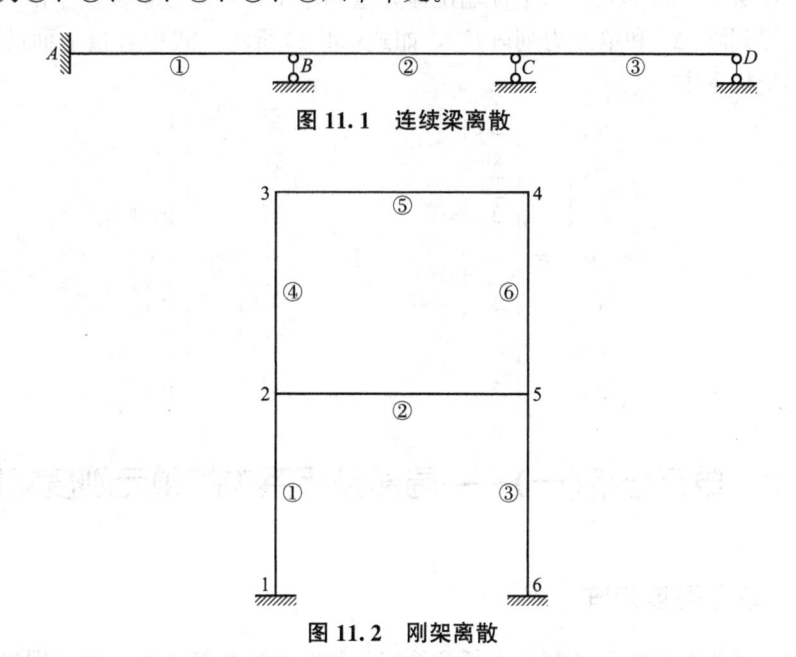

图 11.1 连续梁离散

图 11.2 刚架离散

11.2.3 杆端位移和杆端力的正负号规定

图11.3所示为一杆件单元,杆件长度为 l,弹性模量为 E,横截面面积为 A,截面惯性矩为 I,两个端点的结点分别为1、2。在矩阵位移法中,对杆轴方向、杆端位移和杆端力的正负号做如下规定。杆轴正方向是由单元结点1到单元结点2的方向,图中用箭头表示。单元的局部坐标系用 $\bar{x}$ 和 $\bar{y}$ 表示,$\bar{x}$ 轴与杆轴正向重合,自 $\bar{x}$ 轴逆时针旋转90°时为 $\bar{y}$ 方向,$\bar{y}$ 轴方向向上为正。

图 11.3 单元的局部坐标系

图11.4所示为单元的杆端力位移和杆端力。用 $\bar{u}_i$、$\bar{v}_i$、$\bar{\theta}_i$ 分别表示单元杆端的轴向位移分量、垂直于杆轴方向的位移分量与截面转角。该单元的杆端1和2各有三个位移分量,杆端1的位移分量记为 $\bar{u}_1$、$\bar{v}_1$、$\bar{\theta}_1$,杆端2的位移分量记为 $\bar{u}_2$、$\bar{v}_2$、$\bar{\theta}_2$。用 $\bar{X}_i$、

$\overline{Y}_i$、$\overline{M}_i$ 分别表示单元杆端的轴向力分量、垂直于杆端方向的切向力分量与力矩，单元杆端各有三个力分量，杆端 1 的力分量记为 $\overline{X}_1$、$\overline{Y}_1$、$\overline{M}_1$，杆端 2 的力分量记为 $\overline{X}_2$、$\overline{Y}_2$、$\overline{M}_2$。

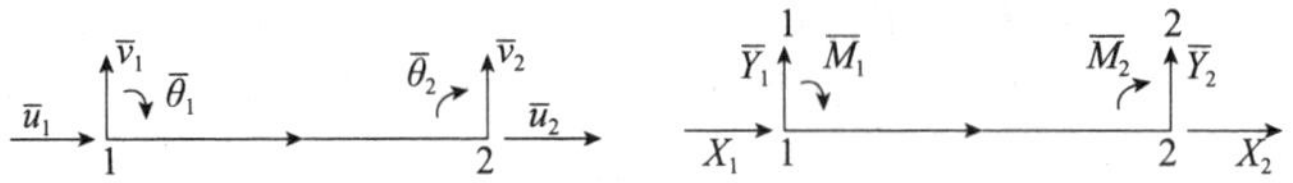

图 11.4 杆端位移和杆端力

如图 11.4 所示，杆端位移和杆端力均为正向。杆端位移和杆端力分量的正负号规定：杆端位移 $\overline{u}_i$、$\overline{v}_i$ 与杆端力 $\overline{X}_i$、$\overline{Y}_i$ 以与坐标轴 $\overline{x}$、$\overline{y}$ 正方向一致时为正，杆端位移 $\overline{\theta}_i$ 与杆端力 $\overline{M}_i$ 以顺时针转动为正，反之为负。

在矩阵位移法中，将单元的六个杆端位移分量和六个杆端力分量按顺序排列，以矩阵方式形成单元位移列阵 $\overline{\Delta}^e$ 和单元力列阵 $\overline{F}^e$，如式(11.1)所示。式中各量上面的横线表示该物理量在局部坐标系中。

$$\overline{\Delta}^e = \begin{Bmatrix} \overline{u}_1 \\ \overline{v}_1 \\ \overline{\theta}_1 \\ \cdots \\ \overline{u}_2 \\ \overline{v}_2 \\ \overline{\theta}_2 \end{Bmatrix}^e = \begin{Bmatrix} \overline{\Delta}_1 \\ \overline{\Delta}_2 \\ \overline{\Delta}_3 \\ \cdots \\ \overline{\Delta}_4 \\ \overline{\Delta}_5 \\ \overline{\Delta}_6 \end{Bmatrix}^e \qquad \overline{F}^e = \begin{Bmatrix} \overline{X}_1 \\ \overline{Y}_1 \\ \overline{M}_1 \\ \cdots \\ \overline{X}_2 \\ \overline{Y}_2 \\ \overline{M}_2 \end{Bmatrix}^e = \begin{Bmatrix} \overline{F}_1 \\ \overline{F}_2 \\ \overline{F}_3 \\ \cdots \\ \overline{F}_4 \\ \overline{F}_5 \\ \overline{F}_6 \end{Bmatrix}^e \tag{11.1}$$

11.3　单元分析（一）——局部坐标系中的单元刚度矩阵

11.3.1　单元刚度矩阵

在局部坐标系中，当单元在杆端有任意给定位移时会产生杆端力，可采用单元刚度矩阵进行杆端力与杆端位移之间转化，该单元刚度矩阵称为转换矩阵。其中，单元杆端力和杆端位移之间的转换关系称为单元刚度方程，如式(11.2)所示。式中 $\overline{k}^e$ 称为单元刚度矩阵（简称作单刚）。

$$\overline{F}^e = \overline{k}^e \overline{\Delta}^e \tag{11.2}$$

如图 11.5 所示，两端刚结的杆单元，称为一般单元，单元的杆件长度为 l，弹性模量为 E，横截面面积为 A，截面惯性矩为 I。设六个杆端位移分量已给出，同时杆上无荷载作用，要确定相应的六个杆端力分量，根据虎克定理和位移法中的等截面形常数表格不难确定，仅当某一杆端位移分量等于1，其余各杆位移分量皆为零时，相当于两端固定的梁仅发生某一单位支座位移。各杆端力分量可根据叠加原理写出。

由杆端轴向位移 $\overline{u}_1$ 和 $\overline{u}_2$ 为单位位移可得杆端轴向力 $\overline{X}_1$ 和 $\overline{X}_2$。

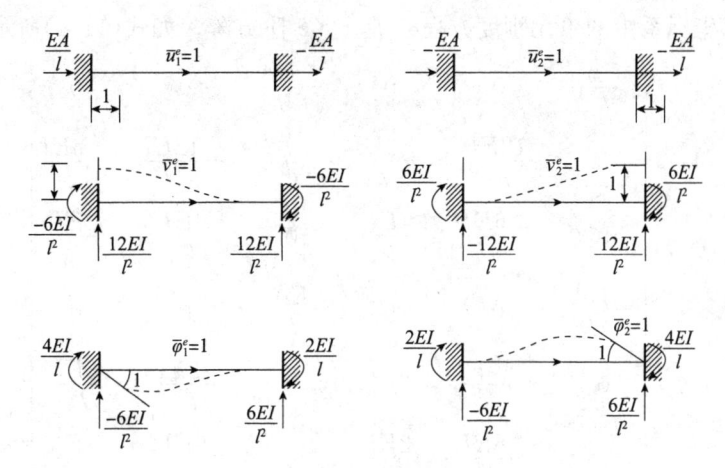

图 11.5 杆端单位位移和杆端力

忽略轴向受力状态和弯曲受力状态之间相互影响，分别导出轴向变形和弯曲变形的刚度方程。

杆端发生单位位移产生的轴向力：

$$\overline{X}_1^e = \frac{EA}{l}(\overline{u}_1^e - \overline{u}_2^e) \quad \overline{X}_2^e = -\frac{EA}{l}(\overline{u}_1^e - \overline{u}_2^e)$$

杆端发生单位位移产生的竖向力：

$$\overline{Y}_1^e = \frac{12EI}{l^3}\overline{V}_1^e - \frac{6EI}{l^2}\overline{\theta}_1^e - \frac{12EI}{l^3}\overline{V}_2^e - \frac{6EI}{l^2}\overline{\theta}_2^e$$

$$\overline{Y}_2^e = -\frac{12EI}{l^3}\overline{V}_1^e + \frac{6EI}{l^2}\overline{\theta}_1^e + \frac{12EI}{l^3}\overline{V}_2^e + \frac{6EI}{l^2}\overline{\theta}_2^e$$

杆端发生单位位移产生的力矩：

$$\overline{M}_1^e = -\frac{6EI}{l^2}\overline{V}_1^e + \frac{4EI}{l}\overline{\theta}_1^e + \frac{6EI}{l^2}\overline{V}_2^e + \frac{2EI}{l}\overline{\theta}_2^e$$

$$\overline{M}_2^e = -\frac{6EI}{l^2}\overline{V}_1^e + \frac{2EI}{l}\overline{\theta}_1^e + \frac{6EI}{l^2}\overline{V}_2^e + \frac{4EI}{l}\overline{\theta}_2^e$$

将上述表达式写成矩阵形式为式(11.3)

$$\begin{Bmatrix} \overline{X}_1 \\ \overline{Y}_1 \\ \overline{M}_1 \\ \overline{X}_2 \\ \overline{Y}_2 \\ \overline{M}_2 \end{Bmatrix}^e = \begin{Bmatrix} \frac{EA}{l} & 0 & 0 & -\frac{EA}{l} & 0 & 0 \\ 0 & \frac{12EI}{l^3} & -\frac{6EI}{l^2} & 0 & -\frac{12EI}{l^3} & -\frac{6EI}{l^2} \\ 0 & -\frac{6EI}{l^2} & \frac{4EI}{l} & 0 & \frac{6EI}{l^2} & \frac{2EI}{l} \\ -\frac{EA}{l} & 0 & 0 & \frac{EA}{l} & 0 & 0 \\ 0 & -\frac{12EI}{l^3} & \frac{6EI}{l^2} & 0 & \frac{12EI}{l^3} & \frac{6EI}{l^2} \\ 0 & -\frac{6EI}{l^2} & \frac{2EI}{l} & 0 & \frac{6EI}{l^2} & \frac{4EI}{l} \end{Bmatrix} \begin{Bmatrix} \overline{u}_1 \\ \overline{v}_1 \\ \overline{\theta}_1 \\ \overline{u}_2 \\ \overline{v}_2 \\ \overline{\theta}_3 \end{Bmatrix}^e \quad (11.3)$$

记为 $\overline{F}^e = \overline{k}^e \overline{\Delta}^e$。

其中，局部坐标系中的单元刚度方程$\bar{k}^e$是6×6阶方阵，如式(11.4)所示。

$$\bar{k}^e = \begin{Bmatrix} \dfrac{EA}{l} & 0 & 0 & -\dfrac{EA}{l} & 0 & 0 \\ 0 & \dfrac{12EI}{l^3} & -\dfrac{6EI}{l^2} & 0 & -\dfrac{12EI}{l^3} & -\dfrac{6EI}{l^2} \\ 0 & -\dfrac{6EI}{l^2} & \dfrac{4EI}{l} & 0 & \dfrac{6EI}{l^2} & \dfrac{2EI}{l} \\ -\dfrac{EA}{l} & 0 & 0 & \dfrac{EA}{l} & 0 & 0 \\ 0 & -\dfrac{12EI}{l^3} & \dfrac{6EI}{l^2} & 0 & \dfrac{12EI}{l^3} & \dfrac{6EI}{l^2} \\ 0 & -\dfrac{6EI}{l^2} & \dfrac{2EI}{l} & 0 & \dfrac{6EI}{l^2} & \dfrac{4EI}{l} \end{Bmatrix} \quad (11.4)$$

11.3.2 单元刚度矩阵的性质

1. 单元刚度系数的意义

$\bar{k}^e$中的每个元素称为单元刚度系数$\bar{k}_{ij}$，代表由于单位杆端位移引起的杆端力。一般，元素$\bar{k}_{ij}$代表当第j个杆端位移分量$\bar{\Delta}_j=1$，其他位移分量为零时引起的第i个杆端力分量$\bar{F}_i$的值。如单元刚度矩阵中第2行第3列元素$\bar{k}_{23}$，即元素$-\dfrac{6EI}{l^2}$，表示当第2个杆端位移$\bar{v}_1=1$单独发生，其他杆端位移等于零引起的第1个杆端力分量$\bar{Y}_1$。而在单元刚度矩阵中。某一列的六个元素分别表示当某个杆端位移分量为1引起六个杆端力分量，某一行的六个元素分别表示当所有杆端位移分量为1引起一个杆端力分量。例如，第2列对应单位位移$\bar{v}_1^e=1$引起的杆端力，第1行对应所有杆端单位位移为1引起的杆端力$\bar{X}_1^e$。

2. 对称性

根据反力互等定理得出结论$\bar{k}_{ij}=\bar{k}_{ji}$，所以，$\bar{k}^e$是对称矩阵，即单元刚度中的各个元素在主对角线两侧是对称分布。

3. 奇异性

单元刚度矩阵$\bar{k}^e$是奇异矩阵，若将其第1行(列)元素与第4行(列)元素相加，所得的一行(列)元素全等于零，或将第2行(列)与第5行(列)元素相加也等于零，这表明矩阵$|\bar{k}^e|=0$，故$\bar{k}^e$是奇异的，逆矩阵不存在。因此，若给定杆端位移，可由式(11.2)确定杆端力，但给定杆端力不能由式(11.2)反求杆端位移。从物理概念上来说，由于论证的是一个自由单元，两端没有任何支撑约束，因此，杆端除由单位力引起的轴向变形和弯曲变形外，还可以有任意的刚体位移。必须增加足够的约束条件，才能由给定的杆端力求得杆端位移。

11.3.3 特殊单元的刚度矩阵

在结构中含有一些特殊单元，这些单元的某个或某些杆端位移值为零，各种特殊单元的刚度方程无须另行推导，只需对一般单元的刚度方程做一些特殊处理。

1. 忽略轴向变形的梁单元的刚度方程

在计算刚架时，通常忽略梁或柱的轴向变形，即 $\bar{u}_1 = \bar{u}_2 = 0$，其余四个杆端位移分量 $\bar{v}_1$、$\bar{\theta}_1$、$\bar{v}_2$、$\bar{\theta}_2$ 可以指定为任意值，得出忽略轴向变形的梁单元的刚度方程，如式(11.5)所示。

$$\left\{\begin{array}{c}\bar{Y}_1\\\bar{M}_1\\\bar{Y}_2\\\bar{M}_2\end{array}\right\}^e = \left\{\begin{array}{cccc}\dfrac{12EI}{l^3} & -\dfrac{6EI}{l^2} & -\dfrac{12EI}{l^3} & -\dfrac{6EI}{l^2}\\-\dfrac{6EI}{l^2} & \dfrac{4EI}{l} & \dfrac{6EI}{l^2} & \dfrac{2EI}{l}\\-\dfrac{12EI}{l^3} & \dfrac{6EI}{l^2} & \dfrac{12EI}{l^3} & \dfrac{6EI}{l^2}\\-\dfrac{6EI}{l^2} & \dfrac{2EI}{l} & \dfrac{6EI}{l^2} & \dfrac{4EI}{l}\end{array}\right\}\left\{\begin{array}{c}\bar{v}_1\\\bar{\theta}_1\\\bar{v}_2\\\bar{\theta}_2\end{array}\right\}^e \quad (11.5)$$

对应的忽略轴向变形梁单元的单元刚度矩阵，可由式(11.4)的一般单元刚度计算中删去第1、4行和列后自动得到，如式(11.6)所示。

$$\bar{k}^e = \left\{\begin{array}{cccc}\dfrac{12EI}{l^3} & -\dfrac{6EI}{l^2} & -\dfrac{12EI}{l^3} & -\dfrac{6EI}{l^2}\\-\dfrac{6EI}{l^2} & \dfrac{4EI}{l} & \dfrac{6EI}{l^2} & \dfrac{2EI}{l}\\-\dfrac{12EI}{l^3} & \dfrac{6EI}{l^2} & \dfrac{12EI}{l^3} & \dfrac{6EI}{l^2}\\-\dfrac{6EI}{l^2} & \dfrac{2EI}{l} & \dfrac{6EI}{l^2} & \dfrac{4EI}{l}\end{array}\right\} \quad (11.6)$$

2. 连续梁单元的刚度方程

连续梁均支撑在刚性支座上，无横向位移，同时，计算连续梁时可忽略其轴向变形。此时，四个杆端位移分量均为零，即 $\bar{u}_1 = \bar{u}_2 = \bar{v}_1 = \bar{v}_2 = 0$，只有两个杆端位移分量 $\bar{\theta}_1$ 和 $\bar{\theta}_2$。得出连续梁单元刚度方程，如式(11.7)所示。

$$\left\{\begin{array}{c}\bar{M}_1\\\bar{M}_2\end{array}\right\}^e = \left\{\begin{array}{cc}\dfrac{4EI}{l} & \dfrac{2EI}{l}\\\dfrac{2EI}{l} & \dfrac{4EI}{l}\end{array}\right\}\left\{\begin{array}{c}\bar{\theta}_1\\\bar{\theta}_2\end{array}\right\}^e \quad (11.7)$$

对应连续梁的单元刚度矩阵，可由式(11.4)的一般单元刚度计算中删去第1、2、4、6行和列后自动得到，如式(11.8)所示。

$$\bar{k}^e = \left\{\begin{array}{cc}\dfrac{4EI}{l} & \dfrac{2EI}{l}\\\dfrac{2EI}{l} & \dfrac{4EI}{l}\end{array}\right\} \quad (11.8)$$

如式(11.8)所示，连续梁单元的刚度矩阵，因为引进了支座条件，单元刚度矩阵 $\bar{k}^e$ 是可逆的。因此，由杆端转角 $\bar{\Delta}^e$ 的值，求杆端力矩 $\bar{F}^e$，也可以由杆端力矩 $\bar{F}^e$，求杆端转角 $\bar{\Delta}^e$。

3. 平面行架杆件单元的刚度方程

对于平面行架杆件，其两端仅有轴力作用，剪力和弯矩均为零，即四个杆端位移分量均为零，$\bar{v}_1=\bar{v}_2=\bar{\theta}_1=\bar{\theta}_2=0$，只有两个杆端位移分量$\bar{u}_1$和$\bar{u}_2$。得出平面行架杆件单元刚度方程，如式(11.9)所示。

$$\left\{\begin{array}{c}\overline{N}_1\\ \overline{N}_2\end{array}\right\}^e=\left\{\begin{array}{cc}\dfrac{EA}{l} & -\dfrac{EA}{l}\\ -\dfrac{EA}{l} & \dfrac{EA}{l}\end{array}\right\}\left\{\begin{array}{c}\bar{u}_1\\ \bar{u}_2\end{array}\right\}^e \tag{11.9}$$

对应平面行架杆件单元刚度矩阵，可由式(11.4)的一般单元刚度计算中删去第2、4、5、6行和列后自动得到，如式(11.10)所示。

$$\bar{k}^e=\left\{\begin{array}{cc}\dfrac{EA}{l} & -\dfrac{EA}{l}\\ -\dfrac{EA}{l} & \dfrac{EA}{l}\end{array}\right\} \tag{11.10}$$

在结构矩阵分析中，需要着眼于计算过程的程序化、标准化和自动化。可以只采用一种标准化形式——一般单元的刚度矩阵，如式(11.4)所示，其他单元刚度矩阵将由计算机程序自动形成。所以，其他特殊的各种非标准化的特殊单元可以不用全部列出。

11.4 单元分析(二)——整体坐标系中的单元刚度矩阵

在复杂结构中，各杆的杆轴方向不尽相同。以图11.6的刚架为例，由于杆件①、②、③的方向不同，因而，其各自采用的局部坐标系的方向也各异，可按照图11.6所示各种不同杆件情况规定其各单元的始端和终端，以及其局部坐标系。这种分析是基于前面单元分析时的局部坐标系。但是，为了便于研究整体结构的平衡条件和变形协调条件，必须选定一个统一的坐标系及结构坐标系，并把按局部坐标系建立的单元刚度矩阵转化成结构坐标系中的单元刚度矩阵。因此，在本节中需要介绍坐标转换的概念，然后导出在整体坐标系中的单元刚度矩阵。

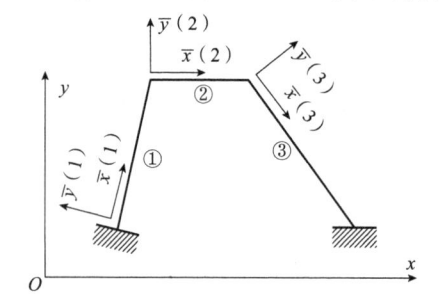

图11.6 刚架的局部坐标系和整体坐标系

11.4.1 单元坐标转换矩阵

如图11.7所示，单元e杆端力在两种坐标系的分量，图11.7(a)所示是在局部坐标系中杆端力分量$\overline{N}^e$、$\overline{Q}^e$、$\overline{M}^e$，图11.7(b)所示是整体坐标系中的杆端力分量X^e、Y^e、M^e。

为了导出局部坐标系中杆端力分量$\overline{N}^e$、$\overline{Q}^e$、$\overline{M}^e$和整体坐标系中的杆端力分量X^e、Y^e、M^e之间的关系，在图11.7中将X^e和Y^e分别在$\bar{x}$和$\bar{y}$轴上投影，得出式(11.11)。式(11.11)中第3式和第6式说明在两个坐标系中的力偶分量仍彼此相同，α表示由$\bar{x}$轴的X轴角度，以顺时针转方向为正，反之为负。

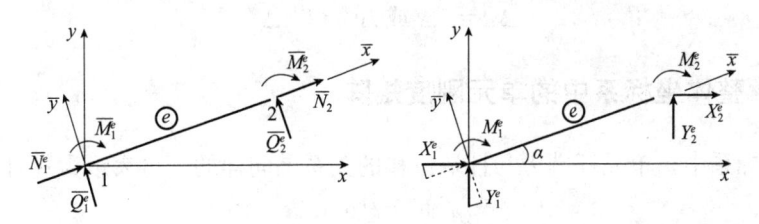

图 11.7　单元的局部坐标系和整体坐标系

(a)杆端力分量 $\overline{N}^e$、$\overline{Q}^e$、$\overline{M}^e$；(b)杆端力分量 X^e、Y^e、M^e

$$\begin{cases} \overline{N}_1^e = X_1^e \cos\alpha + Y_1^e \sin\alpha \\ \overline{Q}_1^e = -X_1^e \sin\alpha + Y_1^e \cos\alpha \\ \overline{M}_1^e = M_1^e \\ \overline{N}_2^e = X_2^e \cos\alpha + Y_2^e \sin\alpha \\ \overline{Q}_2^e = -X_2^e \sin\alpha + Y_2^e \cos\alpha \\ \overline{M}_2^e = M_2^e \end{cases} \tag{11.11}$$

将式(11.11)写成矩阵形式，如式(11.12)所示。

$$\begin{Bmatrix} \overline{N}_1 \\ \overline{Q}_1 \\ \overline{M}_1 \\ \overline{N}_2 \\ \overline{Q}_2 \\ \overline{M}_2 \end{Bmatrix}^e = \begin{Bmatrix} \cos\alpha & \sin\alpha & 0 & 0 & 0 & 0 \\ -\sin\alpha & \cos\alpha & 0 & 0 & 0 & 0 \\ 0 & 0 & 1 & 0 & 0 & 0 \\ 0 & 0 & 0 & \cos\alpha & \sin\alpha & 0 \\ 0 & 0 & 0 & -\sin\alpha & \cos\alpha & 0 \\ 0 & 0 & 0 & 0 & 0 & 1 \end{Bmatrix} \begin{Bmatrix} X_1 \\ Y_1 \\ M_1 \\ X_2 \\ Y_2 \\ M_2 \end{Bmatrix}^e \tag{11.12}$$

可以简写为式(11.13)：

$$\overline{F}^e = TF^e \tag{11.13}$$

式中，T 为单元坐标转换矩阵，可表示为

$$T = \begin{Bmatrix} \cos\alpha & \sin\alpha & 0 & 0 & 0 & 0 \\ -\sin\alpha & \cos\alpha & 0 & 0 & 0 & 0 \\ 0 & 0 & 1 & 0 & 0 & 0 \\ 0 & 0 & 0 & \cos\alpha & \sin\alpha & 0 \\ 0 & 0 & 0 & \sin\alpha & \cos\alpha & 0 \\ 0 & 0 & 0 & 0 & 0 & 1 \end{Bmatrix}$$

可以证明，坐标转换矩阵 T 为一正交矩阵，因此，其逆矩阵等于其转置矩阵，如式(11.14)所示

$$T^{-1} = T^T \tag{11.14}$$

式(11.14)可以写为 $TT^T = T^T T = I$，式中 I 为与 T 同阶的单位矩阵，因此，式(11.14)的逆转换式为式(11.15)。

$$F^e = T^T \overline{F}^e \tag{11.15}$$

同理。可求出单元杆端位移在两种坐标系中的转换关系，局部坐标系中的单元杆端位移和 $\overline{\Delta}^e$ 整体坐标系中单元杆端位移 Δ^e 的转换关系为式(11.16)。

$$\overline{\Delta}^e = T\Delta^e \text{ 或 } \Delta^e = T^T \overline{\Delta}^e \tag{11.16}$$

11.4.2 整体坐标系中的单元刚度矩阵

在整体坐标系中，单元杆端力与杆端位移的关系是同样的，可表示为式(11.17)。

$$F^e = k^e \Delta^e \tag{11.17}$$

式中，k^e 称为整体坐标系中的单元刚度矩阵。

为了求出整体坐标系中的单元刚度矩阵 k^e 与局部坐标系单元刚度矩阵 $\overline{k}^e$ 的转换关系，将式(11.13)和式(11.16)代入局部坐标系的单元刚度方程 $\overline{F}^e = \overline{k}^e \overline{\Delta}^e$ 中，得到 $TF^e = \overline{k}^e T \overline{\Delta}^e$，等式两边前面各乘坐标转换矩阵 T^T，并引入式 $T^T T = I$，得 $F^e = T^T \overline{k}^e T \Delta^e$，将该式与式(11.17)比较，可得式(11.18)。

$$k^e = T^T \overline{k}^e T \tag{11.18}$$

式(11.18)即在局部坐标系和整体坐标系中单元刚度矩阵的转换关系。只要求出单元坐标转换矩阵 T，就可以由局部坐标系单元刚度矩阵 $\overline{k}^e$ 计算整体坐标系中的单元刚度矩阵 k^e。$\overline{k}^e$ 和 k^e 具有类似的性质：

(1) 元素 k_{ij} 表示在整体坐标系中第 j 个杆端位移分量等于 1 时引起的第 i 个杆端力分量；
(2) k^e 是对称矩阵；
(3) k^e 是奇异矩阵。

11.4.3 整体坐标系中的各杆件单元刚度矩阵

对式(11.18)进行矩阵计算，可得整体坐标系中单元刚度矩阵 k^e 的计算公式如式(11.19)所示。

$$k^e = \begin{Bmatrix} \left(\dfrac{EA}{l}c^2 + \dfrac{12EI}{l^3}s^2\right) & \left(\dfrac{EA}{l} - \dfrac{12EI}{l^3}\right)cs & \dfrac{6EI}{l^2}s & \left(-\dfrac{EA}{l}c^2 - \dfrac{12EI}{l^3}s^2\right) & \left(-\dfrac{EA}{l} + \dfrac{12EI}{l^3}\right)cs & \dfrac{6EI}{l^2}s \\ \left(\dfrac{EA}{l} - \dfrac{12EI}{l^3}\right)cs & \left(\dfrac{EA}{l}s^2 + \dfrac{12EI}{l^3}c^2\right) & -\dfrac{6EI}{l^2}c & \left(-\dfrac{EA}{l} + \dfrac{12EI}{l^3}\right)cs & \left(-\dfrac{EA}{l}s^2 - \dfrac{12EI}{l^3}c^2\right) & -\dfrac{6EI}{l^2}c \\ \dfrac{6EI}{l^2}s & -\dfrac{6EI}{l^2}c & \dfrac{4EI}{l} & -\dfrac{6EI}{l^2}s & \dfrac{6EI}{l^2}c & \dfrac{2EI}{l} \\ \left(-\dfrac{EA}{l}c^2 - \dfrac{12EI}{l^3}s^2\right) & \left(-\dfrac{EA}{l} + \dfrac{12EI}{l^3}\right)cs & -\dfrac{6EI}{l^2}s & \left(\dfrac{EA}{l}c^2 + \dfrac{12EI}{l^3}s^2\right) & \left(\dfrac{EA}{l} - \dfrac{12EI}{l^3}\right)cs & -\dfrac{6EI}{l^2}s \\ \left(-\dfrac{EA}{l} + \dfrac{12EI}{l^3}\right)cs & \left(-\dfrac{EA}{l}s^2 - \dfrac{12EI}{l^3}c^2\right) & \dfrac{6EI}{l^2}c & \left(\dfrac{EA}{l} - \dfrac{12EI}{l^3}\right)cs & \left(\dfrac{EA}{l}s^2 + \dfrac{12EI}{l^3}c^2\right) & \dfrac{6EI}{l^2}c \\ \dfrac{6EI}{l^2}s & -\dfrac{6EI}{l^2}c & \dfrac{2EI}{l} & -\dfrac{6EI}{l^2}s & \dfrac{6EI}{l^2}c & \dfrac{4EI}{l} \end{Bmatrix} \tag{11.19}$$

式中，$c = \cos\alpha$，$s = \sin\alpha$。可以看出，上述整体坐标系中单元刚度矩阵 k^e 仍然是对称矩阵和奇异矩阵。

令式(11.19)中 α 为 90°可得杆件由 $\overline{x}$ 轴顺时针转 90°到的 X 轴的整体坐标系下的单元刚度矩阵，如式(11.20)所示。

$$k^e = \begin{Bmatrix} \dfrac{12EI}{l^3} & 0 & \dfrac{6EI}{l^2} & -\dfrac{12EI}{l^3} & 0 & \dfrac{6EI}{l^2} \\ 0 & \dfrac{EA}{l} & 0 & 0 & -\dfrac{EA}{l} & 0 \\ \dfrac{6EI}{l^2} & 0 & \dfrac{4EI}{l} & -\dfrac{6EI}{l^2} & 0 & \dfrac{2EI}{l} \\ -\dfrac{12EI}{l^3} & 0 & -\dfrac{6EI}{l^2} & \dfrac{12EI}{l^3} & 0 & -\dfrac{6EI}{l^2} \\ 0 & -\dfrac{EA}{l} & 0 & 0 & \dfrac{EA}{l} & 0 \\ \dfrac{6EI}{l^2} & 0 & \dfrac{2EI}{l} & -\dfrac{6EI}{l^2} & 0 & \dfrac{4EI}{l} \end{Bmatrix} \quad (11.20)$$

对于平面桁架，杆件两端只承受轴力，这时，坐标转换矩阵如式(11.21)所示。

$$T = \begin{Bmatrix} \cos\alpha & \sin\alpha & 0 & 0 \\ -\sin\alpha & \cos\alpha & 0 & 0 \\ 0 & 0 & \cos\alpha & \sin\alpha \\ 0 & 0 & \sin\alpha & \cos\alpha \end{Bmatrix} \quad (11.21)$$

在整体坐标系中，由 $k^e = T^T \bar{k}^e T$ 得桁架的整体坐标系中单元刚度矩阵 k^e，如式(11.22)所示。

$$k^e = \dfrac{EA}{l} \begin{Bmatrix} c^2 & sc & -c^2 & -sc \\ sc & s^2 & -sc & -s^2 \\ -c^2 & -sc & c^2 & sc \\ -sc & -s^2 & sc & s^2 \end{Bmatrix} \quad (11.22)$$

式中，$c = \cos\alpha$，$s = \sin\alpha$。可以看出，上述桁架的整体坐标系中单元刚度矩阵 k^e 仍然是对称矩阵和奇异矩阵。

因为连续梁的局部坐标系和整体坐标系一致，所以，连续梁的局部坐标下单元刚度矩阵和整体坐标下单元刚度矩阵相同。

11.5 结构刚度矩阵

前面在单元分析的基础上，建立了单元刚度方程，推导了单元刚度矩阵。从本节起对结构进行整体分析，即考虑各结点的几何条件和平衡条件，建立结构刚度方程，推导结构刚度矩阵。根据在整体分析过程中对支撑情况处理的先后顺序，矩阵位移法又可分为先处理法和后处理法，这两种方法原理是相同的，但在处理问题的具体方法上有区别。本节介绍先处理法，下面以图11.8所示的连续梁为例来说明先处理法的解题思路。

整体刚度方程按照位移法建立，具体做法有传统位移法和单元集成法(也称刚度集成法或直接刚度法)。单元集成法的优点是便于实现计算过程的程序化。

为了将两种做法加以比较，需要先简单回顾一下传统的位移法。如图11.8所示，图11.8(a)所示为连续梁原结构，位移法的基本体系如图11.8(b)所示。位移法的基本未知

量为结点转角位移 Δ_1、Δ_2、Δ_3，它们组成整体结构的结点位移向量为 Δ，$\Delta=\begin{bmatrix}\Delta_1 & \Delta_2 & \Delta_3\end{bmatrix}^T$。

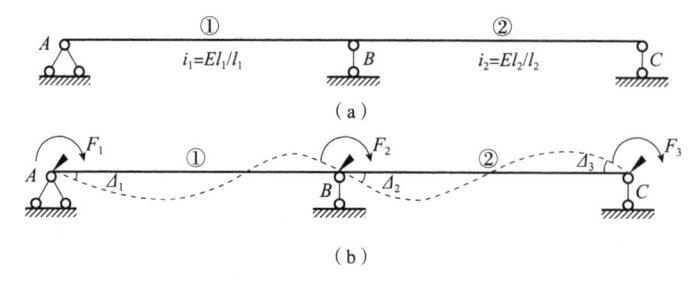

图 11.8 连续梁的整体分析
(a)原结构；(b)位移法的基本体系

与 Δ_1、Δ_2、Δ_3 对应的力是附加约束力偶 F_1、F_2、F_2，它们组成整体结构的结点力向量为 F，$F=\begin{bmatrix}F_1 & F_2 & F_3\end{bmatrix}^T$。

在传统位移法中，需要分别考虑每个结点转角 Δ_1、Δ_2、Δ_3 独自引起的结点力矩，如图 11.9 所示。

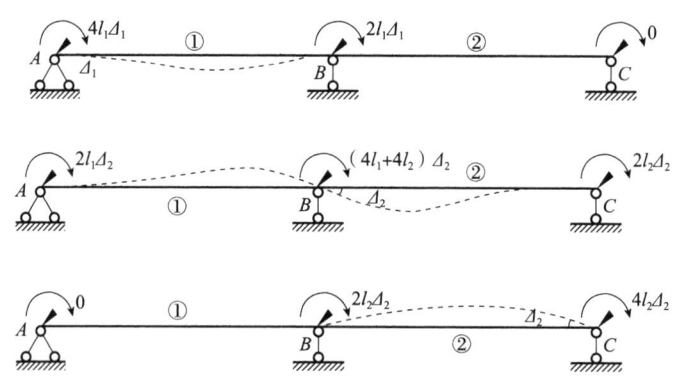

图 11.9 连续梁的结点位移引起的结点力矩

叠加上述三种情况，即结点力矩 F_1、F_2、F_2 的表达式，如式(11.23)所示。

$$\begin{Bmatrix}F_1\\F_2\\F_3\end{Bmatrix}=\begin{bmatrix}4i_1 & 2i_1 & 0\\2i_1 & 4i_1+4i_2 & 2i_2\\0 & 2i_2 & 0\end{bmatrix}\begin{Bmatrix}\Delta_1\\\Delta_2\\\Delta_3\end{Bmatrix} \tag{11.23}$$

式(11.23)可简写为式(11.24)。

$$F=K\Delta \tag{11.24}$$

式(11.23)和式(11.24)称为连续梁的整体刚度方程，它表示了结构的结点位移和结点力之间的转换关系。其中，转换矩阵如式(11.25)所示，称为连续梁的整体刚度矩阵。

$$K=\begin{bmatrix}4i_1 & 2i_1 & 0\\2i_1 & 4i_1+4i_2 & 2i_2\\0 & 2i_2 & 0\end{bmatrix} \tag{11.25}$$

11.5.1 单元集成法

按照传统位移法求结构节点力 F 时，分别考虑了每个节点位移对 F 的单独贡献，然后进行叠加。按单元集成法求 F 时，则分别考虑每个单元对 F 的单独贡献，然后进行叠加，得到整体刚度方程和整体刚度矩阵。其特点是由单元直接集成。以图 11.10 的两跨连续梁为例，如图 11.10(b) 所示，先将连续梁离散为两个独立的单元①和②。图中结点有两种编码，一种是总码，在整体结构中的统一编码，如图中结点 1、2、3 所示。结点总码在整体分析中使用，通常只对有结点位移的结点进行编码。另一种是局部码，用于单元分析中的编码。为了与总码有所区别，局部码数字需要加括号。如单元①中结点(1)和(2)。各量的右上方圆圈内数字表示单元号。

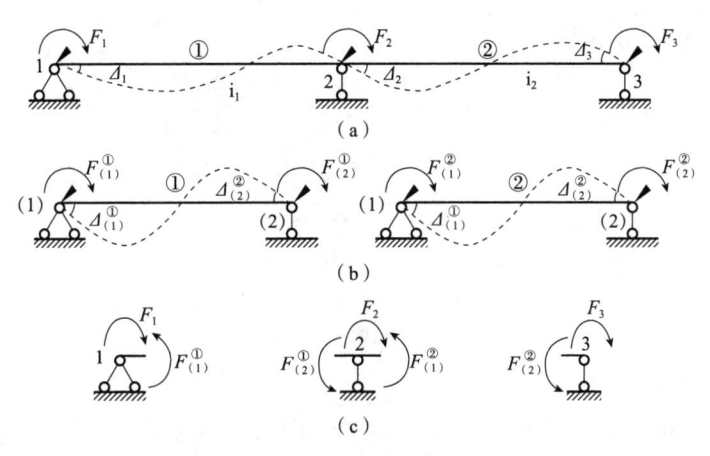

图 11.10 连续梁的整体分析
(a) 原结构；(b) 单元①和单元②；(c) 杆端力和结点力

现对图 11.10(b) 所示单元①和②分别写出其单元刚度方程。
单元①：

$$\begin{Bmatrix} F_{(1)} \\ F_{(2)} \end{Bmatrix}^{①} = \begin{bmatrix} 4i_1 & 2i_1 \\ 2i_1 & 4i_1 \end{bmatrix} \begin{Bmatrix} \Delta_{(1)} \\ \Delta_{(2)} \end{Bmatrix}^{①}$$

$F_{(1)}^{①}$ 和 $F_{(2)}^{①}$ 是单元①在(1)端和(2)端的杆端弯矩，$\Delta_{(1)}^{①}$ 和 $\Delta_{(2)}^{①}$ 是单元①在(1)端和(2)端的杆端转角。

单元②：

$$\begin{Bmatrix} F_{(1)} \\ F_{(2)} \end{Bmatrix}^{②} = \begin{bmatrix} 4i_1 & 2i_1 \\ 2i_1 & 4i_1 \end{bmatrix} \begin{Bmatrix} \Delta_{(1)} \\ \Delta_{(2)} \end{Bmatrix}^{②}$$

$F_{(1)}^{②}$ 和 $F_{(2)}^{②}$ 是单元②在(1)端和(2)端的杆端弯矩，$\Delta_{(1)}^{②}$ 和 $\Delta_{(2)}^{②}$ 是单元②在(1)端和(2)端的杆端转角。

将离散的单元集合成整体时，应满足结点的变形协调条件，即 $\Delta_{(1)}^{①} = \Delta_1$，$\Delta_{(2)}^{①} = \Delta_{(1)}^{②} = \Delta_2$，$\Delta_{(2)}^{②} = \Delta_3$，$\Delta_1$、$\Delta_2$、$\Delta_3$ 是连续梁在结点总码 1、2、3 的位移，表示了各个单元的(1)端和(2)端的转角与整体结构的结点位移关系。

为了考察各单元对整体结构结点力 F 的贡献，即将单元的刚度方程用局部码表示的(1)端和(2)端的角位移改用整体码结点位移表示，而对应于结点位移中对该单元杆端力无影响元素填充为零。因此，各单元对结点力 F 的贡献可以分别写为单元①：
$$\begin{Bmatrix} F_{(1)} \\ F_{(2)} \\ 0 \end{Bmatrix}^{①} = \begin{bmatrix} 4i_1 & 2i_1 & 0 \\ 2i_1 & 4i_1 & 0 \\ 0 & 0 & 0 \end{bmatrix} \begin{Bmatrix} \Delta_1 \\ \Delta_2 \\ \Delta_3 \end{Bmatrix}$$

记为
$$F^{①} = K^{①}\Delta$$

其中：
$$K^{①} = \begin{bmatrix} 4i_1 & 2i_1 & 0 \\ 2i_1 & 4i_1 & 0 \\ 0 & 0 & 0 \end{bmatrix}$$

称为单元①的贡献矩阵。

单元②：
$$\begin{Bmatrix} 0 \\ F_{(1)} \\ F_{(2)} \end{Bmatrix}^{②} = \begin{bmatrix} 0 & 0 & 0 \\ 0 & 4i_2 & 2i_2 \\ 0 & 2i_2 & 4i_2 \end{bmatrix} \begin{Bmatrix} \Delta_{(1)} \\ \Delta_{(2)} \\ \Delta_{(3)} \end{Bmatrix}$$

记为
$$F^{②} = K^{②}\Delta$$

其中：
$$K^{②} = \begin{bmatrix} 0 & 0 & 0 \\ 0 & 4i_2 & 2i_2 \\ 0 & 2i_2 & 4i_2 \end{bmatrix}$$

称为单元②的贡献矩阵。

每个结点上各单元的杆端力和各结点力应分别满足平衡条件，如图11.10(c)所示。

结点1：$F_1 = F_{(1)}^{①}$

结点2：$F_2 = F_{(2)}^{①} + F_{(1)}^{②}$

结点3：$F_3 = F_{(2)}^{②}$

写成矩阵形式，如式(11.26)所示。

$$\begin{Bmatrix} F_1 \\ F_2 \\ F_3 \end{Bmatrix} = \begin{Bmatrix} F_{(1)} \\ F_{(2)} \\ 0 \end{Bmatrix}^{①} + \begin{Bmatrix} 0 \\ F_{(1)} \\ F_{(2)} \end{Bmatrix}^{②}$$

即
$$F = F^{①} + F^{②} \tag{11.26}$$

将单元①和单元②的贡献矩阵代入式(11.26)，得 $F = (K^{①} + K^{②})\Delta$，可记为式(11.27)。

$$F = K\Delta \tag{11.27}$$

得出整体刚度矩阵 K，由各单元贡献矩阵之和所得，如式(11.28)所示。

$$K = K^{①} + K^{②} = \sum_{e} K^{e} \tag{11.28}$$

式(11.28)的展开式为

$$\begin{Bmatrix} F_1 \\ F_2 \\ F_3 \end{Bmatrix} = \begin{bmatrix} 4i_1 & 2i_1 & 0 \\ 2i_1 & 4i_1+4i_2 & 2i_2 \\ 0 & 2i_2 & 0 \end{bmatrix} \begin{Bmatrix} \Delta_1 \\ \Delta_2 \\ \Delta_3 \end{Bmatrix}$$

上式与式(11.25)完全相同，说明单元集成法与传统的位移法结果是一样的。从以上讨论中可以看出，单元集成法求整体刚度矩阵的步骤分为以下两步：

(1)由单元刚度矩阵 k^e 求单元贡献矩阵 K^e；

(2)叠加各单元贡献矩阵，得到整体刚度矩阵。

11.5.2 单元定位向量

K^e 是由 k^e 的元素及零元素重新排列而成的矩阵。这里要着重讨论 k^e 的元素在 K^e 中的定位问题。

首先，要注意每个单元的结点位移分量的局部码和总码之间的对应关系。由单元的结点位移总码组成的向量称为"单元定位向量"，即为 λ^e。单元两种编码的对应关系是由单元定位向量来表示，因此，单元定位向量也可称为"单元换码向量"。如图 11.10 所示，单元①的局部码(1)对应总码 1，局部码(2)对应总码 2，单元定位向量为 $\lambda^① = [1,2]^T$，单元②的局部码(1)对应总码 2，局部码(2)对应总码 3，单元定位向量为 $\lambda^② = [2,3]^T$。

其次，要注意单元刚度矩阵 k^e 和单元贡献矩阵 K^e 中元素的排列方式。在 k^e 中，元素按局部码排列，或者说元素按局部码对号入座；在 K^e 中，元素按总码排列，或者说元素按总码对号入座。为了由单元刚度矩阵 k^e 得出单元贡献矩阵 K^e，其做法可以概括为"换码重排座"：换码，将原单位刚度矩阵 k^e 中元素的行码和列码换成在单元贡献矩阵中的新行码和新列码；重排座，根据定位向量，将原单原刚度矩阵 k^e 中的行元素和列元素改排在单元贡献矩阵的对应行元素和列元素位置上。

按照上述步骤对图 11.10 所示连续梁由各单元刚度矩阵 k^e 与单元贡献矩阵 K^e 的元素对应位置：

单元①：单元定位向量 $\lambda^① = [1,2]^T$

$$k^① = \begin{matrix} & (1) & (2) \\ & \begin{bmatrix} 4i_1 & 2i_1 \\ 2i_1 & 4i_1 \end{bmatrix} & \begin{matrix} (1) \\ (2) \end{matrix} \end{matrix} = \begin{matrix} & 1 & 2 & 3 \\ & \begin{bmatrix} 4i_1 & 2i_1 & 0 \\ 2i_1 & 4i_1 & 0 \\ 0 & 0 & 0 \end{bmatrix} & \begin{matrix} 1 \\ 2 \\ 3 \end{matrix} \end{matrix}$$

单元②：单元定位向量 $\lambda^② = [2,3]^T$

$$k^② = \begin{matrix} & (1) & (2) \\ & \begin{bmatrix} 4i_1 & 2i_1 \\ 2i_1 & 4i_1 \end{bmatrix} & \begin{matrix} (1) \\ (2) \end{matrix} \end{matrix} = \begin{matrix} & 1 & 2 & 3 \\ & \begin{bmatrix} 0 & 0 & 0 \\ 0 & 4i_2 & 2i_2 \\ 0 & 2i_2 & 4i_2 \end{bmatrix} & \begin{matrix} 1 \\ 2 \\ 3 \end{matrix} \end{matrix}$$

11.5.3 单元集成法的实施

根据上面的分析，单元集成法求整体刚度矩阵的步骤分为两步：第一步将 k^e 中的元素按照单位定向量 λ^e 在 K^e 中定位，第二步将各 K^e 中的元素累加，从而得到整体刚度矩阵 K。实际上可以将两步合为一步，采用边定位边累加的办法，由单元刚度矩阵可以直接形成整体刚度矩阵 K，而无须形成单元贡献矩阵。这样能使计算更为方便简洁。具体来说，按照单元集成法形成 K 的过程就是依次将 k^e 中的元素在 K 中按单位定位向量 λ^e 定位并进行累加的过程，其步骤如下：

(1) 将 K 置零，这时 $K = [0]$；

(2) 将 $k^①$ 的元素在 K 中按 $\lambda^①$ 定位并进行累加，这时 $K = K^①$；

(3) 将 $k^②$ 的元素在 K 中按 $\lambda^②$ 定位并进行累加，这时 $K = K^① + K^②$；按此作法对有单元循环一遍，最后得到 $K = \sum_e K^e$。

11.5.4 整体刚度矩阵的性质

整体刚度矩阵 K 中的元素称为整体刚度系数 K_{ij}，它表示当第 j 个结点位移分量 $\Delta_j = 1$（其他结点位移分量为零）时所产生的第 i 个结点力 F_i。其主要性质如下：

(1) 整体刚度矩阵 K 为对称矩阵；
(2) 计算连续梁时，整体刚度矩阵 K 是可逆矩阵；
(3) 整体刚度矩阵 K 为稀疏矩阵和带状矩阵，即矩阵中存在大量的零元素，而非零元素都分布在以对角线为中线的倾斜带状区域内。

11.5.5 刚架的整体刚度矩阵

用单元集成法求平面刚架的整体刚度矩阵与连续梁的基本思路相同，但情况更加复杂，具体表现如下：

(1) 刚架中每个结点位移分量为三个：角位移和两个方向的线位移；
(2) 刚架中各杆的局部坐标不同，采用整体分析中的整体坐标，必须进行坐标转换；
(3) 刚架中除刚结点外，还要考虑铰结点等其他情况。

1. 单元定位向量与单元集成

(1) 总码——结点位移分量的统一编码。

连续梁是一个结点对应于一个结点编号，是因为一个结点只有一个结点角位移。但是，平面刚架一个结点可能有一个或多于一个的结点位移，因此，在进行结点位移分量编码时，应考虑每个结点位移情况，对结构的所有结点位移分量进行统一编码。图 11.11 所示的平面刚架，结点 A 有三个位移分量，沿 x 和 y 的线位移为 u_A 和 v_A，角位移 θ_A，总码编为 [1 2 3]；结点 B 为固定端，三个位移分量 u_B、v_B、θ_B 已知为零，它的总编码为 [0 0 0]；结点 C 为铰支承，其线位移 u_C 和 v_C 为零，角位移 θ_C 为未知量，它们的总编码为 [0 0 4]。在这里做如下规定，对于已知为零的结点位移分量，其总编码均为零。

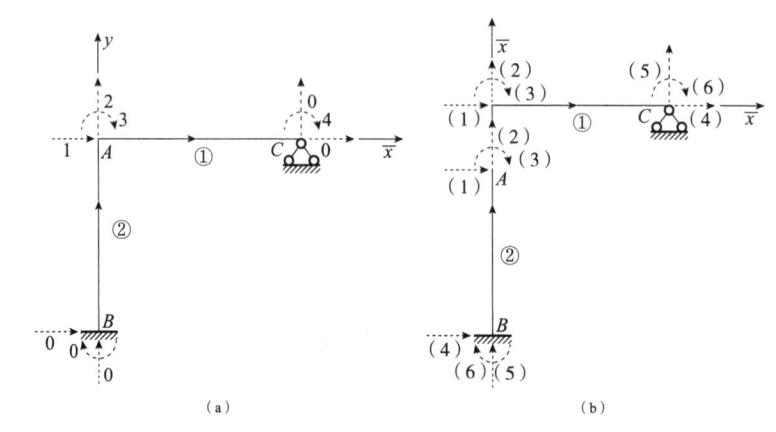

图 11.11 平面刚架结点位移分量编码
(a) 杆单元①、②；(b) 位移分量的局部码

此刚架共有四个未知结点位移分量，它们组成结构的结点位移向量 Δ：
$$\Delta=[\Delta_1\quad \Delta_2\quad \Delta_3\quad \Delta_4]^T=[u_A\quad v_A\quad \theta_A\quad \theta_C]^T$$
相应的结点力分量 F 为
$$F=[F_1\quad F_2\quad F_3\quad F_4]^T$$

(2)单元定位向量。图 11.11(a)所示刚架有两个杆单元①和②，图中各杆上的箭头表示各杆局部坐标系中 $\bar{x}$ 轴的正方向。单元在始末两端的六个位移分量的局部码在图 11.11(b) 中标明。因为，单元定位向量就是由单元结点位移总码组成的向量。单元①的局部码(1)、(2)、(3)、(4)、(5)、(6)分别对应该单元总码 1、2、3、0、0、4，单元①的定位向量是 $\lambda^{①}=[1,2,3,0,0,4]^T$。单元②的局部码(1)、(2)、(3)、(4)、(5)、(6)分别对应该单元总码 0、0、0、1、2、3，单元①的定位向量是 $\lambda^{②}=[0,0,0,1,2,3]^T$。

(3)单元集成过程。已知单元①和②的杆件长度均为 l，弹性模量为 E，杆件横截面面积为 A，惯性矩为 I。

单元①的局部坐标和整体坐标系重合，所以，单元①局部坐标的单元刚度矩阵等于整体坐标系中的单元刚度矩阵 $k^{①}$。

$$k^{①}=\bar{k}^{①}=\begin{Bmatrix} \dfrac{EA}{l} & 0 & 0 & -\dfrac{EA}{l} & 0 & 0 \\ 0 & \dfrac{12EI}{l^3} & -\dfrac{6EI}{l^2} & 0 & -\dfrac{12EI}{l^3} & -\dfrac{6EI}{l^2} \\ 0 & -\dfrac{6EI}{l^2} & \dfrac{4EI}{l} & 0 & \dfrac{6EI}{l^2} & \dfrac{2EI}{l} \\ -\dfrac{EA}{l} & 0 & 0 & \dfrac{EA}{l} & 0 & 0 \\ 0 & -\dfrac{12EI}{l^3} & \dfrac{6EI}{l^2} & 0 & \dfrac{12EI}{l^3} & \dfrac{6EI}{l^2} \\ 0 & -\dfrac{6EI}{l^2} & \dfrac{2EI}{l} & 0 & \dfrac{6EI}{l^2} & \dfrac{4EI}{l} \end{Bmatrix} \begin{matrix} (1)\ 1 \\ (2)\ 2 \\ (3)\ 3 \\ (4)\ 0 \\ (5)\ 0 \\ (6)\ 4 \end{matrix}$$

列标：1 2 3 0 0 4 ; (1)(2)(3)(4)(5)(6)

由于单元①的局部码(4)和(5)对应的总码均为零，因此，$k^{①}$ 中的第(4)、(5)行和第(4)、(5)列的元素在 K 中都没有位置。根据单元①的定位向量是 $\lambda^{①}=[1,2,3,0,0,4]^T$ 得到整体刚度矩阵 K 的阶段结果如下：

$$K=\begin{bmatrix} \dfrac{EA}{l} & 0 & 0 & 0 \\ 0 & \dfrac{12EI}{l^3} & -\dfrac{6EI}{l^2} & -\dfrac{6EI}{l^2} \\ 0 & -\dfrac{6EI}{l^2} & \dfrac{4EI}{l} & \dfrac{2EI}{l} \\ 0 & -\dfrac{6EI}{l^2} & \dfrac{2EI}{l} & \dfrac{4EI}{l} \end{bmatrix} \begin{matrix} (1)\ 1 \\ (2)\ 2 \\ (3)\ 3 \\ (4)\ 4 \end{matrix}$$

列标：1 2 3 4 ; (1)(2)(3)(6)

单元②的局部坐标与整体坐标系相差 90°，所以，单元②需要用坐标转换矩阵将局部坐标的单元刚度矩阵转换为整体坐标系中的单元刚度矩阵 $k^{②}$。

$$k^{②} = \begin{matrix} & \begin{matrix} 0 & 0 & 0 & 1 & 2 & 3 \\ (1) & (2) & (3) & (4) & (5) & (6) \end{matrix} \\ & \begin{bmatrix} \dfrac{12EI}{l^3} & 0 & \dfrac{6EI}{l^2} & -\dfrac{12EI}{l^3} & 0 & \dfrac{6EI}{l^2} \\ 0 & \dfrac{EA}{l} & 0 & 0 & -\dfrac{EA}{l} & 0 \\ \dfrac{6EI}{l^2} & 0 & \dfrac{4EI}{l} & -\dfrac{6EI}{l^2} & 0 & \dfrac{2EI}{l} \\ -\dfrac{12EI}{l^3} & 0 & -\dfrac{6EI}{l^2} & \dfrac{12EI}{l^3} & 0 & -\dfrac{6EI}{l^2} \\ 0 & -\dfrac{EA}{l} & 0 & 0 & \dfrac{EA}{l} & 0 \\ \dfrac{6EI}{l^2} & 0 & \dfrac{2EI}{l} & -\dfrac{6EI}{l^2} & 0 & \dfrac{4EI}{l} \end{bmatrix} \begin{matrix} (1) & 0 \\ (2) & 0 \\ (3) & 0 \\ (4) & 1 \\ (5) & 2 \\ (6) & 3 \end{matrix} \end{matrix}$$

由于单元②的局部码(1)、(2)和(3)对应的总码均为零，因此，$k^{②}$ 中的第(1)、(2)、(3)行和第(1)、(2)、(3)列的元素在 K 中都没有位置。根据单元②的定位向量是 $\lambda^{②} = [0,0,0,1,2,3]^T$ 得到整体刚度矩阵 K 的阶段结果如下：

$$k^{②} = \begin{matrix} & \begin{matrix} 1 & 2 & 3 \\ (4) & (5) & (6) \end{matrix} \\ & \begin{bmatrix} \dfrac{12EI}{l^3} & 0 & -\dfrac{6EI}{l^2} \\ 0 & \dfrac{EA}{l} & 0 \\ -\dfrac{6EI}{l^2} & 0 & \dfrac{4EI}{l} \end{bmatrix} \begin{matrix} (4) & 1 \\ (5) & 2 \\ (6) & 3 \end{matrix} \end{matrix}$$

定位并累加，得到整体刚度矩阵 K 的最后结果如下：

$$K = \begin{matrix} & \begin{matrix} 1 & 2 & 3 & 4 \\ (1) & (2) & (3) & (6) \end{matrix} \\ & \begin{bmatrix} \dfrac{EA}{l}+\dfrac{12EI}{l^3} & 0+0 & 0-\dfrac{6EI}{l^2} & 0 \\ 0+0 & \dfrac{12EI}{l^3}+\dfrac{EA}{l} & 0-\dfrac{6EI}{l^2} & -\dfrac{6EI}{l^2} \\ -\dfrac{6EI}{l^2} & 0-\dfrac{6EI}{l^2} & \dfrac{4EI}{l}+\dfrac{4EI}{l} & \dfrac{2EI}{l} \\ 0 & -\dfrac{6EI}{l^2} & \dfrac{2EI}{l} & \dfrac{4EI}{l} \end{bmatrix} \begin{matrix} (1) & 1 \\ (2) & 2 \\ (3) & 3 \\ (4) & 4 \end{matrix} \end{matrix}$$

即

$$K = \begin{bmatrix} \dfrac{EA}{l}+\dfrac{12EI}{l^3} & 0 & -\dfrac{6EI}{l^2} & 0 \\ 0 & \dfrac{12EI}{l^3}+\dfrac{EA}{l} & -\dfrac{6EI}{l^2} & -\dfrac{6EI}{l^2} \\ -\dfrac{6EI}{l^2} & -\dfrac{6EI}{l^2} & \dfrac{8EI}{l} & \dfrac{2EI}{l} \\ 0 & -\dfrac{6EI}{l^2} & \dfrac{2EI}{l} & \dfrac{4EI}{l} \end{bmatrix} \begin{matrix} (1) \\ (2) \\ (3) \\ (4) \end{matrix} \begin{matrix} 1 \\ 2 \\ 3 \\ 4 \end{matrix}$$

上方列标注： 1 2 3 4 ； (1) (2) (3) (6)

11.5.6 刚架中铰结点的处理

对有铰结点的刚架，首先，需要考虑结点位移分量的统一编码。如图11.12所示，在固定端B和D处，三个位移分量的总码为$[0\ 0\ 0]$，在刚结点A处编码为$[1\ 2\ 3]$。铰结点C处的两杆杆端结点应作为半独立的两个节点，分别是属于AC_1杆件的C_1和属于DC_2杆件的C_2。由于它们的线位移相同而角位移不同，因此，它们的线位移应采用相同的总码。而角位移则采用不同的总码，如结点C_1的总码可编为$[4\ 5\ 6]$，而结点C_2的总码可编为$[4\ 5\ 7]$。其次，考虑单元定位向量。在图11.12中，单元①、②、③的局部坐标$\bar{x}$轴正方向用箭头表明，各杆的单元定位向量如下。

$$\lambda^{①} = [1\ 2\ 3\ 4\ 5\ 6]^T$$
$$\lambda^{②} = [0\ 0\ 0\ 1\ 2\ 3]^T$$
$$\lambda^{③} = [4\ 5\ 7\ 0\ 0\ 0]^T$$

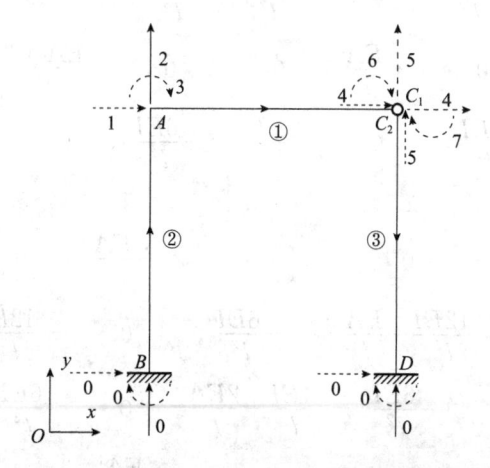

图 11.12　有铰结点的平面刚架位移分量编码

按照单元①、②、③边定位边累加，进行单元集成。已知刚架中三个单元的杆件长度均为l，弹性模量为E，杆件横截面面积为A，惯性矩为I。

求出单元①的贡献矩阵，并根据$\lambda^{①}$进行定位，得到整体刚度矩阵的第一阶段的集成。

$$K = \begin{Bmatrix} \frac{EA}{l} & 0 & 0 & -\frac{EA}{l} & 0 & 0 & 0 \\ 0 & \frac{12EI}{l^3} & -\frac{6EI}{l^2} & 0 & -\frac{12EI}{l^3} & -\frac{6EI}{l^2} & 0 \\ 0 & -\frac{6EI}{l^2} & \frac{4EI}{l} & 0 & \frac{6EI}{l^2} & \frac{2EI}{l} & 0 \\ -\frac{EA}{l} & 0 & 0 & \frac{EA}{l} & 0 & 0 & 0 \\ 0 & -\frac{12EI}{l^3} & \frac{6EI}{l^2} & 0 & \frac{12EI}{l^3} & \frac{6EI}{l^2} & 0 \\ 0 & -\frac{6EI}{l^2} & \frac{2EI}{l} & 0 & \frac{6EI}{l^2} & \frac{4EI}{l} & 0 \\ 0 & 0 & 0 & 0 & 0 & 0 & 0 \end{Bmatrix} \begin{matrix} 1 \\ 2 \\ 3 \\ 4 \\ 5 \\ 6 \\ 7 \end{matrix}$$

$$\begin{matrix} 1 & 2 & 3 & 4 & 5 & 6 & 7 \end{matrix}$$

对于单元②，$\alpha=90°$，求出单元②的贡献矩阵，并根据 $\lambda^{②}$ 进行定位，得到整体刚度矩阵的第二阶段的集成。

$$k^{②} = \begin{Bmatrix} \frac{12EI}{l^3} & 0 & \frac{6EI}{l^2} & -\frac{12EI}{l^3} & 0 & \frac{6EI}{l^2} \\ 0 & \frac{EA}{l} & 0 & 0 & -\frac{EA}{l} & 0 \\ \frac{6EI}{l^2} & 0 & \frac{4EI}{l} & -\frac{6EI}{l^2} & 0 & \frac{2EI}{l} \\ -\frac{12EI}{l^3} & 0 & -\frac{6EI}{l^2} & \frac{12EI}{l^3} & 0 & -\frac{6EI}{l^2} \\ 0 & -\frac{EA}{l} & 0 & 0 & \frac{EA}{l} & 0 \\ \frac{6EI}{l^2} & 0 & \frac{2EI}{l} & -\frac{6EI}{l^2} & 0 & \frac{4EI}{l} \end{Bmatrix} \begin{matrix} 0 \\ 0 \\ 0 \\ 1 \\ 2 \\ 3 \end{matrix}$$

$$\begin{matrix} 0 & 0 & 0 & 1 & 2 & 3 \end{matrix}$$

$$K = \begin{Bmatrix} \frac{EA}{l}+\frac{12EI}{l^3} & 0 & 0 & -\frac{EA}{l} & 0 & 0 & 0 \\ 0 & \frac{12EI}{l^3}+\frac{EA}{l} & -\frac{6EI}{l^2} & 0 & -\frac{12EI}{l^3} & -\frac{6EI}{l^2} & 0 \\ 0 & -\frac{6EI}{l^2} & \frac{4EI}{l}+\frac{2EA}{l} & 0 & \frac{6EI}{l^2} & \frac{2EI}{l} & 0 \\ -\frac{EA}{l} & 0 & 0 & \frac{EA}{l} & 0 & 0 & 0 \\ 0 & -\frac{12EI}{l^3} & \frac{6EI}{l^2} & 0 & \frac{12EI}{l^3} & \frac{6EI}{l^2} & 0 \\ 0 & -\frac{6EI}{l^2} & \frac{2EI}{l} & 0 & \frac{6EI}{l^2} & \frac{4EI}{l} & 0 \\ 0 & 0 & 0 & 0 & 0 & 0 & 0 \end{Bmatrix} \begin{matrix} 1 \\ 2 \\ 3 \\ 4 \\ 5 \\ 6 \\ 7 \end{matrix}$$

$$\begin{matrix} 1 & 2 & 3 & 4 & 5 & 6 & 7 \end{matrix}$$

对于单元③，$\alpha=-90°$，求出单元③的贡献矩阵，并根据$\lambda^{③}$进行定位，得到整体刚度矩阵的第三阶段的集成。

$$k^{③}=\begin{matrix}&4&5&7&0&0&0&\\\left\{\begin{matrix}\frac{12EI}{l^{3}}&0&-\frac{6EI}{l^{2}}&-\frac{12EI}{l^{3}}&0&-\frac{6EI}{l^{2}}\\0&\frac{EA}{l}&0&0&-\frac{EA}{l}&0\\-\frac{6EI}{l^{2}}&0&\frac{4EI}{l}&\frac{6EI}{l^{2}}&0&\frac{2EI}{l}\\-\frac{12EI}{l^{3}}&0&\frac{6EI}{l^{2}}&\frac{12EI}{l^{3}}&0&\frac{6EI}{l^{2}}\\0&-\frac{EA}{l}&0&0&\frac{EA}{l}&0\\-\frac{6EI}{l^{2}}&0&\frac{2EI}{l}&\frac{6EI}{l^{2}}&0&\frac{4EI}{l}\end{matrix}\right\}&\begin{matrix}0\\0\\0\\1\\2\\3\end{matrix}\end{matrix}$$

集成整体结构刚度矩阵。

$$K=\begin{matrix}&1&2&3&4&5&6&7&\\\left\{\begin{matrix}\frac{EA}{l}+\frac{12EI}{l^{3}}&0&0&-\frac{EA}{l}&0&0&0\\0&\frac{12EI}{l^{3}}+\frac{EA}{l}&-\frac{6EI}{l^{2}}&0&-\frac{12EI}{l^{3}}&-\frac{6EI}{l^{2}}&0\\0&-\frac{6EI}{l^{2}}&\frac{4EI}{l}+\frac{2EA}{l}&0&\frac{6EI}{l^{2}}&\frac{2EI}{l}&0\\-\frac{EA}{l}&0&0&\frac{EA}{l}+\frac{12EI}{l^{3}}&0&0&-\frac{6EI}{l^{2}}\\0&-\frac{12EI}{l^{3}}&\frac{6EI}{l^{2}}&0&\frac{12EI}{l^{3}}+\frac{EA}{l}&\frac{6EI}{l^{2}}&0\\0&-\frac{6EI}{l^{2}}&\frac{2EI}{l}&0&\frac{6EI}{l^{2}}&\frac{4EI}{l}&0\\0&0&0&-\frac{6EI}{l^{2}}&0&0&\frac{4EI}{l}\end{matrix}\right\}&\begin{matrix}1\\2\\3\\4\\5\\6\\7\end{matrix}\end{matrix}$$

在实际工程中，常使用由横梁、竖柱组成的矩形刚架，通常轴向变形影响很小，可以忽略不计。以图 11.12 所示的刚架为例，讨论若忽略轴向变形的刚架整体分析的处理方法。

如图 11.13 所示，首先对节点位移分量进行统一编码。在固定端 B 处和 D 处，三个位移分量的总码为[0 0 0]，因忽略轴向变形的影响，在刚结点 A 处编码为[1 0 2]。铰结点 C 处的两杆杆端结点应作为半独立的两个

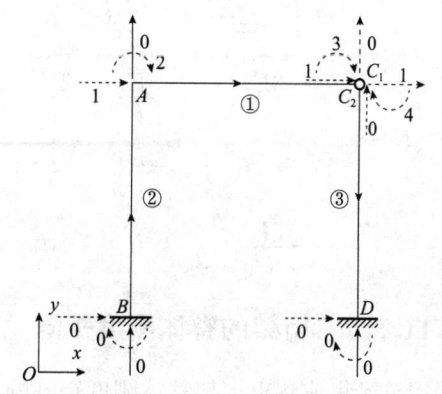

图 11.13 忽略轴向变形的平面刚架位移分量编码

节点，分别是属于 AC_1 杆件的 C_1 和属于 DC_2 杆件的 C_2，因忽略轴向变形的影响，结点 C_1 的总码可编为 [1 0 3]，而结点 C_2 的总码可编为 [1 0 4]。其次，考虑单元定位向量。在图 11.13 中，单元①、②、③的局部坐标 $\bar{x}$ 轴正方向用箭头表明，各杆的单元定位向量如下。

$$\lambda^{①} = \begin{bmatrix} 1 & 0 & 2 & 1 & 0 & 3 \end{bmatrix}^T$$
$$\lambda^{②} = \begin{bmatrix} 1 & 0 & 2 & 0 & 0 & 0 \end{bmatrix}^T$$
$$\lambda^{③} = \begin{bmatrix} 1 & 0 & 4 & 0 & 0 & 0 \end{bmatrix}^T$$

单元①根据 $\lambda^{①}$ 进行定位，得到整体刚度矩阵的第一阶段的集成。

$$K = \begin{Bmatrix} \dfrac{EA}{l} - \left(-\dfrac{EA}{l}\right) & 0+0 & 0+0 & 0 \\ -\dfrac{EA}{l} + \dfrac{EA}{l} & & & \\ 0 & \dfrac{4EI}{l} & \dfrac{2EI}{l} & 0 \\ 0 & \dfrac{2EI}{l} & \dfrac{4EI}{l} & 0 \\ 0 & 0 & 0 & 0 \end{Bmatrix} \begin{matrix} 1 \\ 2 \\ 3 \\ 4 \end{matrix} = \begin{Bmatrix} 0 & 0 & 0 & 0 \\ 0 & \dfrac{4EI}{l} & \dfrac{2EI}{l} & 0 \\ 0 & \dfrac{2EI}{l} & \dfrac{4EI}{l} & 0 \\ 0 & 0 & 0 & 0 \end{Bmatrix}$$

单元②根据 $\lambda^{②}$ 进行定位，得到整体刚度矩阵的第二阶段的集成。

$$K = \begin{Bmatrix} 0 + \dfrac{12EI}{l^3} & 0 - \dfrac{6EI}{l^2} & 0 & 0 \\ 0 - \dfrac{6EI}{l^2} & \dfrac{4EI}{l} + \dfrac{4EI}{l} & \dfrac{2EI}{l} & 0 \\ 0 & \dfrac{2EI}{l} & \dfrac{4EI}{l} & 0 \\ 0 & 0 & 0 & 0 \end{Bmatrix} \begin{matrix} 1 \\ 2 \\ 3 \\ 4 \end{matrix} = \begin{Bmatrix} \dfrac{12EI}{l^3} & -\dfrac{6EI}{l^2} & 0 & 0 \\ -\dfrac{6EI}{l^2} & \dfrac{8EI}{l} & \dfrac{2EI}{l} & 0 \\ 0 & \dfrac{2EI}{l} & \dfrac{4EI}{l} & 0 \\ 0 & 0 & 0 & 0 \end{Bmatrix}$$

单元③根据 $\lambda^{③}$ 进行定位，得到整体刚度矩阵的第三阶段的集成。

$$K = \begin{Bmatrix} \dfrac{12EI}{l^3} + \dfrac{12EI}{l^3} & -\dfrac{6EI}{l^2} & 0 & -\dfrac{6EI}{l^2} \\ -\dfrac{6EI}{l^2} & \dfrac{8EI}{l} & \dfrac{2EI}{l} & 0 \\ 0 & \dfrac{2EI}{l} & \dfrac{4EI}{l} & 0 \\ -\dfrac{6EI}{l^2} & 0 & 0 & \dfrac{4EI}{l} \end{Bmatrix} \begin{matrix} 1 \\ 2 \\ 3 \\ 4 \end{matrix} = \begin{Bmatrix} \dfrac{24EI}{l^3} & -\dfrac{6EI}{l^2} & 0 & -\dfrac{6EI}{l^2} \\ -\dfrac{6EI}{l^2} & \dfrac{8EI}{l} & \dfrac{2EI}{l} & 0 \\ 0 & \dfrac{2EI}{l} & \dfrac{4EI}{l} & 0 \\ -\dfrac{6EI}{l^2} & 0 & 0 & \dfrac{4EI}{l} \end{Bmatrix}$$

11.5.7　桁架的整体刚度矩阵

用单元集成法求桁架整体刚度矩阵的步骤与刚架相同，只需要注意在对结点位移分量进行编码时，行架单元的节点转角不作为基本未知量。下面通过图 11.14 说明桁架的整体刚度矩阵求解过程。

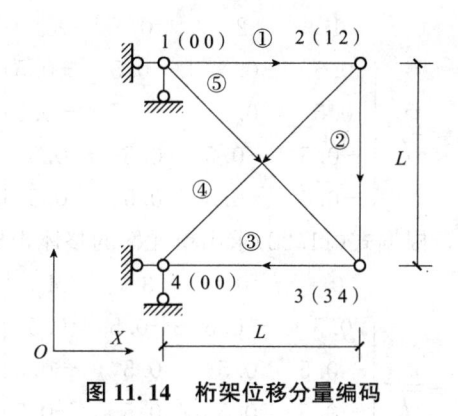

图11.14 桁架位移分量编码

首先对单元与结点位移分量进行统一编码，结点 1 和结点 4 为铰支撑，两个位移分量都为零，故编码为 [0 0]。结点 2 的编码为 [1 2]，结点 3 的编码为 [3 4]，单元的局部坐标用箭头方向表示，图 11.14 中表示了整体坐标。所有杆件的抗压刚度为 EA。确定各单元的定位向量。

$$\lambda^① = [0 \ 0 \ 1 \ 2]^T$$
$$\lambda^② = [1 \ 2 \ 3 \ 4]^T$$
$$\lambda^③ = [3 \ 4 \ 0 \ 0]^T$$
$$\lambda^④ = [1 \ 2 \ 0 \ 0]^T$$
$$\lambda^⑤ = [0 \ 0 \ 3 \ 4]^T$$

对于单元①，$\alpha=0°$，根据式(11.22)求出单元①的整体坐标系下的刚度矩阵。

$$k^① = \frac{EA}{l} \begin{Bmatrix} 1 & 0 & -1 & 0 \\ 0 & 0 & 0 & 0 \\ -1 & 0 & 1 & 0 \\ 0 & 0 & 0 & 0 \end{Bmatrix} \begin{matrix} 0 \\ 0 \\ 1 \\ 2 \end{matrix}$$

对于单元②，$\alpha=-90°$，根据式(11.22)求出单元②的整体坐标系下的刚度矩阵。

$$k^② = \frac{EA}{l} \begin{Bmatrix} 0 & 0 & 0 & 0 \\ 0 & 1 & 0 & -1 \\ 0 & 0 & 0 & 0 \\ 0 & -1 & 0 & 1 \end{Bmatrix} \begin{matrix} 1 \\ 2 \\ 3 \\ 4 \end{matrix}$$

对于单元③，$\alpha=180°$，根据式(11.22)求出单元③的整体坐标系下的刚度矩阵。

$$k^③ = \frac{EA}{l} \begin{Bmatrix} 1 & 0 & -1 & 0 \\ 0 & 0 & 0 & 0 \\ -1 & 0 & 1 & 0 \\ 0 & 0 & 0 & 0 \end{Bmatrix} \begin{matrix} 3 \\ 4 \\ 0 \\ 0 \end{matrix}$$

对于单元④，$\alpha=45°$，根据式(12.22)求出单元④的整体坐标系下的刚度矩阵。

$$k^{④}=\frac{EA}{l}\begin{Bmatrix} 0.5 & 0.5 & -0.5 & -0.5 \\ 0.5 & 0.5 & -0.5 & -0.5 \\ -0.5 & -0.5 & 0.5 & 0.5 \\ -0.5 & -0.5 & 0.5 & 0.5 \end{Bmatrix}\begin{matrix}1\\2\\0\\0\end{matrix}$$

对于单元⑤，$\alpha=-45°$，根据式(11.22)求出单元⑤的整体坐标系下的刚度矩阵。

$$k^{⑤}=\frac{EA}{l}\begin{Bmatrix} 0.5 & -0.5 & -0.5 & 0.5 \\ -0.5 & 0.5 & 0.5 & -0.5 \\ -0.5 & 0.5 & 0.5 & -0.5 \\ 0.5 & -0.5 & -0.5 & 0.5 \end{Bmatrix}\begin{matrix}0\\0\\3\\4\end{matrix}$$

根据定位向量，求出整体结构刚度矩阵

$$K=\frac{EA}{l}\begin{Bmatrix} 1.5 & 0.5 & 0 & 0 \\ 0.5 & 1.5 & 0 & -1 \\ 0 & 0 & 1.5 & -0.5 \\ 0 & -1 & -0.5 & -1.5 \end{Bmatrix}$$

11.5.8 组合结构的整体刚度矩阵

用单元集成法求组合结构整体刚度矩阵的步骤同刚架一样，但是需要先区分梁式杆和桁架杆，对梁式杆采用一般单元的单元刚度矩阵，对桁架采用桁架单元的单元刚度矩阵。下面通过图 11.15，说明组合结构的整体刚度矩阵求解过程。图中单元①、③、④的杆长均为 l，②杆长均为 $\sqrt{2}l$，所有杆件的抗弯刚度为 EI，抗压刚度为 EA。C 铰处有相对转角，会有两个结点转角编码，那么各单元的定位向量分别为

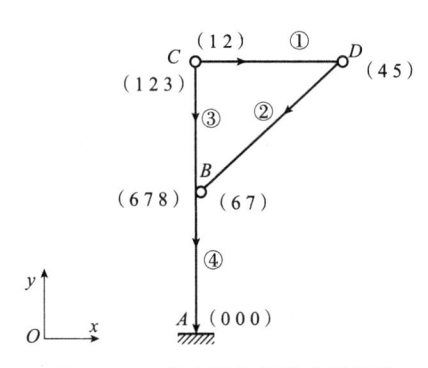

图 11.15 组合结构位移分量编码

$$\lambda^{①}=\begin{bmatrix}1 & 2 & 3 & 4\end{bmatrix}^T$$
$$\lambda^{②}=\begin{bmatrix}4 & 5 & 6 & 7\end{bmatrix}^T$$
$$\lambda^{③}=\begin{bmatrix}1 & 2 & 3 & 6 & 7 & 8\end{bmatrix}^T$$
$$\lambda^{④}=\begin{bmatrix}6 & 7 & 8 & 0 & 0 & 0\end{bmatrix}^T$$

对于单元①，$\alpha=0°$，根据式(11.22)求出单元①的整体坐标系下的刚度矩阵。

$$k^{①}=\frac{EA}{l}\begin{Bmatrix} 1 & 0 & -1 & 0 \\ 0 & 0 & 0 & 0 \\ -1 & 0 & 1 & 0 \\ 0 & 0 & 0 & 0 \end{Bmatrix}\begin{matrix}1\\2\\3\\4\end{matrix}$$

对于单元②，$\alpha=135°$，根据式(11.22)求出单元②的整体坐标系下的刚度矩阵。

$$k^{②}=\frac{EA}{l}\begin{Bmatrix} & 4 & 5 & 6 & 7 \\ 0.5 & 0.5 & -0.5 & -0.5 \\ 0.5 & 0.5 & -0.5 & -0.5 \\ -0.5 & -0.5 & 0.5 & 0.5 \\ -0.5 & -0.5 & 0.5 & 0.5 \end{Bmatrix}\begin{matrix}4\\5\\6\\7\end{matrix}$$

对于单元③和单元④，$\alpha=-90°$，求出单元③和单元④的整体坐标系下的刚度矩阵。

$$k^{③}=k^{④}=\begin{Bmatrix} 1 & 2 & 3 & 6 & 7 & 8 \\ \frac{12EI}{l^3} & 0 & -\frac{6EI}{l^2} & -\frac{12EI}{l^3} & 0 & -\frac{6EI}{l^2} \\ 0 & \frac{EA}{l} & 0 & 0 & -\frac{EA}{l} & 0 \\ -\frac{6EI}{l^2} & 0 & \frac{4EI}{l} & \frac{6EI}{l^2} & 0 & \frac{2EI}{l} \\ -\frac{12EI}{l^3} & 0 & \frac{6EI}{l^2} & \frac{12EI}{l^3} & 0 & \frac{6EI}{l^2} \\ 0 & -\frac{EA}{l} & 0 & 0 & \frac{EA}{l} & 0 \\ -\frac{6EI}{l^2} & 0 & \frac{2EI}{l} & \frac{6EI}{l^2} & 0 & \frac{4EI}{l} \end{Bmatrix}\begin{matrix}1\\2\\3\\6\\7\\8\end{matrix}$$

根据定位向量，求出整体结构刚度矩阵：

$$K=\begin{Bmatrix} \frac{12EI}{l^3}+\frac{EA}{l} & 0 & -\frac{6EI}{l^2}-\frac{EA}{l} & 0 & 0 & -\frac{12EI}{l^3} & 0 & -\frac{6EI}{l^2} \\ 0 & \frac{EA}{l} & 0 & 0 & 0 & 0 & -\frac{EA}{l} & 0 \\ -\frac{6EI}{l^2}-\frac{EA}{l} & 0 & \frac{4EI}{l}+\frac{EA}{l} & 0 & 0 & \frac{6EI}{l^2} & 0 & \frac{2EI}{l} \\ 0 & 0 & 0 & \frac{EA}{2l} & \frac{EA}{2l} & -\frac{EA}{2l} & -\frac{EA}{2l} & 0 \\ 0 & 0 & 0 & \frac{EA}{2l} & \frac{EA}{2l} & -\frac{EA}{2l} & -\frac{EA}{2l} & 0 \\ -\frac{12EI}{l^3} & 0 & \frac{6EI}{l^2} & -\frac{EA}{2l} & -\frac{EA}{2l} & \frac{24EI}{l^3}+\frac{EA}{2l} & \frac{EA}{2l} & 0 \\ 0 & -\frac{EA}{l} & 0 & -\frac{EA}{2l} & -\frac{EA}{2l} & \frac{EA}{2l} & \frac{5EA}{2l} & 0 \\ -\frac{6EI}{l^2} & 0 & \frac{2EI}{l} & 0 & 0 & 0 & 0 & \frac{8EI}{l} \end{Bmatrix}$$

11.6 综合结点荷载

根据前面讨论的整体刚度矩阵 K，可以建立整体刚度方程，如式(11.29)所示。

$$F=K\Delta \tag{11.29}$$

整体刚度方程是根据原结构的位移法基本体系建立的，表示了结点位移 Δ 与结点力 F

之间的关系。它只反映结构的刚度性质，而不涉及原结构上作用的实际荷载。因此，不能用以分析原结构的受力状况。

在位移法中讨论了建立位移法基本方程的推导方法，分别考虑位移法基本体系的两种状态。

(1)设荷载单独作用，结点位移 Δ 为零。此时在基本体系中引起的结点固端力（结点约束力），记为 F_g。

(2)设结点位移 Δ 单独作用，荷载为零。此时在基本体系中引起的结点约束力为 $F=K\Delta$。

得出位移法基本方程为 $F+F_g=0$，如式(11.30)所示。

$$K\Delta+F_g=0 \tag{11.30}$$

11.6.1 等效结点荷载概念

原来的荷载可以是非结点荷载、结点荷载、结点荷载与非结点荷载的组合。现将原来的荷载换成与之等效的结点荷载，记为 P。等效的原则是要求原来的荷载和等效结点荷载在基本体系中产生相同的结点约束力。如果原荷载在基本体系中引起的结点固端力记为 F_g。等效结点荷载在基本体系中引起的结点固端力也应为 F_g，由此可以得到 $P=-F_g$，将 $P=-F_g$ 代入式(11.30)，则位移法基本方程可写为式(11.31)。

$$K\Delta=P \tag{11.31}$$

如果把刚度方程中的结点约束力 F 换成等效结点荷载 P，即得到位移法基本方程。

11.6.2 单元的等效结点荷载向量

先考虑局部坐标系，为了将单元两端固定，在单元两端加上六个附加约束，在给定荷载作用下，根据表 11.1 中给出几种典型荷载所引起的固端约束力，可求出六个固端约束力，组成固端约束力向量 $\overline{F}_g^e$ 为式(11.32)。

$$\overline{F}_g^e=\begin{bmatrix} \overline{N}_{g1}^e & \overline{Q}_{g1}^e & \overline{M}_{g1}^e & \overline{N}_{g2}^e & \overline{Q}_{g2}^e & \overline{M}_{g2}^e \end{bmatrix}^T \tag{11.32}$$

表 11.1 等截面直杆单元的固端力

序号	荷载	固端力	始端 i	末端 j
1		$\overline{N}_F$ $\overline{Q}_F$ $\overline{M}_F$	$-\dfrac{P_1 b}{l}$ $-\dfrac{P_2 b^2(l+2a)}{l^3}$ $-\dfrac{P_2 ab^2}{l^2}$	$-\dfrac{P_1 a}{l}$ $-\dfrac{P_2 a^2(l+2b)}{l^3}$ $\dfrac{P_2 a^2 b}{l^2}$
2		$\overline{N}_F$ $\overline{Q}_F$ $\overline{M}_F$	$-\dfrac{P_1 a(l+b)}{2l}$ $-\dfrac{P_2 a(2l^3-2la^2+a^3)}{2l^3}$ $-\dfrac{P_2 a^2(6l^2-8la+3a^2)}{12l^2}$	$-\dfrac{P_1 a^2}{2l}$ $-\dfrac{P_2 a^3(2l-a)}{2l^3}$ $\dfrac{P_2 a^3(4l-3a)}{12l^2}$

续表

序号	荷载	固端力	始端 i	末端 j
3	(图：梁上作用力偶 M，距离 a、b)	$\overline{N}_F$ $\overline{Q}_F$ $\overline{M}_F$	0 $\dfrac{6Mab}{l^3}$ $\dfrac{Mb(3a-l)}{l^2}$	0 $-\dfrac{6Mab}{l^3}$ $\dfrac{Ma(3b-l)}{l^2}$
4	(图：温度变化 t_1、t_2)	$\overline{N}_F$ $\overline{Q}_F$ $\overline{M}_F$	$\dfrac{EA\alpha(t_1+t_2)}{2}$ 0 $-\dfrac{EI\alpha(t_2-t_1)}{h}$ 注：α 为温度线膨胀系数	$-\dfrac{EA\alpha(t_1+t_2)}{2}$ 0 $\dfrac{EI\alpha(t_2-t_1)}{h}$ 注：α 为温度线膨胀系数

然后将其转化到整体坐标系，由坐标转换公式得 F_g^e，如式(11.34)所示，为整体坐标系中的单元等效结点荷载向量，如式(11.33)所示。

$$F_g^e = T^T \overline{F}_g^e = \begin{bmatrix} X_{g1}^e & Y_{g1}^e & M_{g1}^e & X_{g2}^e & Y_{g2}^e & M_{g2}^e \end{bmatrix} \tag{11.33}$$

将固端约束力 $\overline{F}_g^e$ 反号，即得到局部坐标系中的单元等效节点荷载向量 $\overline{P}^e$ 为式(11.34)。

$$\overline{P}^e = -\overline{F}_g^e \tag{11.34}$$

11.6.3 结构的等效结点荷载向量

依次将每个单元的等效结点荷载 P^e 中的元素按单元定位向量 λ^e 在 P 中进行定位并累加，最后即得到结构的等效结点荷载向量 P。

应当注意的是，当结构上同时受有直接作用于结点的结点荷载 F_0 和非结点荷载时，节点力 F 应为直接作用的结点荷载 F_0 和非结点荷载等效结点荷载 P 之和，即 $F=F_0+P$，式(11.31)可以写为 $K\Delta = P+F_0$。

【例 11.1】 求图 11.16 刚架的综合结点荷载。

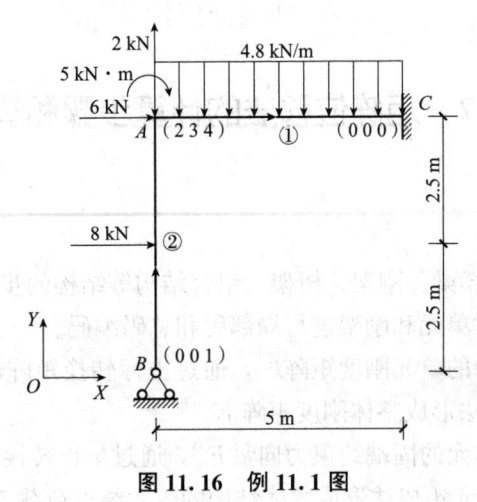

图 11.16 例 11.1 图

解： (1)对单元及节点位移进行编码，确定结构与单元坐标系。

(2)确定各单元定位向量：

$$\lambda^{①} = [0\ \ 0\ \ 1\ \ 2\ \ 3\ \ 4]^T, \quad \lambda^{②} = [1\ \ 2\ \ 3\ \ 0\ \ 0\ \ 0]^T$$

(3)求局部坐标系下的固端力：

$$\overline{F}_g^{①} = [0\ \ 12\ \ -10\ \ 0\ \ 12\ \ 10]^T$$

$$\overline{F}_g^{②} = [0\ \ 4\ \ -5\ \ 0\ \ 4\ \ 5]^T$$

(4)求各单元在结构坐标系下的固端力：

单元①　$\alpha = 0$，$F_g^{①} = T^T \overline{F}_g^{①} = I\,\overline{F}_g^{①} = [0\ \ 12\ \ -10\ \ 0\ \ 12\ \ 10]^T$

单元②　$\alpha = 90°$，

$$F_g^{②} = T^T \overline{F}_g^{②} = \begin{bmatrix} 0 & -1 & 0 & 0 & 0 & 0 \\ 1 & 0 & 0 & 0 & 0 & 0 \\ 0 & 0 & 1 & 0 & 0 & 0 \\ 0 & 0 & 0 & 0 & -1 & 0 \\ 0 & 0 & 0 & 1 & 0 & 0 \\ 0 & 0 & 0 & 0 & 0 & 1 \end{bmatrix} \begin{bmatrix} 0 \\ 4 \\ -5 \\ 0 \\ 4 \\ 5 \end{bmatrix} = \begin{bmatrix} -4 \\ 0 \\ -5 \\ -4 \\ 0 \\ 5 \end{bmatrix}$$

(5)求等效节点荷载。根据定位向量，将它们反号加到荷载列阵 P 中：

$$P = \begin{bmatrix} 5+0 \\ 4+0 \\ 0-12 \\ -5+10 \end{bmatrix} = \begin{bmatrix} 5 \\ 4 \\ -12 \\ 5 \end{bmatrix}$$

(6)结点荷载向量 F_0 为

$$F_0 = [0\ \ 6\ \ 2\ \ 5]^T$$

(7)综合结点荷载向量 F 为

$$F = F_0 + P = \begin{bmatrix} 5+0 \\ 4+6 \\ -12+2 \\ 5+5 \end{bmatrix} = \begin{bmatrix} 5 \\ 10 \\ -10 \\ 10 \end{bmatrix}$$

11.7 矩阵位移法的计算步骤和算例

11.7.1 计算步骤

用矩阵位移法计算连续梁、刚架、桁架、组合结构等结构的步骤如下：

(1)整理原始数据，对单元和刚架进行局部码和总码编码。

(2)形成局部坐标系中的单元刚度矩阵 $\overline{k}^e$，通过坐标转换矩阵形成整体坐标系中的单元刚度矩阵 k^e，用单元集成法形成整体刚度矩阵 K。

(3)求局部坐标系下单元的固端约束力向量 $\overline{F}_g^e$，通过坐标转换矩阵得整体坐标系下单元固端约束力向量 F_g^e，用单元集成法形成整体结构的等效结点荷载 P。

(4)解方程,求出结点位移 Δ。
(5)求各杆的杆端内力 $\overline{F}^e$ 绘制内力图。

各杆的杆端内力由两部分组成:结点位移被约束住的杆端内力,即各杆的固端约束力 $\overline{F}_g^e$;结构在等效结点荷载作用下的杆端内力。解出结点位移 Δ 后,将两部分内力叠加为式(11.35)。

$$\overline{F}^e = \overline{k}^e \overline{\Delta}^e + \overline{F}_g^e = Tk^e \Delta^e + \overline{F}_g^e \tag{11.35}$$

对于连续梁结构,可以看作结构的特殊情况,不同之处在于连续梁单元的局部坐标系就是整体坐标系,不用坐标转换。因此,单元刚度矩阵 $k^e = \overline{k}^e$,单元的固端约束力向量 $F_g^e = \overline{F}_g^e$。

11.7.2 算例

【例 11.2】 求图 11.17 所示连续梁的内力图。

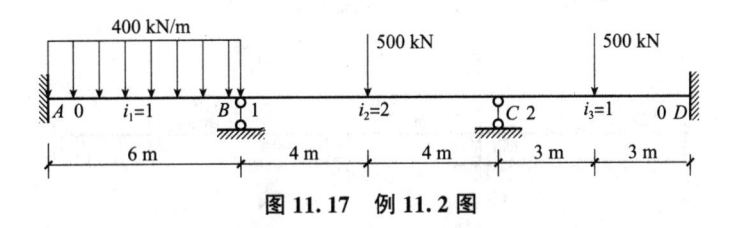

图 11.17 例 11.2 图

解:(1)整理原始实数据并进行编码,如图 11.17 所示。

(2)求各单元的定位向量。

$$\lambda^① = \begin{bmatrix} 0 & 1 \end{bmatrix}^T, \quad \lambda^② = \begin{bmatrix} 1 & 2 \end{bmatrix}^T, \quad \lambda^③ = \begin{bmatrix} 2 & 0 \end{bmatrix}^T$$

(3)求固端弯矩及等效结点荷载。

$$\begin{bmatrix} M_{g1} \\ M_{g2} \end{bmatrix}^① = \begin{bmatrix} -1\,200 \\ 1\,200 \end{bmatrix} \quad \begin{bmatrix} M_{g1} \\ M_{g2} \end{bmatrix}^② = \begin{bmatrix} -500 \\ 500 \end{bmatrix} \quad \begin{bmatrix} M_{g1} \\ M_{g2} \end{bmatrix}^③ = \begin{bmatrix} -375 \\ 375 \end{bmatrix}$$

(4)根据定位向量集成等效结点荷载向量。

$$P = \begin{bmatrix} P_1 \\ P_2 \end{bmatrix} = \begin{bmatrix} -M_{g2}^① - M_{g1}^② \\ -M_{g2}^② - M_{g1}^③ \end{bmatrix} = \begin{bmatrix} -1\,200 + 500 \\ -500 + 375 \end{bmatrix} = \begin{bmatrix} -700 \\ -125 \end{bmatrix}$$

(5)求单元刚度。

$$k^① = \begin{bmatrix} 4 & 2 \\ 2 & 4 \end{bmatrix} \quad k^② = \begin{bmatrix} 8 & 4 \\ 4 & 8 \end{bmatrix} \quad k^③ = \begin{bmatrix} 4 & 2 \\ 2 & 4 \end{bmatrix}$$

(6)利用定位向量求整体结构刚度矩阵。

$$K = \begin{bmatrix} 4+8 & 4 \\ 4 & 4+8 \end{bmatrix} = \begin{bmatrix} 12 & 4 \\ 4 & 12 \end{bmatrix}$$

(7)解整体结构刚度方程。

$$\begin{bmatrix} 12 & 4 \\ 4 & 12 \end{bmatrix} \begin{bmatrix} \varphi_1 \\ \varphi_2 \end{bmatrix} = \begin{bmatrix} -700 \\ -125 \end{bmatrix}$$

解得

$$\varphi_1 = -61.72, \quad \varphi_2 = 10.16$$

(8)求各杆杆端弯矩。

单元①：$\begin{bmatrix} M_1 \\ M_2 \end{bmatrix}^{①} = \begin{bmatrix} 4 & 2 \\ 2 & 4 \end{bmatrix} \begin{bmatrix} 0 \\ -61.72 \end{bmatrix} + \begin{bmatrix} -1\ 200 \\ 1\ 200 \end{bmatrix} = \begin{bmatrix} -1\ 323.44 \\ 953.12 \end{bmatrix}$

单元②：$\begin{bmatrix} M_1 \\ M_2 \end{bmatrix}^{②} = \begin{bmatrix} 8 & 4 \\ 4 & 8 \end{bmatrix} \begin{bmatrix} -61.72 \\ 10.16 \end{bmatrix} + \begin{bmatrix} -500 \\ 500 \end{bmatrix} = \begin{bmatrix} -953.12 \\ 334.40 \end{bmatrix}$

单元③：$\begin{bmatrix} M_1 \\ M_2 \end{bmatrix}^{③} = \begin{bmatrix} 4 & 2 \\ 2 & 4 \end{bmatrix} \begin{bmatrix} 10.16 \\ 0 \end{bmatrix} + \begin{bmatrix} -375 \\ 375 \end{bmatrix} = \begin{bmatrix} -334.36 \\ 395.32 \end{bmatrix}$

由此可做出弯矩图如图11.18(a)所示，剪力图如图11.18(b)所示。

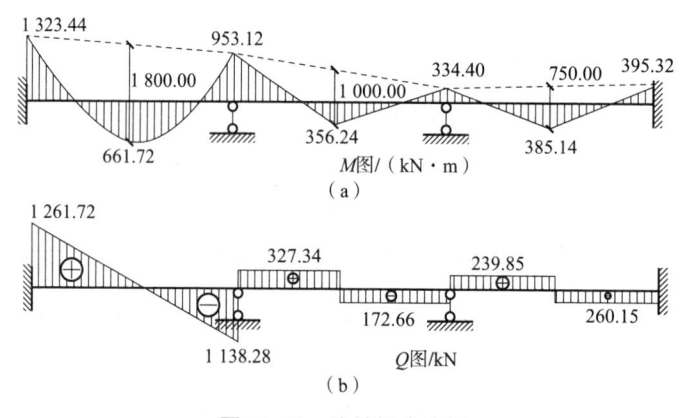

图 11.18 连续梁内力图

(a)M图；(b)Q图

【例 11.3】 求例 11.2 中刚架的内力。假设两杆的杆长和截面尺寸相同，杆长 $l = 5$ m，截面为矩形截面，截面面积 $A = 0.5$ m²，惯性矩 $I = \dfrac{1}{24}$ m⁴，弹性模量 $E = 3 \times 10^7$ kN/m²。

解：(1)整理原始实数据并进行编码，如图11.17所示。

(2)求各单元的定位向量。

$$\lambda^{①} = \begin{bmatrix} 0 & 0 & 1 & 2 & 3 & 4 \end{bmatrix}^T, \quad \lambda^{②} = \begin{bmatrix} 1 & 2 & 3 & 0 & 0 & 0 \end{bmatrix}^T$$

(3)求整体刚度矩阵 K。

$$\frac{EA}{l} = 300 \times 10^4, \quad \frac{4EI}{l} = 100 \times 10^4, \quad \frac{6EI}{l^2} = 30 \times 10^4, \quad \frac{12EI}{l^3} = 12 \times 10^4$$

对于单元① $\alpha = 0°$

$$k^{①} = \bar{k}^{①} = \begin{bmatrix} 300 & 0 & 0 & -300 & 0 & 0 \\ 0 & 12 & -30 & 0 & -12 & -30 \\ 0 & -30 & 100 & 0 & 30 & 50 \\ -300 & 0 & 0 & 300 & 0 & 0 \\ 0 & -12 & 30 & 0 & 12 & 30 \\ 0 & -30 & 50 & 0 & 30 & 100 \end{bmatrix} \times 10^4$$

对于单元② $\alpha = 90°$

$$\bar{k}^{②}=\begin{bmatrix} 300 & 0 & 0 & -300 & 0 & 0 \\ 0 & 12 & -30 & 0 & -12 & -30 \\ 0 & -30 & 100 & 0 & 30 & 50 \\ -300 & 0 & 0 & 300 & 0 & 0 \\ 0 & -12 & 30 & 0 & 12 & 30 \\ 0 & -30 & 50 & 0 & 30 & 100 \end{bmatrix}\times 10^4$$

将局部坐标系下的单元刚度矩阵转化为整体坐标系下的单元刚度矩阵：

$$k^{②}=T^T\bar{k}^{②}T=\begin{bmatrix} 12 & 0 & 30 & -12 & 0 & 30 \\ 0 & 300 & 0 & 0 & -300 & 0 \\ 30 & 0 & 100 & -30 & 0 & 50 \\ -12 & 0 & -30 & 12 & 0 & -30 \\ 0 & -300 & 0 & 0 & 300 & 0 \\ 30 & 0 & 50 & -30 & 0 & 100 \end{bmatrix}\times 10^4$$

用单元集成法形成整体刚度矩阵：

$$K=\begin{bmatrix} 100 & -30+0 & 30+0 & 50+0 \\ -30+0 & 300+12 & 0+0 & -30+0 \\ 0+0 & 0+0 & 12+300 & -30+0 \\ 50+0 & -30+0 & -3+00 & 100+100 \end{bmatrix}\times 10^4 = \begin{bmatrix} 100 & -30 & 0 & 50 \\ -30 & 312 & 0 & -30 \\ 0 & 0 & 312 & -30 \\ 50 & -30 & -30 & 200 \end{bmatrix}\times 10^4$$

(4) 解整体结构刚度方程。

$$\begin{bmatrix} 100 & -30 & 0 & 50 \\ -30 & 312 & 0 & -30 \\ 0 & 0 & 312 & -30 \\ 50 & -30 & -30 & 200 \end{bmatrix}\times 10^4 \begin{bmatrix} \varphi_1 \\ \varphi_2 \\ \varphi_3 \\ \varphi_4 \end{bmatrix}=\begin{bmatrix} 5 \\ 10 \\ -10 \\ 10 \end{bmatrix}$$

解得 $\varphi_1=4.123\,4\times 10^{-6}$，$\varphi_2=4.000\,7\times 10^{-6}$，$\varphi_3=-2.806\,3\times 10^{-6}$，$\varphi_4=4.147\,5\times 10^{-6}$。

(5) 求各杆杆端弯矩。

单元①：$\bar{F}^{①}=Tk^{①}\Delta^{①}+\bar{F}_g^{①}=Ik^{①}\Delta^{①}+\bar{F}_g^{①}$

$$\bar{F}^{①}=\begin{bmatrix} 300 & 0 & 0 & -300 & 0 & 0 \\ 0 & 12 & -30 & 0 & -12 & -30 \\ 0 & -30 & 100 & 0 & 30 & 50 \\ -300 & 0 & 0 & 300 & 0 & 0 \\ 0 & -12 & 30 & 0 & 12 & 30 \\ 0 & -30 & 50 & 0 & 30 & 100 \end{bmatrix}\times 10^4 \times \begin{bmatrix} 4.000\,7 \\ -2.806\,3 \\ 4.147\,5 \\ 0 \\ 0 \\ 0 \end{bmatrix}\times 10^{-6} + \begin{bmatrix} 0 \\ 12 \\ -10 \\ 0 \\ 12 \\ 10 \end{bmatrix}$$

$$=\begin{bmatrix} 12.002\,1 \\ 10.419\,0 \\ -5.010\,6 \\ -12.002\,1 \\ 13.581\,0 \\ 12.915\,6 \end{bmatrix}$$

单元②：$\overline{F}^{②}=Tk^{②}\Delta^{②}+\overline{F}_g^{②}$

$$\overline{F}^{②}=\begin{bmatrix}0 & -1 & 0 & 0 & 0 & 0\\ 1 & 0 & 0 & 0 & 0 & 0\\ 0 & 0 & 1 & 0 & 0 & 0\\ 0 & 0 & 0 & 0 & -1 & 0\\ 0 & 0 & 0 & 1 & 0 & 0\\ 0 & 0 & 0 & 0 & 0 & 1\end{bmatrix}\times\begin{bmatrix}12 & 0 & 30 & -12 & 0 & 30\\ 0 & 300 & 0 & 0 & -300 & 0\\ 30 & 0 & 100 & -30 & 0 & 50\\ -12 & 0 & -30 & 12 & 0 & -30\\ 0 & -300 & 0 & 0 & 300 & 0\\ 30 & 0 & 50 & -30 & 0 & 100\end{bmatrix}\times 10^4\times$$

$$\begin{bmatrix}0\\ 0\\ 4.1234\\ 4.0007\\ -2.8063\\ 4.1475\end{bmatrix}\times 10^{-6}+\begin{bmatrix}0\\ 4\\ -5\\ 0\\ 4\\ 5\end{bmatrix}=\begin{bmatrix}-8.4189\\ 6.0012\\ 0.0031\\ 8.4189\\ 1.9988\\ 10.0090\end{bmatrix}$$

(6)刚架内力图。弯矩图如图 11.19(a)所示，剪力图如图 11.19(b)所示，轴力图如图 11.19(c)所示。

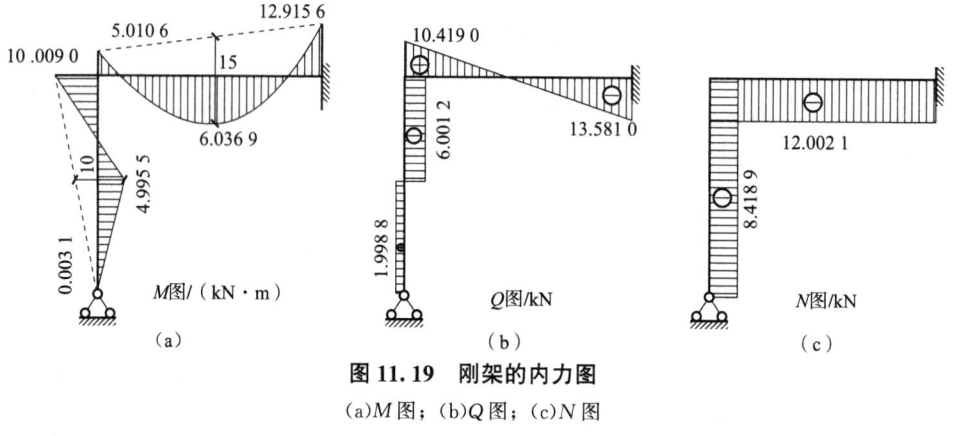

图 11.19 刚架的内力图
(a)M图；(b)Q图；(c)N图

【例 11.4】 忽略例 11.1 中刚架的横向变形，求该刚架内力。假设两杆的杆长和截面尺寸相同，杆长 $l=5$ m，截面为矩形截面，截面面积 $A=0.5$ m^2，惯性矩 $I=\dfrac{1}{24}$ m^4，弹性模量 $E=3\times 10^7$ kN/m^2。

解：(1)整理原始数据，对单元和刚架进行编码，如图 11.20 所示。

(2)求各单元的定位向量。

$$\lambda^{①}=\begin{bmatrix}0 & 0 & 2 & 0 & 0 & 0\end{bmatrix}^T$$
$$\lambda^{②}=\begin{bmatrix}0 & 0 & 1 & 0 & 0 & 0\end{bmatrix}^T$$

(3)求整体刚度矩阵 K。

$$\dfrac{EA}{l}=300\times 10^4,\quad \dfrac{4EI}{l}=100\times 10^4,$$
$$\dfrac{6EI}{l^2}=30\times 10^4,\quad \dfrac{12EI}{l^3}=12\times 10^4$$

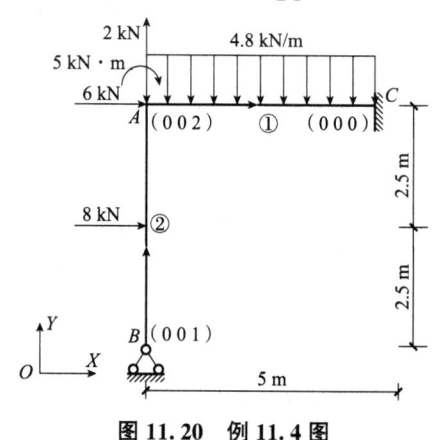

图 11.20 例 11.4 图

对于单元① $\alpha=0°$

$$k^{①}=\bar{k}^{①}=\begin{bmatrix} 300 & 0 & 0 & -300 & 0 & 0 \\ 0 & 12 & -30 & 0 & -12 & -30 \\ 0 & -30 & 100 & 0 & 30 & 50 \\ -300 & 0 & 0 & 300 & 0 & 0 \\ 0 & -12 & 30 & 0 & 12 & 30 \\ 0 & -30 & 50 & 0 & 30 & 100 \end{bmatrix}\times 10^4$$

对于单元② $\alpha=90°$

$$\bar{k}^{②}=\begin{bmatrix} 300 & 0 & 0 & -300 & 0 & 0 \\ 0 & 12 & -30 & 0 & -12 & -30 \\ 0 & -30 & 100 & 0 & 30 & 50 \\ -300 & 0 & 0 & 300 & 0 & 0 \\ 0 & -12 & 30 & 0 & 12 & 30 \\ 0 & -30 & 50 & 0 & 30 & 100 \end{bmatrix}\times 10^4$$

将局部坐标系下的单元刚度矩阵转化为整体坐标系下的单元刚度矩阵：

$$k^{②}=T^T\bar{k}^{②}T=\begin{bmatrix} 12 & 0 & 30 & -12 & 0 & 30 \\ 0 & 300 & 0 & 0 & -300 & 0 \\ 30 & 0 & 100 & -30 & 0 & 50 \\ -12 & 0 & -30 & 12 & 0 & -30 \\ 0 & -300 & 0 & 0 & 300 & 0 \\ 30 & 0 & 50 & -30 & 0 & 100 \end{bmatrix}\times 10^4$$

用单元集成法形成整体刚度矩阵：

$$K=\begin{bmatrix} 100 & 50 \\ 50 & 100+100 \end{bmatrix}\times 10^4=\begin{bmatrix} 100 & 50 \\ 50 & 200 \end{bmatrix}\times 10^4$$

（4）求综合结点荷载向量 F。

求局部坐标系下的固端力：

$$\bar{F}_g^{①}=\begin{bmatrix} 0 & 12 & -10 & 0 & 12 & 10 \end{bmatrix}^T, \quad \bar{F}_g^{②}=\begin{bmatrix} 0 & 4 & -5 & 0 & 4 & 5 \end{bmatrix}^T$$

各单元在结构坐标系下的固端力：

单元① $\alpha=0$ $F_g^{①}=T^T\bar{F}_g^{①}=I\bar{F}_g^{①}=\begin{bmatrix} 0 & 12 & -10 & 0 & 12 & 10 \end{bmatrix}^T$

单元② $\alpha=90°$

$$F_g^{②}=T^T\bar{F}_g^{②}=\begin{bmatrix} 0 & -1 & 0 & 0 & 0 & 0 \\ 1 & 0 & 0 & 0 & 0 & 0 \\ 0 & 0 & 1 & 0 & 0 & 0 \\ 0 & 0 & 0 & 0 & -1 & 0 \\ 0 & 0 & 0 & 1 & 0 & 0 \\ 0 & 0 & 0 & 0 & 0 & 1 \end{bmatrix}\begin{bmatrix} 0 \\ 4 \\ -5 \\ 0 \\ 4 \\ 5 \end{bmatrix}=\begin{bmatrix} -4 \\ 0 \\ -5 \\ -4 \\ 0 \\ 5 \end{bmatrix}$$

求等效节点荷载。根据定位向量，将它们反号加到荷载列阵 P 中：

$$P=\begin{bmatrix} 5 & 10 \end{bmatrix}^T$$

结点荷载向量 F_0 为

$$F_0 = \begin{bmatrix} 0 & 5 \end{bmatrix}^T$$

综合结点荷载向量 F 为

$$F = F_0 + P = \begin{bmatrix} 5 & 10 \end{bmatrix}^T$$

(5) 解整体结构刚度方程。

$$\begin{bmatrix} 100 & 50 \\ 50 & 200 \end{bmatrix} \times 10^4 \begin{bmatrix} \varphi_1 \\ \varphi_2 \end{bmatrix} = \begin{bmatrix} 5 \\ 10 \end{bmatrix}$$

解得 $\varphi_1 = 2.86 \times 10^{-6}$，$\varphi_2 = 4.29 \times 10^{-6}$。

(6) 求各杆杆端弯矩。

单元①：$\overline{F}^① = Tk^①\Delta^① + \overline{F}_g^① = Ik^①\Delta^① + \overline{F}_g^①$

$$\overline{F}^① = \begin{bmatrix} 300 & 0 & 0 & -300 & 0 & 0 \\ 0 & 12 & -30 & 0 & -12 & -30 \\ 0 & -30 & 100 & 0 & 30 & 50 \\ -300 & 0 & 0 & 300 & 0 & 0 \\ 0 & -12 & 30 & 0 & 12 & 30 \\ 0 & -30 & 50 & 0 & 30 & 100 \end{bmatrix} \times 10^4 \times \begin{bmatrix} 0 \\ 0 \\ 4.29 \\ 0 \\ 0 \\ 0 \end{bmatrix} \times 10^{-6} + \begin{bmatrix} 0 \\ 12 \\ -10 \\ 0 \\ 12 \\ 10 \end{bmatrix} = \begin{bmatrix} 0 \\ 10.713 \\ -5.710 \\ 0 \\ 13.287 \\ 12.145 \end{bmatrix}$$

单元②：$\overline{F}^② = Tk^②\Delta^② + \overline{F}_g^②$

$$\overline{F}^② = \begin{bmatrix} 0 & -1 & 0 & 0 & 0 & 0 \\ 1 & 0 & 0 & 0 & 0 & 0 \\ 0 & 0 & 1 & 0 & 0 & 0 \\ 0 & 0 & 0 & 0 & -1 & 0 \\ 0 & 0 & 0 & 1 & 0 & 0 \\ 0 & 0 & 0 & 0 & 0 & 1 \end{bmatrix} \times \begin{bmatrix} 12 & 0 & 30 & -12 & 0 & 30 \\ 0 & 300 & 0 & 0 & -300 & 0 \\ 30 & 0 & 100 & -30 & 0 & 50 \\ -12 & 0 & -30 & 12 & 0 & -30 \\ 0 & -300 & 0 & 0 & 300 & 0 \\ 30 & 0 & 50 & -30 & 0 & 100 \end{bmatrix} \times 10^4 \times$$

$$\begin{bmatrix} 0 \\ 0 \\ 2.86 \\ 0 \\ 0 \\ 4.29 \end{bmatrix} \times 10^{-6} + \begin{bmatrix} 0 \\ 4 \\ -5 \\ 0 \\ 4 \\ 5 \end{bmatrix} = \begin{bmatrix} 0 \\ 6.145 \\ 0.001 \\ 0 \\ 1.855 \\ 10.720 \end{bmatrix}$$

(7) 刚架内力图。根据杆端弯矩和剪力及荷载可以绘制出弯矩图 11.21(a) 和剪力图 11.21(b)，如图 11.21 所示，与图 11.20 相比，轴向变形的影响不大，由于假设杆件的轴向变形为零，因此根据刚度方程求出杆端轴力为零，所以，轴力只能根据平衡条件由剪力图得出，如图 11.21(c) 所示。

【例 11.5】 求图 11.22 所示桁架的内力，各杆的 EA 相同。对各节点和单元进行编号，并选取如图所示的结构坐标系。

解：(1) 整理原始数据，对单元和刚架进行编码，并选取结构坐标系，如图 11.22 所示。
(2) 求各单元的定位向量。

$$\lambda^① = \begin{bmatrix} 1 & 2 & 3 & 4 \end{bmatrix}^T, \lambda^② = \begin{bmatrix} 0 & 0 & 0 & 0 \end{bmatrix}^T,$$
$$\lambda^③ = \begin{bmatrix} 0 & 0 & 1 & 2 \end{bmatrix}^T, \lambda^④ = \begin{bmatrix} 0 & 0 & 3 & 4 \end{bmatrix}^T,$$
$$\lambda^⑤ = \begin{bmatrix} 0 & 0 & 3 & 4 \end{bmatrix}^T, \lambda^⑥ = \begin{bmatrix} 0 & 0 & 1 & 2 \end{bmatrix}^T$$

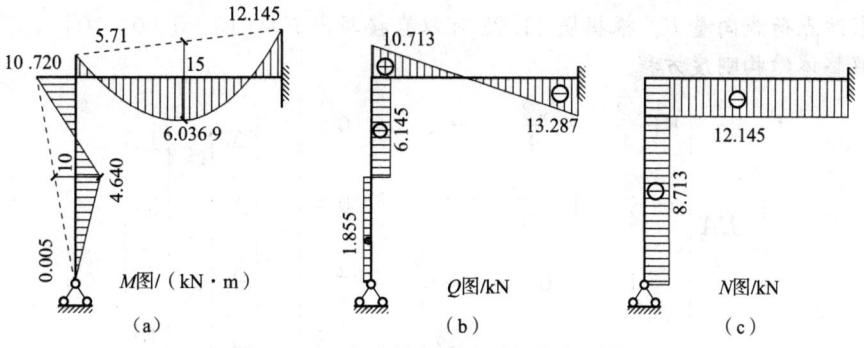

图 11.21 忽略轴向变形刚架的内力图
(a)M图;(b)Q图;(c)N图

(3)通过式(11.22)求整体刚度矩阵K。

对于单元①和单元② $\alpha=0°$

$$k^{①}=k^{②}=\frac{EA}{5}\begin{bmatrix} 1 & 0 & -1 & 0 \\ 0 & 0 & 0 & 0 \\ -1 & 0 & 1 & 0 \\ 0 & 0 & 0 & 0 \end{bmatrix}$$

对于单元③和单元④ $\alpha=90°$

$$k^{③}=k^{④}=\frac{EA}{5}\begin{bmatrix} 0 & 0 & 0 & 0 \\ 0 & 1 & 0 & -1 \\ 0 & 0 & 0 & 0 \\ 0 & -1 & 0 & 1 \end{bmatrix}\times 10^4$$

图 11.22 例 11.5 图

对于单元⑤ $\alpha=45°$

$$k^{⑤}=\frac{EA}{5\sqrt{2}}\begin{bmatrix} 0.5 & 0.5 & -0.5 & -0.5 \\ 0.5 & 0.5 & -0.5 & -0.5 \\ -0.5 & -0.5 & 0.5 & 0.5 \\ -0.5 & -0.5 & 0.5 & 0.5 \end{bmatrix}$$

对于单元⑥ $\alpha=135°$

$$k^{⑥}=\frac{EA}{5\sqrt{2}}\begin{bmatrix} 0.5 & -0.5 & -0.5 & 0.5 \\ -0.5 & 0.5 & 0.5 & -0.5 \\ -0.5 & 0.5 & 0.5 & -0.5 \\ 0.5 & -0.5 & -0.5 & 0.5 \end{bmatrix}$$

用单元集成法形成整体刚度矩阵:

$$K=\frac{EA}{5}\begin{bmatrix} 1+\frac{\sqrt{2}}{4} & 0-\frac{\sqrt{2}}{4} & -1 & 0 \\ 0-\frac{\sqrt{2}}{4} & 0+1+\frac{\sqrt{2}}{4} & 0 & 0 \\ -1 & 0 & 1+\frac{\sqrt{2}}{4} & 0+\frac{\sqrt{2}}{4} \\ 0 & 0 & 0+\frac{\sqrt{2}}{4} & 0+1+\frac{\sqrt{2}}{4} \end{bmatrix}=\frac{EA}{5}\begin{bmatrix} 1+\frac{\sqrt{2}}{4} & -\frac{\sqrt{2}}{4} & -1 & 0 \\ -\frac{\sqrt{2}}{4} & 1+\frac{\sqrt{2}}{4} & 0 & 0 \\ -1 & 0 & 1+\frac{\sqrt{2}}{4} & \frac{\sqrt{2}}{4} \\ 0 & 0 & \frac{\sqrt{2}}{4} & 1+\frac{\sqrt{2}}{4} \end{bmatrix}$$

(4) 求结点荷载向量 F。根据图 11.22 可以直接写出 $F = \begin{bmatrix} 10 & 0 & 0 & 10 \end{bmatrix}^T$。

(5) 解整体结构刚度方程。

$$\frac{EA}{5} \begin{bmatrix} 1+\frac{\sqrt{2}}{4} & -\frac{\sqrt{2}}{4} & -1 & 0 \\ -\frac{\sqrt{2}}{4} & 1+\frac{\sqrt{2}}{4} & 0 & 0 \\ -1 & 0 & 1+\frac{\sqrt{2}}{4} & \frac{\sqrt{2}}{4} \\ 0 & 0 & \frac{\sqrt{2}}{4} & 1+\frac{\sqrt{2}}{4} \end{bmatrix} \times \begin{bmatrix} \Delta_1 \\ \Delta_2 \\ \Delta_3 \\ \Delta_4 \end{bmatrix} = \begin{bmatrix} 10 \\ 0 \\ 0 \\ 10 \end{bmatrix}$$

解得：$\Delta_1 = \dfrac{191.4}{EA}$，$\Delta_2 = \dfrac{191.4}{EA}$，$\Delta_3 = \dfrac{141.4}{EA}$，$\Delta_4 = \dfrac{-2.8}{EA}$

(6) 求各杆杆端弯矩。

单元①：$\overline{F}^{①} = Tk^{①}\Delta^{①} = Ik^{①}\Delta^{①}$

$$\overline{F}^{①} = \frac{EA}{5} \begin{bmatrix} 1 & 0 & -1 & 0 \\ 0 & 0 & 0 & 0 \\ -1 & 0 & 1 & 0 \\ 0 & 0 & 0 & 0 \end{bmatrix} \times \frac{1}{EA} \times \begin{bmatrix} 191.4 \\ 191.4 \\ 141.4 \\ -2.8 \end{bmatrix} = \begin{bmatrix} 10 \\ 0 \\ -10 \\ 0 \end{bmatrix}$$

单元②：$\overline{F}^{②} = Tk^{②}\Delta^{②} = Ik^{②}\Delta^{②}$

$$\overline{F}^{②} = \frac{EA}{5} \begin{bmatrix} 1 & 0 & -1 & 0 \\ 0 & 0 & 0 & 0 \\ -1 & 0 & 1 & 0 \\ 0 & 0 & 0 & 0 \end{bmatrix} \times \frac{1}{EA} \times \begin{bmatrix} 0 \\ 0 \\ 0 \\ 0 \end{bmatrix} = \begin{bmatrix} 0 \\ 0 \\ 0 \\ 0 \end{bmatrix}$$

单元③：$\overline{F}^{③} = Tk^{③}\Delta^{③}$

$$\overline{F}^{③} = \begin{bmatrix} 0 & 1 & 0 & 0 \\ -1 & 0 & 0 & 0 \\ 0 & 0 & 0 & 1 \\ 0 & 0 & -1 & 0 \end{bmatrix} \times \frac{EA}{5} \begin{bmatrix} 1 & 0 & -1 & 0 \\ 0 & 0 & 0 & 0 \\ -1 & 0 & 1 & 0 \\ 0 & 0 & 0 & 0 \end{bmatrix} \times \frac{1}{EA} \times \begin{bmatrix} 0 \\ 0 \\ 191.4 \\ 191.4 \end{bmatrix} = \begin{bmatrix} -38.3 \\ 0 \\ 38.3 \\ 0 \end{bmatrix}$$

单元④：$\overline{F}^{④} = Tk^{④}\Delta^{④}$

$$\overline{F}^{④} = \begin{bmatrix} 0 & 1 & 0 & 0 \\ -1 & 0 & 0 & 0 \\ 0 & 0 & 0 & 1 \\ 0 & 0 & -1 & 0 \end{bmatrix} \times \frac{EA}{5} \begin{bmatrix} 1 & 0 & -1 & 0 \\ 0 & 0 & 0 & 0 \\ -1 & 0 & 1 & 0 \\ 0 & 0 & 0 & 0 \end{bmatrix} \times \frac{1}{EA} \times \begin{bmatrix} 0 \\ 0 \\ 191.4 \\ -2.8 \end{bmatrix} = \begin{bmatrix} 0.6 \\ 0 \\ -0.6 \\ 0 \end{bmatrix}$$

单元⑤：$\overline{F}^{⑤} = Tk^{⑤}\Delta^{⑤}$

$$\overline{F}^{⑤} = \frac{1}{\sqrt{2}} \begin{bmatrix} 1 & 1 & 0 & 0 \\ -1 & 1 & 0 & 0 \\ 0 & 0 & 1 & 1 \\ 0 & 0 & -1 & 1 \end{bmatrix} \times \frac{EA}{5\sqrt{2}} \begin{bmatrix} 0.5 & 0.5 & -0.5 & -0.5 \\ 0.5 & 0.5 & -0.5 & -0.5 \\ -0.5 & -0.5 & 0.5 & 0.5 \\ -0.5 & -0.5 & 0.5 & 0.5 \end{bmatrix} \times \frac{1}{EA} \times \begin{bmatrix} 0 \\ 0 \\ 141.4 \\ -2.8 \end{bmatrix}$$

$$= \begin{bmatrix} -13.9 \\ 0 \\ 13.9 \\ 0 \end{bmatrix}$$

单元⑥：$\overline{F}^{⑥}=Tk^{⑥}\Delta^{⑥}$

$$\overline{F}^{⑥}=\frac{1}{\sqrt{2}}\begin{bmatrix}-1 & 1 & 0 & 0\\ -1 & -1 & 0 & 0\\ 0 & 0 & -1 & 1\\ 0 & 0 & -1 & -1\end{bmatrix}\times\frac{EA}{5\sqrt{2}}\begin{Bmatrix}0.5 & -0.5 & -0.5 & 0.5\\ -0.5 & 0.5 & 0.5 & -0.5\\ -0.5 & 0.5 & 0.5 & -0.5\\ 0.5 & -0.5 & -0.5 & 0.5\end{Bmatrix}\times\frac{1}{EA}\times\begin{bmatrix}0\\ 0\\ 191.4\\ 191.4\end{bmatrix}=\begin{bmatrix}0\\ 0\\ 0\\ 0\end{bmatrix}$$

(7) 绘制内力图，如图 11.23 所示。

【例 11.6】 求图 11.24 所示组合结构的内力。假设梁式杆的杆长相同，杆长为 5 m，桁架杆的杆长相同，杆长为 $5\sqrt{2}$ m，所有杆件的截面为矩形截面，截面面积 $A=0.5$ m²，惯性矩 $I=\dfrac{1}{24}$ m⁴，弹性模量 $E=3\times10^7$ kN/m²。

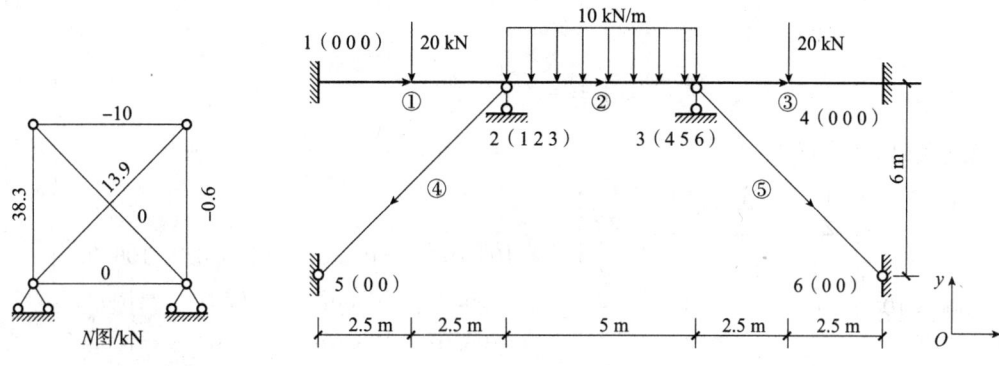

图 11.23 桁架内力图

图 11.24 组合结构

解：(1) 整理原始数据，对单元和刚架进行编码。梁式杆固定端的三个位移分量都为零，用 [0 0 0] 编码，拉杆④和⑤在支座处两个线位移分量均为零，也用 [0 0] 编码，单元①和单元②之间刚结点编码为 [1 2 3]，单元②和单元③之间刚结点编码为 [4 5 6]，单元④和⑤与梁式杆的交接点处线位移不独立，因此，应采用同样编码分别为 [1 2] 和 [4 5]。

(2) 求各单元的定位向量。

$\lambda^{①}=[0\ 0\ 0\ 1\ 2\ 3]^T$，$\lambda^{②}=[1\ 2\ 3\ 4\ 5\ 6]^T$，$\lambda^{③}=[4\ 5\ 6\ 0\ 0\ 0]^T$，
$\lambda^{④}=[1\ 2\ 0\ 0]^T$，$\lambda^{⑤}=[4\ 5\ 0\ 0]^T$

(3) 求整体刚度矩阵 K。

对于梁式杆 $\dfrac{EA}{l}=300\times10^4$，$\dfrac{4EI}{l}=100\times10^4$，$\dfrac{6EI}{l^2}=30\times10^4$，$\dfrac{12EI}{l^3}=12\times10^4$

单元①，单元②和单元③ $\alpha=0°$

$$k^{①}=k^{②}=k^{③}=\overline{k}^{①}=\begin{bmatrix}300 & 0 & 0 & -300 & 0 & 0\\ 0 & 12 & -30 & 0 & -12 & -30\\ 0 & -30 & 100 & 0 & 30 & 50\\ -300 & 0 & 0 & 300 & 0 & 0\\ 0 & -12 & 30 & 0 & 12 & 30\\ 0 & -30 & 50 & 0 & 30 & 100\end{bmatrix}\times10^4$$

对于桁架杆 $\dfrac{EA}{l}=\dfrac{300\times 10^{4}}{\sqrt{2}}$

单元④ $\alpha=225°$ $\cos\alpha=-\dfrac{\sqrt{2}}{2}$，$\sin\alpha=-\dfrac{\sqrt{2}}{2}$

通过式(11.22)得 $k^{④}$

$$k^{④}=\dfrac{300\times 10^{4}}{\sqrt{2}}\begin{bmatrix}\dfrac{1}{2}&\dfrac{1}{2}&-\dfrac{1}{2}&-\dfrac{1}{2}\\\dfrac{1}{2}&\dfrac{1}{2}&-\dfrac{1}{2}&-\dfrac{1}{2}\\-\dfrac{1}{2}&-\dfrac{1}{2}&\dfrac{1}{2}&\dfrac{1}{2}\\-\dfrac{1}{2}&-\dfrac{1}{2}&\dfrac{1}{2}&\dfrac{1}{2}\end{bmatrix}=\begin{bmatrix}106.07&106.07&-106.07&-106.07\\106.07&106.07&-106.07&-106.07\\-106.07&-106.07&106.07&106.07\\-106.07&-106.07&106.07&106.07\end{bmatrix}\times 10^{4}$$

单元⑤ $\alpha=315°$ $\cos\alpha=\dfrac{\sqrt{2}}{2}$，$\sin\alpha=-\dfrac{\sqrt{2}}{2}$

通过式(11.22)得 $k^{⑤}$

$$k^{⑤}=\dfrac{300\times 10^{4}}{\sqrt{2}}\begin{bmatrix}\dfrac{1}{2}&-\dfrac{1}{2}&-\dfrac{1}{2}&\dfrac{1}{2}\\-\dfrac{1}{2}&\dfrac{1}{2}&\dfrac{1}{2}&-\dfrac{1}{2}\\-\dfrac{1}{2}&\dfrac{1}{2}&\dfrac{1}{2}&-\dfrac{1}{2}\\\dfrac{1}{2}&-\dfrac{1}{2}&-\dfrac{1}{2}&\dfrac{1}{2}\end{bmatrix}=\begin{bmatrix}106.07&-106.07&-106.07&106.07\\-106.07&106.07&106.07&-106.07\\-106.07&106.07&106.07&-106.07\\106.07&-106.07&-106.07&106.07\end{bmatrix}\times 10^{4}$$

用单元集成法形成整体刚度矩阵：

$$K=\begin{bmatrix}300+300+106.07&0+106.07&0&-300&0&0\\0+106.07&12+12+106.07&-30+30&0&-12&-30\\0&-30+30&100+100&0&30&50\\-300&0&0&300+300+106.07&0-106.07&0\\0&-12&30&0-106.07&12+12+106.07&30+30\\0&-30&50&0&30+30&100+100\end{bmatrix}\times 10^{4}$$

$$=\begin{bmatrix}706.07&106.07&0&-300&0&0\\106.07&130.07&0&0&-12&-30\\0&0&200&0&30&50\\-300&0&0&706.07&-106.07&0\\0&-12&30&-106.07&130.07&60\\0&-30&50&0&60&200\end{bmatrix}\times 10^{4}$$

(4) 求结点荷载向量 F。

因为单元①，单元②和单元③的局部坐标系和整体坐标系一致，所以，局部坐标系下的单元固端力和整体坐标系下的单元固端力相同。

$$F_{g}^{①}=\overline{F}_{g}^{①}=\begin{bmatrix}0&10&-12.5&0&10&12.5\end{bmatrix}^{T}$$

$$F_g^{②} = \overline{F}_g^{②} = [0 \quad 25 \quad -20.8 \quad 0 \quad 25 \quad 20.8]^T$$
$$F_g^{③} = \overline{F}_g^{③} = [0 \quad 10 \quad -12.5 \quad 0 \quad 10 \quad 12.5]^T$$

求等效节点荷载，根据定位向量，将它们反号加到荷载列阵 P 中：

$$F = -[0+0 \quad 25+10 \quad -20.8+12.5 \quad 0+0 \quad 25+10 \quad 28.8-12.5]^T$$
$$= [0 \quad -35 \quad 8.3 \quad 0 \quad -35 \quad -8.3]^T$$

(5) 解整体结构刚度方程。

$$\begin{bmatrix} 706.07 & 106.07 & 0 & -300 & 0 & 0 \\ 106.07 & 130.07 & 0 & 0 & -12 & -30 \\ 0 & 0 & 200 & 0 & 30 & 50 \\ -300 & 0 & 0 & 706.07 & -106.07 & 0 \\ 0 & -12 & 30 & -106.07 & 130.07 & 0 \\ 0 & -30 & 50 & 0 & 0 & 200 \end{bmatrix} \times 10^4 \times \begin{bmatrix} \varphi_1 \\ \varphi_2 \\ \varphi_3 \\ \varphi_4 \\ \varphi_5 \\ \varphi_6 \end{bmatrix} = \begin{bmatrix} 0 \\ -35 \\ 8.3 \\ 0 \\ -35 \\ -8.3 \end{bmatrix}$$

解得 $\varphi_1 = 3.8 \times 10^{-6}$，$\varphi_2 = -36.3 \times 10^{-6}$，$\varphi_3 = 12.8 \times 10^{-6}$，$\varphi_4 = -3.8 \times 10^{-6}$，$\varphi_5 = -36.3 \times 10^{-6}$，$\varphi_6 = -12.8 \times 10^{-6}$。

(6) 求各杆杆端弯矩。

单元①：$\overline{F}^{①} = Tk^{①}\Delta^{①} + \overline{F}_g^{①} = Ik^{①}\Delta^{①} + \overline{F}_g^{①}$

$$\overline{F}^{①} = \begin{bmatrix} 300 & 0 & 0 & -300 & 0 & 0 \\ 0 & 12 & -30 & 0 & -12 & -30 \\ 0 & -30 & 100 & 0 & 30 & 50 \\ -300 & 0 & 0 & 300 & 0 & 0 \\ 0 & -12 & 30 & 0 & 12 & 30 \\ 0 & -30 & 50 & 0 & 30 & 100 \end{bmatrix} \times 10^4 \times \begin{bmatrix} 0 \\ 0 \\ 0 \\ 3.8 \\ -36.3 \\ 12.8 \end{bmatrix} \times 10^{-6} + \begin{bmatrix} 0 \\ 10 \\ -12.5 \\ 0 \\ 10 \\ 12.5 \end{bmatrix}$$

$$= \begin{bmatrix} -11.4 \\ 10.5 \\ -17.0 \\ 11.4 \\ 9.5 \\ 14.4 \end{bmatrix}$$

单元②：$\overline{F}^{②} = Tk^{②}\Delta^{②} + \overline{F}_g^{②} = Ik^{②}\Delta^{②} + \overline{F}_g^{②}$

$$\overline{F}^{①} = \begin{bmatrix} 300 & 0 & 0 & -300 & 0 & 0 \\ 0 & 12 & -30 & 0 & -12 & -30 \\ 0 & -30 & 100 & 0 & 30 & 50 \\ -300 & 0 & 0 & 300 & 0 & 0 \\ 0 & -12 & 30 & 0 & 12 & 30 \\ 0 & -30 & 50 & 0 & 30 & 100 \end{bmatrix} \times 10^4 \times \begin{bmatrix} 3.8 \\ -36.3 \\ 12.8 \\ -3.8 \\ -36.3 \\ -12.8 \end{bmatrix} \times 10^{-6} + \begin{bmatrix} 0 \\ 25 \\ -20.8 \\ 0 \\ 25 \\ 20.8 \end{bmatrix}$$

$$= \begin{bmatrix} 22.8 \\ 25.0 \\ -14.4 \\ -22.8 \\ 25 \\ 14.4 \end{bmatrix}$$

单元③：$\overline{F}^{③} = Tk^{③}\Delta^{③} + \overline{F}_g^{③} = Ik^{③}\Delta^{③} + \overline{F}_g^{③}$

$$\overline{F}^{①} = \begin{bmatrix} 300 & 0 & 0 & -300 & 0 & 0 \\ 0 & 12 & -30 & 0 & -12 & -30 \\ 0 & -30 & 100 & 0 & 30 & 50 \\ -300 & 0 & 0 & 300 & 0 & 0 \\ 0 & -12 & 30 & 0 & 12 & 30 \\ 0 & -30 & 50 & 0 & 30 & 100 \end{bmatrix} \times 10^4 \times \begin{bmatrix} -3.8 \\ -36.3 \\ -12.8 \\ 0 \\ 0 \\ 0 \end{bmatrix} \times 10^{-6} + \begin{bmatrix} 0 \\ 10 \\ -12.5 \\ 0 \\ 10 \\ 12.5 \end{bmatrix}$$

$$= \begin{bmatrix} -11.4 \\ 9.5 \\ -14.4 \\ 11.4 \\ 10.5 \\ 17.0 \end{bmatrix}$$

单元④：$\overline{F}^{④} = Tk^{④}\Delta^{④}$

$$\overline{F}^{④} = \frac{1}{\sqrt{2}} \begin{bmatrix} -1 & -1 & 0 & 0 \\ 1 & -1 & 0 & 0 \\ 0 & 0 & -1 & -1 \\ 0 & 0 & 1 & -1 \end{bmatrix} \times \begin{bmatrix} 106.07 & 106.07 & -106.07 & -106.07 \\ 106.07 & 106.07 & -106.07 & -106.07 \\ -106.07 & -106.07 & 106.07 & 106.07 \\ -106.07 & -106.07 & 106.07 & 106.07 \end{bmatrix} \times 10^4 \times$$

$$\begin{bmatrix} 3.8 \\ -36.3 \\ 0 \\ 0 \end{bmatrix} \times 10^{-6} = \begin{bmatrix} 48.7 \\ 0 \\ -48.7 \\ 0 \end{bmatrix}$$

单元⑤：$\overline{F}^{⑤} = Tk^{⑤}\Delta^{⑤}$

$$\overline{F}^{⑤} = \frac{1}{\sqrt{2}} \begin{bmatrix} 1 & -1 & 0 & 0 \\ 1 & 1 & 0 & 0 \\ 0 & 0 & 1 & -1 \\ 0 & 0 & 1 & 1 \end{bmatrix} \times \begin{bmatrix} 106.07 & -106.07 & -106.07 & 106.07 \\ -106.07 & 106.07 & 106.07 & -106.07 \\ -106.07 & 106.07 & 106.07 & -106.07 \\ 106.07 & -106.07 & -106.07 & 106.07 \end{bmatrix} \times 10^4 \times$$

$$\begin{bmatrix} -13.8 \\ -36.3 \\ 0 \\ 0 \end{bmatrix} \times 10^{-6} = \begin{bmatrix} 33.7 \\ 0 \\ -33.7 \\ 0 \end{bmatrix}$$

(7) 绘制组合结构内力图。弯矩图如图 11.25(a) 所示，剪力图如图 11.25(b) 所示，轴力

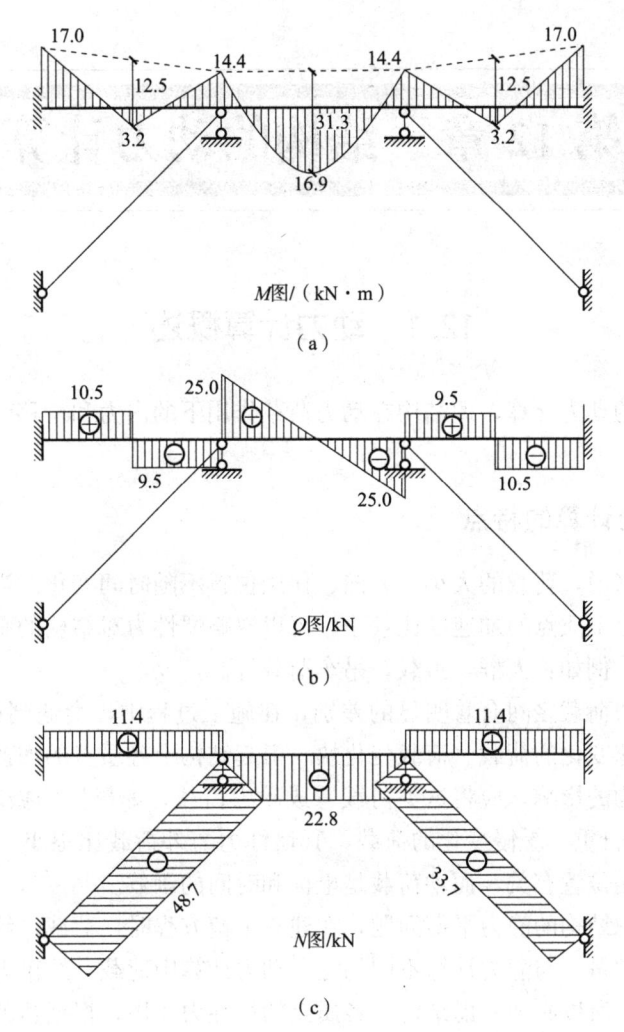

图如图 11.25(c)所示。

图 11.25 组合结构内力图
(a)M 图；(b)Q 图；(c)N 图

第 12 章 结构的动力计算

12.1 动力计算概述

本章讨论结构的动力计算,即结构在动力荷载作用下的内力和位移(常称为动力反应)计算问题。

12.1.1 动力计算的特点

对于静力荷载来说,荷载的大小、方向、作用位置不随时间变化。当荷载的变化非常缓慢,所引起的结构上个质点的加速度比较小,可以忽略惯性力对结构的影响时,可以把这类荷载看作静力荷载。例如:人群,雪载,吊车荷载等。

动力荷载与静力荷载之间有着明显的差别,在施工过程中,会遇到荷载的大小、方向、作用位置随时间迅速变化的荷载。荷载变化快,引起结构上各质点的加速度比较大,同时不能忽略惯性力对结构的影响,应将这类荷载看成动力荷载,如机器的振动荷载、地震作用、爆炸荷载等。(注:自重、缓慢变化的荷载,其惯性力与外荷载比很小,分析时仍视作静荷载。静荷载只与作用位置有关,而动荷载是坐标和时间的函数。)

静力计算,考虑结构的静力平衡问题,在建立平衡方程时,荷载、约束力、内力、位移是不随时间变化的常量。与静力计算不同的是,动力计算中荷载、约束力、内力、位移等是随时间变化的函数,所以必须考虑结构上各质点的惯性力作用,根据达朗伯原理,引进惯性力,建立动力平衡问题。

与静力计算相比,动力计算中动力反应与时间有关,即荷载、位移、内力随时间急剧变化,利用动静法建立的是形式上的平衡方程。力系中包含惯性力,考虑的是瞬间平衡,建立的平衡方程是微分方程。其主要内容包括:确定动力荷载;确定结构的动力特性;计算动位移和动内力等。

动力荷载会使已有的结构产生内力和位移,我们将其称为动内力和动位移,并称为动力反应。而学习结构动力计算的目的在于掌握强迫振动时动力反应的计算原理以及计算方法,从而确定它们随着时间变化的规律,为动力可靠性设计提供依据。

12.1.2 动力荷载分类

按照动荷载随时间的变化规律进行分类,可分为确定性规律变化荷载以及非确定性规律变化荷载,即随机荷载,如图 12.1 所示。

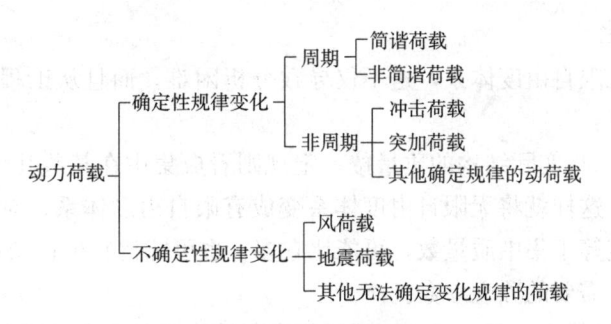

图 12.1 动力荷载的分类

(1)周期性荷载。这一类荷载随着时间的变化作周期性变化。周期性荷载可分为简谐荷载(图 12.2)与非简谐荷载(图 12.3)。在周期性荷载中最简单也是最重要的一种荷载称为简谐荷载,即荷载随着时间的变化规律可以用正弦或者余弦函数来表示,如图 12.2 所示。

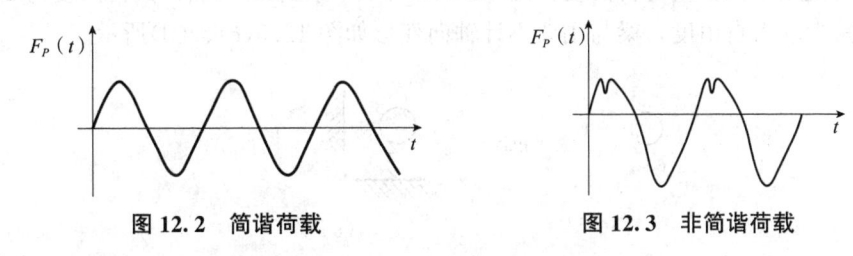

图 12.2 简谐荷载

图 12.3 非简谐荷载

(2)非周期性荷载。非周期性荷载包括冲击荷载、突加荷载及其他确定规律的动力荷载。其中,冲击荷载在很短的时间内,荷载急剧增加(图 12.4)或者急剧减小,各种爆炸荷载都属于这种荷载。当这种荷载加载的时间归于零时,就是突加荷载。

(3)随机荷载。随机荷载的特点为荷载随时间变化很不规则,荷载任意时刻的数值都无法确定,这就需要通过临时记录和统计来得到其变化规律和计算数值。例如地震荷载、脉动风压等。

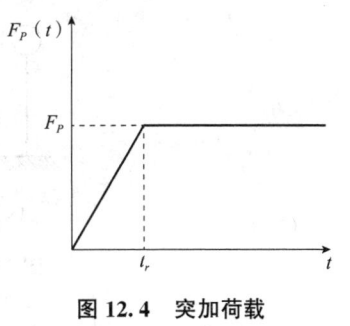

图 12.4 突加荷载

12.1.3 动力计算的自由度

结构的动力计算在计算时也需要选取一个合理的计算简图,选取计算简图的原则与静力计算基本相同。同时在动力计算中,由于考虑惯性力的作用,因此需要研究质量在运动过程中的自由度问题。

1. 自由度

确定体系中所有质量位置所需的独立几何参数的数目,称为体系的动力自由度数。自由度数与质量的数目无直接关系,与体系的静定或超静定也无关系。其中:自由度为 1 的体系称为单自由度体系;自由度大于 1 的体系称为多(有限)自由度体系;自由度无限多的体系称为无限自由度体系。

2. 自由度的简化

实际结构都是无限自由度体系,这不仅导致分析困难,而且从工程角度来看也没必要。常用的简化方法如下:

(1)集中质量法。将实际结构的质量按一定规则看成集中在某些几何点上,除这些点之外物体是无质量的。这样就将无限自由度体系变成有限自由度体系。对于集中质量的体系,其自由度数并不一定等于集中质量数,可能比它多,也可能比它少;动自由度是确定体系全部质量位移的位置所需要的独立参数。

(2)有限元法。与静力问题一样,可通过将实际结构离散化为有限个单元的集合的方法,将无限自由度问题转化为有限自由度问题来解决。结点位移个数即为自由度个数。

3. 自由度的确定

(1)平面上一个质点,其振动自由度为2,如图12.5(a)所示。
(2)弹性支座不减少动力自由度,图12.5(b)中弹性支承的质点,其自由度为2。
(3)为减少动力自由度,梁与刚架不计轴向变形如图12.5(c)、(d)所示。

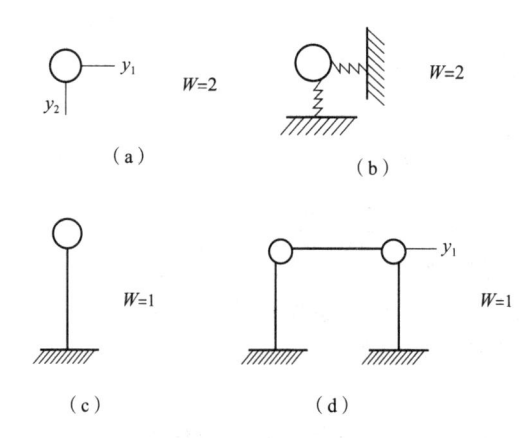

图 12.5 不考虑轴向变形时各体系的自由度
(a)平面质点;(b)弹性支承质量;(c)梁;(d)刚架

需要注意,自由度数与质点个数无关,但不大于质点个数的2倍。

12.2 单自由度体系的自由振动

结构的自由振动是指体系在振动过程中没有动力荷载的作用。振动是由初始位移或初始速度或两者共同影响下引起的。

单自由度体系自由振动的分析过程非常重要。原因有两点:第一,很多实际的动力问题都可以按照单自由度进行计算,或初步估算;第二,单自由度体系自由振动的分析是单自由度体系受迫振动和多自由度体系自由振动分析的基础。

12.2.1 单自由度体系自由振动微分方程的建立

(1)自由振动:由初始干扰,即初始位移或初始速度,或初始位移和初始速度共同作用下引起的在振动中无力动荷载作用的振动。

(2)建立自由振动微分方程。以图 12.6(a)所示的单自由度体系为例,来讨论如何建立自由振动微分方程。图 12.6(a)所示悬臂柱在顶部有一个质体,质量为 m,设柱本身质量比 m 小得多,可以忽略不计,因此,体系有一个自由度。将图 12.6(a)所示的单自由度体系用图 12.6(b)所示的弹簧模型表示,原立柱对质量 m 所提供的弹性力改用一弹簧表示。此时,弹簧的刚度系数 k 必须等于结构的刚度系数,即弹簧的刚度系数 k 应等于立柱在柱顶有单位水平位移时在柱顶所需要施加的水平力。

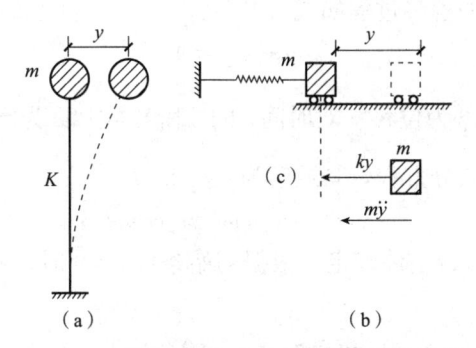

图 12.6 单自由度体系自由振动刚度法模型
(a)单自由度体系;(b)弹簧模型

建立自由振动微分方程,有刚度法和柔度法两种方法。

(1)刚度法:从质量 m 隔离体的动力平衡方程建立振动微分方程。设以静力平衡位置为原点,在任意时刻 t、质量的水平位移为 $y(t)$ 的状态,取出质量为 m 的隔离体,如果不考虑振动过程中的阻力,则作用在隔离体上的力如下:

1)弹性力,$-ky$ 方向恒与位移的方向相反;

2)惯性力,$-m\ddot{y}$ 方向恒与加速度方向相反。

根据达朗伯原理,得到隔离体在任一瞬时的动力平衡方程如式(12.1):

$$m\ddot{y}+ky=0 \tag{12.1}$$

这种直接建立平衡方程的方法即为刚度法。

(2)柔度法:从结构的位移方程建立振动微分方程。按照达朗伯原理,以静力平衡位置为计算位移的起点,当质量 m 在任意时刻水平位移为 $y(t)$ 时:

质量 m 在任意时刻的水平位移表达式为式(12.2)

$$y(t)=F_1\delta \tag{12.2}$$

式中 $y(t)$——质量 m 在任意时刻水平位移;

F_1——作用在立柱质量 m 上的惯性力;

δ——立柱的柔度系数,即单位水平力 $P=1$ 作用在柱顶时柱顶的水平位移。由于立柱上只有惯性力,惯性力 $F_1=-m\ddot{y}(t)$,则质量 m 的位移可表示为式(12.3)

$$y(t)=-m\ddot{y}(t)\delta \tag{12.3}$$

式(12.3)表明:质量 m 在运动过程中任意时刻的位移 $y(t)$ 等于该时刻在惯性力作用下的静力位移。

因立柱的柔度系数 δ 与刚度系数 k 互为倒数，得式(12.4)。

$$\delta = \frac{1}{k} \tag{12.4}$$

将式(12.4)代入式(12.3)可知，刚度法和柔度法建立的动力平衡方程是相同的。这种从位移角度出发所建立出来方程的过程的方法称为柔度法。

12.2.2 自由振动微分方程的解答

自由振动微分方程式的解答过程如式(12.5)：

$$\ddot{y} + \omega^2 y = 0 \tag{12.5}$$

式中，$\omega^2 = \frac{k}{m}$，$\omega = \sqrt{\frac{k}{m}}$。$\ddot{y}$ 为位移 y 对时间 t 的二阶导数。ω 为圆频率。

对于二阶常系数齐次微分方程，其通解为式(12.6)

$$y(t) = c_1 \sin\omega t + c_2 \cos\omega t \tag{12.6}$$

其中，系数 c_1 和 c_2 可由初始条件确定，根据初始条件 $t=0$ 时，质点的初始速度 v_0 和初始位移 y_0，得到：

$$y(0) = y_0 \quad \dot{y}(0) = v_0$$

由此得 $c_1 = \frac{v_0}{\omega}$ 和 $c_2 = y_0$，将 c_1 和 c_2 代入式(12.6)，可得式(12.7)

$$y(t) = y_0 \cos\omega t + \frac{v_0}{\omega} \sin\omega t \tag{12.7}$$

由式(12.7)可以看出，自由振动由两部分组成：

① 由初始位移 y_0（没有初始速度）引起，质点按 $y_0 \cos\omega t$ 的规律振动。

② 由初始速度 v_0（没有初始位移）引起，质点按 $\frac{v_0}{\omega} \sin\omega t$ 的规律振动。

式(12.7)可改写为单项三角函数，如式(12.8)：

$$y(t) = a\sin(\omega t + \alpha) \tag{12.8}$$

式(12.8)图形如图 12.7 所示。

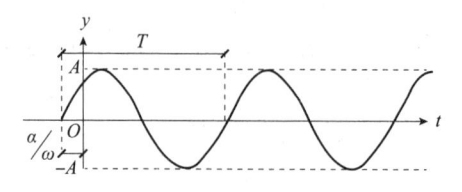

图 12.7 自由振动的位移

其中参数 a 为振幅，α 为初始相位角。

式(12.8)展开后为：

$$y(t) = a\sin\alpha \cos\omega t + a\cos\alpha \sin\omega t$$

与式(12.7)比较可知：

$$y_0 = a\sin\alpha \qquad \frac{v_0}{\omega} = a\cos\alpha$$

$$a=\sqrt{y_0^2+\frac{v_0^2}{\omega^2}} \qquad \alpha=\tan^{-1}\frac{y_0\omega}{v_0}$$

12.2.3 结构的自振周期和自振频率

由自由振动的振动方程可知，自由振动的位移、速度和加速度等物理量都是按照正弦或余弦的规律变化，由于正弦函数和余弦函数都是周期函数，每隔一段时间这些物理量就会回到原始状态。

1. 自振周期

周期 T 表示振动一次所需要的时间，单位为(s)。由正弦函数和余弦函数可知，周期 T 可表示为式(12.9)。

$$T=\frac{2\pi}{\omega} \tag{12.9}$$

同时位移 y 满足周期性运动的下列条件：$y(t+T)=y(t)$。

根据自振周期的定义，自振周期 T 计算公式的几种形式见式(12.10)：

$$\begin{aligned}T&=2\pi\sqrt{\frac{m}{k}}=2\pi\sqrt{m\delta}\\&=2\pi\sqrt{\frac{w\delta}{g}}=2\pi\sqrt{\frac{\Delta_u}{g}}\end{aligned} \tag{12.10}$$

式中：$m=\frac{w}{g}$，Δ_u——在质点上沿振动方向施加数值为 w 的荷载时质点沿振动方向所产生的静位移 $\Delta_u=w\delta$。

圆频率计算公式的几种形式见式(12.11)所示：

$$\omega=\sqrt{\frac{k}{m}}=\sqrt{\frac{1}{m\delta}}=\sqrt{\frac{g}{m\delta}}=\sqrt{\frac{g}{\Delta_u}} \tag{12.11}$$

2. 频率

自振周期的倒数称为频率，由此可得式(12.12)：

$$f=\frac{1}{T}=\frac{\omega}{2\pi}\rightarrow\omega=\frac{2\pi}{T}=2\pi f \tag{12.12}$$

式中　f——单位时间内的振动次数，单位为 1/秒(1/s)，或赫兹(Hz)；

ω——圆频率，2π 秒内完成的振动次数。

3. 特性

(1) T 与 $\sqrt{m}$ 成正比，$m\uparrow$ 则 $T\uparrow f\downarrow$；T 与 $\sqrt{k}$ 成反比，$k\uparrow$ 则 $T\downarrow f\uparrow$。

(2) 自振周期只与结构的质量和刚度有关，与外界的干扰因素无关。干扰力只影响振幅。

(3) 自振周期与质量的平方根成正比，质量越大，周期越大；自振周期与刚度的平方根成反比；要改变结构的自振周期，只有从改变结构的质量或刚度着手。

(4) 自振周期是结构动力特性的重要标志。两个外形相似的结构，如果周期相差悬殊，则动力性能相差很大。反之，两个外形看起来并不相同的结构，如果其自振周期相近，则动力性能基本一致。

自振周期和自振频率是反映结构动力性能非常重要的物理量。在动荷载的作用下，结构的动力反应与结构的固有属性(自振周期和自振频率)有关。

【例 12.1】 图 12.8 所示为一等截面悬臂柱，截面面积为 A，抗弯刚度为 EI。柱顶有重物，重量为 W，设柱本身质量忽略不计，试分别求水平振动和竖向振动的自振周期。

解：

(1)水平振动自振周期：

在柱顶 W 处加一水平单位力，求得：$\delta = \dfrac{l^3}{3EI}$；

带入自振周期计算公式计算，求得：$T = 2\pi\sqrt{\dfrac{W\delta}{g}} = 2\pi\sqrt{\dfrac{Wl^3}{3EIg}}$。

(2)竖向振动自振周期计算：

在柱顶 W 处加一水平单位力，求得：$\delta = \dfrac{l}{EA}$；

代入自振周期计算公式计算，求得：$T = 2\pi\sqrt{\dfrac{W\delta}{g}} = 2\pi\sqrt{\dfrac{Wl}{EAg}}$。

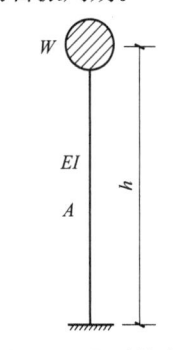

图 12.8 悬臂柱水平和竖向振动

【例 12.2】 图 12.9 所示为一单层刚架，横梁抗弯刚度为无穷大，柱的截面抗弯刚度为 EI，横梁上总质量为 m，柱的质量可以忽略不计。求刚架的水平自振频率。

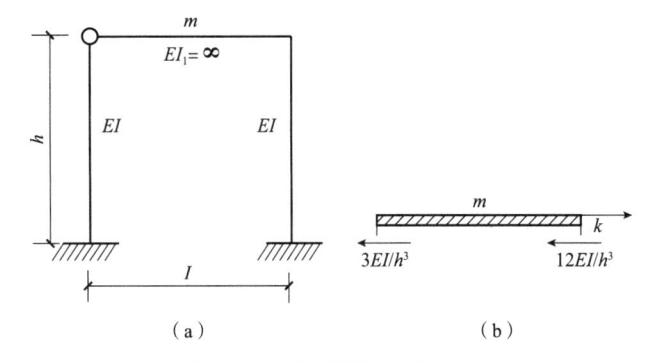

图 12.9 单层刚架水平振动

解： 由图(b)求得刚架的水平刚度：$k = \dfrac{3EI}{h^3} + \dfrac{12EI}{h^3} = \dfrac{15EI}{h^3}$

求解刚架的自振频率：

$$\omega = \sqrt{\dfrac{k}{m}} = \sqrt{\dfrac{15EI}{mh^3}}$$

12.2.4 阻尼对自由振动的影响

振动过程中引起能量损耗的因素称为阻尼。阻尼产生的原因有材料的内摩擦，连接点、支承面等处的外摩擦及介质阻力等。按照无阻尼的理论，自由振动是按照周期函数的规律进行不停地振动，实际结构的振动，总是有阻尼的，现讨论阻尼对自由振动的影响。

在振动分析中用于代替阻尼作用的阻碍振动的力统称为阻尼力，简称阻尼。阻尼是结构的一个重要的动力特性。阻尼力大致可分为两种：一种是外部介质的阻力，如空气和液体的阻力、摩擦力等；另一种是物体内部的作用，如分子间的摩擦力和黏着力等。

由于内外阻尼的规律不同，并且与振动物体的结构形式、构成材料的性质有关，因而估计阻尼的作用有几种不同的阻尼理论(假说)。为使计算较为简单,通常引用所谓粘滞阻尼理论,也称福格第(Voigt)假定。

这种理论假定,粘滞阻尼力的大小:近似认为物体所受的阻尼力与其振动的速度成正比;粘滞阻尼力方向与质点的速度方向相反,如式(12.13)所示。

$$R(t)=-c\dot{y} \tag{12.13}$$

式中 c——阻尼常数。

当考虑阻尼力时,单自由度体系的振动模型如图 12.10(a)所示,体系的质量为 m,弹簧的刚度系数为 k,阻尼系数为 c。

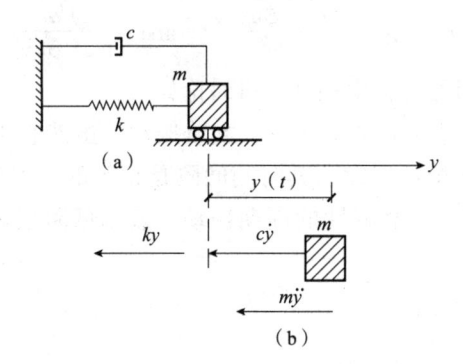

图 12.10 有阻尼自由振动模型
(a)单自由度体系振动模型;(b)隔离体的分析

取质量 m 为隔离体,如图 12.10(b)所示,弹性力 $-ky$,惯性力 $-m\ddot{y}$ 和阻尼力 $-c\dot{y}$ 之间的平衡方程为式(12.14)

$$m\ddot{y}+c\dot{y}+ky=0 \tag{12.14}$$

式(12.14)两边同时除以质量 m。

令

$$\omega=\sqrt{\frac{k}{m}}$$

$$\xi=\frac{c}{2m\omega} \tag{12.15}$$

式中 ξ——阻尼比。

可得出有阻尼自由振动方程,如式(12.16)所示:

$$\ddot{y}+2\xi\omega\dot{y}+\omega^2 y=0 \tag{12.16}$$

式(12.16)的解为 $y(t)=Ce^{\lambda t}$

其特征方程为 $\lambda^2+2\xi\omega\lambda+\omega^2=0$

则可以得出其解为式(12.17)。

$$\lambda=\frac{-2\xi\omega\pm\sqrt{4\xi^2\omega^2-4\omega^2}}{2}=\omega(-\xi\pm\sqrt{\xi^2-1}) \tag{12.17}$$

当 $\xi<1$(低阻尼)时,令

$$\omega_r=\omega\sqrt{1-\xi^2} \tag{12.18}$$

式中 ω_r——有阻尼的自振频率。

$$\lambda = -\xi\omega \pm i\omega_r \tag{12.19}$$

则，此时微分方程(12.16)的解为

$$y = e^{-\xi\omega t}(c_1\cos\omega_r t + c_2\sin\omega_r t)$$

$$y = e^{-\xi\omega t}\left(y_0\cos\omega_r t + \frac{v_0 + \xi\omega y_0}{\omega_r}\sin\omega_r t\right)$$

ω_r——低阻尼体系的自振圆频率。

引入初始条件代入可得平衡方程见公式(12.20)：

$$y = e^{-\xi\omega t} a\sin(\omega_r t + \alpha) \tag{12.20}$$

式中

$$a = \sqrt{y_0^2 + \frac{(v_0 + \xi\omega y_0)^2}{\omega_r^2}} \quad \tan\alpha = \frac{y_0\omega_r}{v_0 + \xi\omega y_0}$$

根据以上解答，对低阻尼的自由振动，可讨论如下：

(1)由此可知，低阻尼的自由振动是一个衰减振动。虽然它不是严格定义的周期运动，但质点在相邻两次通过静平衡位置时，其时间间隔是相等的。习惯上仍称此时间间隔 $T_r = 2\pi/\omega_r$ 为周期，并称这种振动为衰减性的周期振动。表示低阻尼体系自由振动时的 $y-t$ 曲线如图 12.11 所示。

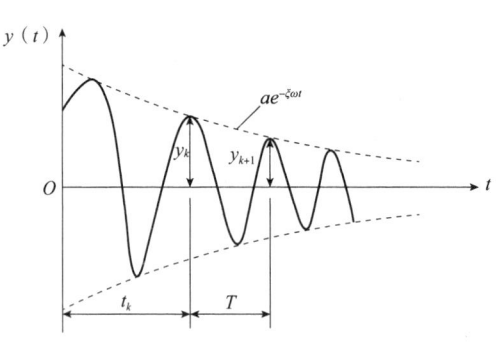

图 12.11 低阻尼自由振动

(2)对自振频率的影响：

$$\omega_r = \omega\sqrt{1-\xi^2} \quad \xi\uparrow \omega_r\downarrow$$

一般建筑物阻尼比为 0.01~0.1，当阻尼比小于 0.2 时，$\frac{\omega_r}{\omega}$ 为 0.96~1.0，与 ω 接近因此当 $\xi < 0.2$ 时，阻尼对自振频率影响不大，可以忽略。

因为 $\xi \approx 0.01 \sim 0.1$，故 $\omega_r \approx \omega$

(3)对振幅的影响：

相邻两个振幅之比见公式(12.21)

$$\frac{y_{k+1}}{y_k} = \frac{ae^{-\xi\omega(t_k+T)}}{ae^{-\xi\omega t_k}} = e^{-\xi\omega T} \tag{12.21}$$

随着 ξ 的增加，振幅衰减越快。

(4)阻尼比的测定：

由式(12.21)取对数，可得

$$\ln\frac{y_k}{y_{k+1}}=\xi\omega T=\xi\omega\frac{2\pi}{\omega_r}$$

因为 $\frac{\omega_r}{\omega}\approx 1$，所以 $\xi\approx\frac{1}{2\pi}\ln\frac{y_k}{y_{k+1}}$

由两个相隔 n 个周期的振幅，可得
$$\xi\approx\frac{1}{2\pi n}\ln\frac{y_k}{y_{k+n}} \tag{12.22}$$

(5) $\xi=1$ 的情况

式(12.16)解为
$$y=(C_1+C_2t)e^{-\omega t}$$

引入初始条件后可得
$$y=[y_0(1+\omega t)+v_0 t]e^{-\omega t} \tag{12.23}$$

在式(12.15)中，令 $\xi=1$，则得：
$$C_r=2m\omega \tag{12.24}$$

而临界阻尼比为
$$\xi=\frac{C}{C_r} \tag{12.25}$$

$\xi>1$(强阻尼)，由于阻尼过大，系统的运动为按指数规律衰减的非周期振动。这种振动情况称为强阻尼或过阻尼。由于在实际问题中很少遇到，故不在进一步讨论。

【例 12.3】 如图 12.12 所示，体系做自由振动试验，用钢丝绳将上端拉离平衡位置 2 cm，用力 16.4 kN，将绳突然切断，开始做自由振动，经 4 个周期，用时 2 s，振幅降为 1 cm。求：

(1)阻尼比 ξ；(2)刚度系数；(3)无阻尼周期；(4)重量 W；(5)阻尼系数 c；(6)若质量增加 800 kg 时体系的周期和阻尼比。

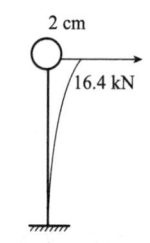

图 12.12 例 12.3 图

解：

(1)阻尼比
$$\xi=\frac{1}{2\pi\times 4}\ln\frac{2}{1}=0.027\,6$$

(2)刚度系数
$$k_{11}=\frac{16.4\times 10^3}{0.02}=8.2\times 10^5(\text{N/m})$$

(3)无阻尼周期
$$T_D=2/4=0.5(\text{s})$$
$$T=T_D\sqrt{1-\xi^2}=0.499\,8(\text{s})$$

(4)重量
$$\omega=\frac{2\pi}{T}=12.57(1/\text{s})$$
$$m=k_{11}/\omega^2=5\,190(\text{kg})$$
$$W=mg=50.86(\text{kN})$$

(5)阻尼系数
$$c=2m\omega\xi=3\,601(\text{N}\cdot\text{s/m})$$

(6)若质量增加 800 kg 时体系的周期和阻尼比为

$$\omega^2 = \frac{8.2 \times 10^5}{5\,190 + 800} = 136.89(1/\text{s}^2)$$
$$\omega = 11.70(1/\text{s})$$
$$T = 2\pi/\omega = 0.537(\text{s})$$
$$\xi = c/2m\omega = 0.025\,7$$

【例 12.4】 有一排架，横梁刚度为无穷大，横梁及柱的部分质量集中在横梁处，结构为单自由度体系。为进行振动实验，在横梁处加一水平力 P，柱顶产生侧移 $y_0 = 0.6$ cm，这时突然卸除荷载 P，排架做自由振动。振动一周后，柱顶侧移为 0.54 cm，试求排架的阻尼比及振动 10 周后，柱顶的振幅 y_{10}。

解：(1) 求 ξ

假设阻尼比 $\xi < 0.2$，$\omega_r \approx \omega$，因此，可计算出 ξ。

$$\xi \approx \frac{1}{2\pi} \ln \frac{y_0}{y_1} = \frac{1}{2\pi} \ln \frac{0.6}{0.54} = 0.016\,8$$

(2) 求振动 10 周后的振幅 y_{10}。

已知，$n = 10$，则：

$$\xi \approx \frac{1}{2\pi n} \ln \frac{y_0}{y_{10}}$$
$$\ln \frac{y_0}{y_{10}} = 2\pi n \xi$$
$$\ln y_{10} = \ln y_0 - 20\pi\xi = \ln 0.6 - 20\pi \times 0.016\,8$$
$$y_{10} = 0.21 \text{ cm}$$

所以，振动 10 周后的振幅为 0.21 cm。

12.3 单自由度体系的受迫振动

12.3.1 单自由度体系受迫振动微分方程的建立

如图 12.13(a)所示，单自由度体系在荷载 $P(t)$ 作用下的受迫振动可以用图 12.13(b)的模型来表示。

(1) 受迫振动（强迫振动）：结构在动力荷载作用下的振动。

(2) 取质量 m 为隔离体，其受力图如图 12.13(c)所示，建立该隔离体的动力平衡方程为

$$m\ddot{y} + ky = P(t)$$

上式两边同时除以质量 m。

将 $\omega = \sqrt{\dfrac{k}{m}}$ 代入方程，上式可写为

$$\ddot{y} + \omega^2 y = \frac{P(t)}{m} \tag{12.26}$$

即

$$\ddot{y} + \frac{k}{m} y = \frac{F_P(t)}{m} \tag{12.27}$$

式(12.27)为单自由度体系受迫振动的微分方程，其二阶非齐次微分方程的解包含通解

和特解两部分。

通解：
$$y_g = c_1\sin\omega t + c_2\cos\omega t$$

特解：根据荷载情况具体确定特解。

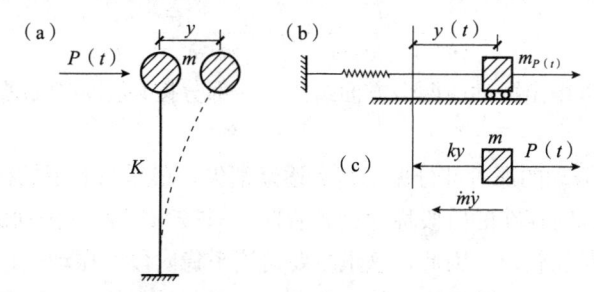

图 12.13　单自由度体系受迫振动

(a)单自由度体系；(b)受迫振动模型；(c)隔离体 m

12.3.2　简谐荷载作用下结构的动力反应

(1)简谐荷载作用下方程的解答。

体系承受简谐荷载的表达式为

$$P(t) = F\sin\theta t \tag{12.28}$$

式中　θ——简谐荷载的圆频率；

F——荷载最大值(也称为荷载的幅值)；

$P(t)$——体系承受简谐荷载；

t——任意时刻。

$$\ddot{y} + \omega^2 y = \frac{F}{m}\sin\theta t \tag{12.29}$$

这是一个二次齐阶常系数微分方程，它的通解由两部分组成：一部分为通解($\bar{y}$)；另一部分为特解(y^*)。

$$y = \bar{y} + y^*$$

其中，通解($\bar{y}$)，在之前已经求出：

$$\bar{y} = c_1\sin\omega t + c_2\cos\omega t$$

在此处设特解：设 $y^* = A\sin\theta t$

将其代入式(12.29)中，可以推出

$$(-\theta^2 + \omega^2)A\sin\theta t = \frac{F}{m}\sin\theta t \tag{12.30}$$

由此可以得出

$$A = \frac{F}{m(\omega^2 - \theta^2)} \qquad y^* = \frac{F}{m(\omega^2 - \theta^2)}\sin\theta t$$

于是求出方程的通解：

$$y = c_1\sin\omega t + c_2\cos\omega t + \frac{F}{m(\omega^2 - \theta^2)}\sin\theta t \tag{12.31}$$

积分常数由初始条件来确定。

当 $t=0$ 时，初始位移(y_0)与初始速度 $\dot{y}(0)$ 均为零。将 $t=0$ 代入式(12.31)，得出

$$c_2=0, \quad c_1=-\frac{F\theta}{m(\omega^2-\theta^2)\omega}$$

将 c_1、c_2 代入式(12.31)中得出

$$y=-\frac{F\theta}{m(\omega^2-\theta^2)\omega}\sin\omega t+\frac{F}{m(\omega^2-\theta^2)}\sin\theta t \tag{12.32}$$

由上述分析，可以得出振动由两个方面组成：一部分按自振频率 ω 振动，另一部分按荷载频率 θ 振动。

按照自振频率 ω 振动的那一部分振动将会逐渐消失，最后只剩下按荷载频率 ω 振动的那一部分。把两部分振动同时存在的阶段称为过渡阶段，只按荷载频率振动的阶段称为平稳阶段。由于过渡阶段存在的时间较短，因此，这里主要讨论平稳阶段的振动或稳态受迫振动。

(2)简谐荷载动力系数。平稳阶段任一时刻的位移，由式(12.32)通解的第二部分

$$y(t)=\frac{F}{m(\omega^2-\theta^2)}\sin\theta t=\frac{F}{m\omega^2\left(1-\frac{\theta^2}{\omega^2}\right)}\sin\theta t \tag{12.33}$$

因为 $\omega^2=\frac{k}{m}=\frac{1}{m\delta}$，所以 $\frac{F}{m\omega^2}=F\delta$ 代入式(12.33)得

$$y(t)=F\delta\frac{1}{\left(1-\frac{\theta^2}{\omega^2}\right)}\sin\theta t \tag{12.34}$$

引入：荷载幅值 F 作为静力荷载作用结构产生的位移，即

$$y_{st}=F\delta \tag{12.35}$$

将式(12.35)代入式(12.34)，可以得出：

$$y(t)=y_{st}\frac{1}{\left(1-\frac{\theta^2}{\omega^2}\right)}\sin\theta t \tag{12.36}$$

已知 $\sin\theta t$ 最大值为1，则可以求出最大位移(即振幅)为

$$[y(t)]_{max}=y_{st}\frac{1}{\left(1-\frac{\theta^2}{\omega^2}\right)}$$

最大动位移与荷载幅值所产生的静位移的比值为动力系数，用 β 来表示，即

$$\beta=\frac{[y(t)]_{max}}{y_{st}}=\frac{1}{1-\frac{\theta^2}{\omega^2}} \tag{12.37}$$

从式(12.37)中可以总结出：动力系数 β 与频率比值 $\frac{\theta}{\omega}$ 有关。

β 其变化规律如图12.14所示。

1)当 $\frac{\theta}{\omega}\to 0$ 时，$\beta>1$，$\beta\to 1$ 荷载频率远小于结构的自振频率，荷载变化得很慢，可以当作静荷载处理。

2)$0<\frac{\theta}{\omega}<1$ 时，$\beta>1$，随 θ/ω 增大 β 增大。

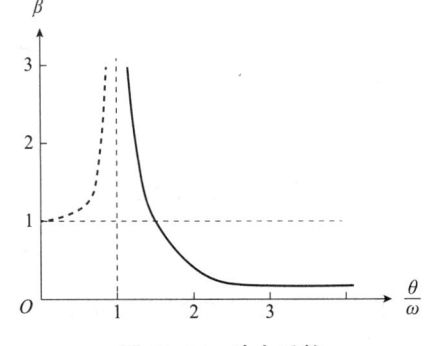

图12.14 动力系数

3）当 $\theta/w \to 1$ 时，$\beta \to \infty$，当荷载频率接近自振频率时，振幅为无限大，称为"共振"。通常把 $0.75 < \theta/w < 1.25$ 称为"共振区"。

4）$\dfrac{\theta}{\omega} > 1$ 时，位移与荷载反向，$|\beta|$ 随 θ/w 的增大而减小。

5）$\dfrac{\theta}{\omega} \to \infty$ $|\beta| \to 0$。

【例 12.5】 求图 12.15 所示梁中最大弯矩和跨中点最大位移，已知：$L = 4$ m，$I = 8.8 \times 10^{-5}$ m^4，$E = 210$ GPa，$Q = 35$ kN，$P = 10$ kN，$n = 500$ r/min。

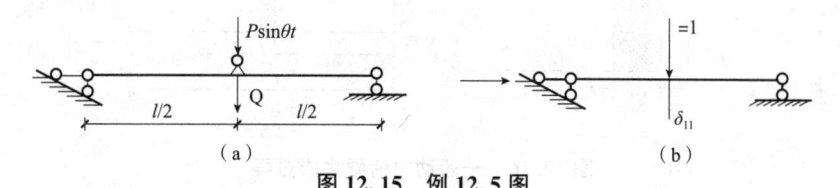

图 12.15 例 12.5 图

解：

$$\delta_{11} = \frac{l^3}{48EI} = 0.722 \times 10^{-7} \, (\text{m/N})$$

重力引起的弯矩：$M_Q = \dfrac{1}{4}Ql = 35\,(\text{kN})$

重力引起的位移：$\Delta_Q = Q\delta_{11} = 2.53 \times 10^{-3}\,(\text{m})$

$y_{st} = P\delta_{11} = 0.722 \times 10^{-3}\,(\text{m})$

$M_{st} = \dfrac{1}{4}Pl = 10\,(\text{kN·m})$

$\omega = \sqrt{1/m\delta_{11}} = \sqrt{g/\Delta_Q} = 62.31 \,/\text{s}$

$\theta = 2\pi n/60 = 52.3 \,1/\text{s}$

$\mu = \dfrac{1}{1 - \theta^2/\omega^2} = 3.4$

振幅：$A = y_{st}\mu = 2.45 \times 10^{-3}\,(\text{m})$

动弯矩幅值：$M_D = M_{st}\mu = 34\,(\text{kN·m})$

跨中最大弯矩：$M_{\max} = M_D + M_D = 69\,(\text{kN·m})$

跨中最大位移：$f_{\max} = \Delta_Q + A = 4.98 \times 10^{-3}\,(\text{m})$

12.3.3 一般荷载作用下结构的动力反应

讨论在一般动荷载 $P(t)$ 作用下所引起的动力反应，这个主要分为两个步骤：先讨论瞬时冲量的动力反应，然后在此基础上讨论一般荷载的动力反应。

(1)瞬时冲量的动力反应。瞬时冲量 S 引起的振动可视为由初始条件引起的自由振动。

由动量定理[图 12.16(a)]：$V_{0m-0} = S = P\Delta t$。

在 $t = 0$ 时(静止状态)，然后作用的瞬时冲量 S。然后得出：$v_0 = \dfrac{S}{m}$ （冲量使体系产生初速度）。

但是：$y_0 = 0$ （初位移为零） 因此，可以推出

$$y(t)=y_0\cos wt+\frac{v_0}{w}\sin wt \rightarrow y(t)=\frac{S}{mw}\sin wt \tag{12.38}$$

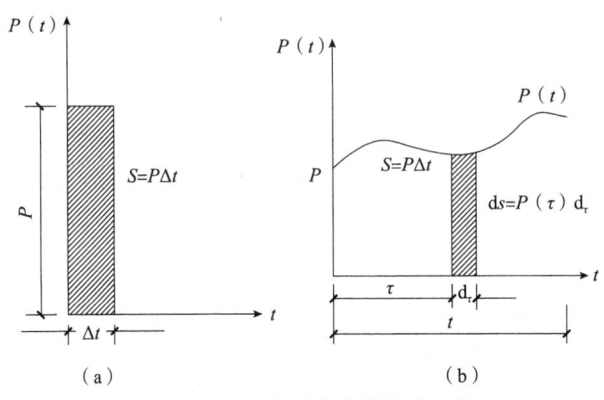

图 12.16　一般动力荷载集成过程

(a)原始动量；(b)瞬时冲量

以上所得出的式子为当 $t=0$ 时作用瞬时冲量 S 所引出的动力反应。

如果 $t=\tau$ 时，作用瞬时冲量[图 12.16(b)]，则在其任意时刻的位移为

$$y(t)=\frac{S}{mw}\sin w(t-\tau) \tag{12.39}$$

现在可以得出，一般动力荷载可以看作由一系列瞬时冲量组成，由式(12.39)得出，此微分冲量作用引起的动力反应为

$$ds=P(\tau)d\tau$$

$$dy(t)=\frac{P(t)d\tau}{mw}\sin w(t-\tau) \quad (t>\tau)$$

初始静止状态的单自由度体系在任意荷载下的位移公式为

$$y_{(t)}=\frac{1}{m\omega}\int_0^\tau P(\tau)\sin w(t-\tau)d\tau \tag{12.40}$$

初始位移 y_0 和初始速度 v_0 不为零在任意荷载作用下的位移公式为

$$y(t)=y_0\cos\omega t+v_0\sin\omega t+\frac{1}{m\omega}\int_0^t p(\tau)\sin w(t-\tau)d\tau \tag{12.41}$$

(2)两种动荷载作用时的动力反应。

1)突加荷载。如图 12.17 所示，体系原处于静止状态，在 $t=0$ 时，突然加荷载 P_0

$$\begin{cases} P(t)=0 & t<0 \\ P(t)=P_0 & t\geqslant 0 \end{cases}$$

将突加的荷载代入式(12.40)，初始静止状态的单自由度体系在任意荷载下的位移公式中得出

图 12.17　突加荷载

$$y_{(t)}=\frac{1}{m\omega}\int_0^t P(\tau)\sin w(t-\tau)d\tau$$

$$=\frac{1}{m\omega}\frac{P_0}{\omega}\cos w(t-\tau)\Big|_0^t=\frac{P_0}{m\omega^2}(1-\cos wt)=y_{st}(1-\cos wt) \tag{12.42}$$

式中　$y_{st}=\dfrac{P_0}{m\omega^2}=P_0\delta$ ——作用下的静位移。

根据式(12.42)做出突加荷载位移反应,如图 12.18 所示,图中质点围绕静力平衡位置做简谐振动。

动力系数:

$$\beta = \frac{[y_{st}]_{max}}{y_{st}} = \frac{2y_{st}}{y_{st}} = 2$$

由此可以看出,突加荷载作用引起的最大位移比相应的静位移增大一倍。

2)线性渐增荷载。在一定时间内($0 \leqslant t \leqslant t_r$),荷载由 0 增加至 P_0,然后荷载值保持不变,如图 12.19 所示。

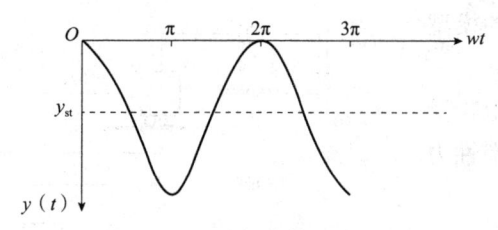

图 12.18 突加荷载位移反应

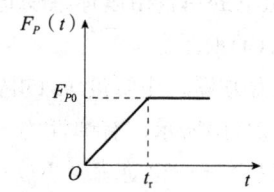

图 12.19 线性增加荷载

其荷载表达式为

$$\begin{cases} P(t) = \dfrac{P_0}{t_r} t & (0 \leqslant t \leqslant t_r) \\ P(t) = P_0 & (t \geqslant t_r) \end{cases}$$

式中 t_r——升载时间。

这种荷载引起的动力反应同样可以利用杜哈梅积分进行求解,可以得出

$$\left.\begin{aligned} y(t) &= \frac{P_0}{m\omega t_r} \int_0^t \tau \sin\omega(t-\tau) \mathrm{d}\tau = y_{st} \frac{1}{t_r} \left(t - \frac{\sin\omega t}{\omega} \right) \quad (t \leqslant t_r) \\ y(t) &= \frac{P_0}{m\omega t_r} \int_0^{t_r} \tau \sin\omega(t-\tau) \mathrm{d}\tau + \frac{P_0}{m\omega} \int_{t_r}^t \sin\omega(t-\tau) \mathrm{d}\tau \\ &= y_{st} \left\{ 1 - \frac{1}{\omega t_r} [\sin\omega t - \sin\omega(t-t_r)] \right\} \quad (t \geqslant t_r) \end{aligned}\right\} \quad (12.43)$$

对于这种线性渐增荷载,其动力反应与升载时间长短有很大关系。图 12.20 所示的曲线表示动力系数。

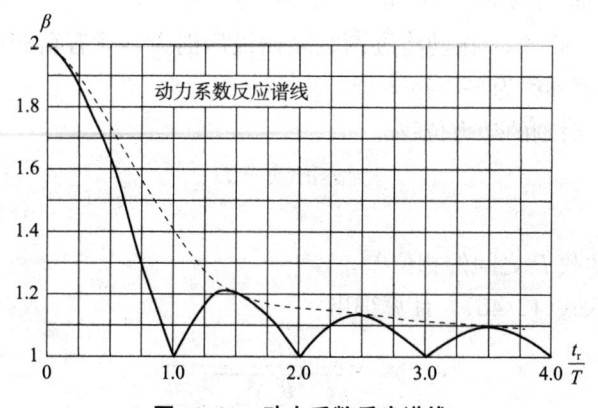

图 12.20 动力系数反应谱线

β 随时间升载而变化的情形，这种曲线图叫作动力系数的反应谱线图。

由动力系数反应谱线可以分析得出

1) $1<\beta<2$，即动力系数 β 为 $1\sim 2$。
2) 如果升载时间很短，$t_r<T/4$，$\beta=2.0$，相当于突加荷载情况。
3) 如果升载时间很长，$t_r>4T$，β 接近于 1.0，相当于静荷载情况。

常取外包虚线作为设计依据。

12.3.4 阻尼对受简谐荷载受迫振动的影响

具有阻尼的单自由度体系受迫振动的模型如图 12.21(a)所示。

(1) 动力方程。在质量 m 的隔离体上，受力如图 12.21(b)所示，有弹性力 $-ky$，惯性力 $-m\ddot{y}$，阻尼力 $-c\dot{y}$ 和动荷载 $P(t)$。

动力平衡方程为

$$m\ddot{y}+c\dot{y}+ky=P(t) \quad (12.44)$$

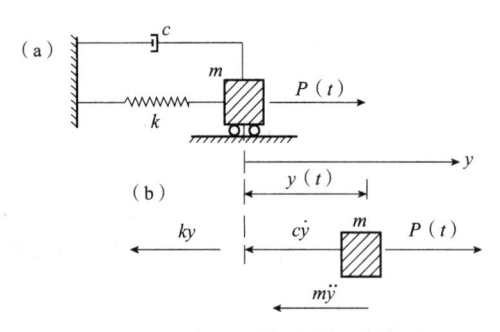

图 12.21 有阻尼的受迫振动模型
(a) 单自由度体系受迫振动；(b) 隔离体受力

在简谐荷载 $P(T)=F\sin\theta$ 作用下，代入式(12.44)，得出简谐荷载作用下有阻尼体系的振动微分方程。

$$\ddot{y}+2\xi\omega\dot{y}+\omega^2 y=\frac{F}{m}\sin\theta t \quad (12.45)$$

在式(12.45)中：

$$\xi=\frac{c}{2m\omega} \qquad \omega=\sqrt{\frac{k}{m}}$$

方程解的组成分为两个部分：齐次解和特解。

特征值方程为 $\lambda^2+2\xi\omega\lambda+\omega^2=0$

特征值为 $\lambda=\omega(-\xi\pm\sqrt{\xi^2-1})$

一般解为 $y(t)=B_1 e^{\lambda_1 t}+B_2 e^{\lambda_2 t}$

振动的组成：由 ω_r 的频率和 θ 的频率两部组成。

由于阻尼的作用，频率 ω_r 振动将逐渐衰减而最后消失，只有荷载的影响，频率为 θ 的振动不衰减，这部分振动称为平稳振动。

(2) 平稳振动任一时刻的动力位移。

$$y=a\sin(\theta t-\alpha) \quad (12.46)$$

式中　a——振幅；

α——振幅与动载 P 之间的相位差。

将式(12.39)代入式(12.45)，计算得出

$$a=y_{st}\frac{1}{\sqrt{\left(1-\dfrac{\theta^2}{\omega^2}\right)+4\xi^2\dfrac{\theta^2}{\omega^2}}} \quad (12.47)$$

$$\alpha = \text{tg}^{-1} \frac{2\xi \frac{\theta}{\omega}}{\left(1 - \frac{\theta^2}{\omega^2}\right)} \tag{12.48}$$

式中 y_{st}——在动载幅值 F 作用下的静力位移。

由式(12.47)可以得出动力系数 β：

$$\beta = \frac{a}{y_{st}} = \frac{1}{\sqrt{\left(1 - \frac{\theta^2}{\omega^2}\right) + 4\xi^2 \frac{\theta^2}{\omega^2}}} \tag{12.49}$$

由以上过程，可以总结出：动力系数不但与频率比值 $\frac{\theta}{\omega}$ 有关，而且与 ξ 有关，可画出对应的 β 与 $\frac{\theta}{\omega}$ 之间的关系曲线，如图12.22所示。

由上述过程以及图12.22我们可以分析得到：

1)阻尼比 ξ 对动力系数 β 影响与频率比值 $\frac{\theta}{\omega}$ 有关。

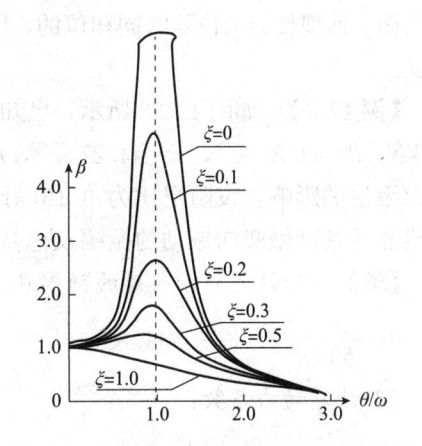

图12.22 有阻尼时简谐荷载的动力系数

① $\frac{\theta}{\omega}$ 远小于1，即 $\frac{\theta}{\omega}$ 很小 $\beta \to 1$，$P(t)$ 可以作为静力荷载处理。

② $\frac{\theta}{\omega}$ 远大于1，即 $\frac{\theta}{\omega}$ 很大 $\beta \to 0$，质点接近没有振动位移。

③ $\frac{\theta}{\omega} \to 1$，即 $\frac{\theta}{\omega} = 1$，由于阻尼的存在，共振 β 的峰值会下降。

在 $\frac{\theta}{\omega} = 1$ 时，即共振的情形，动力系数 β 由式(12.49)可以得出

$$\beta \big|_{\frac{\theta}{\omega}=1} = \frac{1}{2\xi} \tag{12.50}$$

如果忽略阻尼的影响，则在式(12.50)中令 $\xi \to 0$，无阻尼体系共振时 $\beta \to \infty$。

如果考虑阻尼的影响，则在式(12.50)中 $\xi \neq 0$，动力系数 β 为有限值。

一般地，在 $0.75 < \frac{\theta}{\omega} < 1.3$ 的范围内，即共振区，阻尼力大大减小了受迫振动的位置，因此，需要考虑阻尼的影响。

2)阻尼比 ξ 对任意时刻的位移 $y(t)$ 与动载 P 的相位差 α 影响与频率比 $\frac{\theta}{\omega}$ 有关。

① $\frac{\theta}{\omega} \to 0$，即 $\frac{\theta}{\omega}$ 远小于1，$\alpha \to 0$，y 与 P 同步。

这个时候体系振动非常慢，同样地，惯性力和阻尼力都非常小，动载和弹力平衡，弹性力与 y 的方向相反，所以，动载和 y 同步。

② $\frac{\theta}{\omega} \to 1$，即 $\theta \approx \omega$ 时，$\alpha \to 90°$，y 与 P 相位差接近 $90°$。

因为当荷载值最大时，位移加速度都接近0，因此，弹性力和惯性力都接近0，动载主

要由阻尼力来平衡。由此可以看出，在共振的情况下，阻尼力起重要的作用，它的影响是不容忽视的。

③ $\frac{\theta}{\omega} \to \infty$，即 $\frac{\theta}{\omega}$ 远大于 1 时，$\alpha \to 180°$，y 与 P 方向相反。

此时共振体系振动很快，因此惯性力很大，弹性力和阻尼力相对比较小，动载主要与惯性力平衡。而惯性力与位移时同相位的，因此，荷载与位移的相位角相差 180°，也就是它们方向相反。

【例 12.6】 如图 12.23 所示，已知 $W=60$ kN，$P_0=20$ kN，$\theta=41.89$ s^{-1}，$\omega=44.27$ s^{-1}，$k=12\,000$ kN/m，考虑阻尼的影响，设阻尼比为 0.15，计算在阻尼的影响下机器及基础做竖向振动的振幅及地基最大压应力。

【解】 (1) 计算简谐荷载的频率 θ：
$$\theta = \frac{2\pi n}{60} = \frac{2\pi \times 400}{60} = 41.89 (\text{s}^{-1})$$

(2) 计算动力系数：
$$\beta = \frac{1}{1 - \frac{\theta^2}{\omega^2}} = \frac{1}{1 - \left(\frac{41.89}{44.27}\right)^2} = 9.56$$

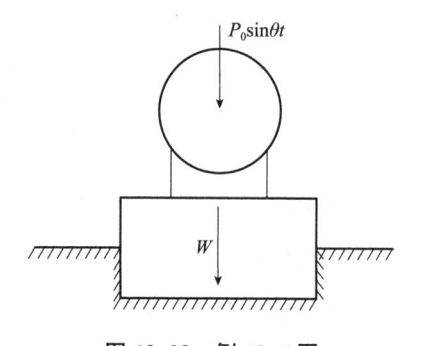

图 12.23 例 12.6 图

(3) 计算基础做竖向振动时的振幅：
$$[y(t)]_{\max} = y_{st}\beta = \frac{P_0}{k}\beta = 1.59 (\text{cm})$$

(4) 计算地基最大压应力：
$$P_{\min} = -\frac{W}{A} - \frac{\beta P_0}{A} = -12.56 (\text{kPa})$$

12.3.5 有阻尼时的杜哈梅积分 ($\xi < 1$)

有阻尼体系 ($\xi < 1$) 承受一般动荷载 $P(t)$ 作用，结构的位移反应也可以表示为杜哈梅积分。

由 $v_0 \neq 0$，$y_0 = 0$，单独由 v_0 引起的自由振动：
$$y = e^{-\xi\omega t}\left(y_0 \cos\omega_r t + \frac{v_0 + \xi\omega y_0}{\omega_r}\sin\omega_r t\right) \rightarrow y = e^{-\xi\omega t}\frac{v_0}{\omega_r}\sin\omega_r t$$

由瞬时冲量所引起的振动，可视为以 $S = mv_0$，$y_0 = 0$ 为初始条件的自由振动：

因为 $S = mv_0 \rightarrow y = e^{-\xi\omega t}\frac{S}{m\omega_r}\sin\omega_r t$

所以 $ds = p(\tau)d\tau \rightarrow dy = \frac{P(\tau)d\tau}{m\omega_r}e^{\xi\omega(t-\tau)}\sin\omega_r(t-\tau)$，$t > \tau$

总反应：
$$y(t) = \int_0^t \frac{P(\tau)}{m\omega_r}e^{-\xi\omega(t-\tau)}\sin\omega_r(t-\tau)d\tau + e^{-\xi\omega t}\left(y_0\cos\omega_r + \frac{v_0 + \xi\omega y_0}{\omega_r}\sin\omega_r t\right) \quad (12.51)$$

式 (12.51) 为开始处于静止状态的单自由度体系在 $P(t)$ 作用下引起的有阻尼的强迫振动。

12.4 两个自由度体系的自由振动

在实际工程中,很多问题可以简化为单自由度体系计算。但也有很多结构的振动问题不宜简化为单自由度体系计算,如多层房屋的侧向振动、不等高排架的振动、柔性较大的高耸结构在地震作用下的振动等,都应按多自由度体系来计算。两个自由度体系是多自由度体系的最简单情况,能清楚地反映多自由度体系的特征。

12.4.1 两个自由度体系自由振动微分方程的建立

与单自由度体系一样,两个自由度体系建立振动方程也有两种方法:一种是柔度法;另一种是刚度法。

(1)柔度法。图12.24(a)所示为具有两个集中质量 m_1 和 m_2 的两个自由度体系。在自由振动任一时刻 t,质量 m_1、m_2 的位移分别是 $y_1(t)$ 和 $y_2(t)$。

按柔度法建立两个自由度自由振动微分方程的思路:在自由振动的任意时刻 t,质量 m_1、m_2 的位移 $y_1(t)$、$y_2(t)$ 应等于在该时刻惯性力 $-m_1\ddot{y}_1(t)$、$-m_2\ddot{y}_2(t)$ 共同作用下所产生的静力位移。根据叠加原理,可列出方程式(12.52)所示。

$$\left.\begin{array}{l} y_1(t)=-m_1\ddot{y}_1(t)\delta_{11}-m_2\ddot{y}_2(t)\delta_{12} \\ y_2(t)=-m_1\ddot{y}_1(t)\delta_{21}-m_2\ddot{y}_2(t)\delta_{22} \end{array}\right\} \quad (12.52)$$

式中,δ_{11}、δ_{12}、δ_{21}、δ_{22} 的物理意义分别如图12.24(b)、(c)所示,是结构的柔度系数。

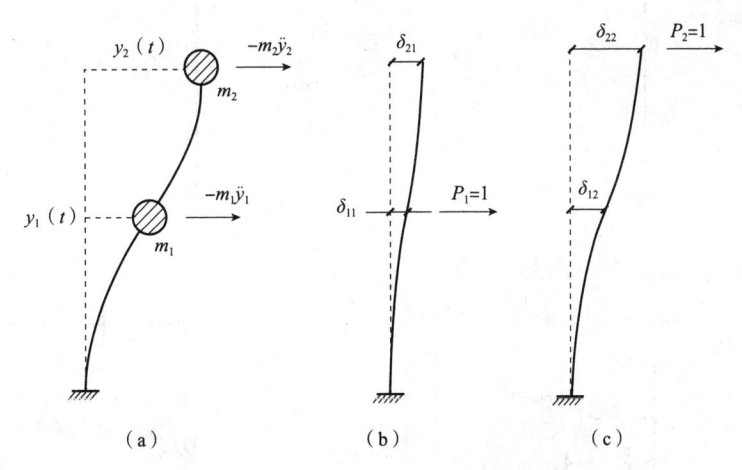

图12.24 两个自由度体系柔度法模型
(a)两个自由度体系;(b)(c)结构柔度系数

式(12.52)就是柔度法建立的两个自由度无阻尼体系自由振动的微分方程,它是通过位移方程的形式建立的。

(2)刚度法。图12.25(a)所示的两个自由度体系,在自由振动任意时刻 t,质量 m_1、m_2 的位移 $y_1(t)$、$y_2(t)$。

按刚度法建立无阻尼自由振动微分方程的思路:取质量 m_1 和 m_2 为隔离体,建立动力平衡方程。质量 m_1 和 m_2 的隔离体如图 12.25(b)所示，隔离体 m_1 和 m_2 所受的力有下列两种：

1)惯性力$-m_1 \ddot{y}_1$ 和$-m_2 \ddot{y}_2$，分别与加速度 $\ddot{y}_1$ 和 $\ddot{y}_2$ 的方向相反；

2)弹性力 K_1 和 K_2，分别与位移 y_1 和 y_2 的方向相反。

根据达朗伯原理，可列出动平衡方程如下：

$$\left.\begin{array}{l}m_1 \ddot{y}_1+K_1=0\\m_2 \ddot{y}_2+K_2=0\end{array}\right\} \tag{12.53}$$

弹性力 K_1、K_2 是质量 m_1、m_2 与结构之间的相互作用力。图 12.25(b)中的 K_1、K_2 是质点受到的弹性力，图 12.25(c)中的 K_1、K_2 是结构所受的力，两者方向彼此相反。按位移法原理，图 12.25(c)所示结构的基本结构如图 12.25(d)所示。由基本结构在荷载(K_1、K_2)和基本未知量(y_1、y_2)共同作用下应等于原结构图 12.25(c)的条件，可写出结构所受到的力(K_1、K_2)与结构的位移(y_1、y_2)之间的刚度方程如下：

$$\left.\begin{array}{l}K_1=k_{11}y_1+k_{12}y_2\\K_2=k_{21}y_1+k_{22}y_2\end{array}\right\} \tag{12.54}$$

式(12.54)中，k_{11}、k_{12}、k_{21}、k_{22} 的物理意义分别如图 12.25(e)、(f)所示，是结构的刚度系数。

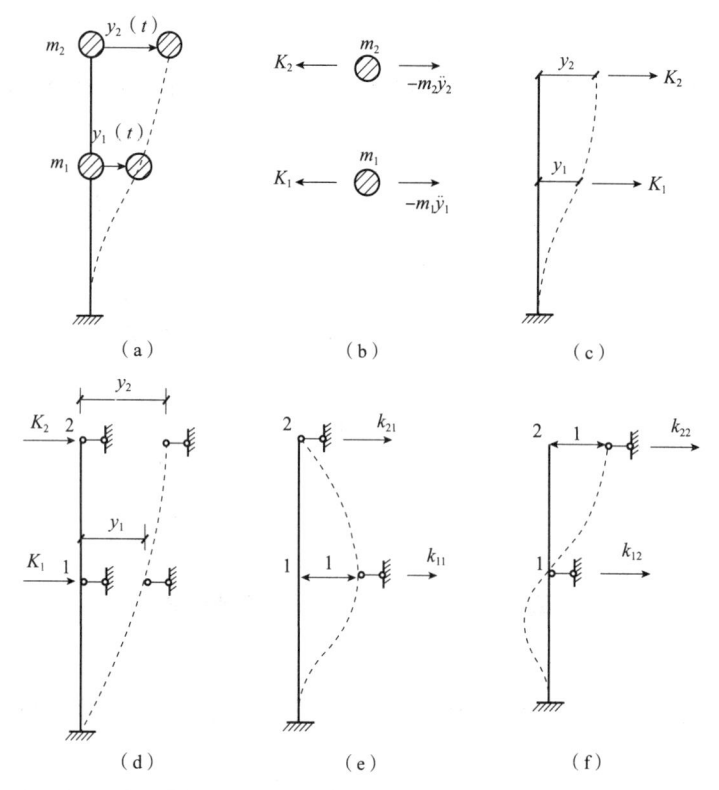

图 12.25 两个自由度体系刚度法模型

(a)两个自由度体系；(b)隔离体；(c)隔离体受力；(d)简化结构；(e)(f)刚度系数

将式(12.54)代入式(12.52)，可得式(12.55)

$$\left.\begin{array}{l}m_1\ddot{y}_1(t)+k_{11}y_1(t)+k_{12}y_2(t)=0\\m_2\ddot{y}_2(t)+k_{21}y_1(t)+k_{22}y_2(t)=0\end{array}\right\} \quad (12.55)$$

这就是按刚度法建立的两个自由度无阻尼体系的自由振动微分方程，它是通过动力平衡方程的形式建立的。

12.4.2 频率方程和自振频率

在上节用两种不同的方法(柔度法和刚度法)建立了两种在形式上不同的振动微分方程。相应于两种不同形式的振动微分方程，可得到用两种不同系数(柔度系数和刚度系数)分别表示的频率方程和自振频率。

1. 用柔度系数表示频率方程和自振频率

柔度法的振动微分方程为式(12.56)

$$\left.\begin{array}{l}y_1(t)=-m_1\ddot{y}_1(t)\delta_{11}-m_2\ddot{y}_2(t)\delta_{12}=0\\y_2(t)=-m_1\ddot{y}_1(t)\delta_{21}-m_2\ddot{y}_2(t)\delta_{22}=0\end{array}\right\} \quad (12.56)$$

在结构动力计算中，需要研究各质点按相同频率和相位角做简谐振动的自由振动解答，有时称为体系的固有振动，其振动频率称为自振频率或固有频率。因此，假设方程式(12.56)的解，即式(12.57)

$$\left.\begin{array}{l}y_1(t)=Y_1\sin(\omega t+\alpha)\\y_2(t)=Y_2\sin(\omega t+\alpha)\end{array}\right\} \quad (12.57)$$

式中　Y_1、Y_2——质量 m_1、m_2 的位移振幅；

　　　ω——体系的自振圆频率；

　　　α——相位角。

由式(12.57)可得两个质点的惯性力为式(12.58)

$$\left.\begin{array}{l}-m_1\ddot{y}_1(t)=m_1Y_1\omega^2\sin(\omega t+\alpha)\\-m_2\ddot{y}_2(t)=m_2Y_2\omega^2\sin(\omega t+\alpha)\end{array}\right\} \quad (12.58)$$

由式(12.58)可知两个质量的惯性力幅值为 $m_1Y_1\omega^2$ 和 $m_2Y_2\omega^2$。

将式(12.57)、式(12.58)代入式(12.56)，并消去公因子 $\sin(\omega t+\alpha)$后，得到位移振幅的方程组式(12.59)

$$\left.\begin{array}{l}Y_1=(m_1Y_1\omega^2)\delta_{11}+(m_2Y_2\omega^2)\delta_{12}\\Y_2=(m_1Y_1\omega^2)\delta_{21}+(m_2Y_2\omega^2)\delta_{22}\end{array}\right\} \quad (12.59a)$$

式(12.59)说明位移幅值是惯性力幅值作用下所产生的静力位移，如图 12.26 所示。

式(12.59)还可以写成式(12.59b)

$$\left.\begin{array}{l}\left(\delta_{11}m_1-\dfrac{1}{\omega^2}\right)Y_1+\delta_{12}m_2Y_2=0\\\delta_{21}m_1Y_1+\left(\delta_{22}m_2-\dfrac{1}{\omega^2}\right)Y_2=0\end{array}\right\} \quad (12.59b)$$

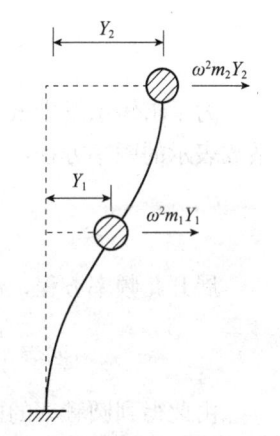

图 12.26 惯性力幅值和位移幅值的关系

式(12.59b)是 Y_1 和 Y_2 的齐次代数方程组，$Y_1=0$、$Y_2=0$ 虽然是方程组的解答，但它代表的是没有发生振动的静止状态。为了要得到 Y_1 和 Y_2 不全为零的解，要求系数行列式等于零，即

$$D=\begin{vmatrix} \delta_{11}m_1-\dfrac{1}{\omega^2} & \delta_{12}m_2 \\ \delta_{21}m_1 & \delta_{22}m_2-\dfrac{1}{\omega^2} \end{vmatrix}=0 \tag{12.60a}$$

式(12.60a)称为频率方程，用它可求出频率 ω。

令 $\lambda=\dfrac{1}{\omega^2}$，并将式(12.60a)展开

$$(\delta_{11}m_1-\lambda)(\delta_{22}m_2-\lambda)-\delta_{12}m_2\delta_{21}m_1=0 \tag{12.60b}$$

整理后，得到一个关于 λ 的二次方程

$$\lambda^2-(\delta_{11}m_1+\delta_{22}m_2)\lambda+(\delta_{11}\delta_{22}m_1m_2-\delta_{12}\delta_{21}m_1m_2)=0$$

由此可解出 λ 的两个根：

$$\lambda_{1,2}=\dfrac{1}{2}\left[(\delta_{11}m_1+\delta_{22}m_2)\pm\sqrt{(\delta_{11}m_1+\delta_{22}m_2)^2-4(\delta_{11}\delta_{22}-\delta_{12}\delta_{21})m_1m_2}\right] \tag{12.61}$$

这两个根都是正的实根，于是，可求得圆频率的两个值为

$$\omega_1=\dfrac{1}{\sqrt{\lambda_1}}, \quad \omega_2=\dfrac{1}{\sqrt{\lambda_2}}$$

因此，两个自由度体系有两个自振频率。较小的圆频率用 ω_1 表示，称为第一圆频率或基本圆频率。另一个圆频率 ω_2 则称为第二圆频率。频率的数目总是与自由度的数目相等。

2. 用刚度系数表示频率方程和自振频率

在刚度法方程中，仍设其解答为以下形式：

$$\left.\begin{aligned} y_1(t)&=Y_1\sin(\omega t+\alpha) \\ y_2(t)&=Y_2\sin(\omega t+\alpha) \end{aligned}\right\} \tag{12.62}$$

将式(12.62)代入刚度法方程式(12.55)消去公因子 $\sin(\omega t+\alpha)$ 后，得

$$\left.\begin{aligned} (k_{11}-\omega^2 m_1)Y_1+k_{12}Y_2&=0 \\ k_{21}Y_1+(k_{22}-\omega^2 m_2)Y_2&=0 \end{aligned}\right\} \tag{12.63}$$

为了求体系发生振动的解，令齐次方程组(12.63)的系数行列式等于零，即得到以刚度系数表示的频率方程：

$$D=\begin{vmatrix} k_{11}-\omega^2 m_1 & k_{12} \\ k_{21} & k_{22}-\omega^2 m_2 \end{vmatrix}=0 \tag{12.64}$$

展开此频率方程，可求出用刚度系数表示的频率的解答式如下：

$$\omega^2=\dfrac{1}{2}\left[\left(\dfrac{k_{11}}{m_1}+\dfrac{k_{22}}{m_2}\right)\pm\sqrt{\left(\dfrac{k_{11}}{m_1}+\dfrac{k_{22}}{m_2}\right)^2-4\dfrac{(k_{11}k_{22}-k_{12}k_{21})}{m_1m_2}}\right] \tag{12.65}$$

由此得到圆频率的两个根：ω_1 和 ω_2。较小的 ω_1 为第一圆频率或基本圆频率，ω_2 为第二圆频率。

【**例 12.7**】 图 12.27 所示简支梁,质量集中在 m_1 和 m_2 上,$m_1=m_2=m$,$EI=$常数,求自振频率。

解:因简支梁的柔度系数的计算比较简单,所以用柔度法求解。

(1)计算结构的柔度系数。先作 $\overline{M}_1$、$\overline{M}_2$ 图,如图 12.27(b)、(c)所示。

由图乘法可得

$$\delta_{11}=\delta_{22}=\frac{3l^3}{256EI}$$

$$\delta_{12}=\delta_{21}=\frac{7l^3}{768EI}$$

(2)将柔度系数代入式(12.56)。

因为 $\delta_{11}=\delta_{22}$,$\delta_{12}=\delta_{21}$,$m_1=m_2=m$

所以

$$\lambda_1=(\delta_{11}+\delta_{12})m=\frac{16}{768}\frac{ml^3}{EI}=\frac{ml^3}{48EI}$$

$$\lambda_2=(\delta_{11}-\delta_{12})m=\frac{2}{768}\frac{ml^3}{EI}=\frac{ml^3}{384EI}$$

可求得两个自振圆频率如下:

$$\omega_1=\frac{1}{\sqrt{\lambda_1}}=\frac{1}{\sqrt{\dfrac{ml^3}{48EI}}}=6.93\sqrt{\frac{EI}{ml^3}}$$

$$\omega_2=\frac{1}{\sqrt{\lambda_2}}=\frac{1}{\sqrt{\dfrac{ml^3}{384EI}}}=19.60\sqrt{\frac{EI}{ml^3}}$$

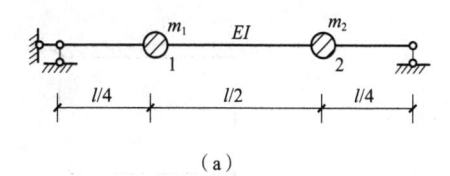

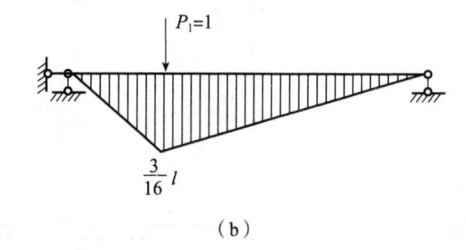

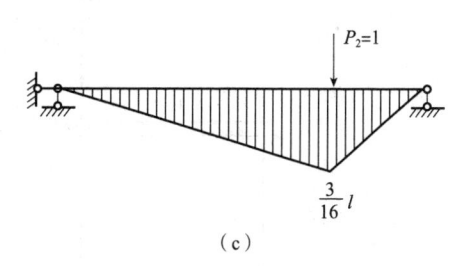

图 12.27 两个自由度简支梁的自由振动
(a)两个自由度简支梁;(b)M_1 图;(c)M_2 图

【**例 12.8**】 图 12.28 所示为一两层刚架,柱高 h,各柱 $EI=$常数,设横梁 $EI_b=\infty$,质量集中在横梁上,且 $m_1=m_2=m$,求刚架水平振动时的自振频率。

解:在水平振动下,计算两层刚架的刚度系数比柔度系数简单,所以用刚度法求解。

(1)计算结构的刚度系数。当 m_1 沿振动方向有单位水平位移 $\delta_1=1$ 时,如图 12.29(a)所示,在质量 m_1 和 m_2 的约束处需施加的力,即结构的刚度系数 k_{11} 和 k_{21},可由位移法方程的系数求得。分别取质量 m_1 和 m_2 为隔离体,如图 12.29(b)所示,利用平衡条件求得

$$k_{11}=\frac{48EI}{h^3},\quad k_{21}=-\frac{24EI}{h^3}$$

同理,当质量 m_2 沿振动方向有单位水平位移 $\delta_2=1$ 时,如图 12.29(c)所示,分别取质量 m_1 和 m_2 为隔离体,如图 12.29(d)所示,利用平衡条件求得刚度系数 k_{12} 和 k_{22}。

$$k_{12}=-\frac{24EI}{h^3},\quad k_{22}=\frac{48EI}{h^3}$$

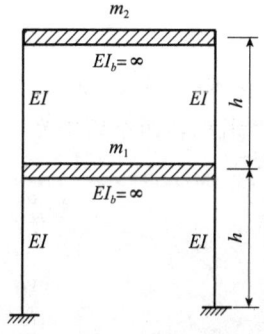

图 12.28 两层刚架的自由振动

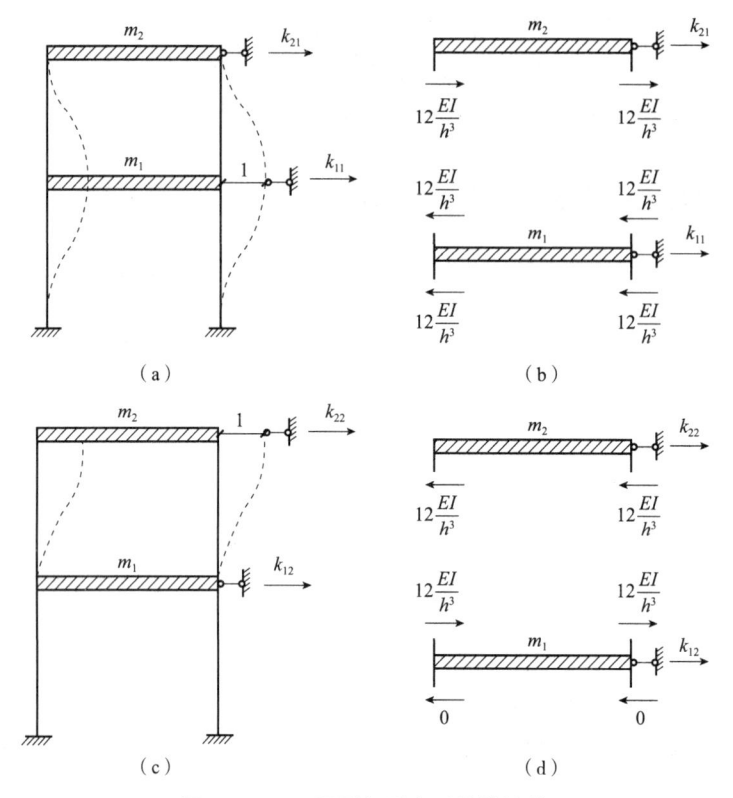

图 12.29 两层刚架刚度系数的计算

(a)m_1 有单位位移；(b)刚度系数 k_{11}、k_{21}；(c)m_2 有单位位移；(d)刚度系数 k_{12}、k_{22}

(2)将刚度系数代入式(12.65)。

令 $k=\dfrac{24EI}{h^3}$，则 $k_{11}=2k$，$k_{12}=k_{21}=-k$，$k_{22}=k$

$$\omega^2=\frac{1}{2m}\left[3k\pm\sqrt{(3k)^2-4(2k^2-k^2)}\right]$$

$$\omega_1^2=\frac{(3-\sqrt{5})}{2m}k=0.382\frac{k}{m}$$

$$\omega_2^2=\frac{(3+\sqrt{5})}{2m}k=2.618\frac{k}{m}$$

所以，两个频率为

$$\omega_1=0.618\sqrt{\frac{k}{m}}=0.618\sqrt{\frac{24EI}{mh^3}}=3.028\sqrt{\frac{24EI}{mh^3}}$$

$$\omega_2=1.618\sqrt{\frac{k}{m}}=1.618\sqrt{\frac{24EI}{mh^3}}=7.927\sqrt{\frac{24EI}{mh^3}}$$

12.4.3 主振型及主振型正交性

(1)主振型。当式(12.59)表示的位移振幅方程组满足系数行列式等于零，即式(12.56)的条件后，式(12.59)不再是两个独立的方程，因此，不能由式(12.59)求得任何一个质点位移

振幅 Y_1 或 Y_2 的解,而只能求得两个质点位移振幅的比值 $\dfrac{Y_2}{Y_1}$。由(12.59b)中的任一式,可得到质点1和质点2位移振幅的比值为

$$\frac{Y_1}{Y_2}=-\frac{\delta_{12}m_2}{\delta_{11}m_1-\dfrac{1}{\omega^2}}=\frac{\delta_{22}m_2-\dfrac{1}{\omega^2}}{\delta_{21}m_1} \qquad (12.66)$$

式(12.66)是表明比值 $\dfrac{Y_1}{Y_2}$ 与频率 ω 有关,当频率 ω 确定后,比值 $\dfrac{Y_1}{Y_2}$ 是一个常数,表示结构上位移形状保持不变的振动形式,称为主阵型或阵型。

当 $\omega=\omega_1$ 时,比值为 $\dfrac{Y_1^{(1)}}{Y_2^{(1)}}$。$\dfrac{Y_1^{(1)}}{Y_2^{(1)}}$ 所确定的振动形式与第一圆频率 ω_1 相对应的阵型,称为第一主振型或基本振型。由式(12.59b)的第一式,可得第一频率质点位移振幅的比值为

$$\frac{Y_1^{(1)}}{Y_2^{(1)}}=-\frac{\delta_{12}m_2}{\delta_{11}m_1-\dfrac{1}{\omega_1^2}} \qquad (12.67a)$$

当 $\omega=\omega_2$ 时,比值为 $\dfrac{Y_1^{(2)}}{Y_2^{(2)}}$。$\dfrac{Y_1^{(2)}}{Y_2^{(2)}}$ 所确定的振动形式与第一圆频率 ω_2 相对应的阵型,称为第二主振型或基本振型。由式(12.59b)的第一式,可得第二频率质点位移振幅的比值为

$$\frac{Y_1^{(2)}}{Y_2^{(2)}}=-\frac{\delta_{12}m_2}{\delta_{11}m_1-\dfrac{1}{\omega_2^2}} \qquad (12.67b)$$

式中,Y 有两个角标,上角标表示频率的序号,即振型的序号,下角标表示质点的序号。如 $Y_2^{(1)}$ 表示按第一频率($\omega=\omega_1$)振动时,质点 $2(m_2)$ 的位移,$Y_1^{(2)}$ 表示按第二频率($\omega=\omega_2$)振动时,质点 $1(m_1)$ 的位移。

图 12.30(a)中虚线表示简支梁两个质点自由振动的第一主阵型,图 12.30(b)虚线表示第二主振型。

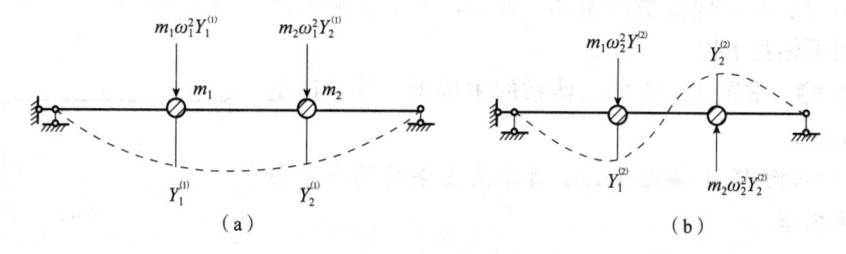

图 12.30 主振型

(a)第一主振型;(b)第二主振型

同理,可得到在刚度法中用刚度系数表示的主阵型,如式(12.68)所示。

$$\frac{Y_1^{(1)}}{Y_2^{(1)}}=-\frac{k_{12}}{k_{11}-\omega_1^2 m_1} \qquad (12.68a)$$

$$\frac{Y_1^{(2)}}{Y_2^{(2)}}=-\frac{k_{12}}{k_{11}-\omega_2^2 m_1} \qquad (12.68b)$$

(2)主振型的正交性。对于同一多自由度体系来说,各个主振型之间存在着正交性,这

是多自由度体系的重要动力特性，现以图 12.30 所示两个自由度体系的主振型为例，说明主振型的正交性。

因两个自由度固有振动的特解是简谐振动，位移和惯性力将同时到达幅值，式(12.59a)主振型正好等于惯性力幅值所产生的静力位移。

对于图 12.30(a)所示的第一主振型，质点 1 和 2 的振幅分别为 $Y_1^{(1)}$ 和 $Y_2^{(1)}$，其值正好等于相应惯性力幅值($m_1\omega_1^2 Y_1^{(1)}$、$m_2\omega_1^2 Y_2^{(1)}$)所产生的静力位移。

而图 12.30(b)所示的第二主振型，质点 1 和 2 的振幅分别为 $Y_1^{(2)}$ 和 $Y_2^{(2)}$，其值正好等于相应惯性力幅值($m_1\omega_2^2 Y_1^{(1)}$、$m_2\omega_2^2 Y_2^{(2)}$)所产生的静力位移。

对于上述线性变形体系的动力平衡状态，可应用功的互等定理来说明。功的互等定理表明：第一振型中的惯性力在第二振型的相应位移上所做的虚功，应当等于第二振型中惯性力在第一振型的相应位移上所做的虚功。即

$$(m_1\omega_1^2 Y_1^{(1)})Y_1^{(2)} + (m_2\omega_1^2 Y_2^{(1)})Y_2^{(2)} = (m_1\omega_2^2 Y_1^{(2)})Y_1^{(1)} + (m_2\omega_1^2 Y_2^{(2)})Y_2^{(1)}$$

整理得 $(\omega_1^2 - \omega_2^2)(m_1 Y_1^{(1)} Y_1^{(2)} + m_2 Y_2^{(1)} Y_2^{(2)}) = 0$

由 $\omega_1 \neq \omega_2$ 可得式(12.69)：

$$m_1 Y_1^{(1)} Y_1^{(2)} + m_2 Y_2^{(1)} Y_2^{(2)} = 0 \tag{12.69}$$

式(12.69)表明两个自由度体系自由振动的两个主阵型相互正交的特性，因与质量有关，又称第一正交关系。

将式(12.69)分别乘以 ω_1^2 和 ω_2^2 可得式(12.70a)和式(12.70b)：

$$(m_1\omega_1^2 Y_1^{(1)})Y_1^{(2)} + (m_2\omega_1^2 Y_2^{(1)})Y_2^{(2)} = 0 \tag{12.70a}$$

$$(m_1\omega_2^2 Y_1^{(2)})Y_1^{(1)} + (m_2\omega_2^2 Y_2^{(2)})Y_2^{(1)} = 0 \tag{12.70b}$$

式(12.70a)说明第一主振型惯性力在第二主振型上所做的虚功为零，式(12.70b)说明第二主振型惯性力在第一主振型上所做的虚功为零。

这表明体系在振动过程中，某一主振型的惯性力不会在其他主振型上做功，即它的能量不会转移到其他主振型上，也就不会引起其他振型的振动。因此，各个主振型能单独存在而不相互干扰。

【例 12.9】 求图 12.31 所示体系的主振型，并验证主振型的正交性。

解：(1)由例 12.7 得图 12.31 所示简支梁的两个自由度和两个主振型。

$$\delta_{11} = \frac{3l^3}{256EI}, \quad \delta_{12} = \frac{7l^3}{768EI}$$

$$\frac{1}{\omega_1^2} = \frac{ml^3}{48EI}, \quad \frac{1}{\omega_2^2} = \frac{ml^3}{384EI}$$

(2)将以上两个自由度和两个主振型代入式(12.67)可得

$$\frac{Y_1^{(1)}}{Y_2^{(1)}} = -\frac{\delta_{12} m_2}{\delta_{11} m_1 - \frac{1}{\omega_1^2}} = -\frac{\dfrac{7ml^3}{768EI}}{\dfrac{3ml^3}{256EI} - \dfrac{ml^3}{48EI}} = 1$$

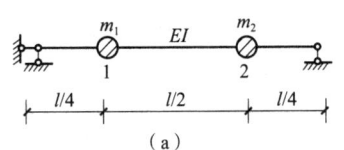

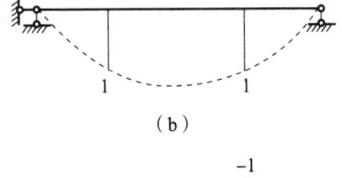

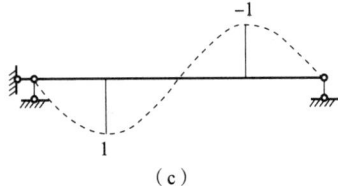

图 12.31 两个自由度简支梁的自由振动

(a)两个自由度简支梁；(b)(c)主振型形状

$$\frac{Y_1^{(2)}}{Y_2^{(2)}} = -\frac{\delta_{12} m_2}{\delta_{11} m_1 - \frac{1}{\omega_2^2}} = -\frac{\frac{7ml^3}{768EI}}{\frac{3ml^3}{256EI} - \frac{ml^3}{384EI}} = -1$$

两个主振型形状如图 12.31(b)、(c)所示。

(3)验证主振型正交性。

由式(12.69)可得 $\quad m_1 Y_1^{(1)} Y_1^{(2)} + m_2 Y_2^{(1)} Y_2^{(2)} = m \times 1 \times 1 + m \times 1 \times (-1) = 0$

【例 12.10】 求图 12.32(a)所示体系的主振型,并验证主振型的正交性。

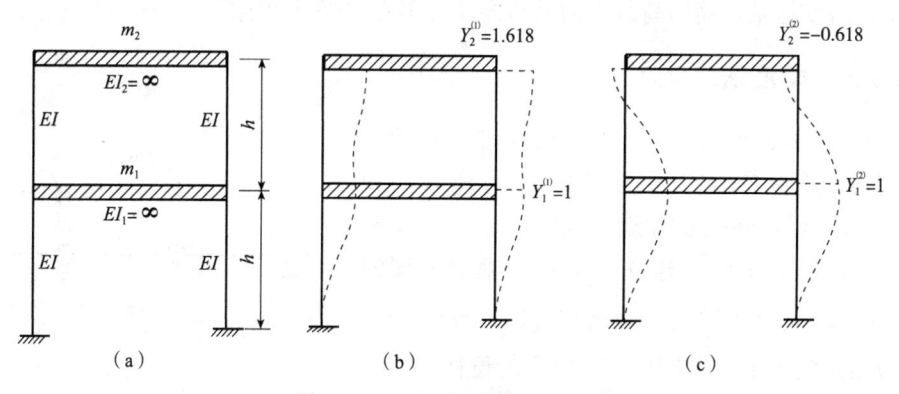

图 12.32 两层刚架的自由振动

(a)两层刚架;(b)(c)主振型形状

解 (1)由例 12.8 得图 12.31 所示刚架的两个刚度系数和两个主振型。

$$k_{11} = \frac{48EI}{h^3} = 2k, \quad k_{12} = -\frac{24EI}{h^3} = -k$$

$$\omega_1^2 = 0.382 \frac{k}{m}, \quad \omega_2^2 = 2.618 \frac{k}{m}$$

(2)将以上数值代入式(12.68)可得

$$\frac{Y_1^{(1)}}{Y_2^{(1)}} = -\frac{k_{12}}{k_{11} - \omega_1^2 m_1} = -\frac{(-k)}{2k - 0.382k} = \frac{1}{1.618}$$

$$\frac{Y_1^{(2)}}{Y_2^{(2)}} = -\frac{k_{12}}{k_{11} - \omega_2^2 m_1} = -\frac{(-k)}{2k - 2.618k} = -\frac{1}{0.618}$$

两个主振型形状如图 12.31(b)、(c)所示。

(3)验证主振型正交性。由(12.69)可得

$$m_1 Y_1^{(1)} Y_1^{(2)} + m_2 Y_2^{(1)} Y_2^{(2)} = m \times 1 \times 1 + m \times 1.618 \times (-0.618) = 0$$

(3)两个自由度体系自由振动方程的一般解。两个自由度体系如果按某个主振型自由振动,由于它的振动形式保持不变,因此,实际上是像一个单自由度体系那样振动。两个自由度体系能够按某个主阵型振动的条件是初始位移和初始速度应当与此主振型相对应。主振型实际上是两个自由度体系能够按单自由度振动时所具有的特定形式。

在一般情况下,两个自由度体系的自由振动可以看作两种频率及其主振型的组合振动,其计算式为

$$\left.\begin{aligned}y_1(t) &= A_1 Y_1^{(1)} \sin(\omega_1 t + \alpha_1) + A_2 Y_1^{(2)} \sin(\omega_2 t + \alpha_2) \\ y_2(t) &= A_1 Y_2^{(1)} \sin(\omega_1 t + \alpha_1) + A_2 Y_2^{(2)} \sin(\omega_2 t + \alpha_2)\end{aligned}\right\} \quad (12.71)$$

这就是微分方程式(12.71)的全解，其中两对待定常数 A_1、α_1、A_2、α_2 可由初始条件来确定。

12.5 两个自由度体系在简谐荷载下的受迫振动

根据单自由度体系在简谐振动下受迫振动的分析，如果简谐振荷载的频率处于共振区以外，那么阻尼的影响较小，在共振区范围内可以不考虑阻尼，也能反映共振现象。因此，本节的两个自由度体系在简谐荷载下的受迫振动是不考虑阻尼影响的。

12.5.1 柔度法

(1)振动微分方程的建立。两个自由度体系承受简谐荷载 $P(t)=P\sin\theta t$，如图 12.33(a)所示。如图 12.33(b)所示，在任意时刻 t 质点 1、2 的位移分别为 y_1、y_2。根据柔度法建立受迫振动微分方程的思路：$y_1(t)$ 和 $y_2(t)$ 应等于体系在惯性力 $-m\ddot{y}_1(t)$、$-m\ddot{y}_2(t)$ 和荷载 $P\sin\theta t$ 共同作用下产生的位移。

如图 12.33(c)所示，设以 Δ_{1P}、Δ_{2P} 分别表示由荷载幅值 P 所产生的在质点 1、2 的静力位移，则质点 1 和质点 2 的位移为

$$\left.\begin{array}{l} y_1=(-m_1\ddot{y}_1)\delta_{11}+(-m_2\ddot{y}_2)\delta_{12}+\Delta_{1P}\sin\theta t \\ y_2=(-m_1\ddot{y}_1)\delta_{21}+(-m_2\ddot{y}_2)\delta_{22}+\Delta_{2P}\sin\theta t \end{array}\right\} \quad (12.72a)$$

也可以写为

$$\left.\begin{array}{l} m_1\ddot{y}_1\delta_{11}+m_2\ddot{y}_2\delta_{12}+y_1=\Delta_{1P}\sin\theta t \\ m_1\ddot{y}_1\delta_{21}+m_2\ddot{y}_2\delta_{22}+y_2=\Delta_{2P}\sin\theta t \end{array}\right\} \quad (12.72b)$$

这就是两个自由度体系在简谐荷载作用下用柔度法建立的振动微分方程。

(2)动位移的解答及讨论。式(12.72b)为非其次线性常微分方程组，通常包含两部分：与齐次解对应的一部分为按自振频率 ω 振动的自由振动部分，由于阻尼的作用而很快衰减消失；与特解对应的一部分为由于荷载作用按荷载频率 θ 振动的简谐振动部分，这一部分为平稳阶段的纯强迫振动。本章只讨论稳态受迫振动部分。

设稳态受迫振动部分位移的解答为

$$\left.\begin{array}{l} y_1=Y_1\sin\theta t \\ y_2=Y_2\sin\theta t \end{array}\right\} \quad (12.73)$$

式中，Y_1 和 Y_2 分别表示质点 1 和质点 2 的振幅值。

将式(12.73)代入式(12.72b)，消去公因子 $\sin\theta t$，并整理后得到以质点振幅 Y_1 和 Y_2 作为未知量的代数方程

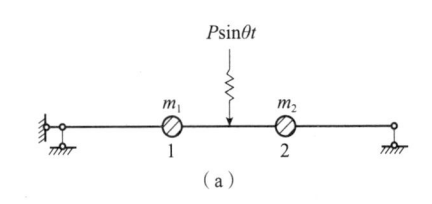

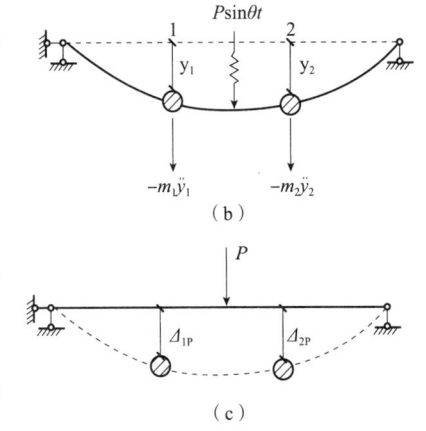

图 12.33 受迫振动—柔度法
(a)简谐荷载的受迫振动；(b)任意时刻质点位移；
(c)荷载幅值产生的质点位移

$$\left.\begin{array}{r}(m_1\theta^2\delta_{11}-1)Y_1+m_2\theta^2\delta_{21}Y_2+\Delta_{1P}=0\\ m_1\theta^2\delta_{21}Y_1+(m_2\theta^2\delta_{22}-1)Y_2+\Delta_{2P}=0\end{array}\right\} \quad (12.74)$$

可解得振幅值为

$$Y_1=\frac{D_1}{D_0},\ Y_2=\frac{D_2}{D_0} \quad (12.75)$$

式中：

$$D_0=\begin{vmatrix}(m_1\theta^2\delta_{11}-1) & m_2\theta^2\delta_{21}\\ m_1\theta^2\delta_{21} & (m_2\theta^2\delta_{22}-1)\end{vmatrix},\ D_1=\begin{vmatrix}-\Delta_{1P} & m_2\theta^2\delta_{12}\\ -\Delta_{2P} & (m_2\theta^2\delta_{22}-1)\end{vmatrix},$$

$$D_2=\begin{vmatrix}(m_1\theta^2\delta_{11}-1) & -\Delta_{1P}\\ m_1\theta^2\delta_{21} & -\Delta_{2P}\end{vmatrix}$$

对振幅解答的几种情况分别加以讨论：

1）当 $\theta\to 0$ 时。由式(12.75)可得，$D_0\to 1$，$D_1\to\Delta_{1P}$，$D_2\to\Delta_{2P}$，则 $Y_1\to\Delta_{1P}$，$Y_2\to\Delta_{2P}$。说明当简谐荷载频率很小时，其动力作用很小。此时，质点位移幅值相当于荷载幅值作为静力荷载所产生的位移。

2）当 $\theta\to\infty$ 时。由式(12.75)可得，分母 D_0 不为零，而分子 $D_1\to 0$，$D_2\to 0$，因此，$Y_1\to 0$，$Y_2\to 0$。说明当荷载频率非常大时，动位移非常小。

3）当 $\theta=\omega_1$ 或 $\theta=\omega_2$ 时。式(12.75)中的 D_0 与式(12.64)中的 D 相同，则有 $D_0=0$，当 D_1 和 D_2 不全为 0 时，则 Y_1 和 Y_2 将趋于无限大。但是由于阻尼的存在，振幅不可能无限大，但仍然是非常大的，这就是共振现象。由此可知，两个自由度体系存在着两个可能的共振点，各对应于一个自振频率。

(3) 动内力幅值的计算。在求得位移幅值 Y_1 和 Y_2 之后，可得到各质点的位移和惯性力的解答。位移如式(12.73)所示，惯性力如式(12.76)所示，荷载为 $P\sin\theta t$。

$$\left.\begin{array}{r}-m_1\ddot{y}_1=m_1\theta^2Y_1\sin\theta t\\ -m_2\ddot{y}_2=m_2\theta^2Y_2\sin\theta t\end{array}\right\} \quad (12.76)$$

因位移、惯性力、荷载同时到达幅值，动内力也在同一时间到达幅值。动内力幅值的计算可以在各质点的惯性力幅值与荷载幅值共同作用下，按静力分析方法计算。

如图 12.34 所示，设惯性力幅值用 I_1 和 I_2 表示

$$\left.\begin{array}{r}I_1=m_1\theta^2Y_1\\ I_2=m_2\theta^2Y_2\end{array}\right\} \quad (12.77)$$

在求出惯性力 I_1 和 I_2 后，可在 I_1、I_2 和 P 作用下，由静力平衡条件计算任一截面的动内力幅值，或绘制动内力幅值图，也可利用叠加法公式绘制动力弯矩幅值图或计算任一截面动内力幅值。以任一截面的动弯矩幅值为例，叠加公式为

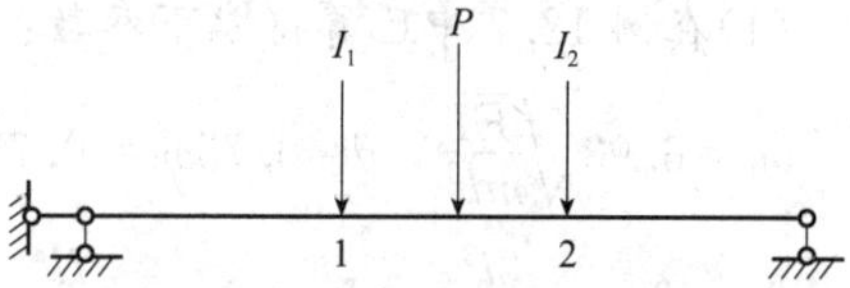

图 12.34 荷载和惯性力幅值

$$M(t)_{\max}=\overline{M}_1I_1+\overline{M}_2I_2+M_P \quad (12.78)$$

式中，I_1 和 I_2 是质点 1、2 的惯性力幅值；$\overline{M}_1$ 和 $\overline{M}_2$ 是单位惯性力 $I_1=1$ 和 $I_2=1$ 作用下，任一截面的弯矩值或弯矩图；M_P 是动荷载幅值 P 静力作用下的同一截面的弯矩值或弯矩图。对于其他内力，如剪力和轴力等可按相同方法计算。应当注意的是，动内力有正负号的

变化，在与静荷载下的内力叠加时需加以考虑。

【例 12.11】 求图 12.35(a)所示体系质点 1 和 2 的动位移幅值和动内力弯矩幅值图。已知：$m_1=m_2=m$，$EI=$常数，$\theta=0.75\omega_1$。

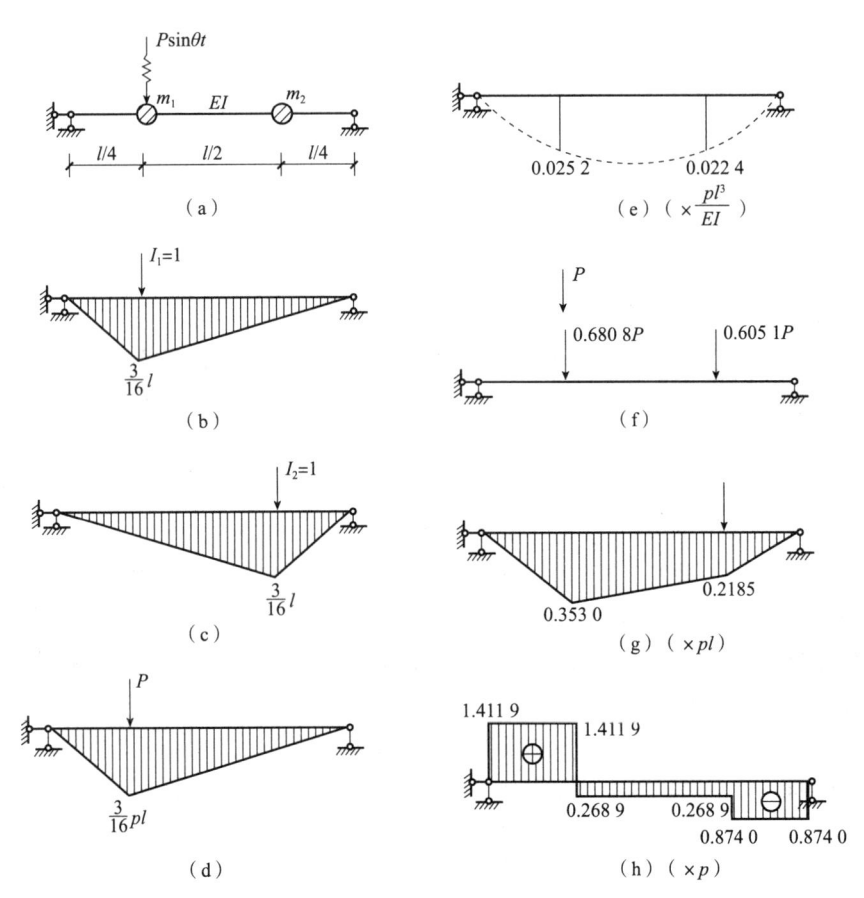

图 12.35 例 12.11 图

解：

(1) 在例 12.7 中已算得以下参数：

$$\omega_1=6.93\sqrt{\frac{EI}{ml^3}}，\theta=0.75\omega_1=0.75\times 6.93\sqrt{\frac{EI}{ml^3}}=5.197\,5\sqrt{\frac{EI}{ml^3}}$$

$$\delta_{11}=\delta_{22}=\frac{3l^3}{256EI}，\delta_{12}=\delta_{21}=\frac{7l^3}{768EI}$$

(2) 分别绘制 $\overline{M}_1$ 图、$\overline{M}_2$ 图及 M_P 图，计算 Δ_{1P} 和 Δ_{2P}：

$$\Delta_{1P}=\frac{3Pl^3}{256EI}，\Delta_{2P}=\frac{7Pl^3}{768EI}$$

(3) 计算位移幅值 Y_1 和 Y_2：将 θ、δ_{11}、δ_{12}、δ_{21}、δ_{22}、Δ_{1P}、Δ_{2P} 及 $m_1\theta^2=m_2\theta^2=27.014\,0\frac{EI}{l^3}$ 代入式(12.75)，先计算 D_0、D_1 和 D_3：

$$D_0=\begin{vmatrix}(m_1\theta^2\delta_{11}-1) & m_2\theta^2\delta_{21}\\ m_1\theta^2\delta_{21} & (m_2\theta^2\delta_{22}-1)\end{vmatrix}=0.406\,5，$$

$$D_1 = \begin{vmatrix} -\Delta_{1P} & m_2\theta^2\delta_{12} \\ -\Delta_{2P} & (m_2\theta^2\delta_{22}-1) \end{vmatrix} = 0.010\ 25\frac{Pl^3}{EI},$$

$$D_2 = \begin{vmatrix} (m_1\theta^2\delta_{11}-1) & -\Delta_{1P} \\ m_1\theta^2\delta_{21} & -\Delta_{2P} \end{vmatrix} = 0.009\ 11\frac{Pl^3}{EI}$$

$$Y_1 = \frac{D_1}{D_0} = \frac{0.010\ 25Pl^3}{0.406\ 5EI} = 0.025\ 2\frac{Pl^3}{EI}$$

$$Y_2 = \frac{D_2}{D_0} = \frac{0.009\ 11Pl^3}{0.406\ 5EI} = 0.022\ 4\frac{Pl^3}{EI}$$

(4) 计算惯性力幅值 I_1 和 I_2。由式(12.77)得

$$I_1 = m_1\theta^2 Y_1 = 27.014\ 0\frac{EI}{h^3} \times 0.025\ 2\frac{Ph^3}{EI} = 0.680\ 8P$$

$$I_2 = m_2\theta^2 Y_2 = 27.014\ 0\frac{EI}{h^3} \times 0.022\ 4\frac{Ph^3}{EI} = 0.605\ 1P$$

体系受力图如图 12.35(f)所示。

(5) 计算质点 1、2 的动弯矩幅值。由式(12.71)得

$$M_1(t)_{\max} = \overline{M}_1 I_1 + \overline{M}_2 I_2 + M_P = \frac{3}{16}l \times 0.680\ 8P + \frac{1}{16}l \times 0.605\ 1P + \frac{3}{16}Pl = 0.353\ 0Pl$$

$$M_2(t)_{\max} = \overline{M}_1 I_1 + \overline{M}_2 I_2 + M_P = \frac{1}{16}l \times 0.680\ 8P + \frac{3}{16}l \times 0.605\ 1P + \frac{1}{16}Pl = 0.218\ 5Pl$$

弯矩幅值图如图 12.35(g)所示。

(6) 计算质点 1、2 的动剪力幅值，由图 12.35(f)的受力图得到各控制点的动剪力幅值，如图 12.35(h)所示。

(7) 计算质点 1 的位移、弯矩的动力系数，并进行比较。

$$y_{1st} = \Delta_{1P} = \frac{3Pl^3}{256EI} = 0.011\ 72\frac{Pl^3}{EI}$$

$$\beta_{y_1} = \frac{Y_1}{y_{1st}} = \frac{0.025\ 2}{0.011\ 72} = 2.150$$

$$M_{1st} = \frac{3Pl}{16} = 0.187\ 5Pl$$

$$\beta_{M_1} = \frac{M_{1\max}^{(t)}}{M_{1st}} = \frac{0.353\ 0}{0.187\ 5} = 1.883$$

由此可见，在两个自由度体系中，同一点的位移和弯矩的动力系数是不同的。因此，没有统一的动力系数，这是与单自由度体系不同的。

12.5.2 刚度法

如图 12.36 所示，两个自由度体系作用在质点 1、2 上的简谐荷载分别为 $P_1\sin\theta t$、$P_2\sin\theta t$。将质点作为隔离体，写出两个自由度体系在简谐荷载中下动力平衡方程为

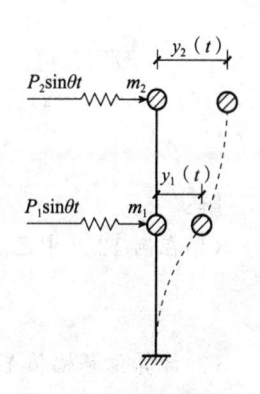

图 12.36 受迫振动——刚度法

$$\left.\begin{aligned} m_1\ddot{y}_1 + k_{11}y_1 + k_{12}y_2 &= P_1\sin\theta t \\ m_2\ddot{y}_2 + k_{21}y_1 + k_{22}y_2 &= P_2\sin\theta t \end{aligned}\right\} \quad (12.79)$$

这就是两个自由度体系在简谐荷载作用下用刚度法建立的振动微分方程。

仍然设平稳阶段受迫振动部分位移的解答

$$\left.\begin{aligned} y_1 &= Y_1\sin\theta t \\ y_2 &= Y_2\sin\theta t \end{aligned}\right\} \quad (12.80)$$

将式(12.81)代入式(12.79)，消去公因子 $\sin\theta t$，可得式(12.81)。

$$\left.\begin{aligned} (k_{11}-m_1\theta^2)Y_1 + k_{12}Y_2 &= P_1 \\ k_{21}Y_1 + (k_{22}-m_2\theta^2)Y_2 &= P_2 \end{aligned}\right\} \quad (12.81)$$

可解得振幅值为

$$Y_1 = \frac{D_1}{D_0}, \quad Y_2 = \frac{D_2}{D_0} \quad (12.82)$$

式中：

$$D_0 = \begin{vmatrix} (k_{11}-m_1\theta^2) & k_{12} \\ k_{21} & (k_{22}-m_2\theta^2) \end{vmatrix}, \quad D_1 = \begin{vmatrix} P_1 & k_{12} \\ P_2 & (k_{22}-m_2\theta^2) \end{vmatrix}, \quad D_2 = \begin{vmatrix} (k_{11}-m_1\theta^2) & P_1 \\ k_{21} & P_2 \end{vmatrix}$$

计算出位移幅值 Y_1 和 Y_2 后，仍可按式(12.77)计算惯性力幅值 I_1 和 I_2，将 I_1 和 I_2 连同荷载幅值 P 加在体系上，按静力计算方法可求得动内力幅值，也可用式(12.78)计算动弯矩幅值。

【例 12.12】 图 12.37(a)刚架在二层楼面有荷载 $P\sin\theta t$，$\theta = 4\sqrt{\dfrac{EI}{mh^3}}$，$m_1 = m_2 = m$，计算第一、二层楼面出侧移幅值、惯性力幅值及柱底端截面弯矩幅值。

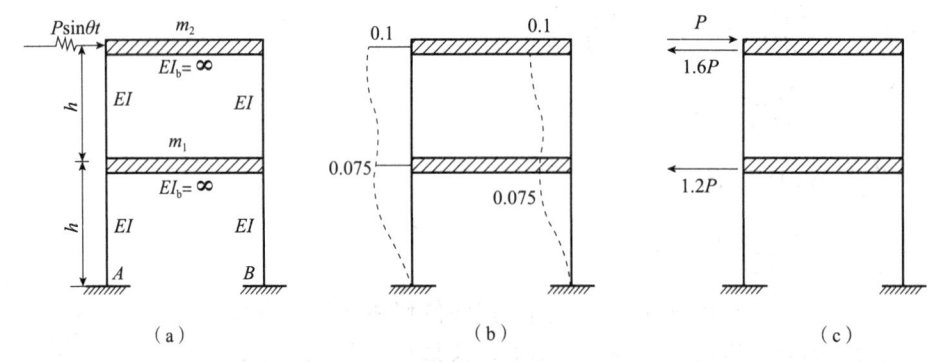

图 12.37 例 12.12 图

解：

(1)在例 12.8 中已算出。

$$k_{11} = \frac{48EI}{h^3}, \quad k_{12} = k_{21} = -\frac{24EI}{h^3}, \quad k_{22} = \frac{48EI}{h^3}$$

(2)计算位移幅值 Y_1 和 Y_2

$$m_1\theta^2 = m_2\theta^2 = m\left(4\sqrt{\frac{EI}{mh^3}}\right)^2 = \frac{16EI}{h^3}$$

(3)由式(12.82),先计算 D_0、D_1 和 D_2:

$$D_0 = \begin{vmatrix} (k_{11}-m_1\theta^2) & k_{12} \\ k_{21} & (k_{22}-m_2\theta^2) \end{vmatrix} = \begin{vmatrix} (48-16) & -24 \\ -24 & (24-16) \end{vmatrix} \left(\frac{EI}{h^3}\right)^2 = -320\left(\frac{EI}{h^3}\right)^2,$$

$$D_1 = \begin{vmatrix} P_1 & k_{12} \\ P_2 & (k_{22}-m_2\theta^2) \end{vmatrix} = \begin{vmatrix} 0 & -24 \\ P & 8 \end{vmatrix} \frac{EI}{h^3} = 24P\frac{EI}{h^3},$$

$$D_2 = \begin{vmatrix} (k_{11}-m_1\theta^2) & P_1 \\ k_{21} & P_2 \end{vmatrix} = \begin{vmatrix} 32 & 0 \\ -24 & P \end{vmatrix} = 32P\frac{EI}{h^3}$$

$$Y_1 = \frac{D_1}{D_0} = -\frac{24Ph^3}{320EI} = -0.075\frac{Ph^3}{EI}$$

$$Y_2 = \frac{D_2}{D_0} = -\frac{32Ph^3}{320EI} = -0.1\frac{Ph^3}{EI}$$

(4)计算惯性力幅值 I_1 和 I_2。由式(12.77)得

$$I_1 = m_1\theta^2 Y_1 = 16\frac{EI}{h^3} \times (-0.075)\frac{Ph^3}{EI} = -1.2P$$

$$I_2 = m_2\theta^2 Y_2 = 16\frac{EI}{h^3} \times (-0.1)\frac{Ph^3}{EI} = -1.6P$$

(5)计算内力。刚架受力如图12.37(c)所示。可用剪力分配法求解,也可用叠加公式求解。如柱底 A 截面弯矩幅值。

$$M_A(t)_{max} = \overline{M}_1 I_1 + \overline{M}_2 I_2 + M_P = -1.2P\left(\frac{h}{4}\right) - 1.6P\left(\frac{h}{4}\right) + \frac{1}{4}Ph = -0.45Ph$$

12.6 多自由度体系的自由振动

本节在两个自由度体系自由振动的基础上分析多自由度体系的自由振动。

12.6.1 列动力平衡方程(刚度法)

如图12.38(a)所示,无重量的简支梁上分布着 n 个集中质量 m_1,m_2,…,m_n。若不计梁的轴向变形和质点的转动,这是 n 个自由度体系。设在振动中,某时刻各质点的位移分别为 y_1,y_2,…,y_n。用刚度法建立振动微分方程时,首先在每个质点处添加附加链杆,以阻止其位移,如图12.38(b)所示。各链杆受到质点惯性力 $-m_i\ddot{y}_i$($i=1$,2,…,n)的作用,其反力为 $m_i\ddot{y}_i$,为使体系与实际情况一致,可再令各链杆发生与各质点实际位移相同的位移,如图12.38(c)所示。这就需要在各链杆上产生反力 R_i($i=1$,2,…,n),在无阻尼情况下,把图12.38(b)和图12.38(c)两种情况叠加,各附加链杆上的总反力应为零。即

$$m_i\ddot{y}_i + R_i = 0 \quad (i=1, 2, \cdots, n) \tag{12.83}$$

其中

$$R_i = r_{i1}y_1 + r_{i2}y_2 + \cdots + r_{ij}y_j + \cdots + r_{in}y_n \tag{12.84}$$

式(12.84)中 r_{ii} 和 r_{ij} 是结构的刚度系数,r_{ij} 的物理意义是只在第 j 个链杆上发生单位位移时,在第 i 个链杆处产生的反力,如图12.38(d)所示。把式(12.84)代入式(12.83),对 n 个

质点可建立 n 个方程为

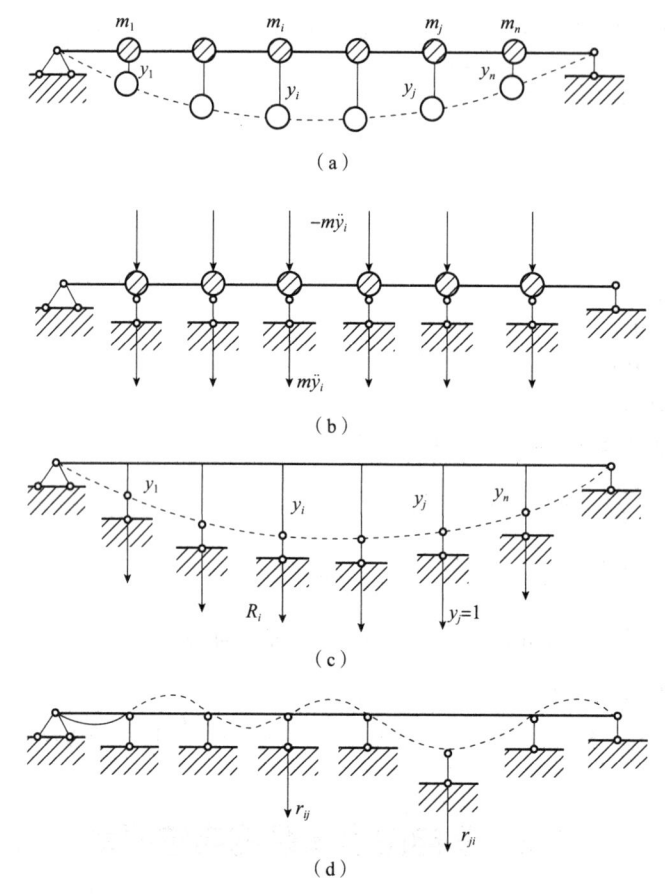

图 12.38　多自由度体系的自由振动(刚度法)
(a)n 个自由度体系；(b)附加链杆；(c)链杆位移与实际位移相同；(d)链杆反力

$$\left.\begin{aligned} m_1\ddot{y}_1+r_{11}y_1+r_{12}y_2+\cdots+r_{1n}y_n=0 \\ m_2\ddot{y}_2+r_{21}y_1+r_{22}y_2+\cdots+r_{2n}y_n=0 \\ \cdots \\ m_n\ddot{y}_n+r_{n1}y_1+r_{n2}y_2+\cdots+r_{nn}y_n=0 \end{aligned}\right\} \tag{12.85}$$

写成矩阵形式

$$\begin{bmatrix} m_1 & & & 0 \\ & m_2 & & \\ & & \ddots & \\ 0 & & & m_n \end{bmatrix} \begin{Bmatrix} \ddot{y}_1 \\ \ddot{y}_2 \\ \vdots \\ \ddot{y}_n \end{Bmatrix} + \begin{bmatrix} r_{11} & r_{12} & \cdots & r_{1n} \\ r_{21} & r_{22} & \cdots & r_{2n} \\ & & \cdots & \\ r_{n1} & r_{n2} & \cdots & r_{nn} \end{bmatrix} \begin{Bmatrix} y_1 \\ y_2 \\ \vdots \\ y_n \end{Bmatrix} = \begin{Bmatrix} 0 \\ 0 \\ \vdots \\ 0 \end{Bmatrix}$$

可简写为

$$[M]\{\ddot{y}\}+[R]\{y\}=\{0\} \tag{12.86}$$

式中　$[M]$——质量矩阵，对于集中质量的结构，它是对角矩阵；

　　　$[R]$——刚度矩阵；

$\{\ddot{y}\}$——加速度列向量；

$\{y\}$——位移列向量。

式(12.85)或式(12.86)就是按照刚度法建立的多自由度体系无阻尼振动的微分方程。

12.6.2 列位移方程(柔度法)

对于同样的体系，如图 12.39(a)所示。在振动过程中，把各质点的惯性力看作静力荷载，在这些静力荷载作用下，体系中第 i 个质点 m_i 的位移应

$$y_i = \delta_{i1}(-m_1\ddot{y}_1) + \delta_{i2}(-m_2\ddot{y}_2) + \cdots \delta_{ij}(-m_j\ddot{y}_j) + \cdots \delta_{in}(-m_n\ddot{y}_n)$$

式中，δ_{ii} 和 δ_{ij} 是结构的柔度系数。δ_{ij} 的物理意义是体系只在质点 j 处作用有单位荷载，在质点 i 处引起位移如图 12.39(b)所示，由上式可得式(12.82)：

$$\left.\begin{array}{l} y_1 + \delta_{11}m_1\ddot{y}_1 + \delta_{12}m_2\ddot{y}_2 + \cdots + \delta_{1n}m_n\ddot{y}_n = 0 \\ y_2 + \delta_{21}m_1\ddot{y}_1 + \delta_{22}m_2\ddot{y}_2 + \cdots + \delta_{2n}m_n\ddot{y}_n = 0 \\ \cdots \\ y_n + \delta_{n1}m_1\ddot{y}_1 + \delta_{n2}m_2\ddot{y}_2 + \cdots + \delta_{nn}m_n\ddot{y}_n = 0 \end{array}\right\} \tag{12.87}$$

其矩阵形式为

$$\begin{Bmatrix} y_1 \\ y_2 \\ \vdots \\ y_n \end{Bmatrix} + \begin{bmatrix} \delta_{11} & \delta_{12} & \cdots & \delta_{1n} \\ \delta_{21} & \delta_{22} & \cdots & \delta_{2n} \\ & & \cdots & \\ \delta_{n1} & \delta_{n2} & \cdots & \delta_{nn} \end{bmatrix} \begin{bmatrix} m_1 & & & 0 \\ & m_2 & & \\ & & \ddots & \\ 0 & & & m_n \end{bmatrix} \begin{Bmatrix} \ddot{y}_1 \\ \ddot{y}_2 \\ \vdots \\ \ddot{y}_n \end{Bmatrix} = \begin{Bmatrix} 0 \\ 0 \\ \vdots \\ 0 \end{Bmatrix}$$

或简写为

$$\{y\} + [D][M]\{\ddot{y}\} = \{0\} \tag{12.88}$$

式中，$[D]$ 为体系的柔度矩阵。式(12.87)或式(12.88)就是按照柔度法建立的多自由度体系无阻尼振动的微分方程。

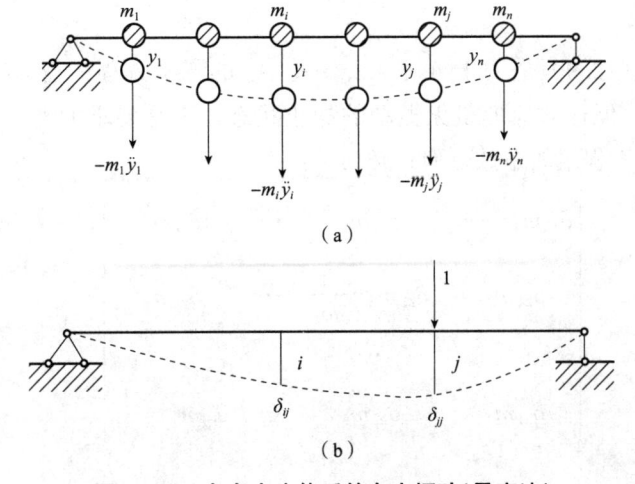

图 12.39 多自由度体系的自由振动(柔度法)

(a)几个自由度体系；(b)质点引起的位移

12.6.3 两种方法间的关系及使用选择

由矩阵计算，对式(12.88)左列乘$[D]^{-1}$，则有

$$[D]^{-1}\{y\}+[M]\{\ddot{y}\}=\{0\}$$

此式与式(12.86)相比，显然应有$[D]^{-1}=[R]$。这就是说柔度矩阵和刚度矩阵是互为逆阵的。因此，可以通过矩阵计算由一种形式推得另一种形式，两者实质一样，只是表现形式不同。具体运算时，当体系的柔度系数比刚度系数易求时，宜采用柔度法，反之采用刚度法。

12.6.4 柔度法建立的微分方程解

为求式(12.87)的解，可以假设所有质点都按同一频率ω、同一相位φ做同步简谐振动，但各质点的振幅$A_i(i=1,2,3,\cdots,n)$值不相同。可以设

$$y_i=A_i\sin(\omega t+\varphi) \quad (i=1,2,3,\cdots,n)$$

将上式代入式(12.87)并约去因子$\sin(\omega t+\varphi)$，可得

$$\left.\begin{aligned}\left(\delta_{11}m_1-\frac{1}{\omega^2}\right)A_1+\delta_{12}m_2A_2+\cdots+\delta_{1n}m_nA_n=0\\ \delta_{21}m_1A_1+\left(\delta_{22}m_2-\frac{1}{\omega^2}\right)A_2+\cdots+\delta_{2n}m_nA_n=0\\ \cdots\\ \delta_{n1}m_1A_1+\delta_{n2}m_2A_2+\cdots+\left(\delta_{nn}m_n-\frac{1}{\omega^2}\right)A_n=0\end{aligned}\right\} \quad (12.89)$$

写成矩阵形式为

$$\left([D][M]-\frac{1}{\omega^2}[E]\right)\{A\}=\{0\} \quad (12.90)$$

其中，$\{A\}=\{A_1,A_2,\cdots,A_n\}$是振幅列向量，$[E]$是单位矩阵，$[M]$为质量矩阵，$[D]$为体系柔度矩阵。

式(12.89)和式(12.90)是关于$A_1、A_2、\cdots、A_n$的齐次方程。当$A_1=A_2=\cdots=A_n=0$时，显然该式成立，但这对应的是无振动的静止状态，不是要求的解。若要$A_1、A_2、\cdots、A_n$不全为零，则该方程组的系数行列式必为零：

$$\begin{vmatrix}\delta_{11}m_1-\dfrac{1}{\omega^2} & \delta_{12}m_2 & \cdots & \delta_{1n}m_n\\ \delta_{21}m_1 & \delta_{22}m_2-\dfrac{1}{\omega^2} & \cdots & \delta_{2n}m_n\\ & & \cdots & \\ \delta_{n1}m_1 & \delta_{n2}m_2 & \cdots & \delta_{nn}m_n-\dfrac{1}{\omega^2}\end{vmatrix}=0 \quad (12.91)$$

或写为

$$\left|[D][M]-\frac{1}{\omega^2}[E]\right|=0 \quad (12.92)$$

此行列式展开,可得到一个关于 $\frac{1}{\omega^2}$ 的 n 次代数方程,由此可解出 $\frac{1}{\omega^2}$ 的 n 个正实根,从而可得 n 个自振频率 ω_1、ω_2、…、ω_n,按其值由小到大排列,分别称为第一、第二、……第 n 频率,总称为体系的频谱。式(12.91)和式(12.92)称为频率方程,用以确定频率 ω。

对于求得的 n 个自振频率 $\omega_i(i=1, 2, 3, \cdots, n)$ 中任一个 ω_k,相应的 n 个质点的振动方程为

$$y_i^{(k)} = A_i^{(k)} \sin(\omega_k t + \varphi_k) \quad (i=1, 2, 3, \cdots, n) \tag{12.93}$$

即各质点按同一频率 ω_k 做同步简谐振动,而各质点的位移相互的比值 $y_1^{(k)} : y_2^{(k)} : \cdots : y_n^{(k)} = A_1^{(k)} : A_2^{(k)} : \cdots : A_n^{(k)}$ 并不随时间变化,即在任何时刻体系的振动都保持同一形状。把多自由度体系按任一自振频率 ω_k 进行的简谐振动称为主振动,其相应的振动形式称为主振型或简谐振型。

要确定振型,就应确定各质点振幅间的比值,为此,可将 ω_k 值代入式(12.87),得出式(12.94)。

$$\left.\begin{aligned}
\left(\delta_{11} m_1 - \frac{1}{\omega_k^2}\right) A_1^{(k)} + \delta_{12} m_2 A_2^{(k)} + \cdots + \delta_{1n} m_n A_n^{(k)} &= 0 \\
\delta_{21} m_1 A_1^{(k)} + \left(\delta_{22} m_2 - \frac{1}{\omega_k^2}\right) A_2^{(k)} + \cdots + \delta_{2n} m_n A_n^{(k)} &= 0 \\
\cdots & \\
\delta_{n1} m_1 A_1^{(k)} + \delta_{n2} m_2 A_2^{(k)} + \cdots + \left(\delta_{nn} m_n - \frac{1}{\omega_k^2}\right) A_n^{(k)} &= 0
\end{aligned}\right\} \tag{12.94}$$

或写为

$$\left([D][M] - \frac{1}{\omega_k^2}[E]\right)\{A^{(k)}\} = \{0\} \tag{12.95}$$

由于式(12.95)的系数行列式为零,故 $A_1^{(k)} : A_2^{(k)} : \cdots : A_n^{(k)}$ 中只有 $n-1$ 个是独立的,如果确定了其中一个 $A_i^{(k)}$ 的值,便可求得其余的各值,这样可以确定各质点振幅之间的相对比值,从而可确定振型。

一个体系有 n 个自由度,便可求的 n 个自振频率,相应的便有 n 个主振动和 n 个主振型,它们是振动微分方程的特解,这些主振动的线性组合就构成每一个质点振动微分方程的一般解,如式(12.96)所示。

$$y_i = \sum_{k=1}^{n} A_i^{(k)} \sin(\omega_k t + \varphi_k) \quad (i=1, 2, 3, \cdots, n) \tag{12.96}$$

式中,各主振动分量的振幅 $A_i^{(k)}$ 和初始相位角 φ_k 将取决于初始条件,振幅 $A_i^{(k)}$ 的个数是 $n \times n$ 个,上面已指出只有 $n-1$ 个是独立的,再加上 n 个初始相位角 φ_k,共有 $2n$ 个待定常数,它们可由 n 个质点的初始位移和初速度共 $2n$ 个初始条件来确定。显然,初始条件不同,振幅 $A_i^{(k)}$ 和初始相位角 φ_k 不同。然而,自振频率和振幅的相对比及振型都不因初始条件不同而不同,它们与外干扰无关。自振频率和振型只取决于体系的质量和质点所在位置的柔度系数,因而它们反映了体系本身固有的动力特性。因此,确定多自由度体系的自振频率和振型将是动力计算的首要任务。

12.6.5 刚度法建立的微分方程解

刚度法建立微分方程见式(12.85)或式(12.86)。对此，这里不是通过推导而是用矩阵运算来计算频率和确定阵型的公式。

用矩阵$[D]^{-1}$左乘式(12.90)可得

$$\left([M]-\frac{1}{\omega^2}[D]^{-1}\right)\{A\}=\{0\}$$

由于刚度矩阵$[R]$和柔度矩阵$[D]$互为逆矩阵，所以可得式(12.97)：

$$([R]-\omega^2[M])\{A\}=\{0\} \tag{12.97}$$

因$\{A\}$不能全为零，故可得频率方程为

$$|[R]-\omega^2[M]|=0 \tag{12.98}$$

由这个行列式可解出 n 个频率 ω_1、ω_2、$\cdots$、ω_n，再将任一频率 ω_k 代入式(12.94)可得式(12.99)。

$$([R]-\omega_k^2[M])\{A^{(k)}\}=\{0\} \tag{12.99}$$

据此可求得第 k 个主阵型，依次令 $k=1, 2, \cdots, n$，便可确定所有的主阵型。

12.7 多自由度体系在简谐荷载作用下的强迫振动

这里讨论的多自由度体系所受的动力荷载只是简谐荷载，各个荷载的频率和位相都相同。这些荷载可以作用在质点上，也可以不作用在质点上。以图 12.40 为例，不计自重的简支梁上有 n 个集中质点，其质量为 m_1、m_2、$\cdots$、m_n。此体系上作用有 k 个简谐荷载 $P_1\sin\theta t$、$P_2\sin\theta t$、$\cdots$、$P_k\sin\theta t$。在建立动力方程时不考虑阻尼的影响，对此，可用柔度法建立运动微分方程并求解。

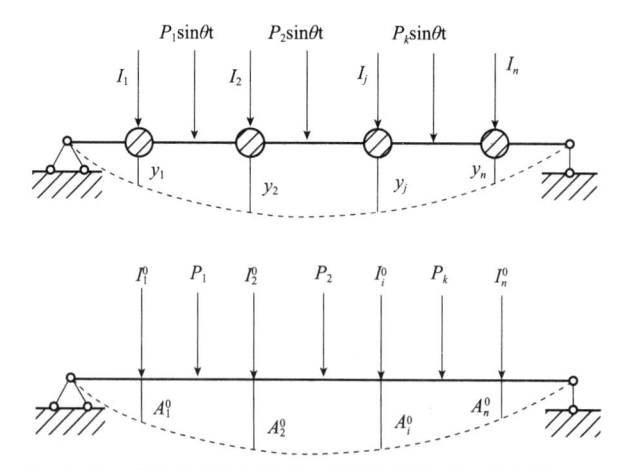

图 12.40 多自由度体系在简谐荷载下的强迫振动(柔度法)

在振动过程中，体系素有两种荷载的作用，其一是各质点的惯性力 I_1、I_2、$\cdots$、I_n；其二是动力荷载 $P_1\sin\theta t$、$P_2\sin\theta t$、$\cdots$、$P_k\sin\theta t$。在两者的作用下，任一质点 m_i 的位移 y_i 应为：

$$y_i = \delta_{i1}I_1 + \delta_{i2}I_2 + \cdots + \delta_{in}I_n + y_{iP} \tag{12.100}$$

这里 $y_{iP} = \sum_{j=1}^{k}\delta_{ij}P_j \sin\theta t = \Delta_{iP}\sin\theta t$，其中 $\Delta_{iP} = \sum_{j=1}^{k}\delta_{ij}P_j$ 是动力荷载同时达到最大值时质点 m_i 处所引起的静力位移。

注意到惯性力 $I_i = -m_i \ddot{y}_i$，那么对于 n 个质点可建立起位移方程组为

$$\left. \begin{aligned} y_1 + \delta_{11}m_1\ddot{y}_1 + \delta_{12}m_2\ddot{y}_2 + \cdots + \delta_{1n}m_n\ddot{y}_n &= \Delta_{1P}\sin\theta t \\ y_2 + \delta_{21}m_1\ddot{y}_1 + \delta_{22}m_2\ddot{y}_2 + \cdots + \delta_{2n}m_n\ddot{y}_n &= \Delta_{2P}\sin\theta t \\ &\cdots \\ y_n + \delta_{n1}m_1\ddot{y}_1 + \delta_{n2}m_2\ddot{y}_2 + \cdots + \delta_{nn}m_n\ddot{y}_n &= \Delta_{nP}\sin\theta t \end{aligned} \right\} \tag{12.101}$$

即写成矩阵形式为

$$\{y\} + [D][M]\{\ddot{y}\} = \{\Delta\}\sin\theta t \tag{12.102}$$

式中，$\{\Delta\} = [\Delta_{1P} \quad \Delta_{2P} \quad \cdots \quad \Delta_{nP}]^T$ 为荷载幅值引起的静力位移列向量。

这个线性微分方程组的解将包括两部分：一部分是方程组的齐次解，反映体系的自由振动情况，它将很快衰减掉；另一部分是特解，反映强迫振动情况，这里着重讨论特解。

设方程的特解如式(12.103)所示。

$$\{y\} = \{A^0\}\sin\theta t \tag{12.103}$$

式中，$\{A^0\} = [A_1^0 \quad A_2^0 \quad \cdots \quad A_n^0]^T$ 为强迫振动位移振幅值列向量。

将所设的解代入方程组，约去因子 $\sin\theta t$ 后可得式(12.104)。

$$\left. \begin{aligned} \left(\delta_{11}m_1 - \frac{1}{\theta^2}\right)A_1^0 + \delta_{12}m_2 A_2^0 + \cdots + \delta_{1n}m_n A_n^0 + \frac{\Delta_{1P}}{\theta^2} &= 0 \\ \delta_{21}m_1 A_1^0 + \left(\delta_{22}m_2 - \frac{1}{\theta^2}\right)A_2^0 + \cdots + \delta_{2n}m_n A_n^0 + \frac{\Delta_{2P}}{\theta^2} &= 0 \\ &\cdots \\ \delta_{n1}m_1 A_1^0 + \delta_{n2}m_2 A_2^0 + \cdots + \left(\delta_{nn}m_n - \frac{1}{\theta^2}\right)A_n^0 + \frac{\Delta_{nP}}{\theta^2} &= 0 \end{aligned} \right\} \tag{12.104}$$

或写为

$$\left([D][M] - \frac{1}{\theta^2}[E]\right)\{A^0\} + \frac{1}{\theta^2}\{\Delta\} = \{0\} \tag{12.105}$$

式中，$[E]$ 为单位矩阵，解此方程组可得强迫振动的振幅 $\{A^0\}$，再代入式(12.87)就可得到各质点的振动方程，从而可得各质点的惯性力为

$$I_i = -m_i \ddot{y}_i = m_i \theta^2 A_i^0 \sin\theta t = I_i^0 \sin\theta t \tag{12.106}$$

式中，I_i^0 为质点 m_i 的最大惯性力值。

由式(12.103)或式(12.106)及干扰力的表达式可知，位移、惯性力、干扰力都同时达到最大值。因此，在计算最大动力位移和内力时，可把惯性力和干扰力的最大值作为静力荷载作用在体系上。然后按静力学方法进行计算。

为计算出最大惯性力，将 $A_i^0 = \dfrac{1}{m_i\theta^2}I_i^0 \,(i=1, 2, \cdots, n)$ 代入式(12.104)或式(12.105)可得式(12.107)。

$$\left.\begin{array}{l}\left(\delta_{11}-\dfrac{1}{m_1\theta^2}\right)A_1^0+\delta_{12}A_2^0+\cdots+\delta_{1n}A_n^0+\Delta_{1\mathrm{P}}=0\\ \delta_{21}A_1^0+\left(\delta_{22}-\dfrac{1}{m_2\theta^2}\right)A_2^0+\cdots+\delta_{2n}A_n^0+\Delta_{2\mathrm{P}}=0\\ \cdots\\ \delta_{n1}A_1^0+\delta_{n2}A_2^0+\cdots+\left(\delta_{nn}-\dfrac{1}{m_n\theta^2}\right)A_n^0+\Delta_{n\mathrm{P}}=0\end{array}\right\} \tag{12.107}$$

或写为

$$\left([D]-\frac{1}{\theta^2}[M]^{-1}\right)\{I^0\}+\{\Delta\}=\{0\} \tag{12.108}$$

这就是求解惯性力幅值的 n 个线性方程。

当 $\theta=\omega_k$ 即干扰力的频率与体系的任一自振频率相等时，由式（12.91）可知，式（12.107）或式（12.108）的系数行列式此时为零。这就使求得的振幅、惯性及内力值均为无穷大，这就是共振现象。实际上，由于阻尼的存在，振幅等量值不会为无穷大，但这容易给结构造成危害，故应该加以避免。

采用刚度法讨论多自由度体系在简谐荷载作用下的强迫振动时，以简支梁上分布有 n 个质点为例，为方便起见，可设每个质点上都作用有 $P_i\sin\theta t$，如图 12.41 所示。因为当某个质点上没有干扰力的时候，可设 $P_k=0$，当干扰力作用处不是质点时，可设该质点的质量为零，干扰力为

$$\{P(t)\}=\{P\}\sin\theta t \tag{12.109}$$

式中，$\{P(t)\}=[P_1\quad P_2\quad\cdots\quad P_n]^T$ 为荷载幅值列向量。仿照式（12.85）的建立过程，可得其动力平衡方程为

$$\left.\begin{array}{l}m_1\ddot{y}_1+r_{11}y_1+r_{12}y_2+\cdots+r_{1n}y_n=P_1\sin\theta t\\ m_2\ddot{y}_2+r_{21}y_1+r_{22}y_2+\cdots+r_{2n}y_n=P_2\sin\theta t\\ \cdots\\ m_n\ddot{y}_n+r_{n1}y_1+r_{n2}y_2+\cdots+r_{nn}y_n=P_n\sin\theta t\end{array}\right\} \tag{12.110}$$

其矩阵形式为

$$[M]\{\ddot{y}\}+[R]\{y\}=\{P\}\sin\theta t \tag{12.111}$$

及其解与式（12.111）一样，将此代入式（12.110）或式（12.111）并约去因子 $\sin\theta t$ 可得式（12.112）。

$$([R]-\theta^2[M])\{A^0\}=\{P\} \tag{12.112}$$

由式（12.112）可算的各质点的振幅值 A_i^0，将此代入式（12.111），即得各质点的运动方程，从而可得各质点的惯性力为

$$\{I\}=-[M]\{\ddot{y}\}=\theta^2[M]\{A^0\}\sin\theta t=\{I_0\}\sin\theta t \tag{12.113}$$

其中，$\{I_0\}=\theta^2[M]\{A^0\}$ 为惯性力幅值列向量。在此也可通过矩阵运算由这个式子算出 $\{A^0\}$，把 $\{A^0\}$ 代入式（12.113）后可得直接求解惯性力幅值的方程为

$$([R][M]^{-1}-\theta^2[E])\{I_0\}=\theta^2\{P\} \tag{12.114}$$

其中，$[E]$ 为单位矩阵，由于位移、惯性力与干扰力同时达到最大值，故可将惯性力和干扰

力的最大值当作静力荷载作用于结构，从而算得最大动位移和动内力。

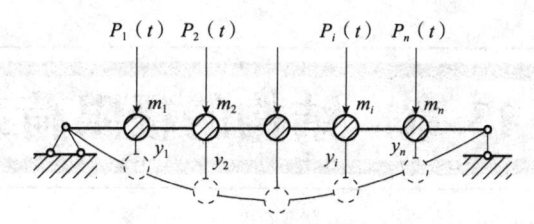

图 12.41 多自由度体系在简谐荷载下的强迫振动(刚度法)

工程案例与素养提升　　　　　习题　　　　　答案

第 13 章 结构的极限荷载

13.1 概 述

在弹性计算中,假设应力与应变之间为线性关系,结构在正常使用条件下的应力和应变状态,弹性计算能够给出足够准确的结果,而弹性设计采用的做法是以容许应力为依据来确定截面的尺寸或进行强度计算。利用弹性计算的结果,以容许应力为依据来确定截面的尺寸或进行强度验算,这就是弹性设计采用的做法。

弹性设计方法有一定的缺点。对于塑性材料的结构,特别是超静定结构,当最大应力到达屈服极限,甚至某一局部已进入塑性阶段时,结构并没有破坏,即没有耗尽全部承载能力。弹性设计没有考虑材料超过屈服极限后结构的这一部分承载力,因而其是不够经济合理的。塑性设计方法是为了消除弹性设计方法的缺点而发展起来的。在塑性设计中,首先确定结构破坏时所能承担的荷载(极限荷载),将极限荷载除以荷载系数得出容许荷载,以此为依据来进行设计。弹性分析方法(容许应力法)是结构的最大应力达到材料的极限应力时结构将会破坏的强度条件。

为了确定结构的极限荷载,必须考虑材料的塑性变形,进行结构的塑性分析。塑性分析方法是以结构进入塑性阶段并最后丧失承载力时的极限状态作为结构破坏的标志强度条件。

在结构塑性分析中,为了简化计算,通常假设材料为理想弹塑性材料,其应力-应变关系如图 13.1 所示。应力到达屈服极限 σ_s 以前,应力-应变为线性关系,如图 13.1 OA 段所示;应力到达屈服极限时,材料进入塑性流动阶段,应力不增加,应变继续增加,如图 13.1 AB 段所示。如果塑性流动到达 C 点后发生卸载,则 ε 的减小值 $\Delta\varepsilon$ 与 σ 的减小值 $\Delta\sigma$ 成正比,其比值为 E,如图 13.1 中加载时应力增加,材料是弹塑性;卸载时应力减小,材料是弹性。同一个应力值可以对应不同的应变值,同一个应变值可以对应于不同的应力值。还可看到,在经历塑性变形之后,应力与应变之间不再存在单值对应关系,同一个应力值可对应于不同的应变值,同一个应变值可对应于不同的应力值。要得到弹塑性问题的解,需要追踪全部受力变形过程。由于以上的原因,结构的弹塑性计算比弹性计算要复杂一些。

本章对结构弹塑性变形的发展过程不做全面的分析,而只是集中讨论梁和刚架的极限荷载,因而可用更简便的方法解决问题。

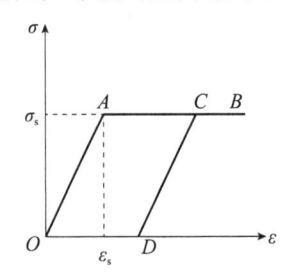

图 13.1 理想弹塑性材料的应力-应变关系图

13.2 极限荷载、塑性铰和极限状态

13.2.1 理想弹塑性材料的矩形截面梁

如图 13.2 所示,以理想弹塑性材料的矩形截面梁处于纯弯曲状态为例,说明一些基本概念。

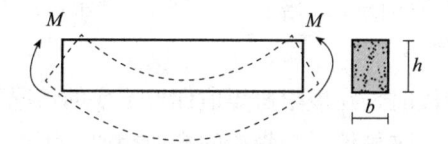

图 13.2 理想弹塑性纯弯曲状态的矩形截面梁

随着 M 的增大,梁会经历一个由弹性阶段到弹塑性阶段,最后到达塑性阶段的过程。试验表明,无论处于哪个阶段,梁弯曲变形时的平面假定都是成立的。各阶段截面应力的变化过程如图 13.3 所示。图 13.3 中依次为矩形截面的弹性阶段[图 13.3(b)]、弹塑性阶段[图 13.3(c)]和塑性流动阶段[图 13.3(d)]。

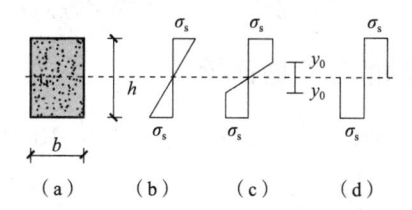

图 13.3 矩形截面梁各阶段截面应力的变化过程
(a)截面;(b)弹性阶段;(c)弹塑性阶段;(d)塑性流动阶段

1. 弹性阶段

图 13.3(b)表示截面处于弹性阶段。这个阶段结束的标志是最外纤维处的应力到达屈服极限 σ_s,此时的弯矩称为弹性极限弯矩(屈服弯矩),其计算公式为式(13.1)。

$$M_e = \frac{bh^2}{6}\sigma_s = W\sigma_s \tag{13.1}$$

式中 $W = \dfrac{bh^2}{6}$——矩形截面的弹性截面系数,b 和 h 分别为矩形截面的宽度和高度。

2. 弹塑性阶段

截面外侧边缘部分形成塑性区,此时应力为常数 $\sigma = \sigma_s$,而截面内部为弹性区 $|y| \leqslant y_0$,称为弹性核。弹性核是中性轴附近处于弹性状态的部分,应力为直线分布为式(13.2)。

$$\sigma = \sigma_s \frac{y}{y_0} \tag{13.2}$$

式中 y_0——弹塑性阶段弹性核的高度。

3. 塑性流动阶段

随着弯矩的增加,弹性核的高度 y_0 逐渐减小,最后达到极限情形 $y_0 \to 0$,相应弯矩为

$M_u = \dfrac{bh^2}{4}\sigma_s$,称为塑性极限弯矩,简称为极限弯矩,此时相应的弯矩计算公式为式(13.3)。

$$M_u = \dfrac{bh^2}{4}\sigma_s = W_u \sigma_s \tag{13.3}$$

式中 $W_u = \dfrac{bh^2}{4}$——矩形截面的塑性截面系数。若为矩形截面,会有式(13.4)。

$$\dfrac{M_u}{M_e} = \dfrac{\sigma_s W_u}{\sigma_s W} = \dfrac{W_u}{W} = 1.5 \tag{13.4}$$

即塑性极限弯矩为弹性极限弯矩的1.5倍。

4. 塑性铰

当截面达到塑性流动阶段时,在极限弯矩值保持不变的情况下,两个无限靠近的相邻截面可以产生有限的相对转角,这种情况与带铰的截面相似。因此,当截面弯矩达到极限弯矩时,这种截面叫作塑性铰。

塑性铰与普通铰的差别如下:
(1)塑性铰可承受极限弯矩;普通铰不承受弯矩。
(2)塑性铰是单向的,沿弯矩方向转动;普通铰为双向铰。
(3)塑性铰卸载时消失,普通铰卸载时仍然存在。
(4)塑性铰随荷载分布而出现于不同截面,普通铰位置固定。

13.2.2 有一个对称轴的任意截面梁

按照纯弯曲状态讨论有一个对称轴的任意截面梁。图13.4(a)所示为只有一个对称轴的截面。

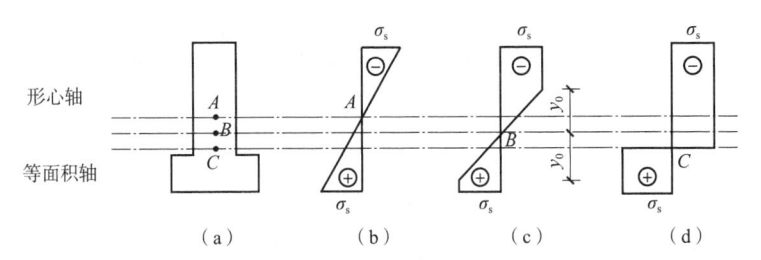

图13.4 只有一个对称轴的截面的应力变化过程
(a)只有一个对称轴的截面;(b)弹性阶段;(c)弹塑性阶段;(d)塑性流动阶段

在弹性阶段,应力为直线分布,中性轴通过截面的形心,如图13.4(b)所示。在弹塑性阶段,中性轴的位置将随弯矩的大小而变化,如图13.4(c)所示。在塑性流动阶段,如图13.4(d)所示。受拉区和受压区的应力均为常量,设截面上受压和受拉的面积分别为 A_1 和 A_2,当截面上无轴力作用时,根据平衡条件,截面法向应力之和等于零,由此得

$$A_1 = A_2$$

由此可见,塑性流动阶段的中性轴应平分截面面积,则可得极限弯矩计算式为式(13.5)。

$$M_u = \sigma_s(S_1 + S_2) = \sigma_s W_u \tag{13.5}$$

式中 S_1、S_2——A_1、A_2 对等面积轴的静矩;
$W_u = (S_1 + S_2)$——截面的塑性截面系数。

1. 截面形状系数

塑性极限弯矩与弹性弯矩之比值，用 α 表示，如式(13.6)所示，与截面形状有关。

$$\alpha=\frac{M_u}{M_e}=\frac{W_u}{W} \qquad (13.6)$$

几种常见截面的截面形状系数：

矩形　　　　$\alpha=1.5$
圆形　　　　$\alpha=1.7$
薄壁圆环形　$\alpha=1.27\sim1.4$(一般可取1.3)
I形　　　　 $\alpha=1.1\sim1.2$(一般可取1.15)

【例 13.1】 如图 13.5 所示，已知材料的屈服极限 $\sigma_s=240$ MPa，求图示截面的极限弯矩。

解： $A=0.0036$ m^2

$A_1=A_2=A/2=0.0018$(m^2)

A_1 形心距离下端 0.045 m，A_2 形心距离上端 0.01167 m，A_1 与 A_2 的形心距离为 0.0633 m。

$M_u=\sigma_s(S_1+S_2)=\sigma_s\times\dfrac{A}{2}\times 0.0633=27.35$(kN·m)

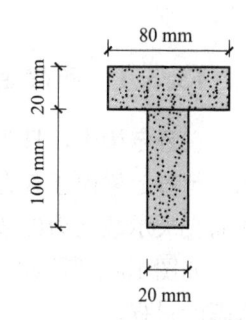

图 13.5　例 13.1 图

13.2.3　静定梁的极限荷载

求解梁在垂直于杆轴的横向荷载作用时的弯曲问题，仍假设材料为理想弹塑性材料。通常，剪力对梁的承载能力的影响很小，可以忽略不计，因而前面在讨论纯弯曲时导出的关于截面的屈服弯矩 M_e 和极限弯矩 M_u 的结果在横向弯曲中仍可采用。

静定结构由弹性阶段到弹塑性阶段最后达到极限状态的过程，在加载初期，各个截面的弯矩均不超过弹性极限弯矩 M_e。再继续加载，直到某个截面的弯矩首先达到 M_e 时，弹性阶段便告终结。此时的荷载叫作弹性极限荷载 P_e。当荷载超过 P_e 时，在梁中即形成塑性区。随着荷载的增大，塑性区逐渐扩大。最后，在某截面处，弯矩首先达到极限值，形成塑性铰。对静定梁来说，为无多余约束的几何不变体系，出现一个塑性铰即成为机构，此时结构已变为机构，挠度可以任意增大，承载力已无法再增加。这种状态称为极限状态，此时的荷载称为极限荷载，以 P_u 表示。

确定出塑性铰发生的截面后，令该截面的弯矩等于极限弯矩 M_u，利用平衡条件即可求出极限荷载 P_u。

【例 13.2】 如图 13.6(a)所示，设有矩形截面简支梁在跨中承受集中荷载 P 作用，求极限荷载 P_u。

解： 由 M 图可知跨中截面的弯矩最大，在极限荷载作用下，塑性铰将在跨中截面形成，这里弯矩达到极限值 M_u，如图 13.6(b)所示。由静力条件可得

$$M_u=\frac{1}{4}P_u L$$

$$P_u=\frac{4M_u}{L}$$

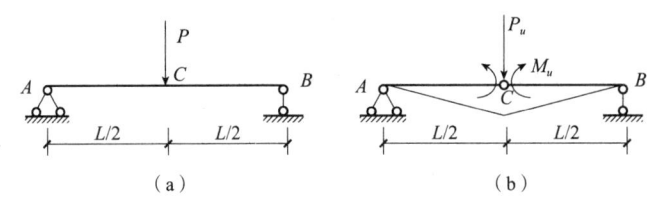

图 13.6　例 13.2 图

13.3　超静定梁的极限荷载

13.3.1　超静定梁的破坏过程和极限荷载的特点

在静定梁中，只要有一个截面出现塑性铰，梁就成为机构，从而丧失承载能力以致破坏。超静定梁由于具有多余约束，因此，必须有足够多的塑性铰出现，才能使其变为机构，从而丧失承载能力以致破坏。

如图 13.7 所示，以等截面梁为例，说明超静定梁由弹性阶段到弹塑性阶段，直至极限状态的过程。

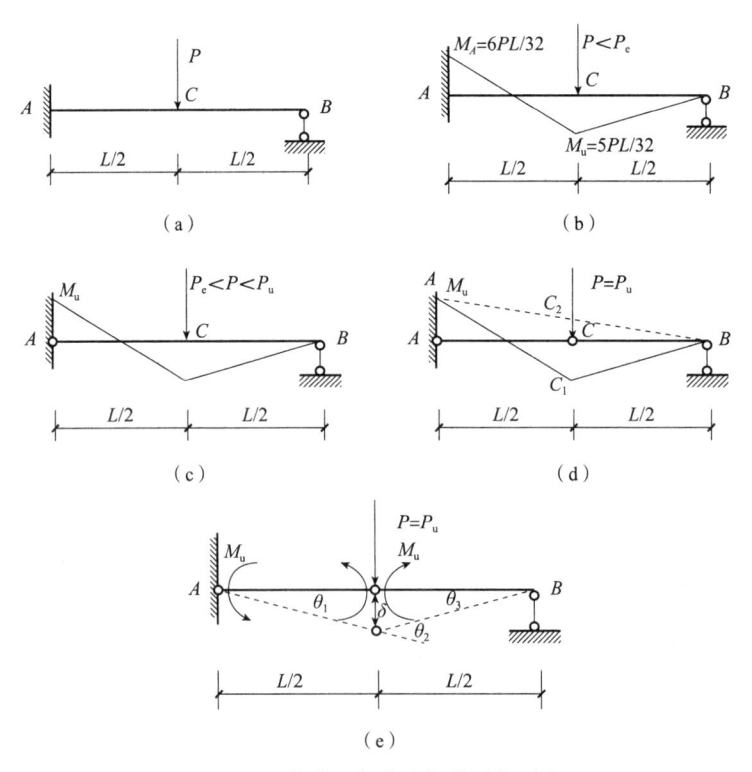

图 13.7　等截面超静定梁的破坏过程
(a)原结构；(b)弹性阶段；(c)弹塑性阶段；(d)极限状态；(e)破坏机构

在弹性阶段，$P<P_e$，如图 13.7(b)所示，固定端处弯矩最大。

当荷载超过 P_e 后，即 $P_e<P<P_u$，塑性区首先在固定端附近形成并扩大，然后在跨

中截面也形成塑性区。此时随着荷载 P 的增加，弯矩图不断地变化，不再与弹性 M 图成比例。随着塑性区的扩大，在固定端截面形成第一个塑性铰，即 A 截面先出现塑性铰，如图 13.7(c) 所示，此时在加载条件下，梁已转化为静定梁，但承载能力还未达到极限值 $M_A = M_u = \dfrac{3}{16}PL$。

再加载，固定端的弯矩增量为零，而跨中截面也将形成塑性区，随着塑性区的扩大，当跨中截面的弯矩达到其极限弯矩 M_u 时形成第二个塑性铰，此时的超静定梁变为机构，梁的承载力达到极限值，此时的荷载即为极限荷载 P_u。相应的弯矩图 13.7(d) 所示。跨中弯矩为 $C_2C_1 = \dfrac{P_uL}{4}$，根据叠加原理：$CC_1 = -\dfrac{1}{2}AA_1 + C_2C_1 = -\dfrac{M_u}{2} + \dfrac{P_uL}{4} = M_u$，求得极限荷载 $P_u = \dfrac{6M_u}{L}$。

图 13.7(e) 所示为该超静定梁的破坏机构，其极限荷载也可用虚功原理求解，即机动法：设跨中位移为 δ，则 $\theta_1 = 2\delta/l$，$\theta_2 = 4\delta/l$，有

外力所做的功：$\qquad\qquad W_e = P_u \delta$

内力所做的功：$\qquad W_i = -(M_u \theta_1 + M_u \theta_2) = -M_u \dfrac{6\delta}{L}$

虚功方程：$\qquad\qquad P_u \delta - M_u \dfrac{6\delta}{L} = 0$

得
$$P_u = \dfrac{6M_u}{L}$$

由此看出，超静定梁的极限荷载只需根据最后的破坏机构应用平衡条件即可求出。这种求极限荷载的方法叫作极限平衡法。据此，可概括出超静定结构极限荷载计算的一些特点如下：

(1) 超静定结构极限荷载的计算无须考虑结构弹塑性变形的发展过程，只需考虑最后的破坏机构。

(2) 超静定结构极限荷载的计算只需考虑静力平衡条件，而无须考虑变形协调条件，因而比弹性计算简单。

(3) 超静定结构的极限荷载，不受温度变化、支座移动等因素的影响。这些因素只影响结构变形的发展过程，而不影响极限荷载的数值。

【例 13.3】 试求图 13.8(a) 所示等截面超静定梁在均布荷载作用下的极限荷载值 q_u。

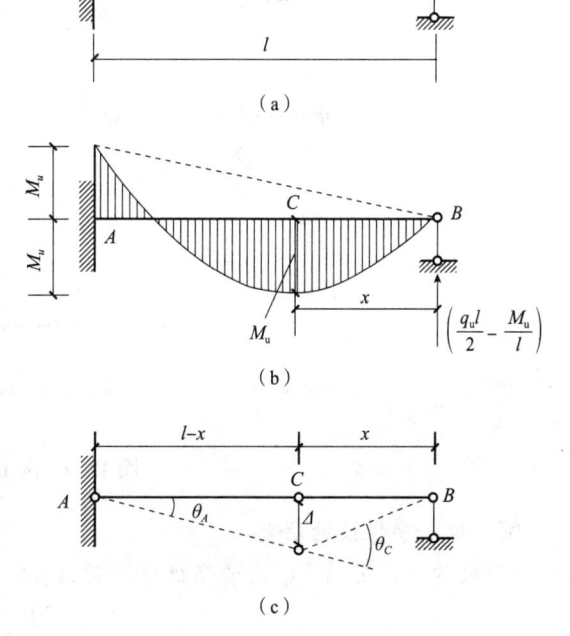

图 13.8 例 13.3 图

解： 当梁处于极限状态时，有一个塑性铰在固定端 A 形成，另一个塑性铰 C 的位置必在跨中附近弯矩最大的某一截面。极限状态的弯矩图如图 13.8(b)所示，极限状态的破坏机构如图 13.8(c)所示。由截面弯矩为最大值的条件(剪力等于零)，可得该截面位置至右支座的距离 x。这里应当注意，由于梁的内力发生了塑性重分布，剪力为零的截面与弹性阶段剪力为零的截面位置不同。

由平衡条件

$$R_B = \frac{q_u l}{2} - \frac{M_u}{l}$$

$$\frac{dM_C}{dx} = Q_C = R_B - q_u x = 0$$

求得

$$x = \frac{l}{2} - \frac{M_u}{q_u l} \tag{13.7}$$

再由 C 截面弯矩 M_C 达到极限弯矩 M_u 的平衡条件求极限荷载

$$M_C = R_B x - \frac{1}{2} q_u x^2 = \frac{q_u}{2} \left(\frac{l}{2} - \frac{M_u}{q_u l} \right)^2 = M_u$$

所以

$$q_u = 11.66 \frac{M_u}{l^2} \tag{13.8}$$

代入式(13.7)，可知 $x = 0.414l$。

【例 13.4】 求图 13.9(a)所示等截面梁的极限荷载．已知极限弯矩为 M_u。

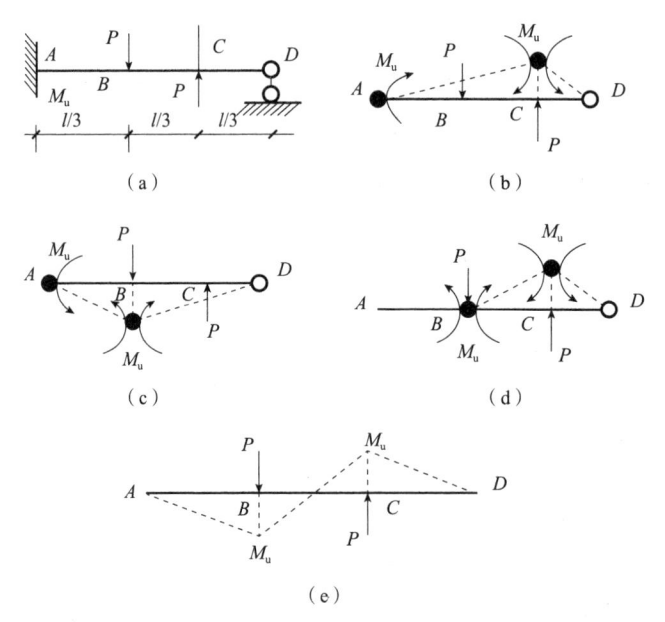

图 13.9 例 13.4 图

解： 确定塑性铰的位置：

(1) 机构一：若 A、C 出现塑性铰，则 A、C 两截面的弯矩为 M_u，如图 13.9(b)所示。

$$M_A = M_C = M_u$$

$$\theta_A \frac{2l}{3} = \delta y \quad \theta_D \frac{l}{3} = \delta y \quad \theta_A + \theta_D = \frac{9}{2l} \delta y$$

列虚功方程：

$$-M_u \cdot \delta\theta_A - M_u \cdot (\delta\theta_A + \delta\theta_D) - P \cdot \frac{\delta y}{2} + P \cdot \delta y = 0$$

$$\therefore -M_u\left(\frac{3}{21}\delta y + \frac{9}{21}\delta y\right) + P\frac{\delta y}{2} = 0$$

$$\therefore P_u = \frac{12}{l}M_u$$

(2) 机构二：若 A、B 出现塑性铰，则 A、B 两截面的弯矩为 M_u，如图 13.9(c)所示。

$$M_A = M_B = M_u$$

列虚功方程：

$$\theta_A \frac{l}{3} = \delta y \quad \theta_D \frac{2l}{3} = \delta y \quad \theta_A + \theta_D = \frac{9}{2l}\delta y$$

$$-M_u \cdot \delta\theta_A - M_u \cdot (\delta\theta_A + \delta\theta_D) - P \cdot \frac{\delta y}{2} + P \cdot \delta y = 0$$

$$\therefore -M_u\left(\frac{3}{l}\delta y + \frac{9}{21}\delta y\right) + P\frac{\delta y}{2} = 0$$

$$\therefore P_u = \frac{15}{l}M_u$$

(3) 机构三：若 B、C 出现塑性铰，则 B、C 两截面的弯矩为 M_u，如图 13.9(d)所示。

$$M_B = M_C = M_u$$

列虚功方程：

$$\theta_B \frac{l}{3} = \delta y \quad \theta_C \frac{l}{3} = \delta y \quad \theta_B + \theta_C = \frac{6}{l}\delta y$$

$$-M_u \cdot \delta\theta_A - M_u \cdot (\delta\theta_B + \delta\theta_C) + P \cdot \delta y = 0$$

$$\therefore -M_u\left(\frac{3}{l}\delta y + \frac{6}{l}\delta y\right) + P\delta y = 0$$

$$\therefore P_u = \frac{9}{l}M_u$$

(4) 比较上述三种机构可能情况，机构三为极限状态。

$$\therefore P_u = \frac{9}{l}M_u$$

(5) 绘制出极限弯矩图，如图 13.9(e)所示。

13.3.2 连续梁的极限荷载

设梁在每一跨度内为等截面，但各跨的截面可以彼此不同。又设荷载的作用方向彼此相同，并按比例增加。在上述情况下，连续梁只可能在各跨独立形成破坏机构，如图 13.10(a)、(b)所示，而不可能由相邻几跨联合形成一个破坏机构，如图 13.10(c)所示。事实上，如果荷载同为向下作用，则每跨内的最大负弯矩只可能在跨度两端出现，因此对等截面梁来说，负塑性铰只可能在两端出现，故每跨内为等截面的连续梁，只可能在各跨内独立形成破坏机构。

根据这一特点，可先对每一个单跨破坏机构分别求出相应的破坏荷载，然后取其中的最小值，这样便得到连续梁的极限荷载。

常见连续梁的破坏机构如图 13.9 所示。

(a)

(b)

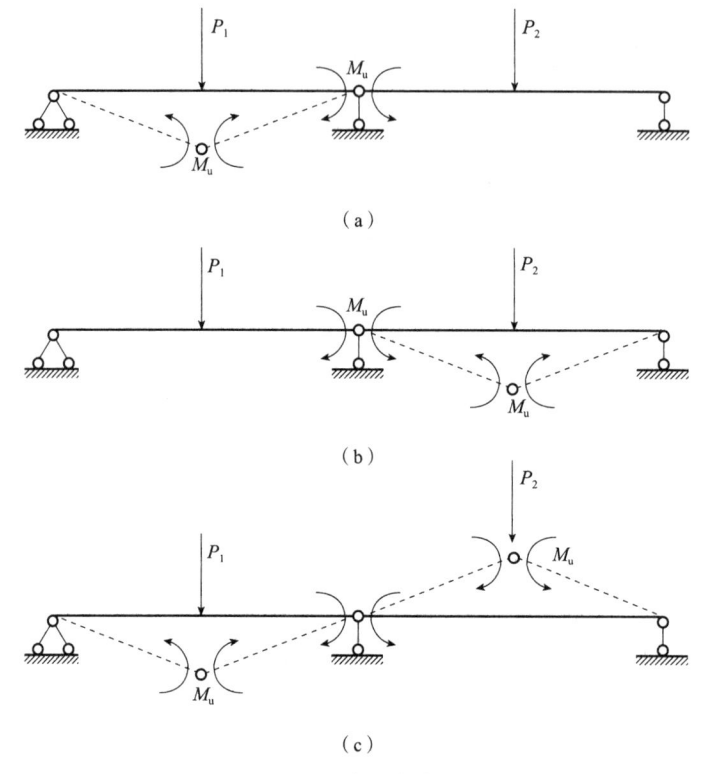

(c)

图 13.10　连续梁的破坏机构
(a)左跨形成机构；(b)右跨形成机构；(c)左右跨联合机构

【例 13.5】 试求图 13.11 所示连续梁的极限荷载。各跨分别为等截面，极限弯矩已标于图上。

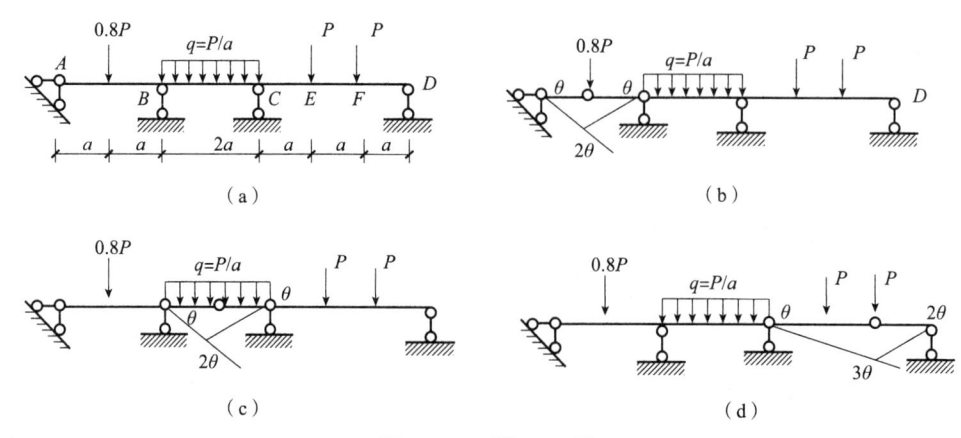

图 13.11　例 13.5 图

解： 该等截面连续梁，只可能在各跨内独立形成破坏机构，其虚位移如图 13.11 所示。

如图 13.11(a)所示，AB 跨形成破坏机构，根据虚功原理列虚功方程：

$$M_u(2\theta+\theta)=0.8P\times a\theta$$

解得，$P_{u,1}=\dfrac{15M_u}{4a}$

如图 13.11(b)所示，BC 跨形成破坏机构，根据虚功原理列虚功方程：

$$M_u(2\theta+\theta+\theta)=\dfrac{1}{2}\times\dfrac{P}{a}\times 2a\times a\theta$$

解得，$P_{u,2}=\dfrac{4M_u}{a}$

如图 13.11(c)所示，CD 跨形成破坏机构，根据虚功原理列虚功方程：

$$M_u\theta+3M_u\cdot 3\theta=P\times a\theta+P\times 2a\theta$$

解得，$P_{u,3}=\dfrac{10M_u}{3a}$

比较以上结果，可知 BC 跨首先破坏，所以极限荷载为

$$P_u=\min\{P_{u,1}, P_{u,2}, P_{u,3}\}=\dfrac{4M_u}{a}$$

13.4 比例加载时判定极限荷载的一般定理和基本方法

13.4.1 比例加载时极限荷载的定理

比例加载是指作用于结构上的所有荷载按同一比例增加，且不出现卸载的加载方式。

结合梁和刚架主要抗弯的结构形式进行讨论，假设材料是理想弹塑性的，截面的正极限弯矩与负极限弯矩的绝对值相等，而且忽略轴力和剪力对极限弯矩的影响。

结构处于极限状态时，应同时满足下面三个条件：

(1)单向机构条件：极限受力状态中，已经有某些截面的弯矩达到极限弯矩，结构中出现足够的塑性铰，使结构成为机构，能沿荷载加载方向做单向运动。

(2)内力局限条件：在极限受力状态中，任一截面的弯矩绝对值不超过其极限弯矩。

(3)平衡条件：在极限受力状态中，结构的整体或任一局部能维持平衡。

1. 两个定义

(1)可破坏荷载——同时满足单向机构条件和平衡条件的荷载，用 P^+ 表示。

(2)可接受荷载——同时满足内力局限条件和平衡条件的荷载，用 P^- 表示。

由上述定义可知，可破坏荷载 P^+ 只满足上述条件中的(1)和(3)；可接受荷载 P^- 只满足上述条件中的(1)和(2)。而极限荷载则同时满足上述三个条件。由此可见，极限荷载 P_u 既是可破坏荷载，又是可接受荷载。

2. 比例加载时关于极限荷载的四个定理

(1)基本定理：可破坏荷载恒不小于可接受荷载。

$$P^+\geqslant P^-$$

证明：取任意可破坏荷载 P^+，给予其相应的破坏机构一虚位移，列虚功方程为式(13.9)。

$$P^+\Delta=\sum_{i=1}^{n}|M_{ui}|\cdot|\theta_i| \tag{13.9}$$

式中，n 是塑性铰的数目，M_{ui} 和 θ_i 分别是第 i 个塑性铰处的极限弯矩和相对转角。根据单向机构条件，式(13.6)右边原应为 $M_{ui}\theta_i$，其值恒为正值，故可用其绝对值来表示，又 P^+ 和 Δ 均为正值。

再取任一可接受荷载 P^-，相应的弯矩图叫作 M^- 图。令此荷载及其内力状态经历上述机构位移，可取任一可接受荷载 P^-，在与上面相同虚位移上列虚功方程为式(13.10)。

$$P^-\Delta = \sum_{i=1}^{n} M_i^- \cdot \theta_i \tag{13.10}$$

根据内力局限条件：$M_i^- \leqslant |M_{ui}|$

可得 $\sum_{i=1}^{n} M_i^- \cdot \theta_i \leqslant \sum_{i=1}^{n} |M_{ui}| \cdot \theta_i$

将式(13.6)和式(13.7)代入上式，由于 Δ 为正值，故得 $P^- \leqslant P^+$。

(2) 唯一性定理：极限荷载是唯一的。

证明：设同一结构有两个极限荷载 P_{u1} 和 P_{u2}，由于每个极限荷载既是可破坏荷载 P^+，又是可接受荷载 P^-，若把 P_{u1} 看成可破坏荷载，P_{u2} 看成可接受荷载，则有

$$P_{u1} \geqslant P_{u2}$$

若把 P_{u2} 看成可破坏荷载，P_{u1} 看成可接受荷载，则有

$$P_{u2} \geqslant P_{u1}$$

两式应同时满足，因此有

$$P_{u1} = P_{u2}$$

证明了极限荷载值是唯一的。

(3) 上限定理（极小定理）：极限荷载是所有可破坏荷载中最小的。

证明：由于极限荷载 P_u 同时是可接受荷载，由基本定理，得

$$P_u \leqslant P^+$$

(4) 下限定理（极大定理）：极限荷载是所有可接受荷载中最大的。

证明：由于极限荷载 P_u 同时是可破坏荷载，由基本定理，得

$$P_u \geqslant P^-$$

由以上定理可知，可破坏荷载 P^+、可接受荷载 P^- 与极限荷载 P_u 之间有以下关系：

$$P^- \leqslant P_u \leqslant P^+$$

也可写成

$$(P^+)_{\min} = P_u = (P^-)_{\max}$$

13.4.2 计算极限荷载的机构法和试算法

以上定理可以用来求极限荷载的近似解，并给出精确解的上下限范围；也可以用来求极限荷载的精确解。以下将介绍两种求极限荷载的基本方法——机构法和试算法。

根据上限定理求极限荷载的方法称为机构法，即列出结构所有可能的破坏机构，从相应的各种可破坏荷载中取出最小值，便是极限荷载的精确解。如果只是从所有的可能破坏机构中选取了一种或几种可能破坏机构，则相应破坏荷载的最小值是极限荷载的近似解（上限）。

根据唯一性定理求极限荷载的方法称为试算法，即选择一种破坏机构，并验算相应的可破坏荷载是否同时也是可接受荷载。也就是说，求出此破坏机构的内力分布，如果这一内力分布能够满足内力局限条件，则这一可破坏荷载又同时是可接受荷载。平衡、单向机构和内力局限三个条件都得到满足。根据唯一性定理，这个荷载就是极限荷载。如果求得的内力分布不能满足内力局限条件，则此破坏荷载不是可接受荷载，自然也不是极限荷载，而只是极限荷载值的上限。

【例 13.6】 求如图 13.12(a)所示变截面梁的极限荷载。已知 AB 段的极限弯矩为 $2M_u$，BC 段为 M_u。

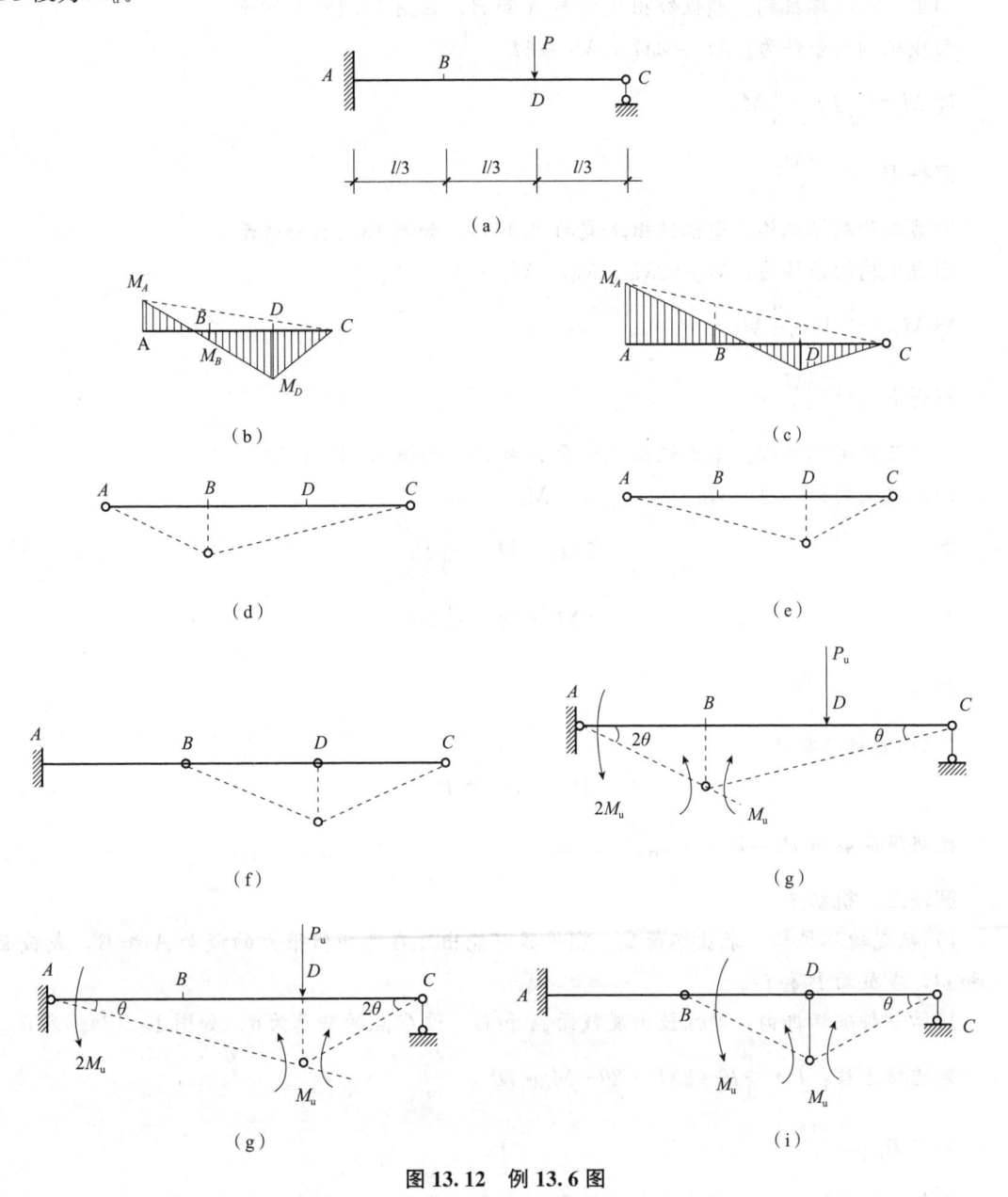

图 13.12 例 13.6 图

解法一：静力法

(1)建立弯矩方程，如图 13.12(b)或(c)所示。

B 点弯矩：$M_B = \frac{1}{9}Pl - \frac{2}{3}M_A$（正弯矩）或 $M_B = \frac{2}{3}M_A - \frac{1}{9}Pl$（负弯矩）

D 点弯矩：$M_D = \frac{2}{9}Pl - \frac{1}{3}M_A$

(2)确定破坏机构，求破坏荷载。塑性铰可能出现在弯矩值很大的截面 A 和 B，或截面 A 和 D，或截面 B 和 D。

1)第一种破坏机构：塑性铰出现截面 A 和 B，如图 13.12(d)所示。

形成机构的条件为：$M_A = 2M_u$，$M_B = M_u$

即 $M_u = \frac{1}{9}Pl - \frac{4}{3}M_u$

解得 $P_{u,1} = \frac{21M_u}{l}$

2)第二种破坏机构：塑性铰出现截面 A 和 D，如图 13.12(e)所示。

形成机构的条件为：$M_A = 2M_u$，$M_D = M_u$

即 $M_u = \frac{2}{9}Pl - \frac{2}{3}M_u$

解得 $P_{u,2} = \frac{15M_u}{2l}$

3)第三种破坏机构：塑性铰出现截面 B 和 D，如图 13.12(f)所示。

形成机构的条件为：$M_B = M_u$，$M_D = M_u$

即
$$2M_D + M_B = \frac{1}{3}Pl$$
$$2M_u + M_u = \frac{1}{3}Pl$$

解得 $P_{u,3} = \frac{9M_u}{l}$

(3)确定极限荷载：

$$P_{u,1} > P_{u,3} > P_{u,2}$$

故极限荷载为 $P_u = P_{u,2} = \frac{15M_u}{2l}$

解法二：机动法

(1)确定破坏机构，求破坏荷载。塑性铰可能出现在弯矩值很大的截面 A 和 B，或截面 A 和 D，或截面 B 和 D。

1)第一种破坏机构：塑性铰出现截面 A 和 B，设 C 点的转角为 θ，如图 13.12(g)所示。

列虚功方程：$P \times \frac{1}{3}l\theta = 2M_u \cdot 2\theta + M_u \cdot 3\theta$

解得 $P_{u,1} = \frac{21M_u}{l}$

2)第二种破坏机构：塑性铰出现截面 A 和 D，设 A 点的转角为 θ，如图 13.12(h)所示。

列虚功方程：$P \times \dfrac{2}{3} l\theta = 2M_u\theta + M_u \cdot 3\theta$

解得 $P_{u,2} = \dfrac{15M_u}{2l}$

3)第三种破坏机构：塑性铰出现截面 B 和 D，设 C 点的转角为 θ，如图 13.12(i)所示。

列虚功方程：$P \times \dfrac{1}{3} l\theta = M_u\theta + M_u \cdot 2\theta$

解得 $P_{u,3} = \dfrac{9M_u}{l}$

(2)确定极限荷载：

$$P_{u,1} > P_{u,3} > P_{u,2}$$

故极限荷载为 $P_u = P_{u,2} = \dfrac{15M_u}{2l}$

可以看出，只要找到可能的破坏机构，机动法求解结构，特别是超静定结构的极限荷载还是比较容易的，建议采用该方法。

工程案例与素养提升　　　　习题　　　　答案

参 考 文 献

[1] 包世华. 结构力学(上、下册)[M]. 5版. 武汉：武汉理工大学出版社，2024.
[2] 龙驭球，包世华，袁驷. 结构力学——基础教程[M]. 4版. 北京：高等教育出版社，2018.
[3] 李廉锟. 结构力学(上、下册)[M]. 6版. 北京：高等教育出版社，2017.
[4] 包世华. 结构力学学习指导及题解大全[M]. 武汉：武汉理工大学出版社，2003.
[5] 包世华. 结构动力学[M]. 武汉：武汉理工大学出版社，2005.
[6] 胡兴国，吴莹. 结构力学[M]. 4版. 武汉：武汉理工大学出版社，2012.
[7] 于克萍. 高等学校规划教材·力学：结构力学[M]. 西安：西北工业大学出版社，2011.
[8] 李家宝. 建筑力学第3分册：结构力学[M]. 北京：高等教育出版社，2006.
[9] 雷钟和，江爱川，郝静明. 结构力学解疑[M]. 2版. 北京：清华大学出版社，2008.
[10] Bao Shihua, Gong Yaoqing. Structural Mechanics[M]. Wuhan：Wuhan University of Technology Press，2006.
[11] 黄达海，郭全全. 概念结构力学[M]. 北京：北京航空航天大学出版社，2010.